牛栏江—滇池补水工程
高扬程大型离心泵研究与实践

游超 郭建平 覃大清 等 著

中国水利水电出版社
www.waterpub.com.cn
·北京·

内 容 提 要

本书阐述了高扬程大型立式单级离心泵的开发理论和数值分析方法，全面展示了水泵全流量范围内技术特性、泥沙磨损的研究及其试验验证成果，反映了离心泵研究理论与工程应用领域的前沿动态和最新成就，全面总结了在科研、设计、制造等方面的实践经验。主要内容包括：水泵水力开发优化、泥沙磨损与试验研究，水泵选型，水泵流量调节，水泵设计与制造，水泵机组安装与调试，水泵测试，厂房支撑结构振动和水泵小流量工况性能研究，简要介绍了水泵技术交流、电动机、变频装置和励磁系统，并对水泵性能进行了综合分析和评价。

本书可供水泵科研、设计、制造、试验和泵站设计、安装、运行等方面的技术人员阅读，也可供大中专院校相关专业的师生参考。

图书在版编目（CIP）数据

牛栏江—滇池补水工程高扬程大型离心泵研究与实践/游超等著. -- 北京 : 中国水利水电出版社, 2017.9
ISBN 978-7-5170-5824-3

Ⅰ. ①牛… Ⅱ. ①游… Ⅲ. ①滇池－流域－跨流域引水－高扬程泵－离心泵－研究 Ⅳ. ①TH311

中国版本图书馆CIP数据核字(2017)第221636号

书　　名	**牛栏江—滇池补水工程高扬程大型离心泵研究与实践** NIULAN JIANG—DIANCHI BUSHUI GONGCHENG GAOYANGCHENG DAXING LIXINBENG YANJIU YU SHIJIAN
作　　者	游　超　郭建平　覃大清　等　著
出版发行	中国水利水电出版社 （北京市海淀区玉渊潭南路1号D座　100038） 网址：www.waterpub.com.cn E-mail：sales@waterpub.com.cn 电话：(010) 68367658（营销中心）
经　　售	北京科水图书销售中心（零售） 电话：(010) 88383994、63202643、68545874 全国各地新华书店和相关出版物销售网点
排　　版	中国水利水电出版社微机排版中心
印　　刷	北京博图彩色印刷有限公司
规　　格	184mm×260mm　16开本　17.5印张　415千字
版　　次	2017年9月第1版　2017年9月第1次印刷
印　　数	0001—1000册
定　　价	**88.00**元

《牛栏江—滇池补水工程高扬程大型离心泵研究与实践》

作者名单

游　超　郭建平　覃大清　吴喜东　宫让勤
潘罗平　张立翔　邢海仙　闫黎黎　章　魏
徐宏光　钟　苏　马　凤　冯晓东　代艳芳
戴宏宇　余江成　童保林　曹登峰　蒋东兵
李令松　王建春　梅　伟　张天明　蔡云华
李耀辉　朱双良　潘立平　杨明珍　李海鹏
禹向东　孟立明　邱　华　何云虎

序一

滇池是我国六大淡水湖泊之一，在云南省经济发展中具有举足轻重的地位和作用，可谓“滇池清则昆明兴，昆明兴则云南兴”。云南省委、省政府按照国务院“三湖”水污染治理座谈会议精神，全面分析总结滇池治理成效，决定在实施底泥疏浚、环湖生态带、面源污染治理、入湖河道整治等综合治理措施的基础上，进一步实施环湖截污和外流域调水两项工程措施，从根本上解决滇池流域水资源严重短缺制约滇池水环境改善的“瓶颈”问题。

牛栏江—滇池补水工程作为外流域调水措施是滇池流域水环境综合治理六大工程措施中的关键性工程，是云南省优化配置水资源的一项重大措施，是实施“兴水强滇”战略、加快推进云南省水生态文明建设的一项重大行动，也是为云南服务和融入国家发展战略，成为面向南亚、东南亚辐射中心提供有力的水资源保障支撑的一项战略性工程。

无论是在建设规模、投资、调水量上，还是工程技术难度方面，牛栏江—滇池补水工程在云南省水利工程建设中都是空前的。工程于2008年年初开展前期工作，2013年年底建成通水，至2016年年底已向滇池补充优良水质近17亿m^3，使滇池水体污染指数明显下降、水体透明度上升、水体富营养状态持续改善。自2016年1月起，滇池水质由劣Ⅴ类转为Ⅴ类，是近30年来首次出现的情况。另外，工程还为昆明市提供了可靠的应急备用水源，解决了城市的供水危机。

牛栏江—滇池补水工程的实施，在探索云南省跨流域（区域）统筹配置水资源项目建设新思路、新途径、新方式、技术创新等方面做了许多探索性和开创性工作，工程建设亮点纷呈，许多经验值得总结、提炼和推广，特别是干河泵站的水泵和变频电机实现了自主化。

干河泵站设计流量为23m^3/s，装机4台，水泵机组单机功率为22.5MW，总装机容量为90MW，水泵最大提水扬程为233.3m。干河泵站水泵机组的主要参数指标在同类立式单级单吸离心水泵机组中极为少见，国内厂家没有可供借鉴的现成经验和类似业绩，国外有类似制造业绩的厂家也很少。为此，在工程可行性研究阶段，委托水利部水利水电规划设计总院开展了高扬程大功率离心泵及调节方式研究工作。通过公开招标，真正意义上开创了中国企业在高扬程大型离心泵自主研发、制造和首次运用于工程的先河。研究过程中，研究人员兢兢业业，思路缜密，始终充满信心，遇到困难和压力毫不气馁，积极探索解决问题之道。牛栏江—滇池补水工程的运行成果表明，自主研制的高扬程大功率离心泵是非常成功的。

水泵研究技术团队根据干河泵站的功能要求及运行条件，提出了水泵总体技术要求及研究目标，开展了大量的理论分析、研究和试验工作，以及原型水泵的设计、制造、安装与调试和现场测试等。本书对高扬程大功率离心泵研制过程中开展的工作和积累的经验进行了全面地总结，从理论到实践，内涵丰富，可以为大型离心泵的研制提供良好的借鉴。

云南省水利厅副厅长
云南省牛栏江—滇池补水工程
协调领导小组办公室主任

2017年8月1日

序二

滇池是世界关注的高原湖泊，习近平总书记在2015年视察滇池时指出："滇池是云南人民赖以生存的母亲湖，一定要把滇池治好"。为解决滇池水质严重下降、水体重度富营养化状态的问题，推进现代新昆明的建设和云南省经济社会的可持续发展，树立云南生态文明新形象，牛栏江—滇池补水工程作为滇池水污染治理六大工程措施之一起到了至关重要的作用。

目前，我国大型水力发电设备的设计、制造已经达到了国际领先水平，自主研制、输出功率达1000MW的巨型水轮发电机组将在金沙江白鹤滩水电站得到应用。与之形成鲜明对比的是，国内自主研制的大型离心泵很少，而且在技术性能、制造质量和运行可靠性上与国际先进水平的差距较大，形成了许多国内大型泵站关键设备被少数国际大公司垄断的局面。进口水泵设备高昂的价格和服务，导致了国内大型泵站在机电设备的高投入，而且运行成本也高，这与我国当前在重型装备领域所具备的技术研发能力及制造水平反差很大。

牛栏江—滇池补水工程干河泵站高扬程大功率离心泵设计扬程为223.32m，单泵设计流量为$8.12m^3/s$，水泵单机配套功率为22.5MW，主要参数指标在同类单级单吸水泵机组中，居世界第二位，国内尚无自主研发和制造如此大型离心泵的先例，国外可供选择的专业制造商也屈指可数，因此项目前期设计时在水泵选型方面就遇到了难题。基于降低水泵设备投资、提高国内水泵行业研究水平的现实需求，以及积累研究经验、追求自主创新和技术突破的发展战略考虑，研究人员在前期设计阶段开展了牛栏江—滇池补水工程高扬程大功率离心泵及调节方式等研究工作，解决了水泵选型、水泵关键参数及设计、制造、安装等相关技术问题，三年多的运用实践表明，水泵运行正常，主要技术指标达到预期效果。

本书全面总结了大型立式离心泵的研究和实践经验，介绍了水泵选型和设计的新理念，展现了研究成果的科学性、针对性和实用性，充分反映了当前水泵设计领域的重要科研成果和最新技术水平，对促进我国水泵行业的技术进步、全面提高水泵技术水平和产品质量具有积极作用和重要价值。

泵是伴随着工业发展而发展起来的，在国民经济各部门中有着重要的地位和作用。干河泵站水泵的成功投产，把我国泵行业的技术水平推上了一个全新的高度，表明我国完全有能力依靠自己的智慧和力量开发出性能优异的泵类产品。

随着国内长距离调水工程和海绵城市的建设呈现出水泵大型化的需求，水泵行业的发展面临着良好的机遇。衷心希望在牛栏江—滇池补水工程建设中积累的技术、经验能传承下去，并在继承中发展、发展中创新，不断提高，为推动我国水利水电事业和基础工业的新发展、加快社会主义现代化建设作出新的贡献。

中国工程院院士 马洪琪

2017年8月1日

前　言

随着我国经济和社会的高速发展，水资源的需求快速增长，长距离、跨流域调水工程的建设越来越多，大功率离心泵站也呈现出明显的增长。国外在大型离心泵研究方面起步早，经过不断地更新与发展，在水力开发与性能、设计制造等方面有较高的技术水平。我国大型离心泵的研究起步于农业灌溉工程，受市场需求、设计理念、技术储备、知识产权等因素的限制，水泵科研与应用实践未能实现完美结合，致使大型离心泵、特别是在高扬程领域与国外先进水平差距大。

牛栏江—滇池补水工程是滇池流域水环境综合治理六大工程措施的关键性工程，干河泵站是其核心。在工程前期设计中，自主开展了水泵水力设计技术攻关、泥沙磨损和泥沙对水泵的性能影响等研究工作。3年来，水泵经受了各种运行工况的考验，均能安全、稳定运行，并经过现场测试，证明性能是优良的。作为我国目前单机容量最大的离心水泵机组，干河泵站水泵研制的成功，标志着我国大型离心泵的设计制造技术达到了世界领先水平，反映了离心泵研究理论与工程应用领域的前沿动态和最新成就。

本书致力于牛栏江—滇池补水工程干河泵站高扬程大功率离心水泵的水力模型开发与试验研究方法、泥沙磨损试验与数值分析方法的建立，变速调节性能研究，零流量和小流量工况的扬程特性研究以及结构设计、主要部件的刚强度分析，全面阐述了在科研、选型、设计、制造、安装到运行等方面的实践和经验，希望对大型离心泵的应用研究奠定坚实的基础并起到促进作用。

本书共分9章。第1章介绍了干河泵站的工程概况和设计条件，以及水泵过机泥沙的分析方法和成果；第2章以高扬程大功率立式离心泵的开发与试验研究为重点，建立了水力模型开发与试验研究、泥沙磨损试验与数值分析的方法，重点介绍了中低比转速离心泵的水力开发与优化和模型试验验证研究、材料磨损试验与磨损预估分析、泥沙含量对水泵性能影响的研究以及各项研究的主要结论，并对水泵零流量和小流量工况的扬程特性进行了理论研究和原型水泵造压试验成果分析；第3章介绍了泵站水力机械设计，主要包括水泵型式、台数和主要参数选择，水泵变速调节及技术特性分析，水泵附属设备选型，泵站水力过渡过程分析，泵站辅助系统设计和泵站厂房布置等；第 4 章为水泵设计与制造，包括水泵结构设计、主要部件的刚强度分析，以及叶轮的制造工艺；第 5 章介绍了与水泵配套的变频电动机、变频装置和励磁系统；第 6 章主要介绍了水泵机组的安装与调试，包括安装流程、主要部件的安装工艺，水泵机组的调试与试运行，以及水泵机组现场调试的性能测试；第 7 章介绍了水泵测试，主要包括原型水泵效率和压力脉动测试方法、测试结果，水泵原型试验与模型试验结果对比以及测试结果分析；第 8 章介绍了泵站厂房支撑结构振动研究，主要包括泵站地下厂房结构建模、地下厂房结构动力优化设计方法、厂房振动控制标准和结构振动计算成果；第 9 章综合分析了水泵的技术性能，总结了研究的主要内容和经验。

本书第 1 章由梅伟、张天明、蔡云华编写；第 2 章由游超、覃大清、吴喜东、宫让勤、余江成、郭建平编写；第 3 章由郭建平、游超、邢海仙、闫黎黎、童保林编写；第 4 章由覃大清、游超、徐宏光、钟苏、马凤编写；第 5 章由李耀辉、李海鹏、禹向东、孟立明、邱华、何云虎编写；第 6 章由游超、蒋东兵、李令松、冯晓东、朱双良、潘立平编写；第 7 章由游超、潘罗平、曹登峰、代艳芳、杨明珍编写；第 8 章由张立翔、郭建平、章魏、戴宏宇编写；第 9 章由游超、王建春、张天明编写。全书由游超统稿和审定。

由于作者的水平有限，加之时间仓促，疏漏之处在所难免，恳请读者予以指正。

作者

2017 年 3 月

目　录

第1章 概　述

1.1 工　程　简　介

1.1.1 工程概况

牛栏江—滇池补水工程位于云南省曲靖市和昆明市境内，是国家发展和改革委员会、环境保护部、水利部、住房和城乡建设部联合批复的《滇池流域水污染防治规划（2006—2010年）补充报告》（发改地区〔2009〕1188号）中确定的“十一五”期间建设项目之一，也是云南省政府批复的《牛栏江流域（云南省部分）水资源综合利用修编规划》（云政复〔2008〕82号）中确定的近期建设项目，是滇池流域水环境综合治理六大工程措施中的关键性工程。在实施环湖截污、湖泊底泥疏浚等治理措施的基础上，实施牛栏江—滇池补水工程可有效增加滇池水资源总量和提高水环境容量，加快湖泊水体循环和交换，对于治理滇池水污染、改善滇池水环境具有重要作用。工程近期任务是向滇池补水，并在昆明发生供水危机时提供城市生活用水及工业用水；远期任务是向曲靖市供水，并与金沙江调水工程共同向滇池补水，同时作为昆明市的备用水源。

牛栏江—滇池补水工程在牛栏江干流德泽河段修建德泽水库，调蓄径流和壅高河道水位，在库区距坝17.37km处设干河泵站提水，通过隧洞等输水工程输水至滇池流域，在松华坝水库下游注入盘龙江，穿昆明城区后进入滇池。工程多年平均可引水量为5.72亿m^3，其中枯季水量为2.45亿m^3，汛期水量为3.27亿m^3，水量汛枯比为57：43，扣除1%的输水损失，进入滇池的环境补水量为5.66亿m^3；设计引水流量23m^3/s。工程由德泽水库枢纽、干河泵站及泵站至昆明的输水线路三大工程所组成。

1. 德泽水库枢纽

德泽水库枢纽位于曲靖市沾益县境内的牛栏江干流上，距离昆明173km，为大（2）型水库。水库枢纽混凝土面板堆石坝最大坝高142.4m，水库正常蓄水位1790.00m，死水位1752.00m，校核洪水位1793.91m，相应水库总库容为4.48亿m^3。

水库枢纽由大坝、溢洪道、导流泄洪隧洞、发电放空隧洞、坝后电站组成（图1.1-1）。大坝为混凝土面板堆石坝，坝顶高程1796.30m，最大坝高142.4m，坝顶长386.9m、坝顶宽12m。水库泄洪建筑物由溢洪道与泄洪隧洞组成，采用联合泄洪方式，最大下泄流量2020m^3/s。溢洪道为开敞式，布置于左坝肩，采用阶梯消能方式，最大泄量1148m^3/s。泄洪隧洞和导流洞以龙抬头结合，布置于右岸，最大泄量872m^3/s。发电放空隧洞为圆形有压隧洞，布置于大坝左岸、溢洪道右侧山体中，主要功能是泄放下游生态流量，供坝后电站发电，其次为水库放空，长远兼顾曲靖供水；进口设置高低两个孔口，高孔为发电取水口，进口底板高程1741.00m，发电引用流量为21m^3/s；低孔为放空孔，进口底板高程1680.00m，末端设直径2800mm锥形放空阀，放空最大泄量为135.4m³/s。坝后电站位于大坝左岸坝脚处，主要利用下游生态补水量和弃水量发电；电站为地面式厂房，采用一洞双管、单管单机引水发电，电站装机2×10MW，多年平均发电量9270万kW·h。

图1.1-1 德泽水库枢纽布置及库区图

2. 干河泵站

干河泵站位于曲靖市会泽县田坝乡和昆明市寻甸县河口乡交界的干河村附近，泵站取水口距德泽水库大坝17.37km。泵站设计提水流量23m³/s，最高扬程233.3m，为一级提水泵站，安装4台单吸单级立式离心水泵（含备用水泵1台），水泵配套电机的额定功率为22.5MW，泵站装机容量为90MW。干河泵站主要由进水建筑物（取水口、引水隧洞、调压室、进水压力管道）、厂区建筑物（地下主厂房、附属洞室、地面副厂房）、出水建筑物（出水压力管道、出水池）等组成。干河泵站三维总体布置及实景见图1.1-2、图1.1-3。

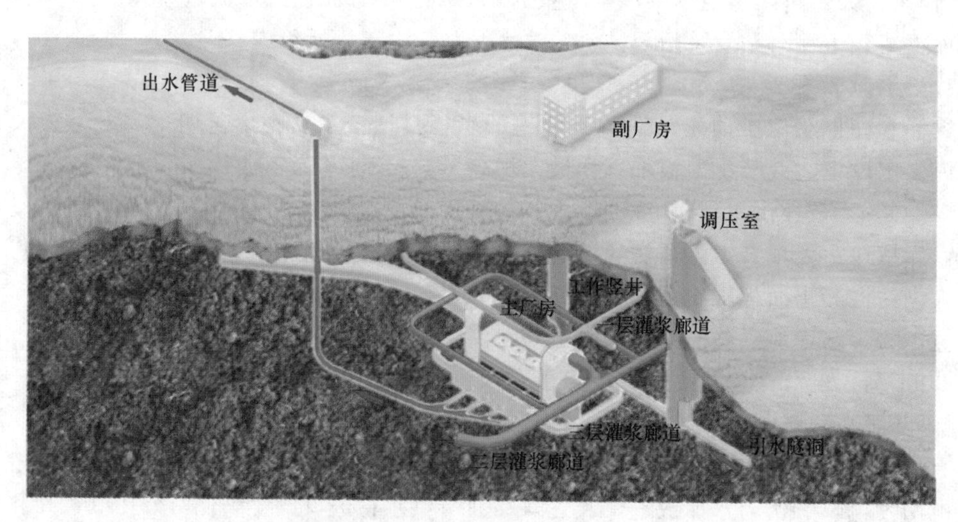

图1.1-2 干河泵站三维总体布置图

(a)

(b)

图 1.1-3　干河泵站地下厂房和出水池实景图

3. 输水线路

输水线路布置于牛栏江左岸，总体走向西南，线路起点为干河隧洞进口，末端为松华坝下游盘龙江。输水线路设计流量 $23m^3/s$，总长 115.85km，主要由隧洞、箱涵及明渠、倒虹吸、渡槽等组成，其中隧洞有 10 条，长 104.52km，占线路总长的 90.23%；渡槽 2 座，长 1.05km；倒虹吸 3 座，长 1.52km；渠道 6 条，长 8.75km；退水建筑物 5 座。干河隧洞进口高程 1973.18m，输水线路末端底高程 1902.95m。在输水线路出水口利用增氧曝气预留的 9m 落差建造了亚洲最大的人工瀑布（图 1.1-4），为建设绿色城市增添了魅力。

图 1.1-4　牛栏江—滇池补水工程出水口实景图

1.1.2　工程建设情况

牛栏江—滇池补水工程于 2008 年 12 月开工建设，2012 年 9 月德泽水库开始下闸蓄水，2013 年 5 月坝后电站首台机组并网发电，2013 年 9 月底工程试通水成功，2013 年 12

月工程正式通水运行。

干河泵站是牛栏江—滇池补水工程的“心脏”，于2010年2月4日开始动工建设，2010年9月21日地下主厂房动工建设，2011年9月30日开挖完成，2012年4月14日具备泵组安装条件，2013年4月9日地下主厂房衬砌完成。

4号泵组于2012年4月15日开始安装，2012年12月25日安装完成，2013年6月7日无水调试及相关试验完成，2013年7月30日带水调试及相关试验完成，2013年9月7日完成72h带负荷连续试运行。

3号泵组于2012年4月20日开始安装，2013年3月25日安装完成，2013年7月10日无水调试及相关试验完成，2013年8月3日带水调试及相关试验完成，2013年9月2日完成72h带负荷连续试运行。

2号泵组于2012年5月4日开始安装，2012年11月15日安装完成，2013年11月29日无水调试及相关试验完成，2013年12月1日带水调试及相关试验完成，2013年12月5日完成72h带负荷连续试运行。

1号泵组于2012年5月2日开始安装，2013年9月20日安装完成，2013年9月30日无水调试及相关试验完成，2013年10月26日带水调试及相关试验完成，2013年10月30日完成72h带负荷连续试运行。

通过各参建单位的艰苦努力，工程建设各项工作扎实有效推进，干河泵站四台水泵机组均一次性启动成功。截至2016年12月底，已累计向滇池补水17亿m^3、向昆明市供水1.2亿m^3。牛栏江—滇池补水工程的建成，对增加滇池流域水资源量、提高水资源承载能力、改善水环境质量、保障城市应急供水等方面发挥了重要作用，创造了显著的社会效益和生态效益。

1.2 泵站设计条件

1.2.1 泵站特征水位

1. 进水池水位

进水池校核洪水位（水库校核洪水位）：1793.09m

进水池设计洪水位（水库设计洪水位）：1791.49m

进水池最高运行水位（水库正常蓄水位）：1790.00m

进水池加权平均水位：1778.61m

进水池最低运行水位（水库死水位）：1752.00m

2. 出水池水位

出水池设计运行水位（$Q=23m^3/s$）：1976.80m

出水池最低运行水位（$Q=7.67m^3/s$）：1974.80m

1.2.2 泵站流量

设计流量：$23m^3/s$

最高扬程下引用流量：$20m^3/s$（相应单机：$6.67m^3/s$）

1.2.3　特征扬程、水力损失

水泵扬程损失：$0.01606805Q^2$

最高扬程 H_{max}：233.3m

设计扬程 H_r：223.32m[1]

最低扬程 H_{min}：185.51m

1.2.4　水泵安装高程

水泵安装高程（固定导叶中心平面）：1725.00m

1.2.5　泵站动能指标

泵站多年平均供水量：5.72 亿 m^3

工作水泵年运行时间：6908h

1.3　水泵过机泥沙

1.3.1　入库泥沙

德泽水库为滇池补水工程取水水源，入库主要泥沙特征值见表1.3-1，悬移质泥沙颗粒级配见表1.3-2。德泽水库库沙比为413，属泥沙问题不严重的水库工程。入库泥沙主要集中在主汛期6—9月，占全年来沙量的90%以上。从表1.3-2可看出，悬移质中值粒径 d_{50} 为0.008mm。

表1.3-1　　德泽水库入库主要泥沙特征值

编号	项　目	单位	特征值	备　注
1	多年平均来沙量	万t	133.1	
2	多年平均悬移质来沙量	万t	121	
3	多年平均推移质来沙量	万t	12.1	按悬移质的10%计
4	多年平均含沙量	kg/m^3	0.726	
5	悬移质泥沙平均粒径	mm	0.027	大沙店水文站实测资料
6	悬移质泥沙中值粒径	mm	0.008	
7	河床质泥沙平均粒径	mm	31.44	
8	河床质泥沙中值粒径	mm	8.4	

[1] 工程可行性研究阶段和水泵科研时确定的泵站设计扬程为219.3m。出于泥沙磨损对水泵性能的影响，水泵招标时将设计扬程提高至221.2m。水泵第二次设计联络会上最终确定的设计扬程为223.32m。

表 1.3-2　　德泽水库悬移质泥沙颗粒级配表

粒径 d/mm	0.005	0.01	0.05	0.1	0.25	0.5	1
区间百分数 ΔP/%	40	15	30	10	4.5	0.45	0.05
多年平均小于某粒径的沙重百分数/%	40	55	85	95	99.5	99.95	100
莫氏硬度大于5占本组沙量的百分数/%			32.1	33.7	30.4	20.8	12.7

1.3.2 泵站取水口断面泥沙级配

牛栏江—滇池补水工程由德泽水库内距大坝17.37km的引水口取水，经长约3.0km、内径4.0m的输水隧洞自流至泵站。提水泵站扬程高，过机泥沙的含量、级配、硬度等参数对水泵的选型极为重要；同时，泵站取水口布设于水库中泥沙较容易淤积的平坦河道段，存在泥沙淤塞的风险。为保证工程的安全、长期运行，对水库库区泥沙的淤积趋势和泵站取水口的泥沙颗粒运动趋势（包括泥沙级配及含沙量）进行了一维、三维数学模型分析，在数学模型分析成果的基础上，开展了泥沙模型试验，观测取水口断面的悬移质泥沙级配，并进行了过机泥沙含量的试验与预测分析。

水库初始运行、运行5年、运行10年、运行20年和运行30年后，水库水位分别为正常蓄水位1790.00m和6月多年平均蓄水位1766.13m工况的泵站取水口悬移质粒径级配观测结果见表1.3-3；根据取水口内悬移质泥沙粒径组成，过机泥沙粒度和硬度分布分析成果见表1.3-4～表1.3-8。表1.3-9给出了不同运行年限条件下莫氏硬度大于5的泥沙含量统计值。这些参数可作为水泵选型的参考依据。

表 1.3-3　　各工况下泵站取水口断面含沙中值粒径　　单位：mm

水库水位	水库运行年限				
	0年	5年	10年	20年	30年
1790.00m	0.0051	0.0052	0.0053	0.0054	0.0055
1766.13m	0.0055	0.0056	0.0058	0.0064	0.0071

表 1.3-4　　水库初始运行时取水口断面含沙粒径级配表

粒径 d/mm		1	0.5	0.25	0.1	0.05	0.01	<0.005
水库水位 1790.00m	区间百分数 ΔP/%	0.02	0.28	1.7	4	17.5	29.5	47
	多年平均小于某粒径的沙重百分数/%	100	99.98	99.7	98	94	76.5	47
	区间莫氏硬度大于5占总沙量的百分数/%	0.003	0.058	0.52	1.35	5.62		
水库水位 1766.13m	区间百分数 ΔP/%	0.05	0.35	2.1	3.7	24.1	25.7	44
	多年平均小于某粒径的沙重百分数/%	100	99.95	99.6	97.5	93.8	69.7	44
	区间莫氏硬度大于5占总沙量的百分数/%	0.006	0.073	0.64	1.25	7.74		

表 1.3-5 水库运行 5 年后取水口断面含沙粒径级配表

粒 径 d/mm		1	0.5	0.25	0.1	0.05	0.01	<0.005
水库水位 1790.00m	区间百分数 ΔP/%	0.02	0.38	2.0	2.4	19.2	29.0	47.0
	多年平均小于某粒径的沙重百分数/%	100	99.98	99.6	97.6	95.2	76.0	47.0
	区间莫氏硬度大于 5 占总沙量的百分数/%	0.003	0.08	0.61	0.81	6.16		
水库水位 1766.13m	区间百分数 ΔP/%	0.05	0.35	3.1	3.1	24.4	25.2	43.8
	多年平均小于某粒径的沙重百分数/%	100	99.95	99.6	96.5	93.4	69	43.8
	区间莫氏硬度大于 5 占总沙量的百分数/%	0.01	0.07	0.94	1.04	7.83		

表 1.3-6 水库运行 10 年后取水口断面含沙粒径级配表

粒 径 d/mm		1	0.5	0.25	0.1	0.05	0.01	<0.005
水库水位 1790.00m	区间百分数 ΔP/%	0.02	0.68	1.7	2.3	20.3	29.0	46.0
	多年平均小于某粒径的沙重百分数/%	100	99.98	99.3	97.6	95.3	75	46
	区间莫氏硬度大于 5 占总沙量的百分数/%	0.003	0.14	0.52	0.78	6.52		
水库水位 1766.13m	区间百分数 ΔP/%	0.05	0.45	4.1	2.4	25.2	24.8	43.0
	多年平均小于某粒径的沙重百分数/%	100	99.95	99.5	95.4	93	67.8	43
	区间莫氏硬度大于 5 占总沙量的百分数/%	0.01	0.09	1.25	0.81	8.09		

表 1.3-7 水库运行 20 年后取水口断面含沙粒径级配表

粒 径 d/mm		1	0.5	0.25	0.1	0.05	0.01	<0.005
水库水位 1790.00m	区间百分数 ΔP/%	0.02	0.88	2.8	3.9	19.2	28.2	45.0
	多年平均小于某粒径的沙重百分数/%	100	99.98	99.1	96.3	92.4	73.2	45
	区间莫氏硬度大于 5 占总沙量的百分数/%	0.003	0.18	0.85	1.31	6.16		
水库水位 1766.13m	区间百分数 ΔP/%	0.05	0.13	4.8	4.0	26.0	22.0	43.0
	多年平均小于某粒径的沙重百分数/%	100	99.95	99.82	95	91	65	43
	区间莫氏硬度大于 5 占总沙量的百分数/%	0.01	0.03	1.47	1.35	8.35		

表1.3-8　　水库运行30年后取水口断面含沙粒径级配表

粒　径 d/mm		1	0.5	0.25	0.1	0.05	0.01	＜0.005
水库水位1790.00m	区间百分数 ΔP/%	0.02	0.48	3.5	7.9	22.4	21.7	44
	多年平均小于某粒径的沙重百分数/%	100	99.98	99.5	96	88.1	65.7	44
	区间莫氏硬度大于5占总沙量的百分数/%	0.003	0.100	1.06	2.66	7.19		
水库水位1766.13m	区间百分数 ΔP/%	0.05	0.45	3.5	10	28	16	42
	多年平均小于某粒径的沙重百分数/%	100	99.95	99.5	96	86	58	42
	区间莫氏硬度大于5占总沙量的百分数/%	0.006	0.094	1.06	3.37	8.99		

表1.3-9　　取水口内悬移质泥沙莫氏硬度大于5占总沙量的百分数

水库运行年限/年		0	5	10	20	30
莫氏硬度大于5占总沙量的百分数/%	水库水位1790.00m	7.55	7.66	7.96	8.50	11.01
	水库水位1766.13m	9.71	9.89	10.25	11.21	13.52

1.3.3　过机泥沙预测

根据水沙数学模型计算结果，分别就库水位为正常蓄水位1790.00m和6月多年平均蓄水位1766.13m，水库初始运行、5年、10年、20年、30年、40年所对应的相应地形进行试验，针对不同入库含沙量，研究不同淤积高度时的过机含沙量变化规律，利用模型试验直接建立泵站取水口内的含沙量与入库含沙量、水库水位间的联系，对水文径流系列各年的水沙系列、汛期（6—9月）水沙系列及典型年逐日水沙过程进行计算分析，获取的多年平均取水含沙量、多年汛期平均取水含沙量、多年月平均取水含沙量、典型年日平均取水含沙量分析、典型年取水含沙量综合分析的预测成果见表1.3-10～表1.3-14。

表1.3-10　　泵站取水多年平均含沙量预测表

水库运行年限	水库初始运行		水库运行10年		水库运行30年	
水库水位/m	1790.00	1766.13	1790.00	1766.13	1790.00	1766.13
最大年平均含沙量/(kg/m^3)	0.195	0.276	0.200	0.295	0.207	0.323
最小年平均含沙量/(kg/m^3)	0.056	0.079	0.057	0.085	0.059	0.093
多年平均含沙量/(kg/m^3)	0.112	0.158	0.114	0.169	0.118	0.184

表1.3-11　　泵站取水多年汛期平均含沙量预测表

水库运行年限	水库初始运行		水库运行10年		水库运行30年	
水库水位/m	1790.00	1766.13	1790.00	1766.13	1790.00	1766.13
汛期平均含沙量/(kg/m^3)	0.078～0.262	0.111～0.371	0.079～0.264	0.114～0.396	0.083～0.277	0.123～0.411
多年汛期平均含沙量/(kg/m^3)	0.140	0.199	0.144	0.212	0.149	0.232

表 1.3-12　　泵站取水多年月平均含沙量预测表

水库运行年限	水库初始运行		水库运行 10 年		水库运行 30 年	
水库水位/m	1790.00	1766.13	1790.00	1766.13	1790.00	1766.13
最大月平均含沙量/(kg/m^3)	0.627	0.887	0.642	0.948	0.664	1.038

表 1.3-13　　典型年泵站取水日平均含沙量预测表

水库运行年限	水库初始运行		水库运行 10 年		水库运行 30 年	
水库水位/m	1790.00	1766.13	1790.00	1766.13	1790.00	1766.13
丰水丰沙年最大日含沙量/(kg/m^3)	0.583	0.825	0.597	0.846	0.617	0.964
平水平沙年最大日含沙量/(kg/m^3)	0.392	0.552	0.402	0.569	0.415	0.649
枯水枯沙年最大日含沙量/(kg/m^3)	0.372	0.526	0.380	0.539	0.394	0.614

表 1.3-14　　各典型年综合预测泵站取水含沙量最大值预测表　　单位：kg/m^3

典型年	水库运行年限					
	0	5	10	20	30	40
丰水丰沙	0.694	0.707	0.727	0.746	0.774	0.878
平水平沙	0.552	0.569	0.593	0.616	0.649	0.748
枯水枯沙	0.443	0.451	0.463	0.476	0.493	0.560

1.4 泵站布置

1.4.1 总体布置

干河泵站主要由有压引水隧洞、调压井、进水支管、地下厂房、水泵机组、出水支管、出水压力管道、出水池等建筑物和设备组成，形成一个复杂的地下有压供水系统。泵站系统纵剖面见图 1.4-1，泵站引水隧洞纵剖面见图 1.4-2，调压井及出水池结构剖面见图 1.4-3，泵站系统三维透视图见图 1.4-4。

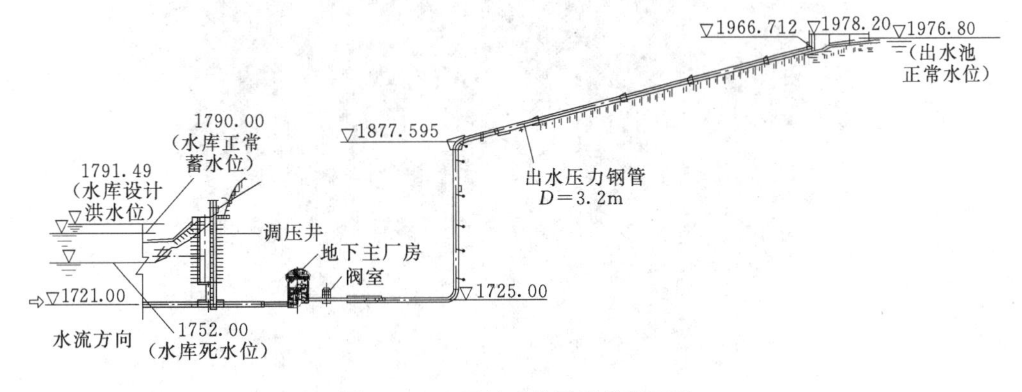

图 1.4-1　泵站系统平面纵剖面图

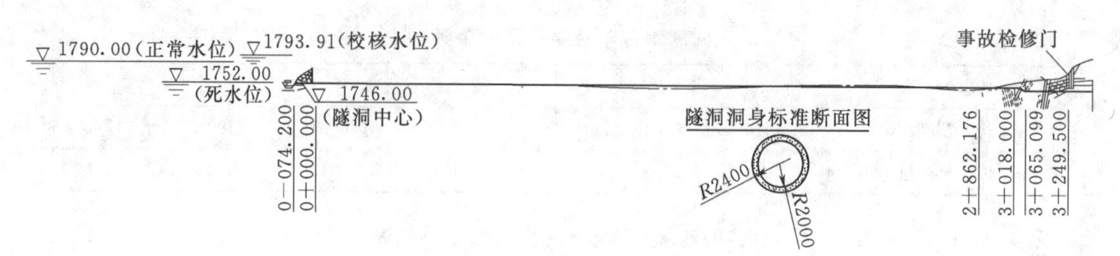

图1.4-2　泵站引水隧洞纵剖面图

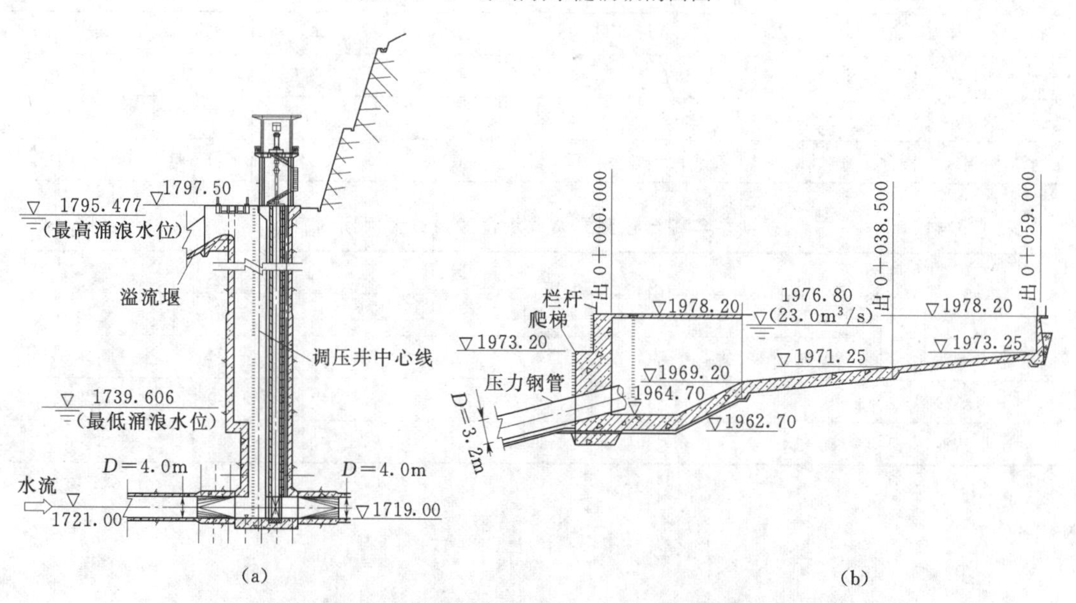

图1.4-3　泵站进水调压井、出水池结构剖面图

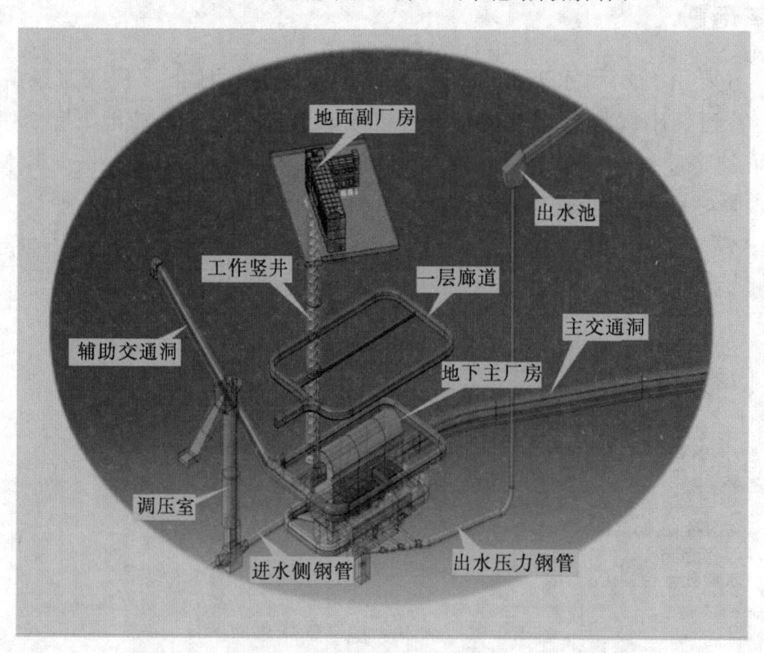

图1.4-4　泵站系统三维透视图

水泵机组、水力机械附属设备等置于地下主厂房内；变频器、变压器、电气控制设备等电气设备和中控室则置于地面副厂房，主、副厂房通过直径9m、深136m的工作竖井连接。

1.4.2 进水系统

泵站取水口位于干河与牛栏江交汇处下游约330m的牛栏江左岸，取水口距大坝枢纽约17.37km，采用竖井式布置，由进口拦污栅段、喇叭口段、渐变段、方洞段、闸室段、渐变段组成。拦污栅倾角75°，采取人工清污。

引水隧洞采用有压引水方式，引水隧洞长3245.25m，内径4.0m，设计引水流量23m³/s，全断面钢筋混凝土衬砌。

调压室采用简单溢流式，井筒圆筒直径10.0m，高60.5m，下段方形连接管尺寸4.0m×4.0m，高18.0m。事故快速闸门井设置在井筒内靠近地下厂房侧，闸门井为矩形断面，与调压室井筒组成一整体结构。

进水管道连接调压井与地下泵站，埋深120～150m，轴线高程1721.00m，最大静水头72.09m，采用一管四机布置。分别由进水主管、贴边岔管、进水支管组成。进水主管长84.7m，管径4.0m，四条支管直径均为2.0m，总长113.2m。

1.4.3 地下建筑物

地下建筑物包含地下主厂房、球阀室、灌浆排水廊道、主交通洞、辅助交通洞、工作竖井。

主厂房埋深约150m，由主机段和安装间段组成。厂房主洞室长69.25m，宽20.4m，最大高度39.15m，主洞室从左到右分为安装间、主机段两部分，安装间左侧与主交通洞连接。

主机段尺寸为51.6m×20.40m×39.15m（长×宽×高），水泵安装高程为1725.00m。主机段分四层布置，分别为电机层、中间层、水泵层、阀室层。主机段进水侧2号、3号机组间设线缆廊道连接主厂房与工作竖井，工作竖井内电梯和楼梯可到达地面副厂房。

主机段右端布置辅助交通洞，电机层设有紧急通道通往辅助交通洞，辅助交通洞作为另一紧急出口兼进风洞。辅助交通洞与主机段右侧的风机室相通，通过风机室设竖井、平洞连接第一层灌浆排水廊道，作为厂房的进风通道。

地下厂房周围布置三层灌浆及排水廊道，灌浆及排水廊道采用圆拱直墙型断面，净断面尺寸3.0m×3.5m。一层灌浆及排水廊道布置在距地下厂房顶部39.658m、高程1796.00m处，廊道长398m；二层灌浆及排水廊道布置在地下厂房顶部四周、高程1749.00m处，廊道长350m；三层灌浆及排水廊道布置在地下厂房中下部四周、高程1727.00m处，廊道长234m。

主交通洞为地下泵站主要交通运输通道，为马蹄形断面，底宽5.2m，最大宽度7.62m，最大高度7.69m，全长1037.20m，隧洞进口底板高程为1797.05m，末端高程为1736.05m。

工作竖井布置在主厂房中部进水侧，是运行管理的垂直主交通通道。工作竖井为圆形断面，内径9.0m，电梯通至地下厂房安装间高程1736.05m，上部至地面副厂房高程1860.00m。井内布置电梯井道、人行楼梯、排烟道、电缆、母线，中心为电梯和楼梯间，沿竖井壁分别布置有绝缘铜管母线、电力电缆和控制电缆，各电缆支架中间留有通风道，并在电缆支架前方设置电缆维护平台。

1.4.4 出水系统

出水管由地下埋管和地面明管组成。出水管道自地下泵站接出，埋深180m左右，后接平洞段再经竖井段在干河右岸山坡高程1896.00m处出洞沿山坡布置明管段。在山坡高程1970.00～1975.00m处布置出水池。

出水池建筑由池身、侧堰、侧槽等部分组成。压力钢管在山坡高程1970.00m处接入出水池，压力钢管出流设计成淹没出流，侧堰控制出水水位稳定。出水池采用整体式箱体结构，池身长51.0m，宽5.0m，最大水深为13.5m，最低底板高程1964.70m，最高底板高程1973.25m，池顶高程1978.20m，钢管出口中心高程1966.712m。出水池总容积2276.7m^3，有效容积2230.3m^3，死容积46.4m^3。出水池右侧设侧堰，薄壁堰型，堰长40m，堰顶高程1976.00m。侧槽段长41.0m，近似梯形断面，右侧墙垂直，左侧为侧堰，顶宽4.5m，底宽3.740～3.853m，侧槽段设计底坡1/500，侧槽段顶高程1978.20m，起始断面底板高程1973.332m，设计水位1976.80m。

1.4.5 地面副厂房

地面副厂房建筑物由一栋主控楼、一间柴油发电机房、4台输入变压器及一座110kV室外降压站组成，厂区地面高程1850.00m。通过工作竖井与地下主厂房连接。主控楼与工作竖井相结合形成L形布置，总长为68.2m，总宽为12.0m，高19.6m，分四层布置。

主控楼地下一层高程1846.30m，主要布置母线及电缆；地上一层高程1850.30m，主要布置有变频装置室、10kV高压开关室；地上二层高程1856.00m，主要布置有电缆夹层、试验室、工具间、资料室；地上三层高程1860.00m，主要布置有中央控制室、继电保护室、蓄电池室、低压配电室、会议室；屋面高程1865.00m，左右端楼梯间由地下一层直通至屋顶。

1.5 工程特性表

牛栏江—滇池补水工程主要特性见表1.5-1。

表1.5-1 牛栏江—滇池补水工程特性表

序号	项　目	单位	特性参数	备　注
一	水文、泥沙			
1	流域面积			
	全流域	km^2	13672	
	坝址以上流域面积	km^2	4551	

续表

序号	项　　目	单位	特性参数	备　　注
2	利用水文系列年限	年	54	
3	多年平均入库年径流量	亿 m^3	17.06	
4	代表流量			
	多年平均流量	m^3/s	54.1	
	设计洪水标准及流量	m^3/s	1480	$P=1\%$
	校核洪水标准及流量	m^3/s	2310	$P=0.05\%$
	施工枯期导流标准及流量	m^3/s	120	$P=5\%$（12 月至次年 4 月）
	施工度汛洪水标准及流量	m^3/s	1480	$P=1\%$
5	洪量			
	设计洪水洪量（24h）	万 m^3	11000	
	校核洪水洪量（24h）	万 m^3	16600	
6	泥沙			
	多年平均含沙量	kg/m^3	0.726	
	多年平均悬移质年输沙量	万 t	121	
	多年平均推移质年输沙量	万 t	12.1	
二	引水量			
1	多年平均引水量（近期）	亿 m^3	5.72	净补水量 5.66 亿 m^3
2	水质		Ⅲ类	
三	工程规模			
1	德泽水库规模			
(1)	正常蓄水位	m	1790.00	
(2)	正常蓄水位相应库容	万 m^3	41597	
(3)	死水位	m	1752.00	
(4)	死库容	万 m^3	18902	
(5)	调节库容	万 m^3	22695	淤积 50 年后为 21236 万 m^3
(6)	设计洪水位（$P=1\%$）	m	1791.49	
(7)	校核洪水位（$P=0.05\%$）	m	1793.91	
(8)	调洪库容	万 m^3	3191	
(9)	总库容	万 m^3	44788	
2	干河泵站			
(1)	最高扬程	m	233.30	
(2)	设计扬程	m	223.32	
(3)	最低扬程	m	185.51	
(4)	总装机容量	MW	4×22.5	
3	输水线路			
	设计流量	m^3/s	23	

续表

序号	项　　目	单位	特性参数	备　　注
四	主要建筑物及设备			
1	德泽水库			
(1)	大坝			
	坝型		混凝土面板堆石坝	
	地基特性		长石石英砂岩与泥岩、粉砂岩及页岩互层	
	地震基本烈度/设防烈度	度	Ⅷ/Ⅷ（大坝Ⅸ）	
	坝顶高程	m	1796.30	
	最大坝高	m	142.40	
	坝顶长度	m	386.9	
	坝顶宽	m	12	
(2)	泄洪建筑物			
1)	溢洪道			
	型式		岸边开敞式	
	堰顶高程	m	1781.00	
	堰净宽	m	13	
	全长	m	696.2	
	最大泄量	m^3/s	1148	
	工作闸门型式、数量和尺寸		弧形闸门，1孔，13m×9.7m	
2)	泄洪洞			
	型式		圆拱直墙形无压隧洞	
	围岩特性		长石石英砂岩与泥岩、粉砂岩及页岩互层	
	进口底板高程	m	1725.00	
	弧形工作闸门尺寸	m	5.6×5.0	
	洞断面尺寸	m	6.4×10.0、7.0×10.0	宽×高
	全长	m	659	宽×高
	洞身长	m	426.2	
	最大泄量	m^3/s	872	
(3)	发电放空隧洞			
	型式		圆形有压洞	
	发电取水口高程	m	1741.00	
	事故检修闸门尺寸	m	3.5×4	高孔闸平板门，宽×高
	放空隧洞进口竖井平台高程	m	1699.50	
	放空隧洞检修闸门尺寸	m	3.5×4	低孔闸平板门，宽×高
	出口锥形阀直径，数量		DN2.8m，1个	

续表

序号	项目	单位	特性参数	备注
	洞身断面尺寸（洞径）	m	4.0	
	全长	m	898	
	洞身长	m	740	
	出口混凝土埋管段	m	137	
	设计流量	m^3/s	21.0	
(4)	坝后电站			
	装机规模	MW	20	
	设计引用流量	m^3/s	21	
	额定水头	m	111	
	年利用小时	h	4635	
	多年平均发电量	万 kW·h	9270	
	厂区型式		岸边式地面厂房	
	地基特性		弱—强风化石英砂岩	
	主厂房尺寸	m	38.17×14.3×26.34	
	背部副厂房尺寸	m	38.17×5.8×9.95	
	机组安装高程	m	1661.00	
	发电机层高程	m	1668.445	
	尾水平台高程	m	1670.30	
	正常尾水位	m	1663.07	
	最低尾水位	m	1662.50	
	尾水闸门尺寸，数量	m	3.67×1.41，2个	宽×高
	水轮机型号		HLC453-LJ-116	
	水轮机台数	台	2	
	发电机型号		SF10-10/2860	
	发电机台数	台	2	
	升压开关站尺寸	m	41.0×16	
	主变压器型号		SF10-25000/110	
	主变压器台数	台	1	
	变压器场高程	m	1670.30	
	出线电压	kV	110	
	出线回路数	回	1	
2	干河泵站			
(1)	取水口			
	型式		竖井式进水口	
	进口底板高程	m	1744.00	
	闸门孔口尺寸	m	4×4	矩形断面，宽×高

续表

序号	项　目	单位	特性参数	备　注
	塔顶高程	m	1797.50	
(2)	引水隧洞			
	隧洞型式		圆形有压洞	
	洞身断面尺寸（洞径）	m	4	
	隧洞全长	m	3245.25	至调压井
	衬砌型式		钢筋混凝土衬砌	
(3)	调压井			
	型式		简单溢流式调压井	
	井筒断面（直径）	m	10.0	
	井筒底板高程	m	1735.00	
	井顶高程	m	1797.50	
(4)	泵站厂房			
	泵站级数	级	1	
	装机台数	台	4	含备用机组1台
	单机容量	MW	22.5	
	单机流量	m^3/s	8.12	
	设计扬程	m	223.32	
	水泵型式		单吸单级立式离心泵	
	电动机		高压同步变频电动机	
	地下主厂房尺寸	m	69.25×20.4×39.15	长×宽×高
	地面中控楼尺寸	m	73.1×13.1×20.0	长×宽×高
	水泵安装高程	m	1725.00	
(5)	进、出水压力管道			
	压力管道型式		地下埋管与地面明管结合	
	供水方式		一管四机联合供水	
	设计流量	m^3/s	23	
	进水主管直径/长度	m	4.0/84.7	
	进水支管直径/长度	m	2.0/113.2	四条出水支管总长
	进水主管/支管流速	m/s	1.83/2.44	
	进水管最大水头	m	103.5（含水锤压力）	
	出水支管直径/长度	m	1.2/178.8	四条出水支管总长
	出水主管直径/长度	m	3.2/595.3	
	出水主管/支管流速	m/s	2.86/6.78	
	泵站出水池设计水位	m	1976.80	正常水位
	出水管最大水头	m	377.7（含水锤压力）	

续表

序号	项　　目	单位	特性参数	备　　注
五	输水线路			
1	引水流量	m^3/s	23	设计
2	线路进口底板高程	m	1973.178	里程 0+000.00
3	线路长度	km	115.85	
	隧洞	km	104.52	
	渠道	km	8.75	
	渡槽	km	1.05	
	倒虹吸	km	1.52	
4	输水建筑净断面尺寸			
	隧洞	m	3.74×4.6	圆拱直墙式
		m	4.0×4.6	马蹄形
	渠道	m	3.74×4.3	矩形断面
		m	3.74×4.6	圆拱直墙式
	渡槽	m	4.4×3.9	U 形断面
5	退水建筑物			
	退水闸尺寸及数量	m/套	2.5×3.8/5	净宽×净高
	节制闸尺寸及数量	m/套	3.74×3.8/5	净宽×净高
6	检修支洞	条	9	
7	交叉建筑物			
	交叉泄水道	座	5	
	道路交叉口	座	23	
8	分水闸	座	2	向曲靖、昆明供水
六	建设征地及移民安置			
1	建设征地总面积	km^2	14.88	
	其中：永久征地面积	km^2	9.87	
	临时占用土地面积	km^2	5.01	
2	征用耕地面积	亩	5513.44	
	其中：水田	亩	587.31	
	旱地	亩	4609	
	水浇地（菜地）	亩	317.13	
3	征用园地面积	亩	541.76	
4	征用林地面积	亩	10276	
5	草地面积	亩	2433.62	
6	其他土地面积	亩	1606.02	
7	建设征地区人口	人	674	

续表

序号	项　　目	单位	特性参数	备　　注
8	建设征地区房屋面积	万 m^2	5.012	
9	主要专业项目			
	公路	km	23.116	
	电力线路	km	13.001	
	中小型水电站	MW/座	54.69/3	
10	水平年搬迁人口规模	人	701	
七	施工			
1	主体工程数量			
	土石方明挖	万 m^3	393.87	
	石方洞挖	万 m^3	383.80	含斜井
	土石方填筑	万 m^3	528.91	
	钢筋	万 t	9.67	
	混凝土	万 m^3	174.69	
	喷混凝土	万 m^3	28.34	
	土石方回填	万 m^3	193.77	
	钢材	万 t	4.00	
	浆砌石方	万 m^3	10.84	
	回填灌浆	万 m^2	69.253	
	帷幕灌浆	万 m	12.90	
	固结灌浆	万 m	37.415	
2	对外交通			
	公路	km	95.7	
3	施工导流			
	德泽水库导流方式		一次断流、隧洞导流	
	型式/断面尺寸	m	城门洞/7.0×10.0	与泄洪洞结合，宽×高
	导流洞长度	m	921.475	
4	施工用地			
	施工用地	亩	11109.18	
5	施工工期			
	准备工程	月	10	
	总工期	月	48	
八	经济指标			
1	静态总投资	万元	831807	
	其中：工程部分投资	万元	678656	
	移民环境投资	万元	153151	
2	建设期贷款利息	万元	32299	

续表

序号	项　目	单位	特性参数	备　注
3	动态总投资	万元	864106	含流动资金 3600 万元
4	借款偿还期	年	20.00	
5	单位供水经营成本费用	元/m^3	0.64	含水资源费 0.23 元/m^3
6	补水水价	元/m^3	1.136	不含增值税
7	单方水静态投资	元/m^3	14.70	按 5.66 亿 m^3 计算
8	单方水动态投资	元/m^3	15.27	

第2章　高扬程大功率立式离心水泵开发与试验研究

2.1　研　究　缘　由

干河泵站水泵选型与设计中存在以下几个难点：

(1) 泵站运行扬程变幅大。干河泵站运行扬程变幅约48m，约设计扬程的21.9%，最低扬程仅为设计扬程的84.6%，水泵运行扬程变幅大，离心水泵在低扬程下的流量特性对其效率和空化性能可能有明显的影响，应引起足够的重视。

(2) 水泵设计难度很大。单级水泵的最高扬程超过230m，从扬程与流量角度来分析，可供选择的比转速约89m·m^3/s或107m·m^3/s，水泵的比转速低，设计难度大；泵站在最高扬程、设计扬程条件下运行时均对水泵供水流量有明确要求；泵站的最大过流能力受泵站后明流输水隧洞过流能力的限制，水泵在低扬程下的流量特性还关系到输水建筑物的安全。这就需要根据工程的实际边界条件和要求，选择合适性能的水泵并予以验证其特性，并确定水泵采用调节的必要性及调节方式。

(3) 水泵年利用小时数高，水流中含有泥沙。设计供水量下工作泵的年运行时间近7000h，年运行时间很长，且从水库中抽取的水流中含有泥沙（尤其是汛期），这将对水泵的性能和使用寿命产生影响。

(4) 国内外可生产干河泵站水泵的制造厂家不多。从设计技术和经验、制造能力和业绩来看，当时单纯从事水泵制造的国内厂家几乎都不具备生产干河泵站机组的能力，具备生产干河泵站水泵能力的国外专业水泵生产厂家也只三四家。国内大型水电设备制造厂商拥有抽水蓄能可逆式水泵水轮机技术，但水泵在抗泥沙磨损、水力性能和结构上与水泵水轮机相差巨大，其水泵研制经验欠缺。

中低比转速离心泵因其扬程高、流量小、流道狭长且叶片曲率较大等问题，导致效率不容易提高。中低比转速的离心泵叶轮水力设计已有很多方法。周鑫等[1]提出利用二元理论对低比转速离心泵叶轮数值水力设计的方法；毕尚书等[2]对低比转速离心泵叶轮的现有的水力设计方法进行了全面的阐述；布存丽等[3]对立式离心泵进行水力模型开发；徐岩等[4]通过偏置叶轮短叶片改善了扬程驼峰特性；蒋青等[5]通过理论推导，得出扬程特性曲线的数学方程，进而分析水力设计中几何参数的选择对该曲线的影响；袁寿其等[6]提出了消除离心泵扬程曲线驼峰特性的三种叶轮；王勇等[7]利用计算机流体动态分析（CFD）技术对低比转速离心泵在冲角变化时泵内的空化流场进行数值模拟；尉志苹等[8]从实践的角度进行分析，提出了叶轮入口参数的叶片进口面积比是影响离心泵空化性能的一个非常重要的因素；Dyson[9]等以泵泄漏量（设计流量的1%～5%）

为边界条件，模拟计算了一台3叶片离心泵非定常流场和关死点扬程；Bacharoudis[10]等在保证叶轮出口直径不变的前提下，通过改变叶片出口角来分析水泵性能。

通过以上国内外研究资料发现，对于中低比转速离心泵的水力特性研究比较完善，也取得了一定的成果。但是，对于扬程变幅较大以及在最高扬程、设计扬程和最低扬程条件下运行时均对供水流量有要求的中低比转速离心泵的研究还很少。

干河泵站的立轴单级离心泵是我国轴功率最大的水泵，国际上也少有类似比转速的水泵可供直接借鉴。为研究250m扬程段不同比转速立式单级离心泵的综合性能、分析水泵采用变速调节的必要性、提出减轻水泵泥沙磨损的措施，开展了高扬程大功率离心水泵的研究工作，为工程设计和主要机电设备的招标采购提供依据，并为泵站机组的安全、稳定和长期运行奠定基础。

2.2 高扬程大功率立式离心水泵研究内容和目标

2.2.1 研究内容

水泵性能研究是本研究的核心。研究采用CFD方法进行三维黏性流解析，分析特征工况下水泵内部的压力场、流态和速度矢量分布，开发新的适合于牛栏江—滇池补水工程的高、低比转速水泵，预估水泵的综合性能，通过水泵模型试验进行性能验证；根据水泵模型试验成果，对水泵过流部件的水力设计进行整体优化和再次试验验证，直至水泵性能全面达到预期的目标要求。

研究还包括：以水泵模型试验成果（包括浑水模型试验）为基础，研究水泵采用变速调节的必要性；开展材料磨损试验和水泵泥沙磨损预估分析，提出减轻水泵泥沙磨损的措施。

2.2.2 研究目标

1. 效率

水泵模型的最高效率不低于88%～89%。

2. 空化性能

设计扬程219.3m下水泵必需空化余量$NPSH_r$不超过20m；最高扬程233.3m下的必需空化余量$NPSH_r$不超过22m。

3. 工作流量

水泵在设计扬程219.3m的工作流量不小于7.67m³/s，在最高扬程233.3m下的工作流量不小于6.67m³/s。

4. 其他

在满足上述三个目标的基础上，研究水泵定速运行时在最低扬程下的工作流量不大于8.0m³/s的可能性，即研究水泵采用变速调节的必要性。

2.3　水泵水力开发与优化

2.3.1　数学方程

2.3.1.1　流体力学基本方程组

自然界中一切流体流动都遵循质量、动量和能量守恒定律。在研究流体流动数值模拟之前，首先要研究和分析反应流体流动守恒定律的方程组——连续方程、动量方程和能量方程，通常称这些方程组为流体力学基本方程组。

流体力学基本方程组是在连续介质假设下得到的。所谓连续介质假设是指流体质点连续地充满流体所在空间，流体质点所具有的宏观物理量（质量、速度、压力和温度）应满足一切宏观物理定律及物理性质。

1. 连续方程

Cartesian 坐标系下单位质量流体连续方程为

$$\frac{\partial \rho}{\partial t}+\frac{\partial(\rho u)}{\partial x}+\frac{\partial(\rho v)}{\partial y}+\frac{\partial(\rho w)}{\partial z}=0 \tag{2.3-1}$$

矢量形式：

$$\frac{\partial \rho}{\partial t}+\nabla\cdot(\rho\vec{v})=0 \tag{2.3-2}$$

式中　ρ——流体密度；

$\vec{v}$——流体流动速度矢量；

u、v、w——流体速度矢量在 Cartesian 坐标系下在 x、y、z 方向上的分量。

2. 动量方程

根据牛顿第二定律，笛卡尔坐标系下流体动量守恒方程为

$$\left.\begin{aligned}
\frac{Du}{Dt}&=\frac{\partial u}{\partial t}+u\frac{\partial u}{\partial x}+v\frac{\partial u}{\partial y}+w\frac{\partial u}{\partial z}=-\frac{1}{\rho}\frac{\partial p}{\partial x}+F_x+\frac{1}{\rho}\left(\frac{\partial \tau_{xx}}{\partial x}+\frac{\partial \tau_{xy}}{\partial y}+\frac{\partial \tau_{xz}}{\partial z}\right)+S_{mx}\\
\frac{Dv}{Dt}&=\frac{\partial v}{\partial t}+u\frac{\partial v}{\partial x}+v\frac{\partial v}{\partial y}+w\frac{\partial v}{\partial z}=-\frac{1}{\rho}\frac{\partial p}{\partial y}+F_y+\frac{1}{\rho}\left(\frac{\partial \tau_{yx}}{\partial x}+\frac{\partial \tau_{yy}}{\partial y}+\frac{\partial \tau_{yz}}{\partial z}\right)+S_{my}\\
\frac{Dw}{Dt}&=\frac{\partial w}{\partial t}+u\frac{\partial w}{\partial x}+v\frac{\partial w}{\partial y}+w\frac{\partial w}{\partial z}=-\frac{1}{\rho}\frac{\partial p}{\partial z}+F_z+\frac{1}{\rho}\left(\frac{\partial \tau_{zx}}{\partial x}+\frac{\partial \tau_{zy}}{\partial y}+\frac{\partial \tau_{zz}}{\partial z}\right)+S_{mz}
\end{aligned}\right\} \tag{2.3-3}$$

$$\left.\begin{aligned}
\tau_{xx}&=2\mu\frac{\partial u}{\partial x}+\left(\mu'-\frac{2}{3}\mu\right)\left(\frac{\partial u}{\partial x}+\frac{\partial v}{\partial y}+\frac{\partial w}{\partial z}\right)\tau_{xy}=\tau_{yx}=\mu\left(\frac{\partial v}{\partial x}+\frac{\partial u}{\partial y}\right)\\
\tau_{yy}&=2\mu\frac{\partial v}{\partial y}+\left(\mu'-\frac{2}{3}\mu\right)\left(\frac{\partial u}{\partial x}+\frac{\partial v}{\partial y}+\frac{\partial w}{\partial z}\right)\tau_{yz}=\tau_{zy}=\mu\left(\frac{\partial w}{\partial y}+\frac{\partial v}{\partial z}\right)\\
\tau_{zz}&=2\mu\frac{\partial w}{\partial z}+\left(\mu'-\frac{2}{3}\mu\right)\left(\frac{\partial u}{\partial x}+\frac{\partial v}{\partial y}+\frac{\partial w}{\partial z}\right)\tau_{zx}=\tau_{xz}=\mu\left(\frac{\partial u}{\partial z}+\frac{\partial w}{\partial x}\right)
\end{aligned}\right\} \tag{2.3-4}$$

矢量形式：

$$\frac{D\vec{v}}{Dt}=\frac{\partial \vec{v}}{\partial t}+u\frac{\partial \vec{v}}{\partial x}+v\frac{\partial \vec{v}}{\partial y}+w\frac{\partial \vec{v}}{\partial z}=-\frac{1}{\rho}\nabla p+\vec{F}+\vec{\tau}+\vec{S}_m \tag{2.3-5}$$

$$\vec{\tau}=\begin{pmatrix}\tau_{xx} & \tau_{xy} & \tau_{xz}\\ \tau_{yx} & \tau_{yy} & \tau_{yz}\\ \tau_{zx} & \tau_{zy} & \tau_{zz}\end{pmatrix} \tag{2.3-6}$$

式中 p——流体压力；

$\vec{F}$——流体所受外部体力；

F_x、F_y、F_z——外部体力矢量在 Cartesian 坐标系下在 x、y、z 方向上的分量；

$\vec{\tau}$——流体内部耗散力（黏性耗散、摩擦耗散等），称为流体黏性应力；

μ——流体动力黏滞系数；

μ'——膨胀黏性系数，流体黏性系数 μ 和 μ' 的大小是由流体分子的性质和分子之间相互作用决定的，它们主要是温度的函数；

$\vec{S}_m$——流体质量源（汇）；

S_{mx}、S_{my}、S_{mz}——流体质量源（汇）在 Cartesian 坐标系下在 x、y、z 方向上的分量。

2.3.1.2 湍流模型

湍流是一种多尺度不规则复杂流动。它可以反映出流场很多重要的性质。理论上讲，通过直接求解纳维-斯托克斯方程（N-S 方程）可以描述湍流现象，但是实际中的湍流物理结构特性的空间尺度和时间尺度非常小，若采用直接求解，对于现有的计算能力来说还比较困难，无法应用于工程计算。因此相应的湍流模型应运而生，目前常用的湍流模型总结起来主要包括以下两类。

1. 雷诺平均法（RANS）

多数观点认为，虽然瞬时的纳维-斯托克斯方程（N-S 方程）可以用于描述湍流，但纳维-斯托克斯方程的非线性使得用解析的方法精确描述三维时间相关的全部细节极端困难。从工程应用的观点上看，重要的是湍流所引起的平均流场的变化，是整体的效果，因此，人们很自然地想到求解时均化的纳维-斯托克斯方程，而将瞬态的脉动量通过某种模型在时均化的方程中体现出来，由此产生了雷诺平均法。雷诺平均法的核心是不直接求解瞬时的纳维-斯托克斯方程，而是想办法求解时均化的雷诺（Reynolds）方程。

时均化的雷诺方程中有关于湍流脉动值的应力项，这属于新的未知量，须对雷诺应力作出某种假定，即建立应力的表达式或引入新的湍流模型方程，通过这些表达式或湍流模型，把湍流的脉动值与时均值等联系起来。由于没有特定的物理定律可以用来建立所需的湍流模型，所以目前的湍流模型只能以大量的试验观测结果为基础。

根据对雷诺应力做出的假定或处理方式不同，目前常用的湍流模型有两大类：雷诺应力模型和涡黏模型。

涡黏模型（eddy viscosity turbulence models）对雷诺应力项不会直接进行求解，涡黏模型中引入湍动黏度（turbulent viscosity），或称涡黏系数（eddy viscosity），然后把湍流应力表示成湍动黏度的函数，整个计算的关键在于确定这种湍动黏度，它的求解是湍流计算的主要问题。

雷诺应力模型方法直接构建表示雷诺应力的方程，然后联立求解控制方程组及新建立的雷诺应力方程。

2. 大涡模拟方法（LES）

大涡模拟的核心思想是直接对流场中的大尺度脉动进行求解，对于小尺度脉动通过亚格子进行模拟。实现大涡模拟首先要把小尺度脉动过滤掉。

在本节的CFD数值计算中使用涡黏模型中的RNG $k-\varepsilon$ 湍流模型。在涡黏模型中两方程湍流模型应用十分广泛，在数值计算收敛性和计算结果准确度之间达到了很好的平衡。两方程模型比零方程模型更加复杂，速度和长度都通过离散的输运方程求解。在两方程模型中，使用湍流动能来计算湍流速度，而湍流动能由它自己的输运方程的解而来。湍流长度由湍流场的两个特征估算得到，这两个特征通常是湍流动能及其耗散率。湍流动能耗散率由它自己的输运方程的解而来。

k 是湍流动能，定义为速度脉动的方差，量纲是 L^2T^{-2}。ε 是湍流涡耗散（速度脉动耗散率），量纲是单位时间内的湍流动能 k，即 L^2T^{-3}。

$k-\varepsilon$ 模型也是基于旋涡黏性概念，因此有

$$\mu_{eff}=\mu+\mu_t \tag{2.3-7}$$

式中 μ_{eff}——有效湍流黏度；

μ_t——湍流黏度。

$k-\varepsilon$ 模型假设湍流黏度与湍流动能耗散满足如下关系：

$$\mu_t=C_\mu\rho\frac{k^2}{\varepsilon} \tag{2.3-8}$$

式中 C_μ——常数。

k 和 ε 的数值由湍流动能和湍流耗散率的差分输运方程组得到

$$\frac{\partial(\rho k)}{\partial t}+\frac{\partial}{\partial x_j}(\rho U_j k)=\frac{\partial}{\partial x_j}\left[\left(\mu+\frac{\mu_t}{\sigma_k}\right)\frac{\partial k}{\partial x_j}\right]+P_k-\rho\varepsilon+P_{kb} \tag{2.3-9}$$

$$\frac{\partial(\rho\varepsilon)}{\partial t}+\frac{\partial}{\partial x_j}(\rho U_j\varepsilon)=\frac{\partial}{\partial x_j}\left[\left(\mu+\frac{\mu_t}{\sigma_\varepsilon}\right)\frac{\partial\varepsilon}{\partial x_j}\right]+\frac{\varepsilon}{k}(C_{\varepsilon1}P_k-C_{\varepsilon2}\rho\varepsilon+C_{\varepsilon1}P_{\varepsilon b}) \tag{2.3-10}$$

式中 $C_{\varepsilon1}$、$C_{\varepsilon2}$、σ_k、σ_ε——常数；

P_{kb}、$P_{\varepsilon b}$——代表浮力的影响；

P_k——由黏性力引起的湍流产物。

RNG $k-\varepsilon$ 模型是通过对N-S方程组进行重归一化得出。其湍流生成与耗散的输运方程与标准 $k-\varepsilon$ 模型相同，但是模型中的常数不同，常数 $C_{\varepsilon1}$ 由方程 $C_{\varepsilon1RNG}$ 取代。

湍流耗散输运方程变成：

$$\frac{\partial(\rho\varepsilon)}{\partial t}+\frac{\partial}{\partial x_j}(\rho U_j\varepsilon)=\frac{\partial}{\partial x_j}\left[\left(\mu+\frac{\mu_t}{\sigma_{\varepsilon RNG}}\right)\frac{\partial\varepsilon}{\partial x_j}\right]+\frac{\varepsilon}{k}(C_{\varepsilon1RNG}P_k-C_{\varepsilon2RNG}\rho\varepsilon+C_{\varepsilon1RNG}P_{\varepsilon b}) \tag{2.3-11}$$

其中

$$C_{\varepsilon1RNG}=1.42-f_\eta \tag{2.3-12}$$

$$f_\eta=\frac{\eta\left(1-\frac{\eta}{4.38}\right)}{1+\beta_{RNG}\eta^3} \tag{2.3-13}$$

$$\eta=\sqrt{\frac{P_k}{\rho C_{\mu RNG}\varepsilon}} \tag{2.3-14}$$

2.3.2 计算流体软件

水泵水力开发采用 ANSYS-CFX 流体计算软件。该软件可以比较准确的通过计算得到过流部件内部的流动情况，不但可以指导设计，还可以预估其性能、用数值方法对水泵进行初步判别，既提高了水泵的性能指标、减少开发周期，又节省了大量的试验费用。

使用 ANSYS-CFX 软件（包括 CFX-TASCflow 软件）设计的过程是一个优化设计的过程，针对不同的目标参数（如扬程、流量、效率或空化参数）可以得到不同的结果，也可以兼顾多项目标参数达到综合最优的目的。

叶轮 CFD 优化设计应用 CFX-TurboGrid 软件对计算域进行结构化网格划分，在改型优化设计时使用 CFX-TASCflow 软件，进行单通道的模拟计算，它可以快速地预估改型后叶轮的性能变化情况，包括叶轮效率、扬程以及空化性能的变化；在全通道整体计算时使用 ANSYS-CFX 软件，它可以更加准确地预估计算域的整体性能；此外，在计算的前处理过程中还用到了三维造型软件 MDT、Pro/E、UG 等，为下一步设计的网格划分提供实体造型或空间曲面。网格划分软件使用 ANSYS-ICEM 软件。

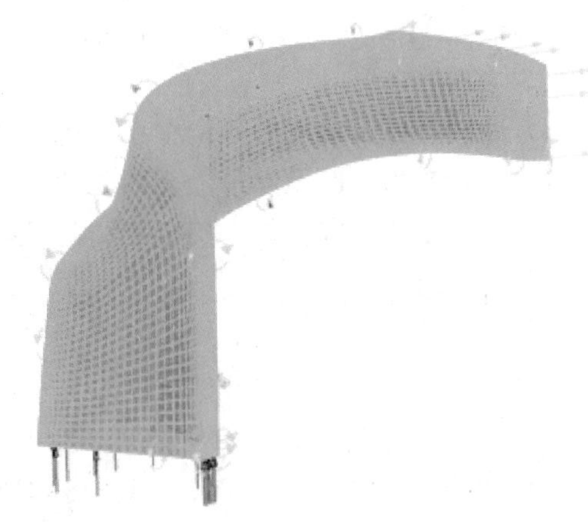
图 2.3-1 叶轮 CFD 优化设计计算域

边界条件的设置为：计算域为旋转域，其旋转速度为 1300r/min；叶轮叶片、前盖板、后盖板采用移动壁面为边界条件；导叶区和进水管直锥段靠近前盖板部分的墙设为固定壁面；所有壁面的近壁面都采用高雷诺数标准壁面对数函数；水泵进口边界采用质量/流量进口，出口边界设为相对静压出口，相对压力为 0Pa。其中计算域见图 2.3-1。

2.3.3 水泵水力通道设计

根据干河泵站的运行条件及研究要求，开展了比转速分别为 89m·m^3/s、107m·m^3/s 的两个方案水泵（相应真机额定转速分别为 500r/min、600r/min）的开发以及全通道的优化设计工作。通道设计中首先是叶轮的叶片设计，确定叶片轴面形状以及平面形状，然后进行叶轮前、后连接部件的流道形状设计，包括叶轮之前的进水管、叶轮之后的导叶以及蜗壳。

1. 叶轮设计

叶轮是叶片泵对液体做功的主体，叶片是向液体传递能量的主要部分，叶片设计的好坏是影响水泵性能的关键。叶轮水力设计和优化时应特别关注参数关系，使叶轮在规定的运行条件下达到综合性能最优，关注的参数包括流道控制尺寸、形状、轴面流道面积变化规律和叶片参数（如叶片的数量、进出口边位置及形状、高低压边安放角及包角）。叶轮空化性能优化设计时主要考虑进口直径、流道形状、叶片进口角及进口冲角等参数。

当额定转速为 500r/min 时，水泵工作比转速范围在 83.6～116.9m · m³/s 之间；当额定转速为 600r/min 时，其工作比转速范围在 93.6～138.3m · m³/s 之间。叶轮设计首先需要设计出符合工作比转速范围的水力通道，然后再经过优化设计使之符合要求。

2. 其他过流部件的流道设计

除了叶轮之外，需要进行进水管、导叶以及蜗壳单线的设计。设计难度较大的部件是固定导叶，设计包括翼型以及与叶轮的匹配关系。

在固定导叶设计过程中，以理论分析作为优化设计的基础。从理论上分析，当叶轮的出口宽度与导叶的喉部直径相近时，导叶区会有较高的效率水平；其次，保证导叶扩散段长度在其喉部直径的 3 倍左右范围内时，导叶区会起到较好的回收能量作用。以此为基础，进行了多个方案的导叶优化设计。固定导叶优化改型的主要措施基于如下考虑：

（1）改善导叶及叶轮的匹配关系，优化导叶进口液流角。

（2）适当扩大导叶及叶片之间的无叶区范围，减小导叶与叶轮之间的动静干涉。

（3）选择不同导叶个数，确定最佳的导叶与叶轮的匹配关系。

2.3.4 水泵研制过程

水泵优化开发研制周期历经 10 个月。水力开发针对真机额定转速分别为 600r/min、500r/min 两个方案共进行了两轮、共 4 个叶轮的设计和模型试验，分别为真机额定转速 600r/min 方案的 A1047、A1054 叶轮以及真机额定转速 500r/min 方案的 A1048、A1059 叶轮。

根据水泵模型试验结果，第一轮 A1047 模型水泵的最优效率为 90.78%，达到预期目标，但临界空化系数较大，按安装高程 1725.00m 计算空化裕度不能满足空蚀保证值；A1048 水泵的最优效率为 87.55%，未达到预期目标，且临界空化系数较大，按安装高程 1725.00m 计算空化裕度不能满足空蚀保证值。随后，针对第一轮水泵开发中存在的问题，进行了第二轮水力开发和优化，优化重点放在了改善水泵空化性能上，分别设计出了 A1054、A1059 叶轮。第一、二轮开发的水泵叶轮见图 2.3-2、图 2.3-3。

(a) A1047 叶轮

(b) A1054 叶轮

图 2.3-2 干河泵站高比转速方案（真机额定转速 600r/min）水泵模型叶轮优化前后比较图

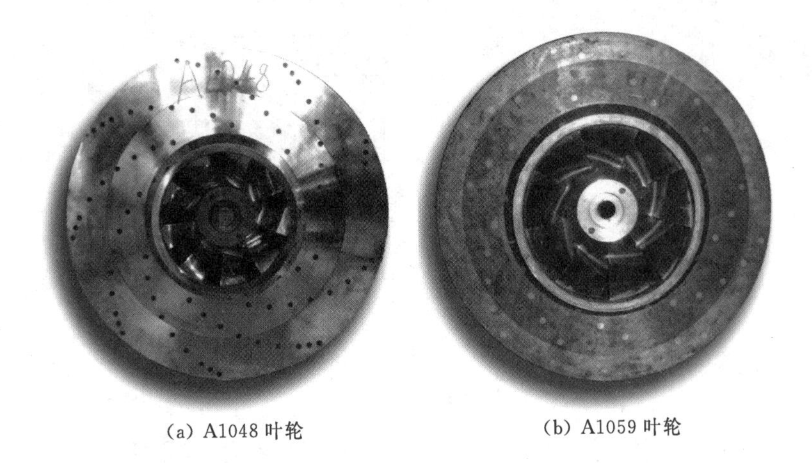
(a) A1048 叶轮　　(b) A1059 叶轮

图 2.3-3 干河泵站低比转速方案（真机额定转速 500r/min）
水泵模型叶轮优化前后比较图

2.3.5 改善水泵空化性能的措施

2.3.5.1 A1047、A1048 叶轮空化性能分析

图 2.3-4、图 2.3-5 分别为第一轮开发的 A1047、A1048 叶轮换算至真机的空化特性试验结果（水泵安装高程为 1725.00m）。图中，z_1 为泵站出水池水位，σ_c 为临界空化系数。图 2.3-6、图 2.3-7 分别为第一轮开发的 A1047、A1048 叶轮 *NPSH* 值 CFD 计算值与试验值的对比。

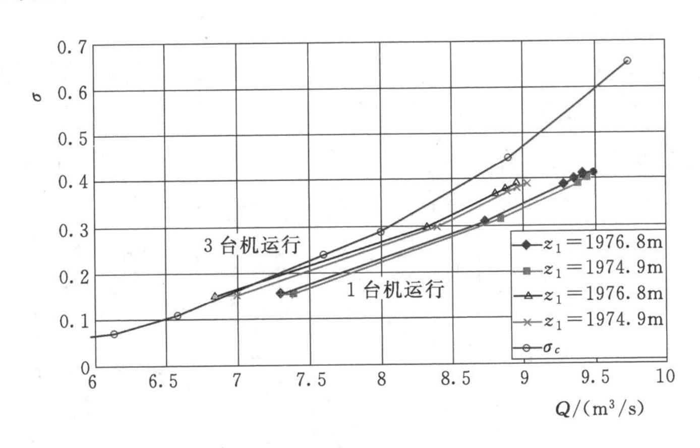

图 2.3-4 A1047 叶轮空化特性图（换算至真机额定转速 600r/min）

从对比情况可以看出以下几点。

(1) A1047 叶轮、A1048 叶轮在设计扬程工况点（$H=219.3$m、$Q=7.67\text{m}^3/\text{s}$）的临界空化系数 σ_c 值分别为 0.24、0.28，明显偏大，与水泵设计时预想值有较大差距。

(2) CFD 计算的 *NPSH* 值偏大，是试验测试结果的 1.5～2 倍。因此，利用这个倍数关系可以建立起改型后叶轮的空化余量实际值 $NPSH_c$ 与 CFD 分析得到的空化余量计算值 $NPSH_{CFD}$ 的关系，用来预估改型后的临界空化余量 $NPSH_c$ 值。

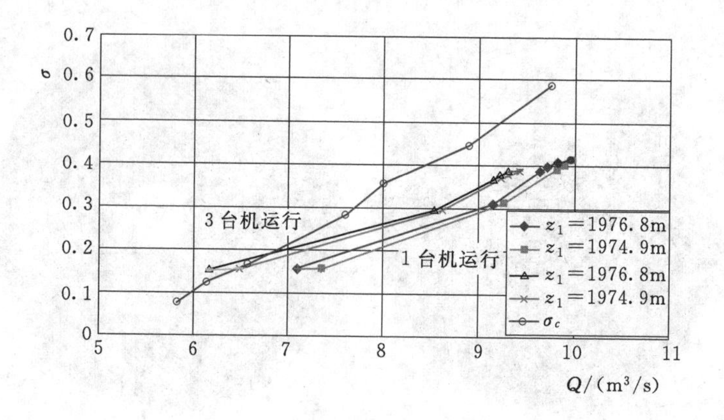

图2.3-5 A1048叶轮空化特性图（换算至真机额定转速500r/min）

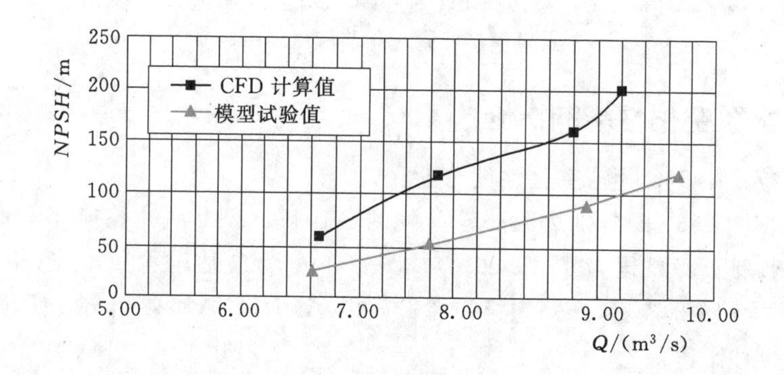

图2.3-6 600r/min方案A1047叶轮*NPSH*值CFD计算与试验对比

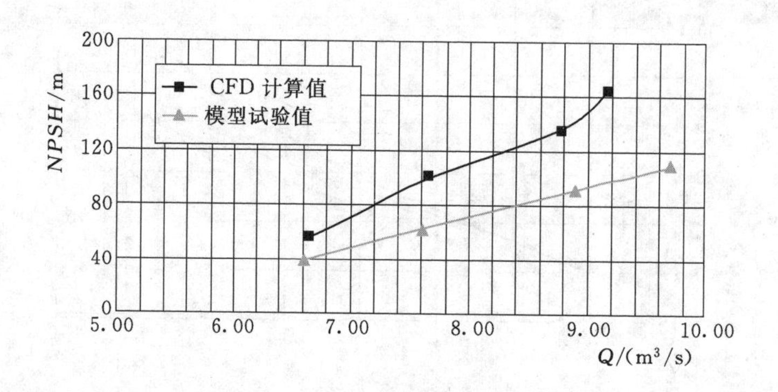

图2.3-7 500r/min方案A1048叶轮*NPSH*值CFD计算与试验对比

2.3.5.2 改善水泵空化性能的措施

对于水泵来说，空化首先出现在叶轮进口边附近，因此空化性能主要取决于叶轮进口处的流动状态。空化性能指标与叶轮进口的相对入流角有着密切的关系。水泵性能参数中，*NPSH*是水泵的吸入特性参数，叶轮进口直径和几何形状的设计应确保达到$NPSH_r$的要求。

必需空化余量$NPSH_r$的基本方程为

$$NPSH_r=\frac{\lambda_1 C_0^2}{2g}+\frac{\lambda W_1^2}{2g} \tag{2.3-15}$$

式中 C_0——叶轮进口绝对速度；

W_1——叶片进口液流相对速度；

λ 和 λ_1——经验损失系数。

根据 $NPSH_r$ 的推导公式可以看出，$NPSH_r$ 与叶轮进口绝对速度以及叶片进口液流相对速度有关系。根据两个方案的模型空化特性试验结果，查找水力设计原因，影响水泵空化性能的主要原因有两方面，一是进口直径大小及流道形状，二是叶片进口翼型的进口角度。因此，确定改善叶轮空化性能的设计原则为：保证叶轮出口特征不变的前提下，改善叶轮进口流道形状、调整叶片进口翼型，增大进口过流面积以减小进口速度 C_0 和叶片进口液流相对速度 W_1。

在保证设计扬程工况点效率达到最高的前提下，改善空化性能的设计采取折衷设计的方式，以协调效率和空化性能的相互关系，使叶轮在获得较高效率的同时其 $NPSH_r$ 值尽可能较低。

1. 叶轮进口流道优化设计

通过以上分析，改善叶轮空化性能考虑增大叶轮进口直径。水泵叶轮进口直径 D_1 可按经验公式（2.3-16）估算：

$$D_1=K_0\sqrt[3]{\frac{Q}{n}} \tag{2.3-16}$$

式中 Q——流量；

n——额定转速；

K_0——经验系数。

按兼顾空化和效率的原则，取 $K_0=4.0\sim5.0$。按此计算，500r/min 方案的叶轮进口直径 D_1 在 0.994～1.242m 之间，600r/min 方案的叶轮进口直径 D_1 在 0.935～1.169m 之间。优化设计的叶轮进口直径在此范围值内进行选择。

在确定进口直径之后，还需要设计叶轮的轴面流道形状，在适当加大前盖板圆弧直径的同时，还应保持合理的轴面面积变化规律。

图 2.3-8 为 500r/min 方案叶轮优化设计前、后的轴面比较。图中虚线为 A1048 叶轮的轴面，实线为改型后 A1059 叶轮的轴面，优化后的叶轮进口直径为 1.116m，为 A1048 的 1.21 倍，相应也加大了前盖板的过渡圆弧半径。

图 2.3-9 是 600r/min 方案叶轮改型前后的轴面比较。图中虚线为 A1047 叶轮的轴面，实线为改型后 A1054 叶轮的轴面，改型后的叶轮进口直径为 1.027m，为 A1047 叶轮的 1.18 倍，同时叶轮前盖板的过渡圆弧半径也予以加大。

2. 叶片进口角优化

从式（2.3-15）可以看出，单纯地加大进口直径并不能确保 $NPSH_r$ 最小，还需要有合适的叶片进口形状，即在加大叶轮进口直径、进口流速得到有效降低的同时，还应改变叶片进口的流动角度，因而需要调整叶片进口角。更为合适的叶片进口角度需要通过 CFD 的三维流体运动分析的优化设计来确定。

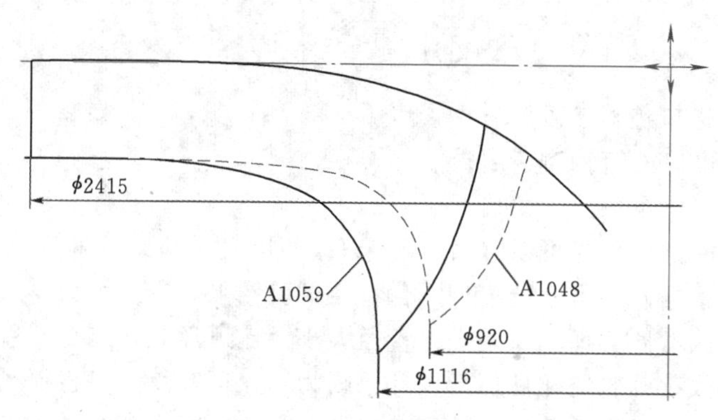

图 2.3-8　500r/min 方案叶轮改型前、后轴面比较图

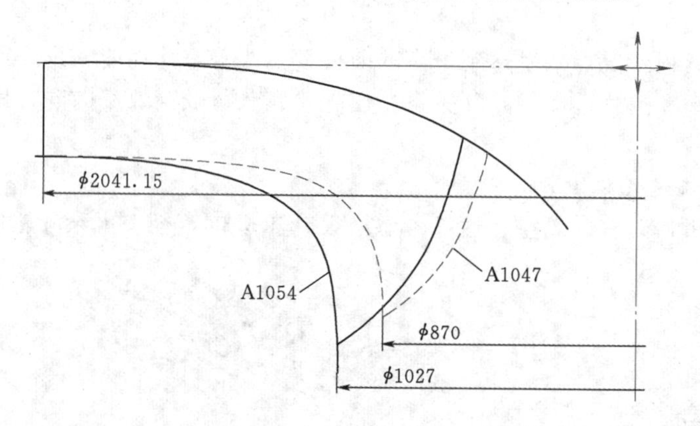

图 2.3-9　600r/min 方案叶轮改型前、后轴面比较图

3. 叶片进口冲角优化

当叶片进口与液流有冲角时，液流会在叶片进口附近的压力面或吸力面上产生分离或涡旋，从而产生气泡、形成空化。一般吸力面上的空泡比较稳定，而压力面上的空泡极不稳定，当来流在有负冲角时，临界空化余量 $NPSH_c$ 会上升，造成吸入性能变坏。因此，将进口冲角设计为正冲角，并适当加大叶片进口头部，可以改善水泵的初生空化性能。

2.3.6　500r/min 方案水泵叶轮优化设计

2.3.6.1　500r/min 方案叶轮优化设计

500r/min 方案叶轮优化改型后型号为 A1059，共计算了 4 个工况点，包括最高扬程 233.30m、设计扬程 219.30m、195m 扬程和最低扬程 185.51m 的工况。

1. 最高扬程工况（H_{max}=233.30m）

对应 A1059 模型计算输入参数为：流量 Q_m=288L/s，转速 n_m=1300r/min，模型数值计算结果见表 2.3-1，CFD 分析结果见图 2.3-10。

表 2.3-1　500r/min 方案 A1059 叶轮最高扬程工况 CFD 计算结果表

计算工况	Q_m/(L/s)	H_m/m	$NPSH_{CFD}$/m	η_m/%
模型数值计算结果	288	110.87	10.68	98.29

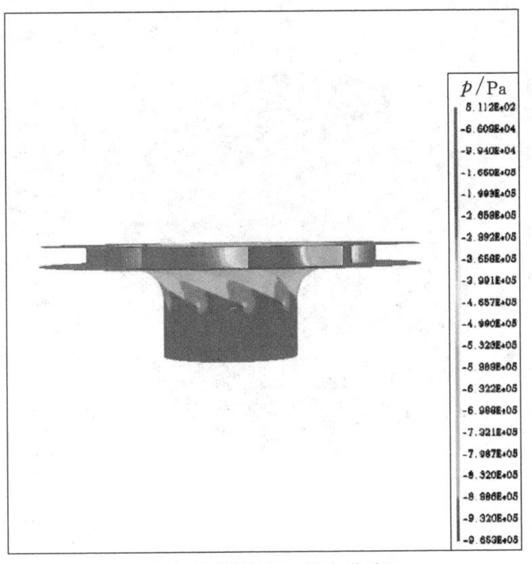

(a) 叶轮进出口压力分布

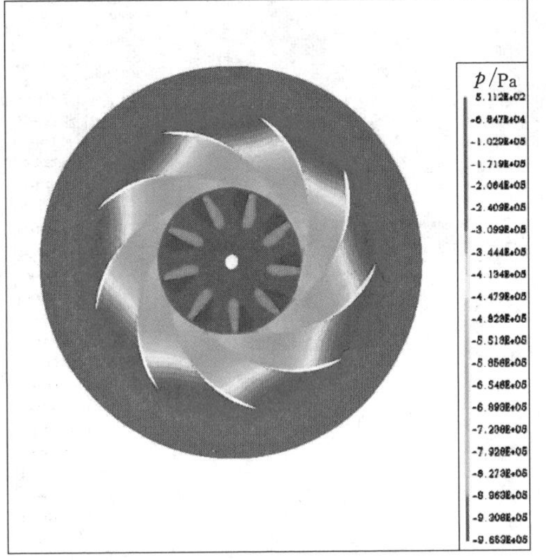

(b) 叶轮进出口压力分布

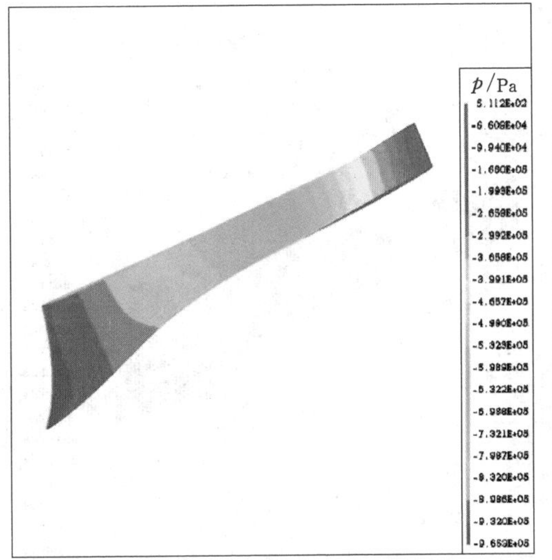

(c) 叶轮叶片背面压力分布

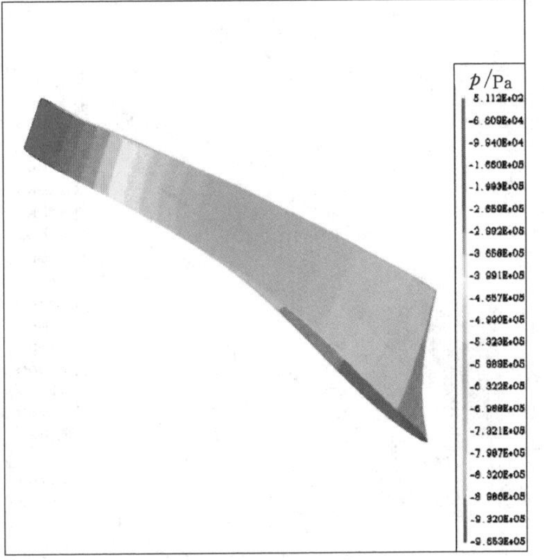

(d) 叶轮叶片正面压力分布

图 2.3-10 A1059 叶轮模型 CFD 分析图（最高扬程工况，Q_m=288L/s）

2. 设计扬程工况（H_r=219.30m）

对应 A1059 叶轮模型计算输入参数为：Q_m=331L/s，n_m=1300r/min，模型数值计算结果见表 2.3-2，CFD 分析结果见图 2.3-11。

表 2.3-2　500r/min 方案 A1059 叶轮设计扬程工况 CFD 计算结果表

计算工况	Q_m/(L/s)	H_m/m	$NPSH_{CFD}$/m	η_m/%
设计扬程 219.30m	331	105.43	6.54	97.85

3. 运行扬程 195.00m 工况

对应 A1059 叶轮模型计算输入参数为：Q_m=364L/s，n_m=1300r/min，模型数值计

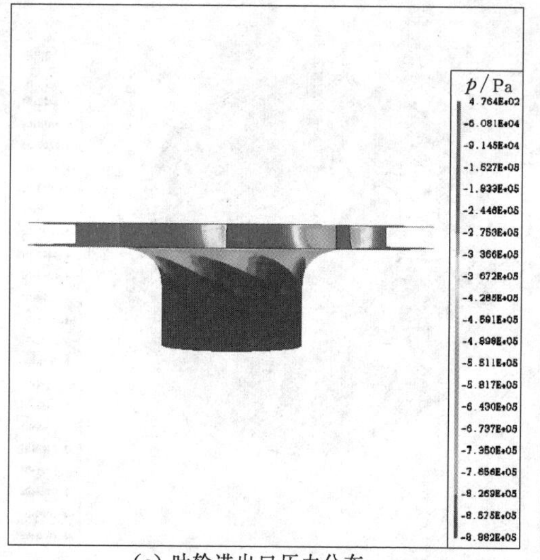

(a) 叶轮进出口压力分布

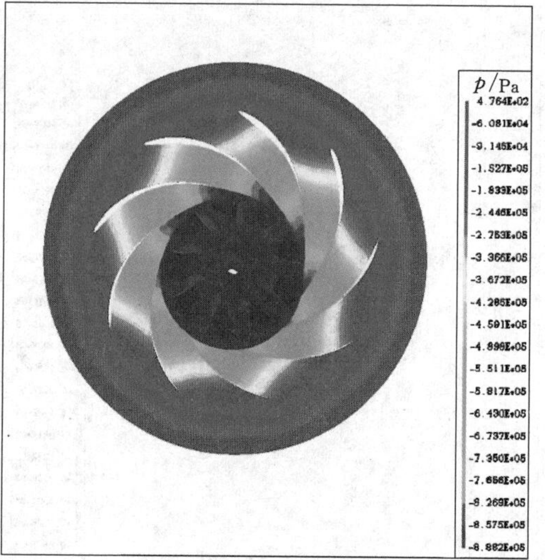

(b) 叶轮进出口压力分布

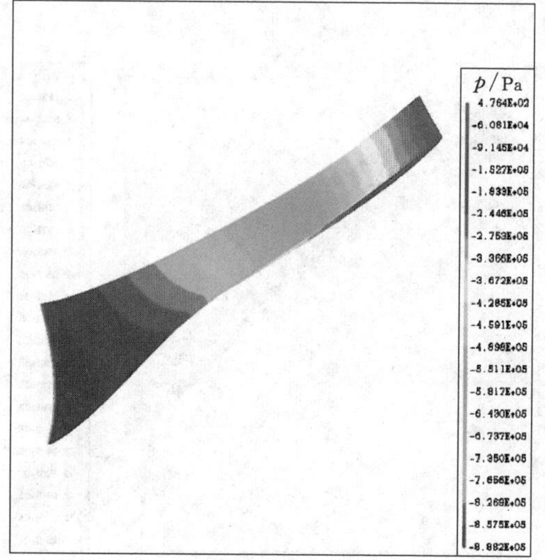

(c) 叶轮叶片背面压力分布

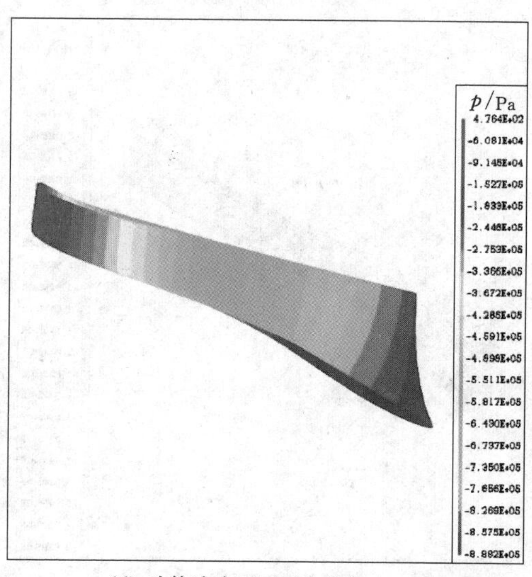

(d) 叶轮叶片正面压力分布

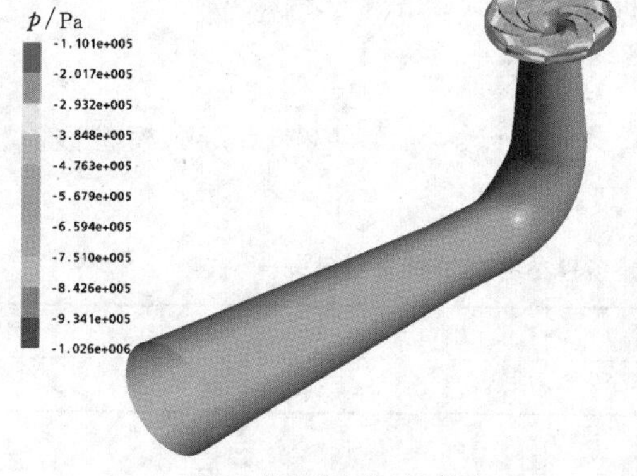

(e) 叶轮及进水管压力分布

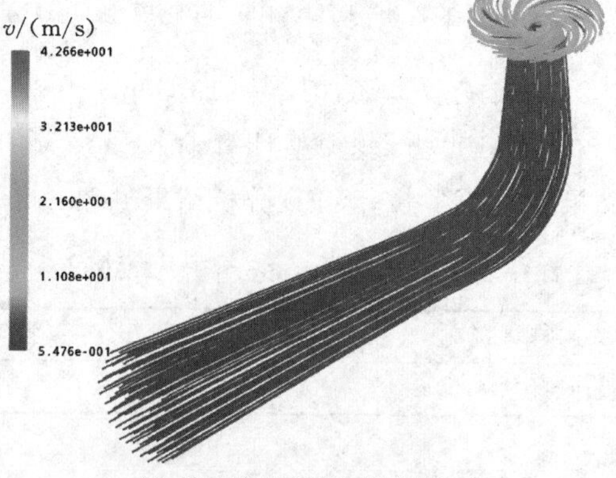

(f) 叶轮及进水管内部流线分布

图 2.3-11 (一)　A1059 叶轮模型 CFD 分析图（设计扬程工况，$Q_m=331\text{L/s}$）

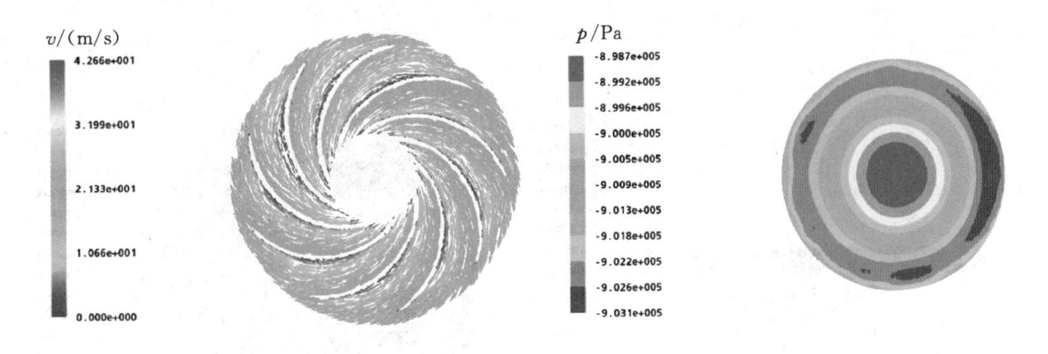

(g) 叶轮内部速度矢量分布　　　　(h) 叶轮进口处压力分布

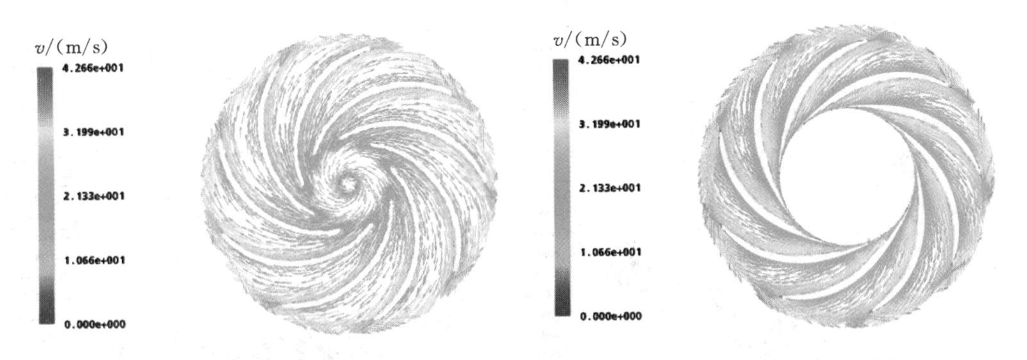

(i) 叶轮进口后盖板处速度分析　　　　(j) 叶轮进口前盖板处速度分析

图 2.3-11（二）　A1059 叶轮模型 CFD 分析图（设计扬程工况，$Q_m=331\text{L/s}$）

算结果见表 2.3-3，CFD 分析结果见图 2.3-12。

表 2.3-3　　500r/min 方案 A1059 叶轮运行扬程 195.00m 工况 CFD 计算结果表

计算工况	Q_m/(L/s)	H_m/m	$NPSH_{CFD}$/m	η_m/%
运行扬程 195.00m	364	101.03	15.10	97.43

4. 最低扬程（$H_{min}=185.51\text{m}$）附近工况

对应 A1059 叶轮模型计算输入参数为：$Q_m=392\text{L/s}$，$n_m=1300\text{r/min}$，模型数值计算结果见表 2.3-4，CFD 分析结果见图 2.3-13。

表 2.3-4　　500r/min 方案 A1059 叶轮最低扬程工况 CFD 计算结果表

计算工况	Q_m/(L/s)	H_m/m	$NPSH_{CFD}$/m	η_m/%
最低扬程 185.51m	392	97.12	24.32	97.01

2.3.6.2　500r/min 方案叶轮优化设计前、后性能对比

由于设计时没有充分考虑叶轮空化性能，500r/min 方案开发的第一个叶轮 A1048 空化性能差，效率也未能达到预期目标要求。表 2.3-5 是 A1048 叶轮在各特征扬程下主要参数的 CFD 计算值，可以看出，CFD 预估的 *NPSH* 值偏大，且在泵站运行扬程范围内

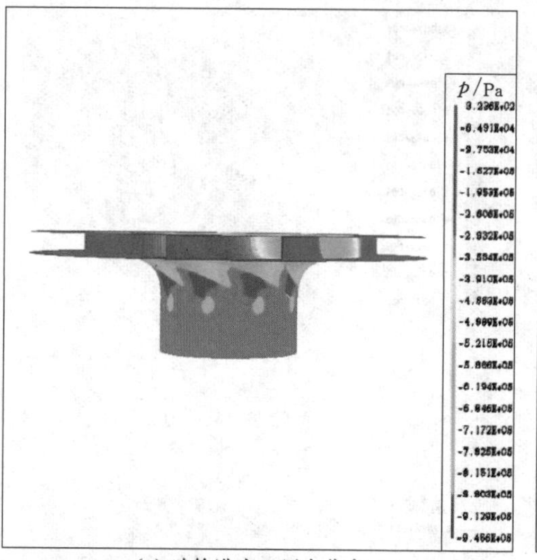

(a) 叶轮进出口压力分布

(b) 叶轮进出口压力分布

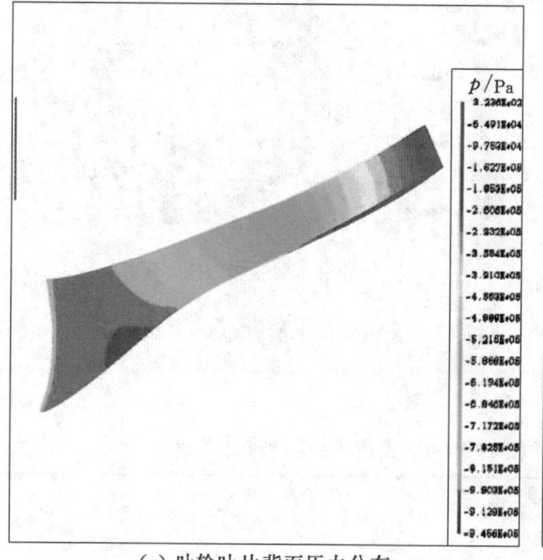

(c) 叶轮叶片背面压力分布

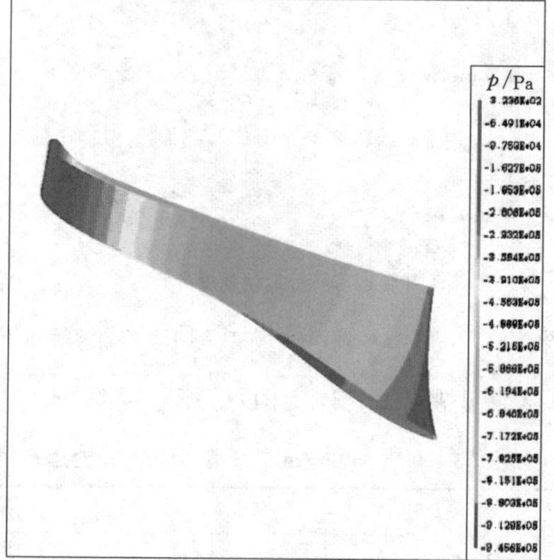

(d) 叶轮叶片正面压力分布

图 2.3-12　A1059 叶轮模型 CFD 分析图（195.00m 扬程工况，$Q_m=364$L/s）

呈现出随着扬程的降低而 $NPSH_{CFD}$ 逐渐增大的现象，在最高扬程与最低扬程之间 $NPSH$ 未出现最低值。

表 2.3-5　500r/min 方案改型前 A1048 叶轮主要参数 CFD 计算结果表

计算工况	Q_m/(L/s)	H_m/m	$NPSH_{CFD}$/m	η_m/%
最高扬程 233.30m	288	115.39	24.17	97.74
设计扬程 219.30m	331	108.92	43.17	96.33
运行扬程 195.00m	364	103.36	58.63	94.79
最低扬程 185.51m	392	97.93	71.58	93.10

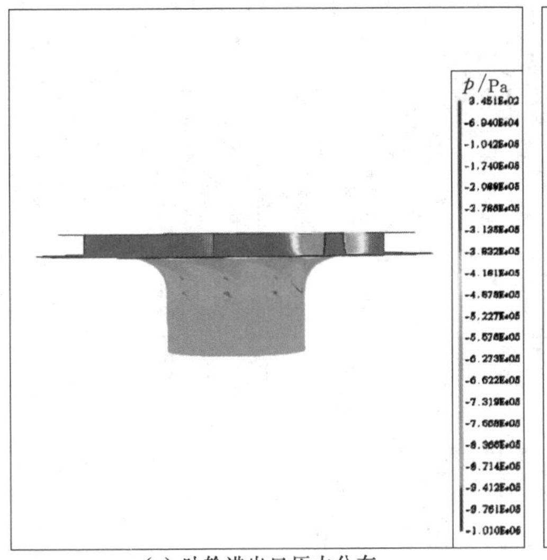

(a) 叶轮进出口压力分布

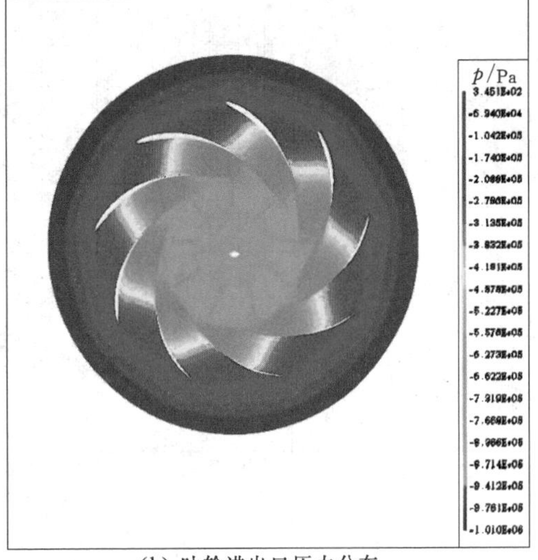

(b) 叶轮进出口压力分布

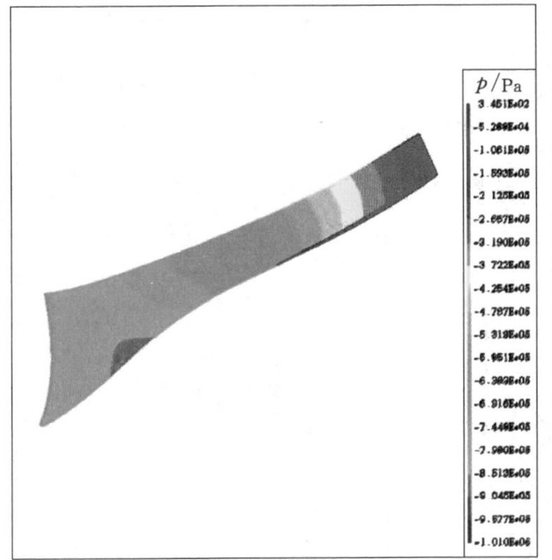

(c) 叶轮叶片背面压力分布

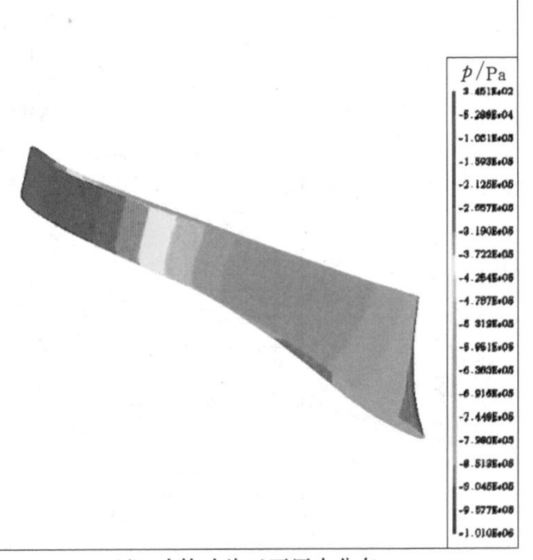

(d) 叶轮叶片正面压力分布

图 2.3-13　A1059 叶轮模型 CFD 分析图（最低扬程附近工况，Q_m=392L/s）

改型优化设计后的 A1059 叶轮在各特征扬程下主要参数的 CFD 计算值见表 2.3-6。改型前的 A1048 叶轮与改型后的 A1059 叶轮主要参数 CFD 计算结果对比见图 2.3-14～图 2.3-16。

表 2.3-6　　500r/min 方案改型后 A1059 叶轮主要参数 CFD 计算结果表

计算工况	Q_m/(L/s)	H_m/m	$NPSH_{CFD}$/m	η_m/%
最高扬程 233.30m	288	110.87	10.68	98.29
设计扬程 219.30m	331	105.43	6.54	97.85
运行扬程 195.00m	364	101.03	15.10	97.43
最低扬程 185.51m	392	97.12	24.32	97.01

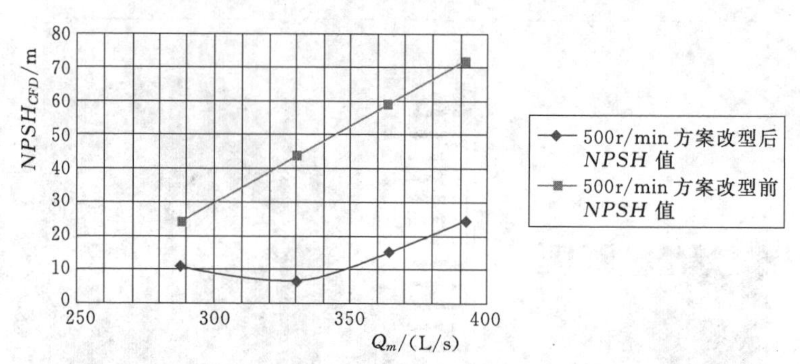

图 2.3-14　500r/min 方案叶轮改型前后 *NPSH* 计算值对比图

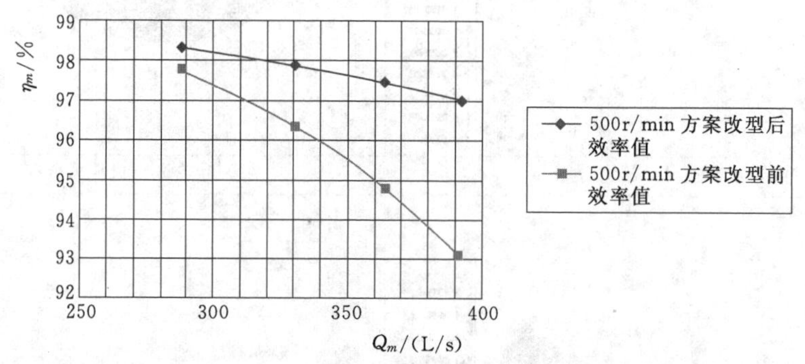

图 2.3-15　500r/min 方案叶轮改型前后效率计算值对比图

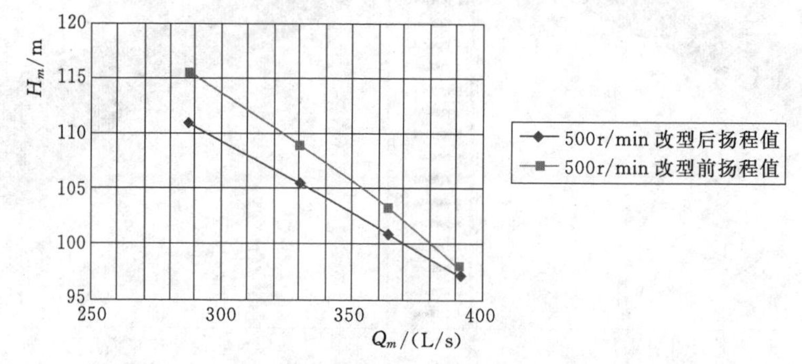

图 2.3-16　500r/min 方案叶轮改型前后扬程计算值对比图

通过以上分析可以看出：

(1) 改型后的 A1059 叶轮的计算扬程有所降低，但 *NPSH* 较改型前的 A1048 叶轮有大幅度的降低，效率有明显提高，表明优化设计后 A1059 叶轮的效率和空化性能有了较大的提高，尤其在大流量工况效率水平提高幅度更大，使得液流的流动更加通畅，水力损失更小。

(2) 优化设计后的 A1059 水泵在设计扬程工况转轮进出口压力分布均匀，梯度变化合理；在非设计扬程工况进出口压力分布较为均匀，表明叶轮在各工况条件下可具有良好的空化性能。

(3) 改善叶轮空化性能的优化设计措施十分有效。A1059 叶轮在最高扬程、设计扬程下的 $NPSH_c$ 能满足预期要求，但对于运行扬程 195.00m、尤其是最低扬程工况，$NPSH_c$ 达不到目标要求。

2.3.7 600r/min 方案水泵叶轮优化设计

2.3.7.1 600r/min 方案叶轮优化设计

与 500r/min 方案叶轮优化改型选用的计算工况点相同，对最高扬程 233.30m、设计扬程 219.30m、195m 扬程和最低扬程 185.51m 等 4 个工况进行了 CFD 分析。

1. 最高扬程工况（$H_{max}=233.30$m）

对应 A1054 模型计算输入参数为：流量 $Q_m=392$L/s，转速 $n_m=1300$r/min，模型数值计算结果见表 2.3-7，CFD 分析结果见图 2.3-17。

表 2.3-7　　600r/min 方案 A1054 叶轮最高扬程工况 CFD 计算结果表

计算工况	Q_m/(L/s)	H_m/m	$NPSH_{CFD}$/m	η_m/%
最高扬程 233.30m	392	104.13	11.83	98.13

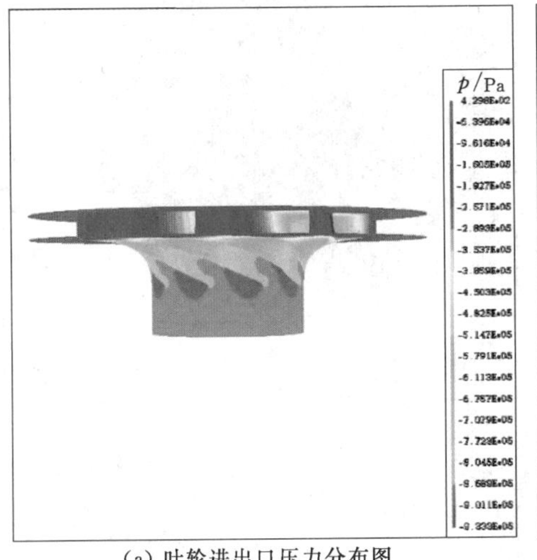

(a) 叶轮进出口压力分布图

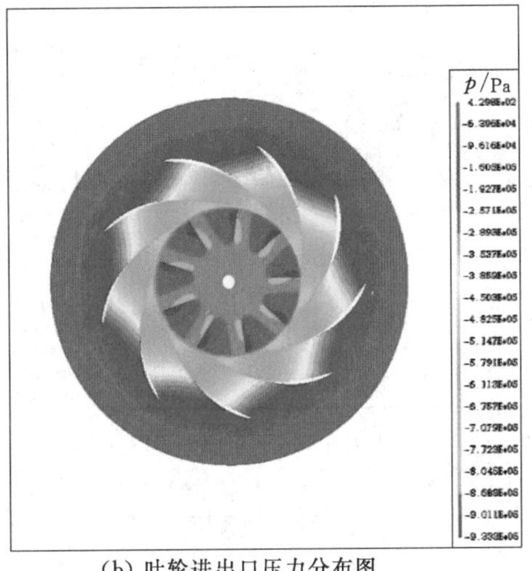

(b) 叶轮进出口压力分布图

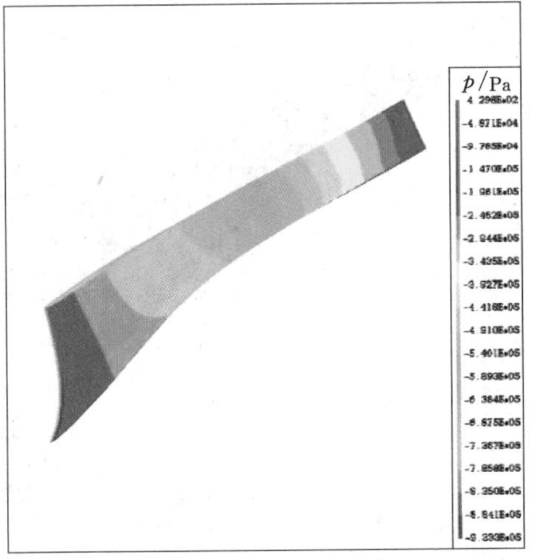

(c) 叶轮叶片背面压力分布

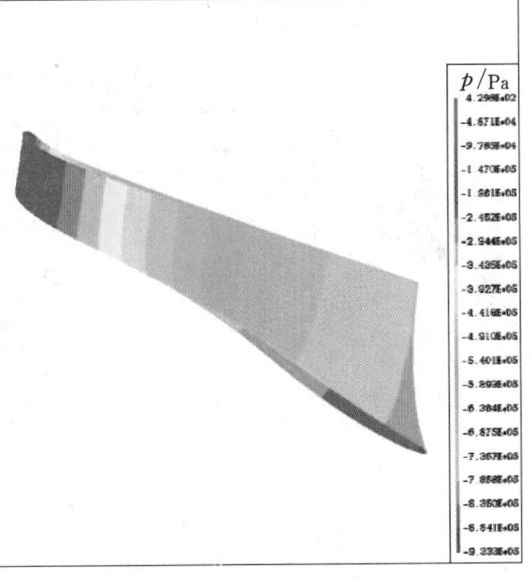

(d) 叶轮叶片正面压力分布

图 2.3-17　A1054 叶轮模型 CFD 分析图（最高扬程工况，$Q_m=392$L/s）

2. 设计扬程工况（H_r＝219.30m）

对应 A1054 模型计算输入参数为：Q_m＝451L/s，n_m＝1300r/min，模型数值计算结果见表 2.3－8，CFD 分析结果见图 2.3－18。

表 2.3－8　　600r/min 方案 A1054 叶轮设计扬程工况 CFD 计算结果表

计算工况	Q_m/(L/s)	H_m/m	$NPSH_{CFD}$/m	η_m/%
设计扬程 219.30m	451	97.49	7.62	97.69

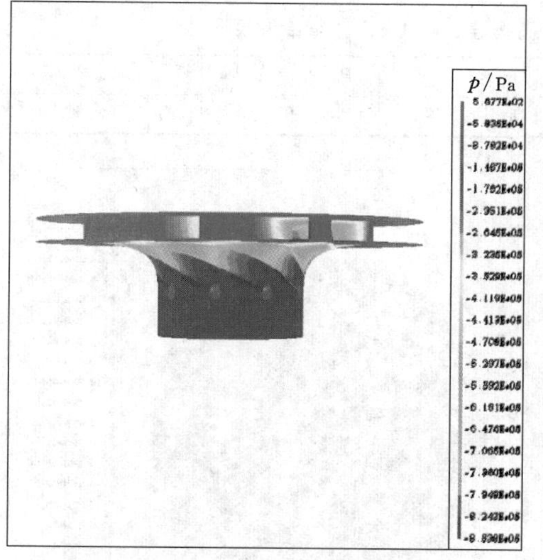

(a) 叶轮进出口压力分布

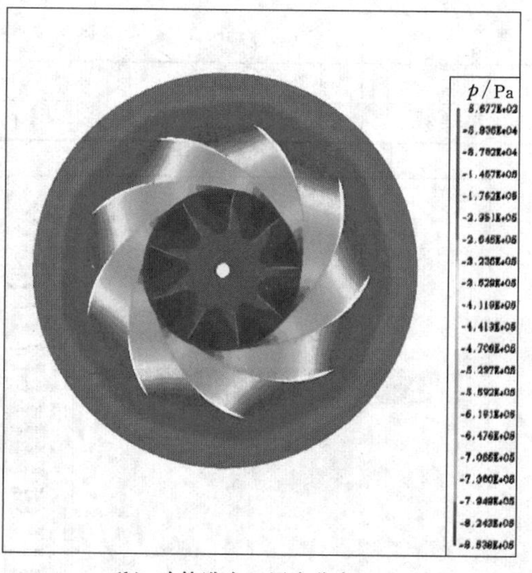

(b) 叶轮进出口压力分布

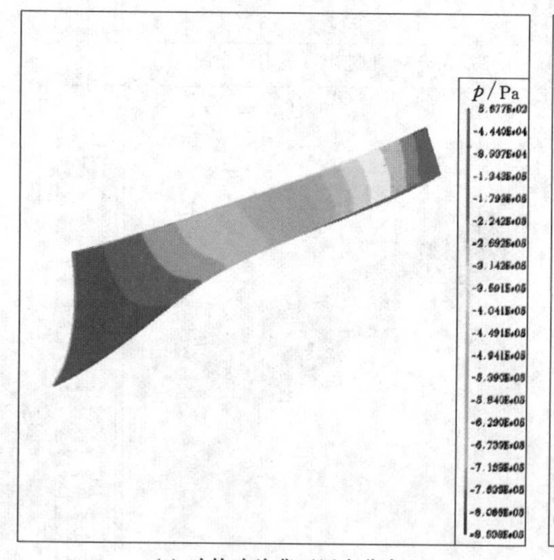

(c) 叶轮叶片背面压力分布

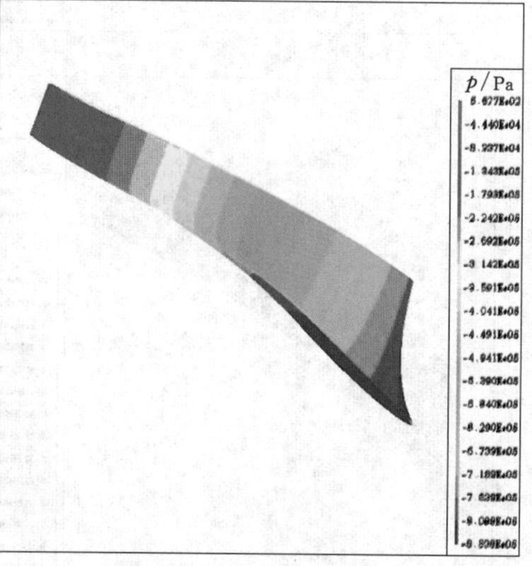

(d) 叶轮叶片正面压力分布

图 2.3－18（一）　A1054 叶轮模型 CFD 分析图（设计扬程工况，Q_m＝451L/s）

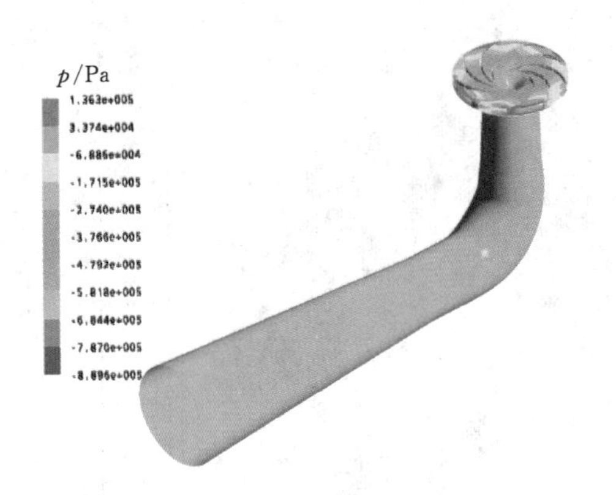

(e) 叶轮及进水管压力分布

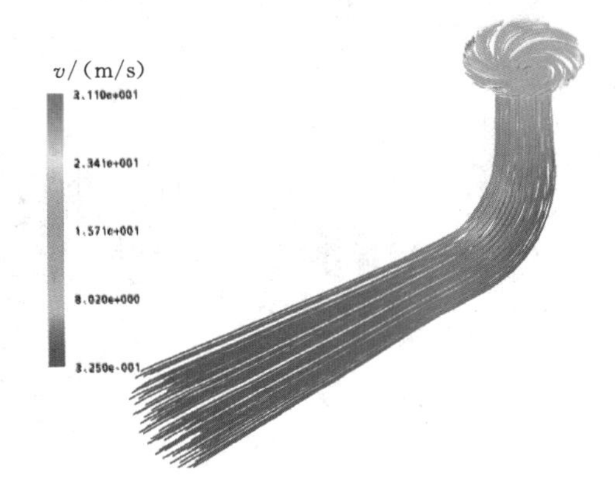

(f) 叶轮及进水管内部流线分布

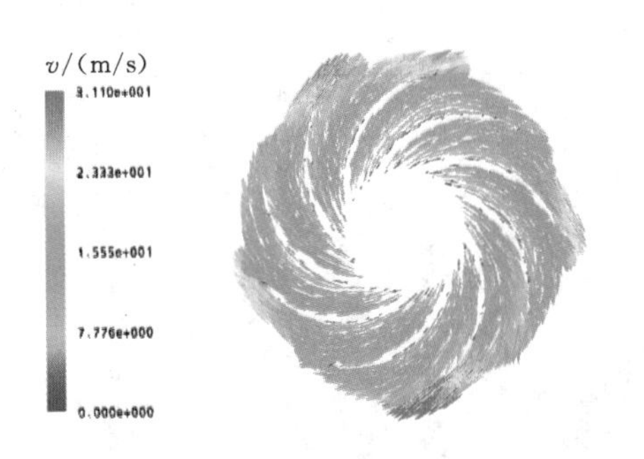

(g) 叶轮内部速度矢量分布

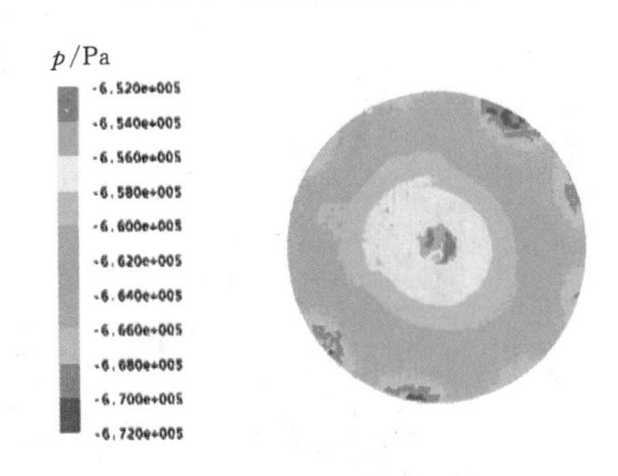

(h) 叶轮进口处压力分布

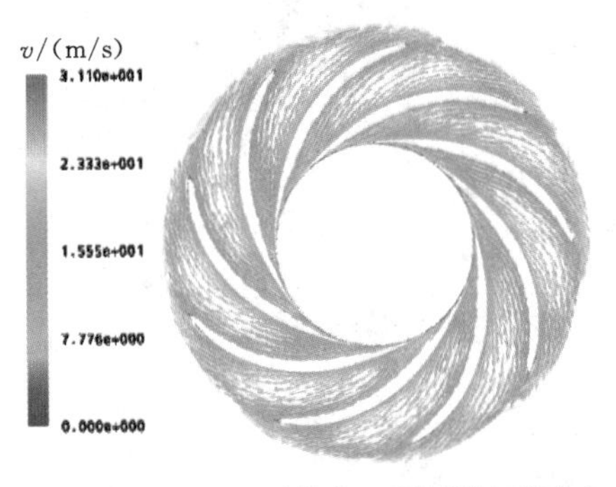

(i) 叶轮进口后盖板处速度分布

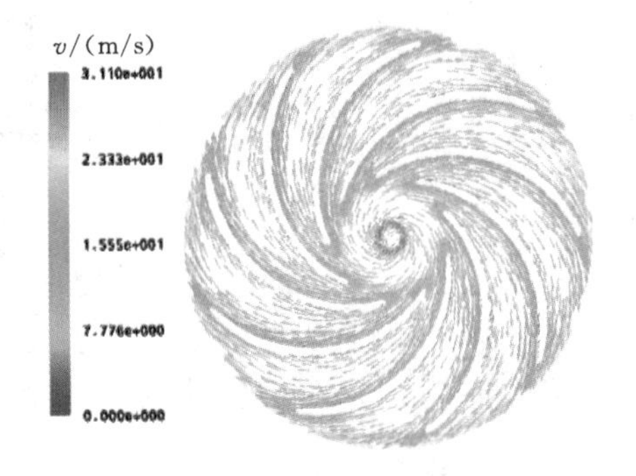

(j) 叶轮进口前盖板处速度分布

图 2.3-18(二) A1054 叶轮模型 CFD 分析图(设计扬程工况，$Q_m=451\text{L/s}$)

3. 运行扬程 195.00m 工况

对应 A1054 模型计算输入参数为：$Q_m=500\text{L/s}$，$n_m=1300\text{r/min}$，模型数值计算结果见表 2.3-9，CFD 分析结果见图 2.3-19。

表 2.3-9　600r/min 方案 A1054 叶轮运行扬程 195.00m 工况 CFD 计算结果表

计算工况	Q_m/(L/s)	H_m/m	$NPSH_{CFD}$/m	η_m/%
运行扬程 195.00m	500	91.81	19.94	97.22

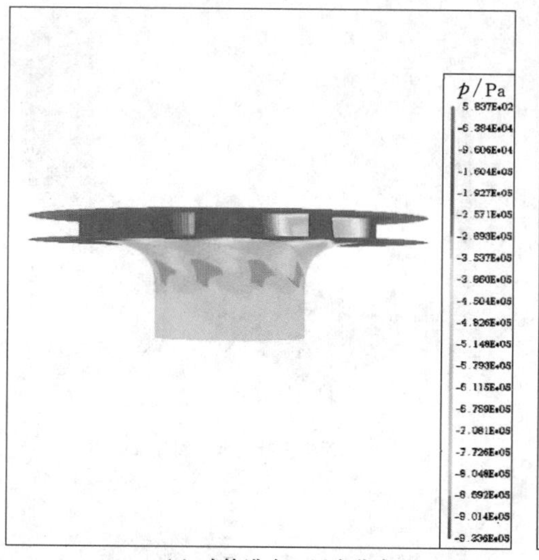

(a) 叶轮进出口压力分布

(b) 叶轮进出口压力分布

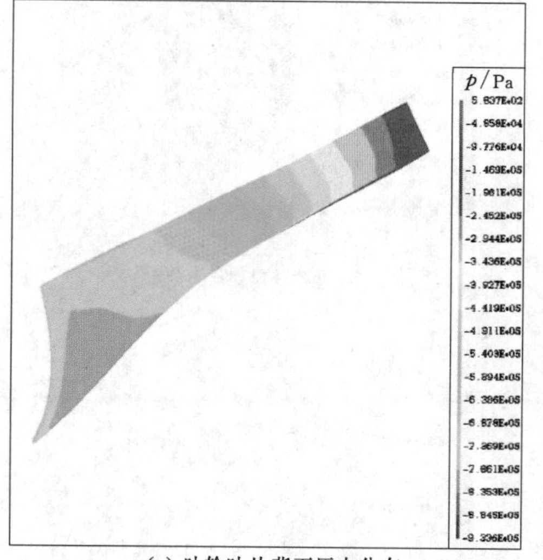

(c) 叶轮叶片背面压力分布

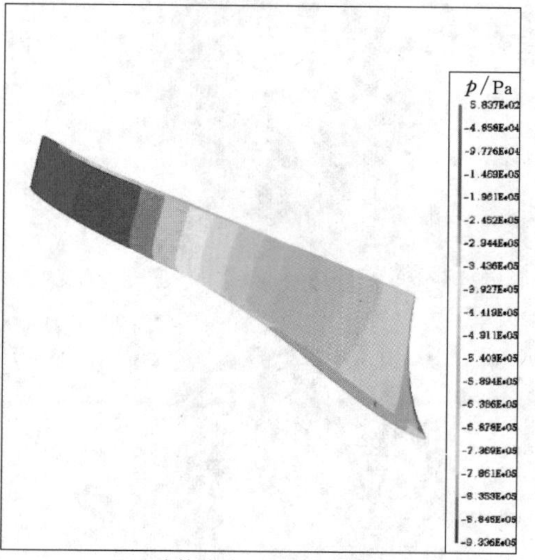

(d) 叶轮叶片正面压力分布

图 2.3-19　A1054 叶轮模型 CFD 分析图（195.0m 扬程工况，Q_m=500L/s）

4. 最低扬程（H_{min}=185.51m）附近工况

对应 A1054 模型计算输入参数为：Q_m=550L/s，n_m=1300r/min，模型数值计算结果见表 2.3-10，CFD 分析结果见图 2.3-20。

表 2.3-10　600r/min 方案 A1054 叶轮最低扬程工况 CFD 计算结果表

计算工况	Q_m/(L/s)	H_m/m	$NPSH_{CFD}$/m	η_m/%
最低扬程 185.51m	550	85.91	35.36	96.50

2.3.7.2　600r/min 方案叶轮优化设计前、后性能对比

虽然 600r/min 方案开发的第一个叶轮 A1047 的效率达到预期要求，但空化性能未达到预期目标要求。表 2.3-11 是 A1047 叶轮在各特征扬程下主要参数的 CFD 计算值，可

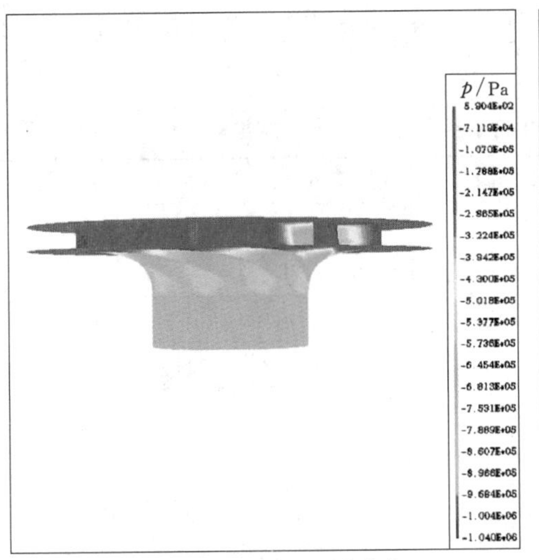

(a) 叶轮进出口压力分布

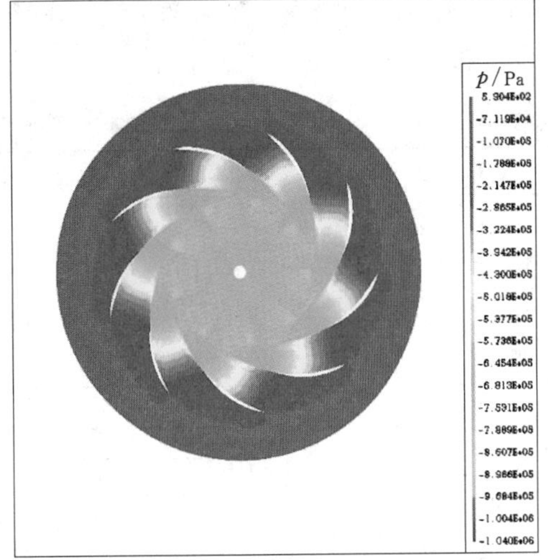

(b) 叶轮进出口压力分布

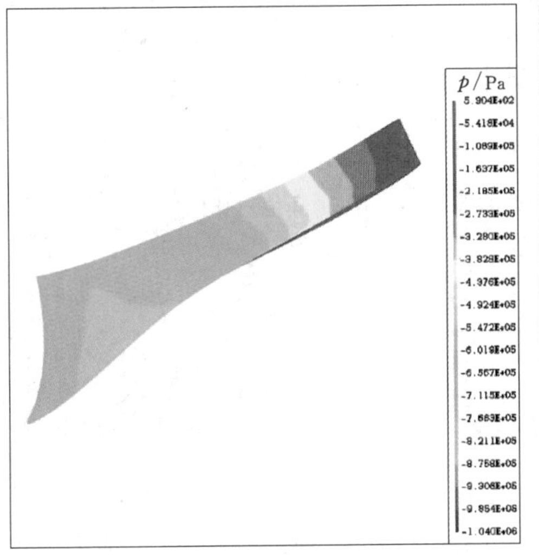

(c) 叶轮叶片背面压力分布

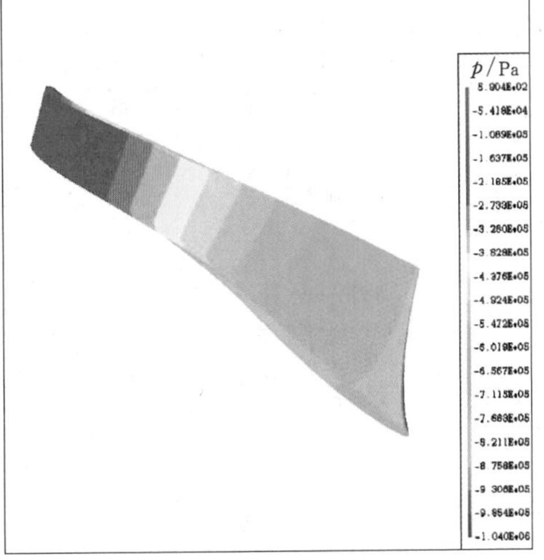

(d) 叶轮叶片正面压力分布

图 2.3-20 A1054 叶轮模型 CFD 分析图（最低扬程附近工况，Q_m=550L/s）

以看出，CFD 预估的 $NPSH$ 值大，且在泵站运行扬程范围内呈现出随着扬程的降低而 $NPSH_{CFD}$ 增长较快的现象，在最高扬程与最低扬程之间 $NPSH$ 也未出现最低值。

表 2.3-11 600r/min 方案改型前 A1047 叶轮主要参数 CFD 计算结果表

计算工况	Q_m/(L/s)	H_m/m	$NPSH_{CFD}$/m	η_m/%
最高扬程 233.30m	392	105.06	24.37	97.68
设计扬程 219.30m	451	97.01	49.21	96.29
运行扬程 195.00m	500	90.48	67.14	94.10
最低扬程 185.51m	550	82.37	83.21	91.19

改型优化设计后的 A1054 叶轮在各特征扬程下主要参数的 CFD 计算值见表 2.3-12。

改型前的A1047叶轮与改型后的A1054叶轮主要参数CFD计算结果对比见图2.3-21～图2.3-23。

表2.3-12　　600r/min方案改型后A1054叶轮主要参数CFD计算结果表

计算工况	Q_m/(L/s)	H_m/m	$NPSH_{CFD}$/m	η_m/%
最高扬程233.30m	392	104.13	11.83	98.13
设计扬程219.30m	451	97.49	7.62	97.69
运行扬程195.00m	500	91.81	19.94	97.22
最低扬程185.51m	550	85.91	35.36	96.50

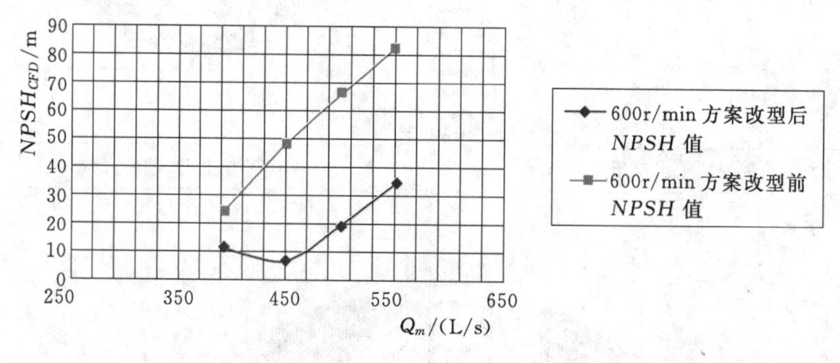

图2.3-21　600r/min方案叶轮改型前后NPSH计算值对比图

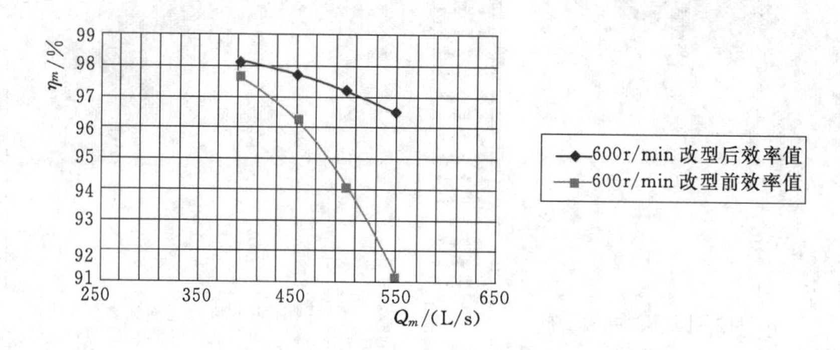

图2.3-22　600r/min方案叶轮改型前后效率计算值对比图

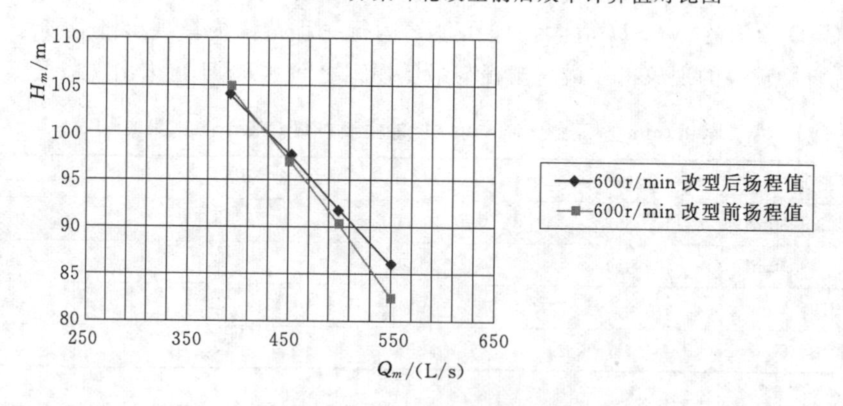

图2.3-23　600r/min方案叶轮改型前后扬程计算值对比图

从以上分析可以看出：

（1）改型后的A1054叶轮较改型前的A1047叶轮在各计算工况点的扬程差别很小，但*NPSH*有大幅度的降低，效率有进一步的提高，尤其是大流量工况的效率水平提高幅度很大，表明优化设计后A1054叶轮的效率和空化性能有了较大的提高。

（2）优化设计后的A1054水泵在设计扬程工况转轮进出口压力分布均匀，梯度变化合理；在非设计扬程工况进出口压力分布较为均匀，表明叶轮在各工况条件下可具有良好的空化性能。

（3）改善叶轮空化性能的优化设计措施十分有效。最高扬程、设计扬程下的$NPSH_c$能满足预期要求，但对于运行扬程195.0m，尤其是最低扬程工况，$NPSH_c$明显达不到目标要求。

2.3.8 水泵水力通道整体优化设计

2.3.8.1 水泵整体优化设计方法

根据水泵结构，将水泵水力通道整体优化的计算域划分为4个主要部分，分别是引水管、叶轮、导叶和蜗壳，见图2.3-24。优化设计利用三维造型软件MDT及Pro/E进行实体造型，再导入ANSYS-ICEM软件中进行网格划分。计算网格采用四面体非结构化网格，总数保证在300万以上，其中叶轮计算的域网格数为100万以上。优化设计采用ANSYS-CFX流体计算软件进行模拟计算，湍流模型选用RNG $k-\varepsilon$模型，水泵进水边界条件给出稳定性最好的质量/流量，水泵出口给出静态压力，采用高分辨率方式求解控制参数。

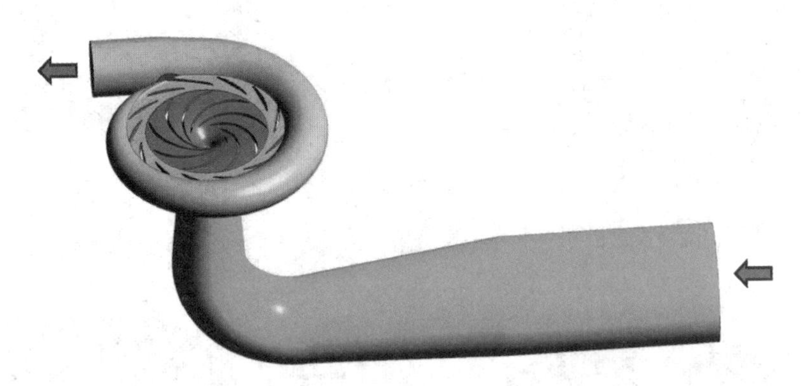

图2.3-24 水泵整体优化设计计算域图

优化设计过程中，除了关注引水管、叶轮、导叶和蜗壳等各主要部件特定区域的压力场、速度场、内部流态等直观参变量外，还应更关注主要参变量在计算域中的变化规律，以达到优化各通流部件水力性能的目的。以下是优化后的A1059叶轮和A1054叶轮在三个工况点的CFD计算结果。

2.3.8.2 A1059叶轮（500r/min方案）水泵整体水力设计优化

1. 最高扬程工况（$H_{max}=233.30$m）

真机计算输入参数为：流量$Q_p=6.75\text{m}^3/\text{s}$，额定转速$n_p=500$r/min，该工况点CFD

计算结果见表2.3-13，内部流场计算结果见图2.3-25。从内部流场计算结果中可以看出，在最高扬程工况下，蜗壳与导叶区的损失较大，内部流态不是特别理想。

表2.3-13　500r/min方案A1059叶轮最高扬程工况全流道CFD数值计算结果表

计算工况	n_p/(r/min)	Q_p/(m^3/s)	H_p/m	η/%	$NPSH_{CFD}$/m
最高扬程233.30m	500	6.75	235.99	90.93	30.15

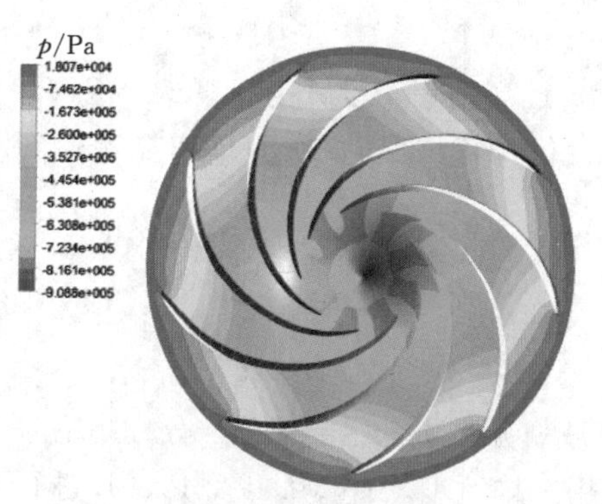

(a) 叶轮压力梯度分布

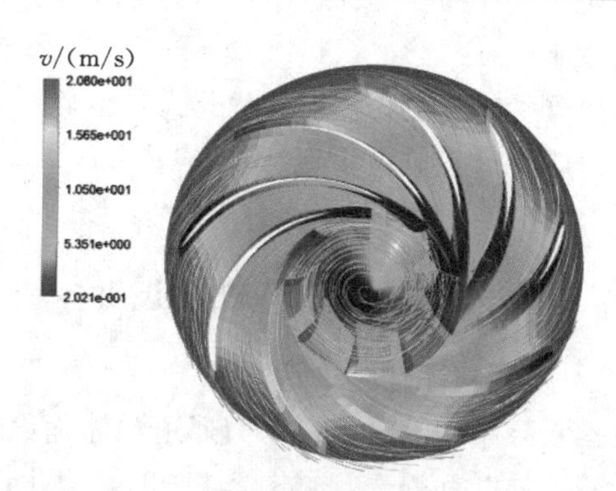

(b) 叶轮内部流线分布

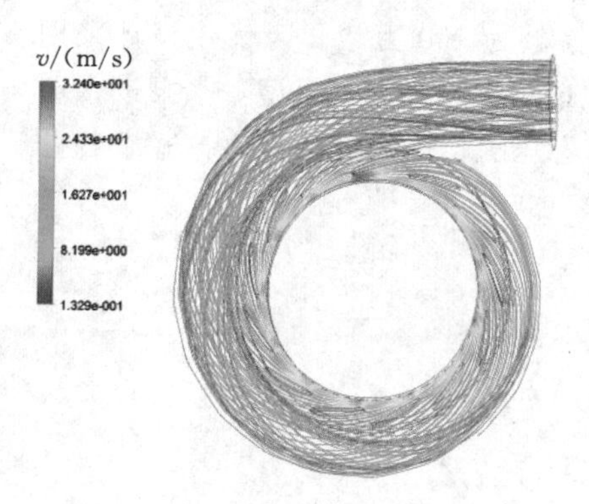

(c) 导叶、泵壳内部流线分布

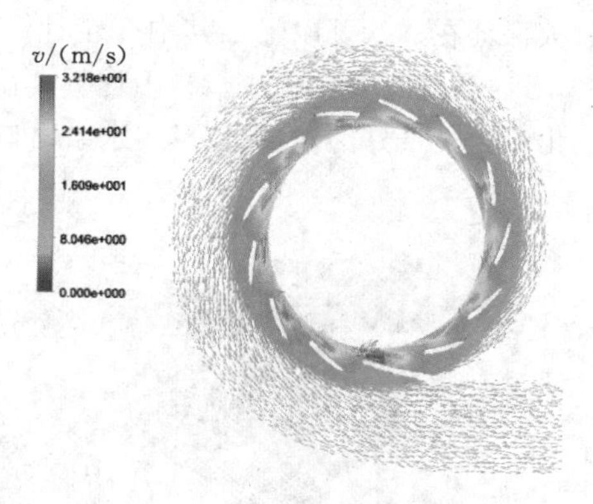

(d) 导叶中心平面速度矢量分布

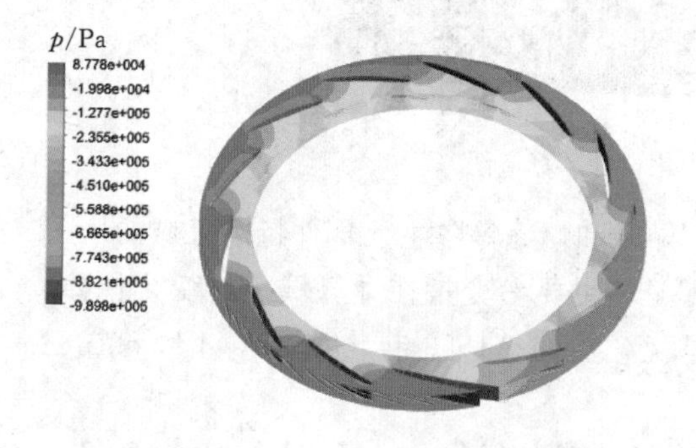

(e) 导叶压力及内部流线分布

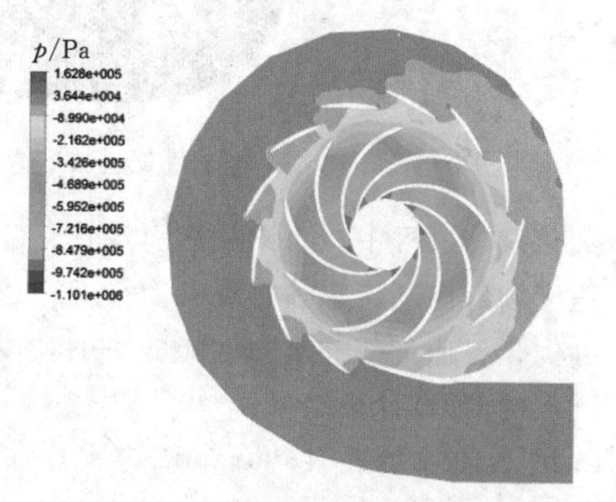

(f) 导叶中心平面压力梯度分布

图2.3-25（一）　A1059叶轮水泵整体水力设计优化CFD分析图（H_p=233.30m）

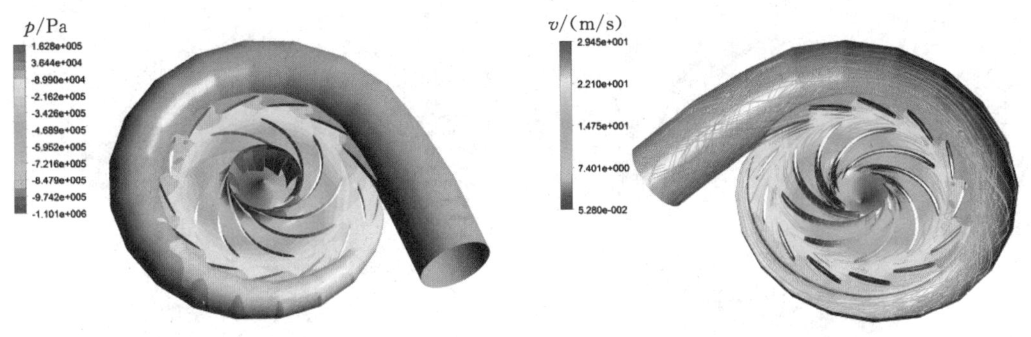

(g) 叶轮进口看压力梯度分布　　(h) 剖面看压力及内部流线分布

图 2.3-25（二）　A1059 叶轮水泵整体水力设计优化 CFD 分析图（H_p=233.30m）

2. 设计扬程工况（H_r=219.30m）

真机计算输入参数为：Q_p=7.76m³/s，n_p=500r/min，该工况点 CFD 计算结果见表 2.3-14，内部流场计算结果见图 2.3-26。从计算结果中可以看出，在设计扬程工况下，蜗壳与导叶区的压力、速度变化合理，内部流态理想。

表 2.3-14　500r/min 方案 A1059 叶轮设计扬程工况全流道 CFD 数值计算结果表

计算工况	n_p/(r/min)	Q_p/(m³/s)	H_p/m	η/%	$NPSH_{CFD}$/m
设计扬程 219.30m	500	7.76	222.72	92.56	23.25

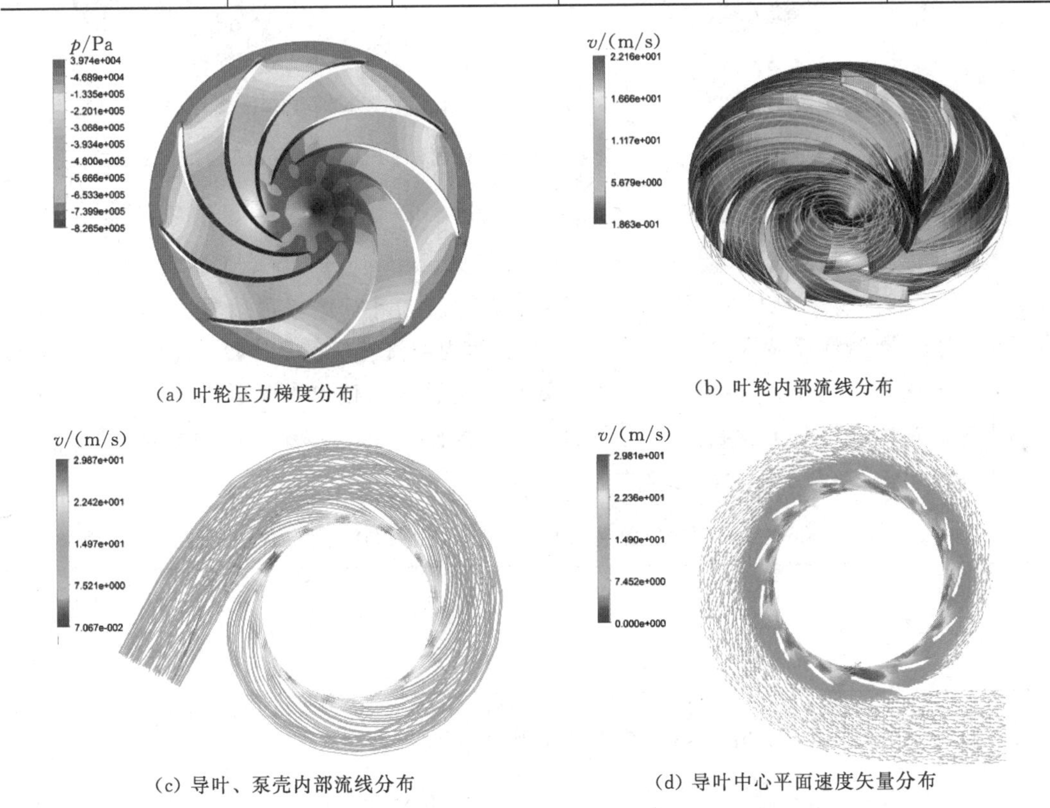

(a) 叶轮压力梯度分布　　(b) 叶轮内部流线分布

(c) 导叶、泵壳内部流线分布　　(d) 导叶中心平面速度矢量分布

图 2.3-26（一）　A1059 叶轮水泵整体水力设计优化 CFD 分析图（H_p=219.30m）

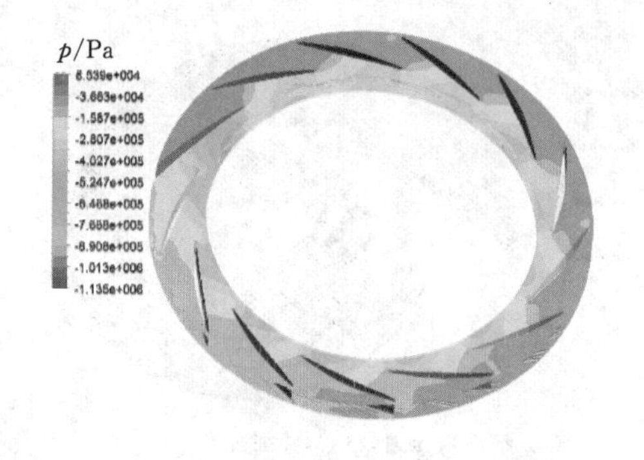

(e) 导叶压力及内部流线分布

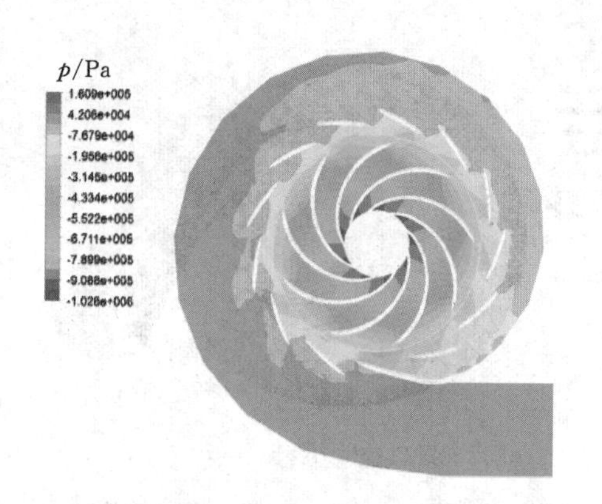

(f) 导叶中心平面压力梯度分布

(g) 叶轮进口看压力梯度分布

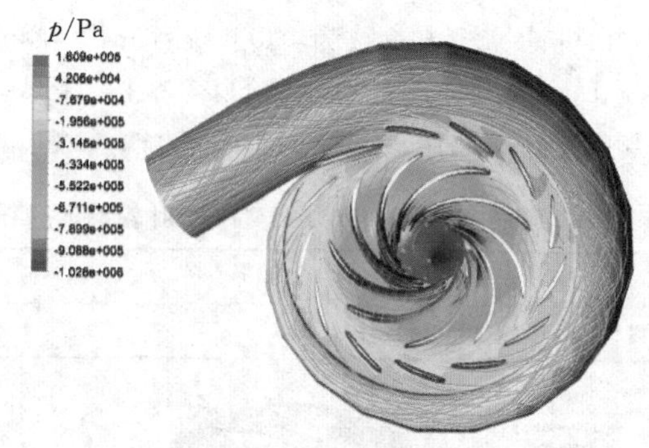

(h) 剖面看压力及内部流线分布

图 2.3-26（二）　A1059 叶轮水泵整体水力设计优化 CFD 分析图（H_p=219.30m）

3. 最低扬程附近工况（H_{min}=185.85m）

真机计算输入参数为：Q_p=9.19m^3/s，n_p=500r/min，该工况点 CFD 计算结果见表 2.3-15，内部流场计算结果见图 2.3-27。由内部流场计算结果可以看出，在最低扬程附近工况下，数值计算显示的水泵效率较高，说明内部流态似乎是比较理想的，但计算得到的真机扬程及 $NPSH_{CFD}$ 数值偏高，这主要是因为计算点偏离水泵最优工况较远，导致全通道整体数值计算的误差增大。计算扬程偏高会使得水泵内部流动速度增大，最低扬程工况下的 $NPSH_{CFD}$ 数值也会随之增大。

表 2.3-15　500r/min 方案 A1059 叶轮最低扬程工况全流道 CFD 数值计算结果表

计算工况	n_p/(r/min)	Q_p/(m^3/s)	H_p/m	η/%	$NPSH_{CFD}$/m
扬程 185.85m	500	9.19	201.39	91.55	89.48

2.3.8.3　A1054 叶轮（600r/min 方案）水泵整体优化设计

1. 最高扬程工况（H_{max}=233.30m）

真机计算输入参数为：流量 Q_p=6.67m^3/s，额定转速 n_p=600r/min，该工况点 CFD

计算结果见表 2.3-16，内部流场计算结果见图 2.3-28。从内部流场计算结果可以看出，在最高扬程工况下，蜗壳与导叶区的压力、速度变化合理，内部流态理想。

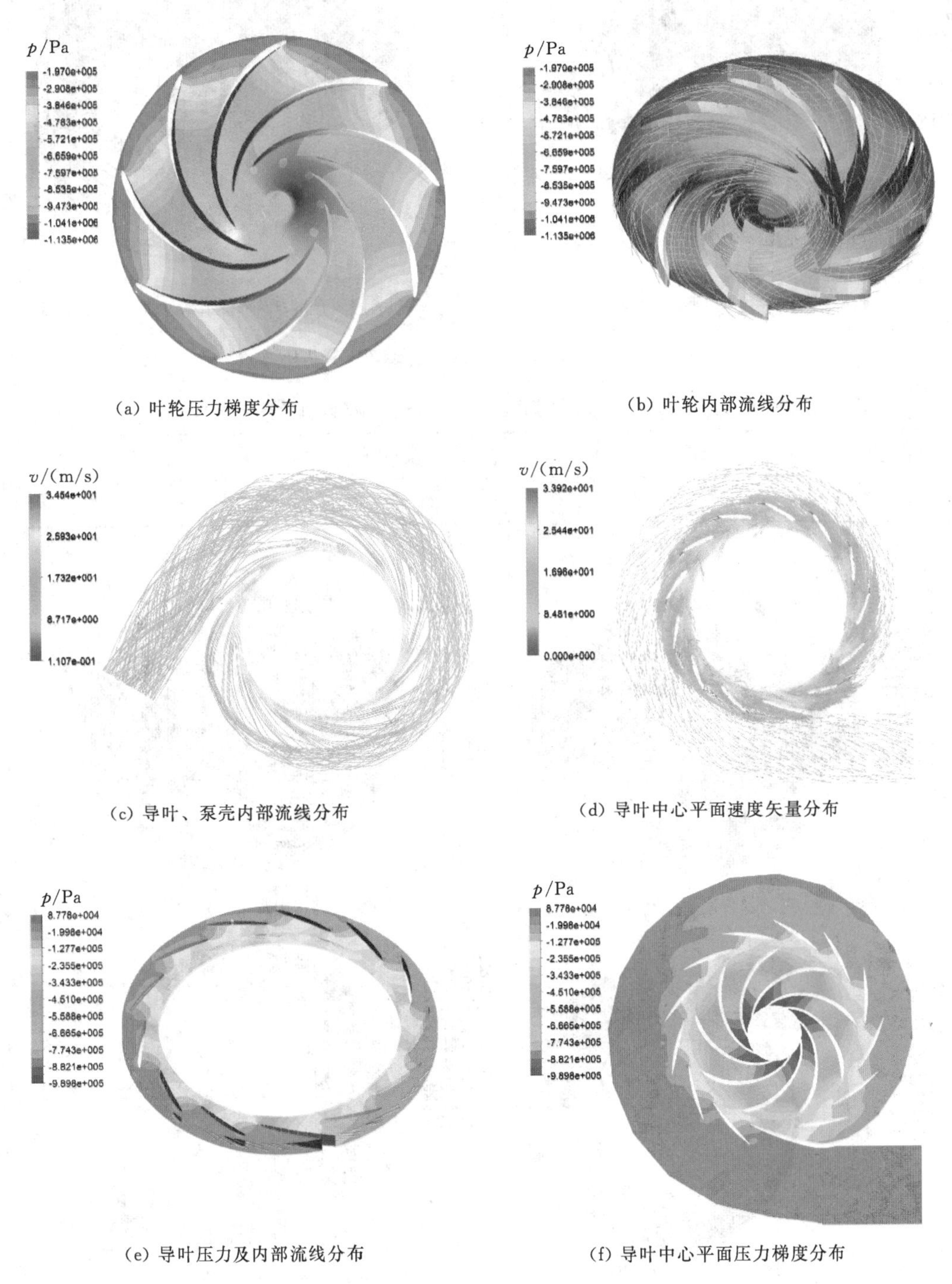

(a) 叶轮压力梯度分布

(b) 叶轮内部流线分布

(c) 导叶、泵壳内部流线分布

(d) 导叶中心平面速度矢量分布

(e) 导叶压力及内部流线分布

(f) 导叶中心平面压力梯度分布

图 2.3-27（一） A1059 叶轮水泵整体水力设计优化 CFD 分析图（H_p=185.85m）

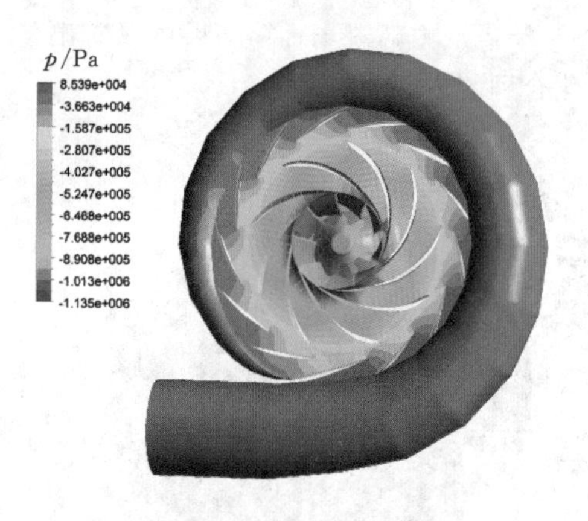

(g) 叶轮进口看压力梯度分布

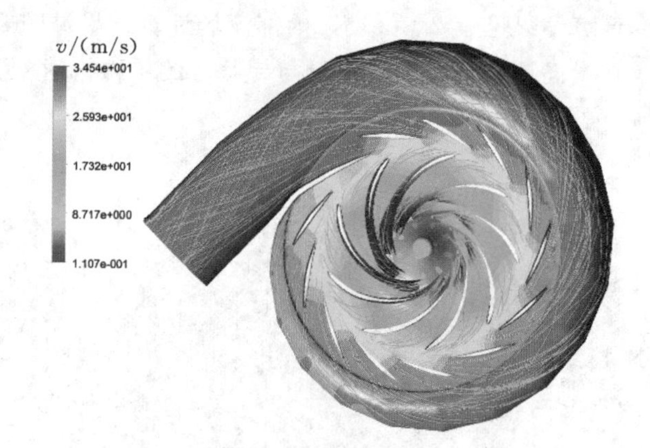

(h) 剖面看压力及内部流线分布

图 2.3-27（二）　A1059 叶轮水泵整体水力设计优化 CFD 分析图（H_p=185.85m）

表 2.3-16　600r/min 方案 A1054 叶轮最高扬程工况全流道 CFD 数值计算结果表

计算工况	n_p/(r/min)	Q_p/(m^3/s)	H_p/m	η/%	$NPSH_{CFD}$/m
最高扬程 233.30m	600	6.67	235.83	92.27	31.43

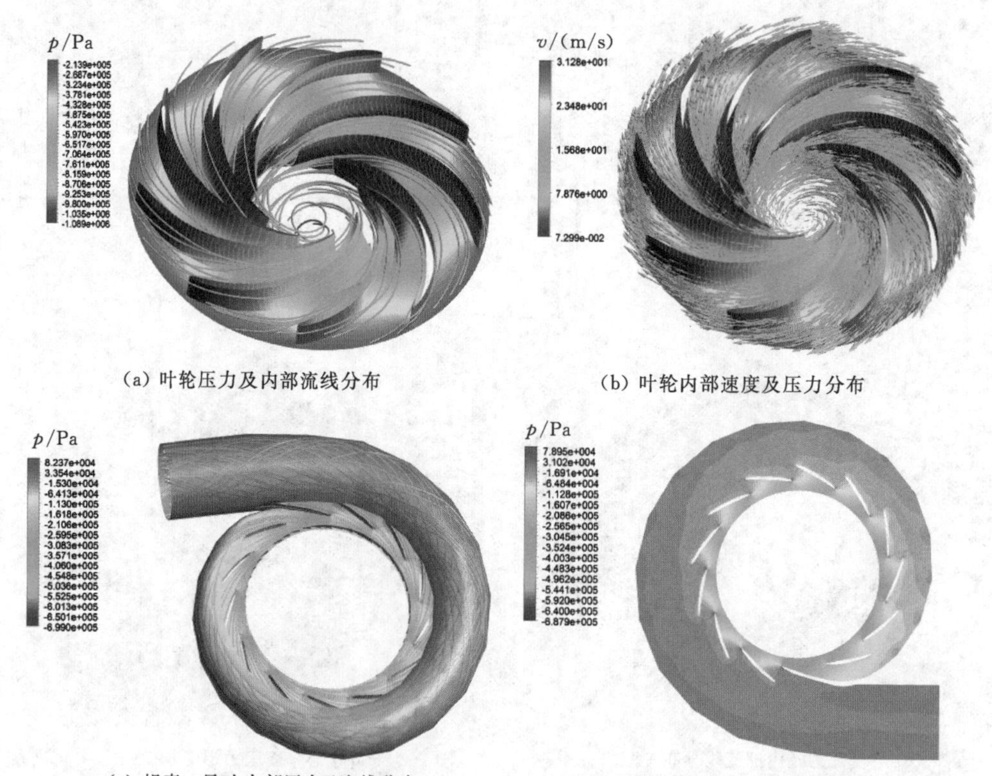

(a) 叶轮压力及内部流线分布

(b) 叶轮内部速度及压力分布

(c) 蜗壳、导叶内部压力及流线分布

(d) 导叶中心平面压力梯度分布

图 2.3-28（一）　A1054 叶轮水泵整体水力设计优化 CFD 分析图（H_p=233.30m）

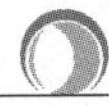

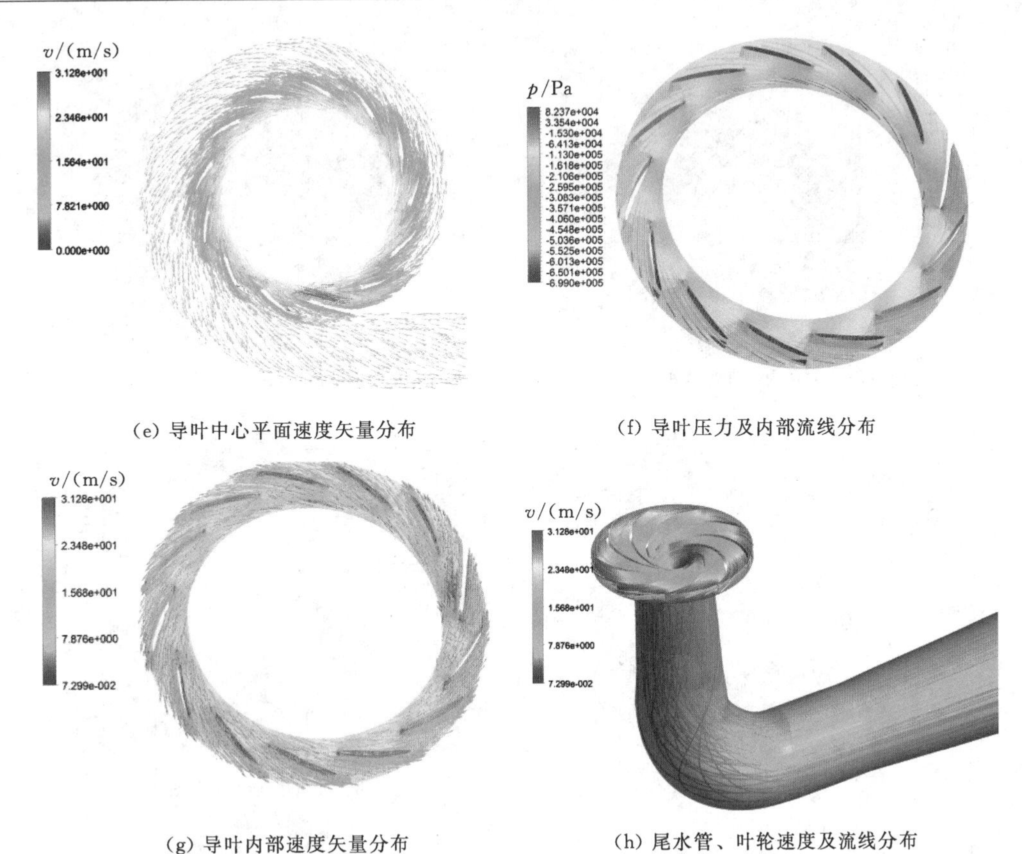

(e) 导叶中心平面速度矢量分布　　(f) 导叶压力及内部流线分布

(g) 导叶内部速度矢量分布　　(h) 尾水管、叶轮速度及流线分布

图 2.3-28（二）　A1054 叶轮水泵整体水力设计优化 CFD 分析图（H_p=233.30m）

2. 设计扬程工况（H_r=219.30m）

真机计算输入参数为：Q_p=7.67m^3/s，n_p=600r/min，该工况点 CFD 计算结果见表 2.3-17，内部流场计算结果见图 2.3-29。由内部流场计算结果可以看出，导叶区旋涡大幅减轻，流动通畅程度得到很大提高，导叶与叶轮之间的压力分布比前更为均匀，表明动静干涉情况得到很大改善，导叶区的效率损失减少，全流道计算整体效率较高，同时叶轮的效率也有一定程度的提高。

表 2.3-17　600r/min 方案 A1054 叶轮设计扬程工况全流道 CFD 数值计算结果表

计算工况	n_p/(r/min)	Q_p/(m^3/s)	H_p/m	η/%	$NPSH_{CFD}$/m
设计扬程 219.30m	600	7.67	223.92	94.13	24.64

3. 最低扬程附近工况（H_{min}=185.85m）

在水泵达到最低扬程时，真机计算输入参数为：Q_p=9.4m^3/s，n_p=600r/min，该工况点 CFD 计算结果见表 2.3-18，内部流场计算结果见图 2.3-30。由内部流场计算结果可以看出，与 A1059 叶轮存在相似的规律：在最低扬程附近工况下，数值计算显示的水泵效率较高，说明内部流态似乎是比较理想的，但计算的 $NPSH_{CFD}$ 远远高出最高扬程和设计扬程工况的计算值，且计算出的真机扬程与输入值偏差较大。

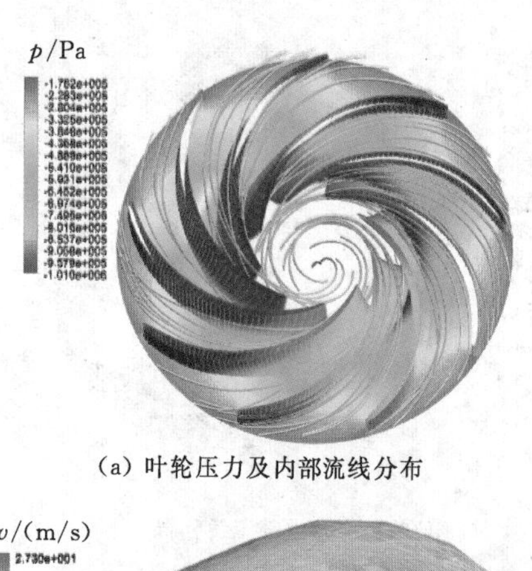

(a) 叶轮压力及内部流线分布

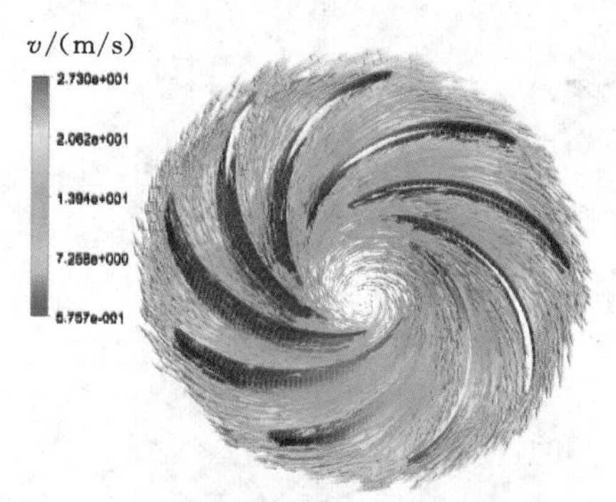

(b) 叶轮内部速度及压力分布

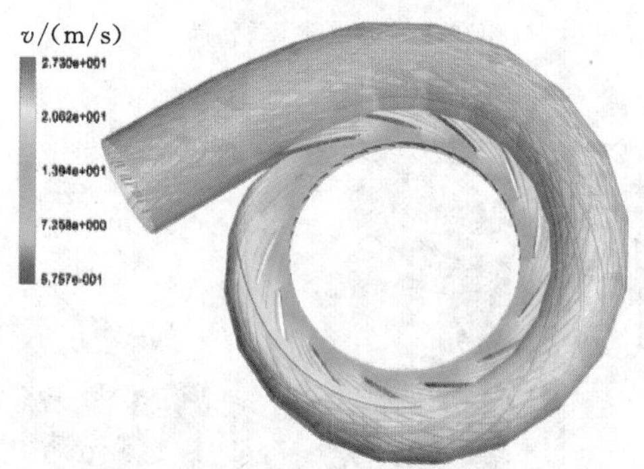

(c) 蜗壳、导叶内部流线分布

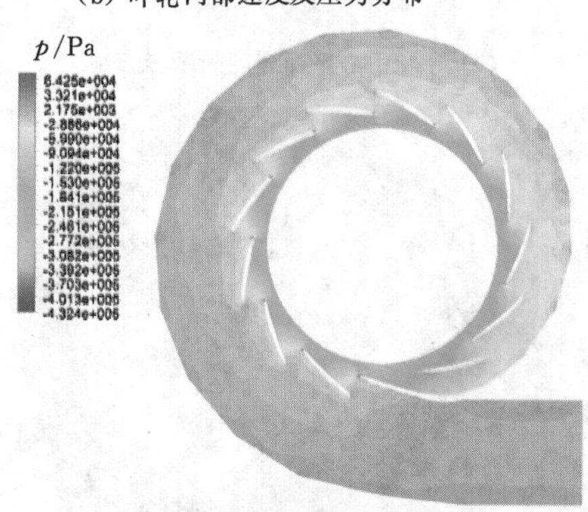

(d) 导叶中心平面压力梯度分布

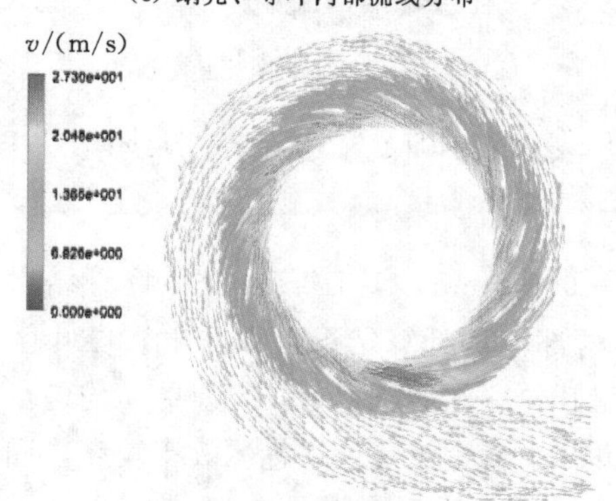

(e) 导叶中心平面速度矢量分布

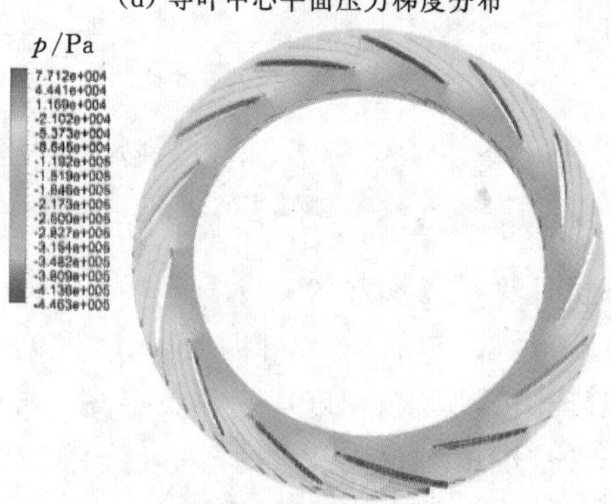

(f) 导叶压力及内部流线分布

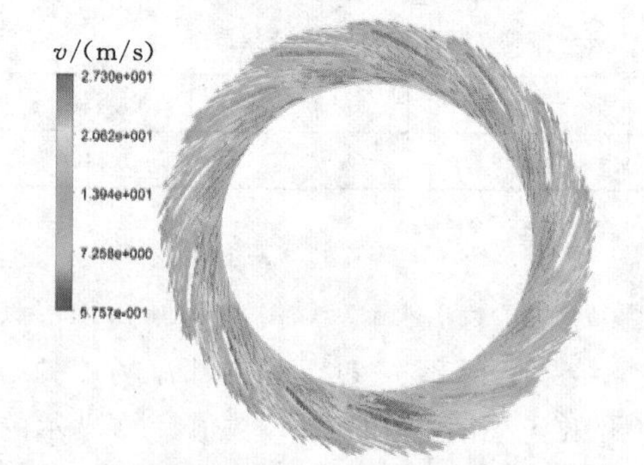

(g) 导叶内部速度矢量分布

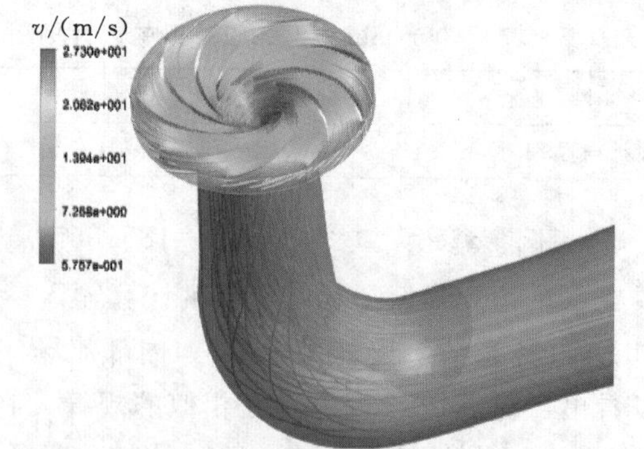

(h) 尾水管、叶轮速度及流线分布

图 2.3－29　A1054 叶轮水泵整体水力设计优化 CFD 分析图（H_p＝219.30m）

表 2.3-18 600r/min 方案 A1054 叶轮最低扬程工况全流道 CFD 数值计算结果表

计算工况	n_p/(r/min)	Q_p/(m³/s)	H_p/m	η/%	$NPSH_{CFD}$/m
扬程 185.85m	600	9.49	198.19	93.28	96.61

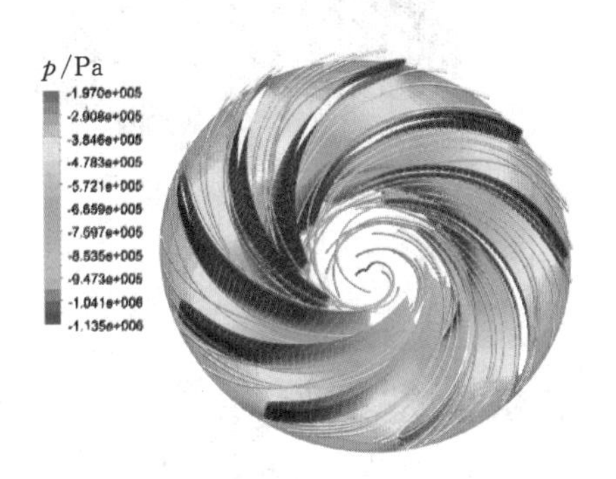

(a) 叶轮压力及内部流线分布

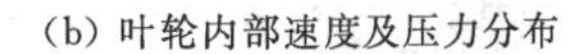

(b) 叶轮内部速度及压力分布

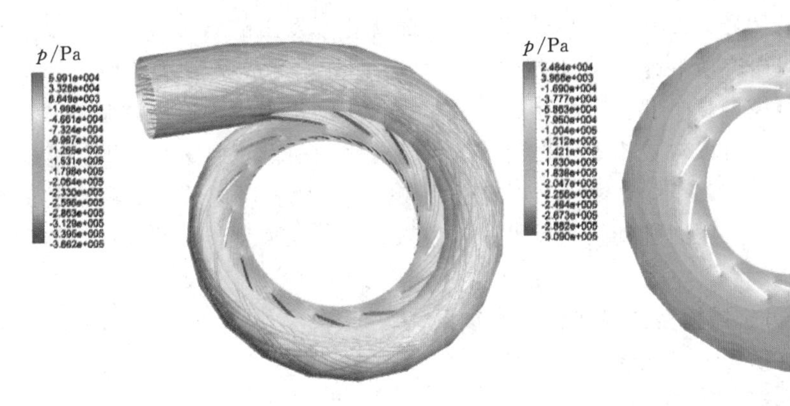

(c) 蜗壳、导叶内部压力及流线分布

(d) 导叶中心平面压力梯度分布

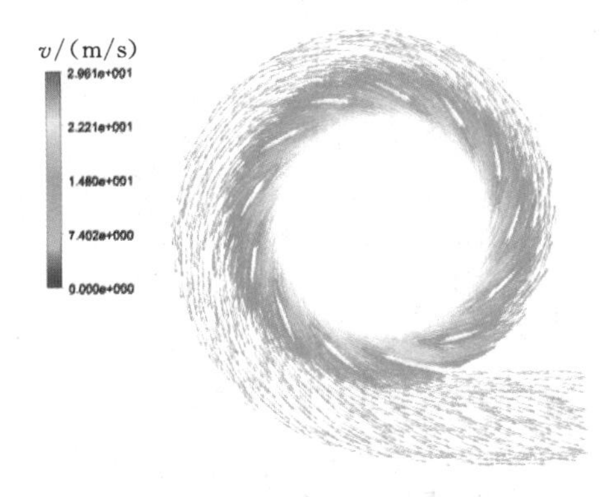

(e) 导叶中心平面速度矢量分布

(f) 导叶压力及内部流线分布

图 2.3-30（一） A1054 叶轮水泵整体水力设计优化 CFD 分析图（H_p=185.85m）

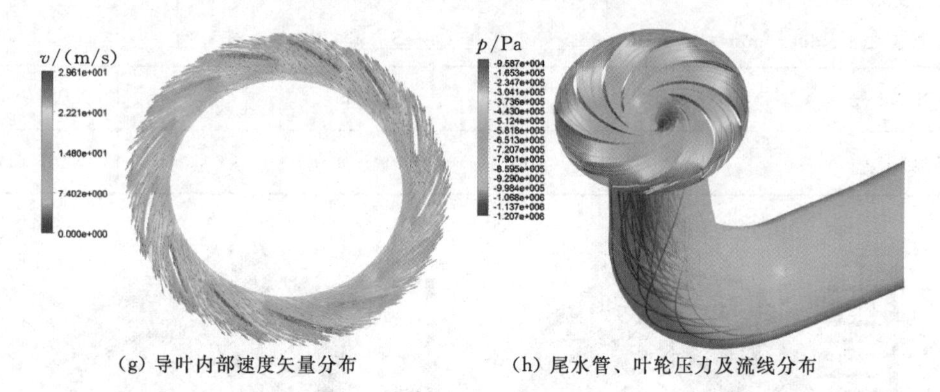

(g) 导叶内部速度矢量分布　　　　(h) 尾水管、叶轮压力及流线分布

图 2.3-30（二）　A1054 叶轮水泵整体水力设计优化 CFD 分析图（H_p=185.85m）

2.4　清水条件下水泵模型试验

2.4.1　模型试验台简介

第一轮开发的 A1047、A1048 水泵模型和第二轮优化开发出的 A1054、A1059 水泵模型均在哈尔滨大电机研究所高水头水力机械模型试验Ⅱ台上完成了清水条件下的全面试验。高水头水力机械模型试验Ⅱ台是一座高参数、高精度的水力机械通用试验装置，试验台设有两个试验工位，可以对贯流式、轴流式、混流式水轮机及水泵进行模型试验。试验台可按 IEC60193、IEC609 等有关规程的规定进行效率、空化及飞逸转速等项目的验收试验，也可在试验台上进行压力脉动、力特性、四象限、补气及模型转轮叶片应力测量等项目的试验和科研工作。

2.4.1.1　高水头水力机械模型试验Ⅱ台主要参数

最高试验水头（扬程）：150m

最大流量：2.0m^3/s

转轮直径：300～500mm

测功机功率：500kW

测功机转速：0～2500r/min

供水泵电机功率：600kW×2 台

流量校正筒容积：120m^3×2 个

水库容积：750m^3

试验台综合效率误差：≤±0.20%

2.4.1.2　高水头水力机械模型试验Ⅱ台系统

高水头水力机械模型试验Ⅱ台是一个封闭式循环系统（图 2.4-1），整个系统可双向运行。系统中各主要部件的名称、参数及功能如下：

（1）液流切换器。流量率定时用以切换水流，一个行程的动作时间为 0.03s，由压缩空气驱动接力器使其动作。

（2）压力水箱。高压水箱为卧式安装，直径为 2500mm 的柱式结构。为模型机组的

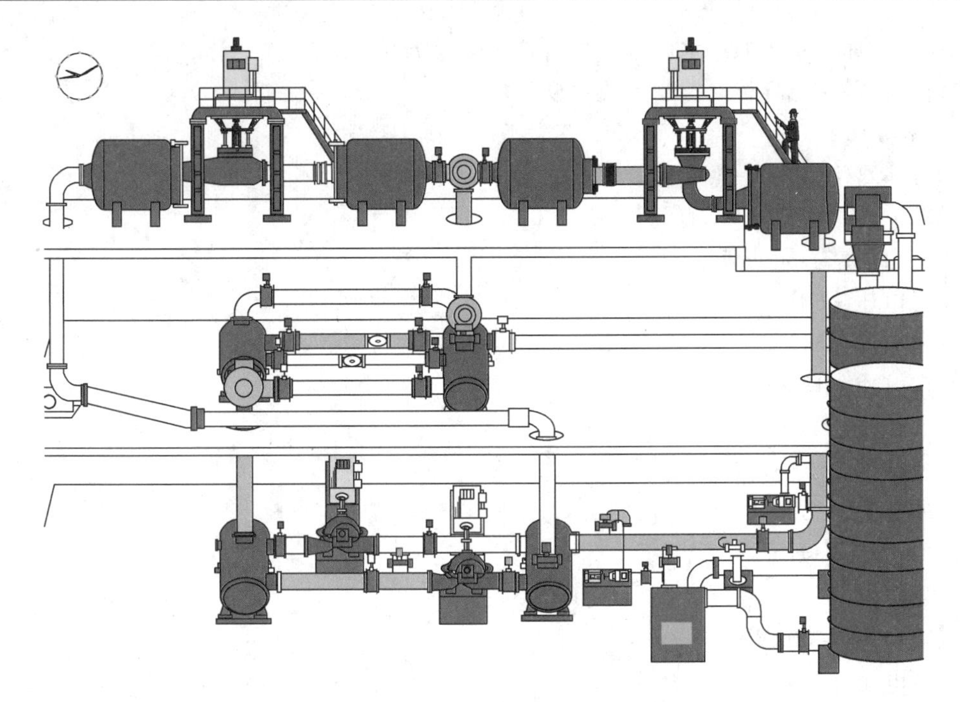

图 2.4-1　高水头水力机械模型试验Ⅱ台系统示意图

高压侧。

（3）推力平衡器。由不锈钢制造。试验时可对机组受到的水平推力进行自动平衡，安装时作为活动伸缩节。

（4）模型装置。试验用的水力机械模型装置。

（5）测功电机。型号为 ZC49.3/34-4，功率为 500kW 的直流测功机。试验时可按电动机或发电机方式运行。最高转速为 2500r/min。

（6）尾水箱。为内径 3500mm 柱形罐，卧式安装，为模型机组的低压侧。

（7）油压装置。8 台 JG80/10 静压供油装置，其中 2 台备用。供油压力 30×10^5Pa，供油量为 12L/min 及 16L/min。

（8）真空罐。形成真空压力的装置。

（9）真空泵。选用 3 台型号为 VC300 的旋片式真空泵。

（10）供水泵。选用 2 台 24SA-10 双吸式离心泵。2 台供水泵可根据试验要求，按串联、并联及单泵的方式运行。

（11）电动阀门。采用公称直径为 DN300mm、DN500mm 的对夹式蝴蝶阀，用以切换系统各管道，以满足试验台各种运行方式的要求。

（12）电磁流量计。电磁流量计有 ϕ300mm 和 ϕ500mm 两种，分别率定大小流量。电磁流量计可通过管路、阀门切换，流量计在任何工况下使用都能保证单向运行。流量计为德国 ABB 公司生产制造，型号为 PROMAG33，其精度为±0.15%，可双向测量，输入量程为 0～2m^3/s。

（13）流量校正筒。校正筒共 2 个，筒体直径 4.5m、高 7.0m，有效容积合计为 120m^3。校正罐内壁作防锈处理。

(14) 水库。系统循环水由水库供给，库容为 750m³。

2.4.1.3　试验台电气传动控制系统主要参数

1. 测功机

型号：ZC49.3/34－4

轴输入功率：570kW

轴输出功率：500kW

额定电压：660V

额定电流：810A

额定转速：1300r/min

最高转速：2500r/min

稳速精度：±1r/min

调速范围：100～2500r/min

2. 供水泵电动机

型号：Z450－3

额定功率：600kW

额定电压：660V

额定电流：975A

额定转速：970r/min

稳速精度：±1r/min

调速范围：100～970r/min

2.4.2　A1059 水泵模型试验

2.4.2.1　A1059 水泵模型综合特性

500r/min 方案 A1059 水泵模型的扬程、效率、轴功率与流量关系的综合特性曲线见图 2.4－2，试验数据见表 2.4－1。A1059 水泵模型的最高效率为 88.43%。

表 2.4－1　A1059 水泵模型综合特性数据表

转速 n_m/(r/min)	流量 Q_m/(L/s)	扬程 H_m/m	效率 η_m/%	轴功率 P_m/kW
500	224.1	8.4028	73.16	25.1757
500	208.6	9.8814	80.67	24.9885
500	181.1	11.8847	86.67	24.2934
500	160	13.0447	87.91	23.2253
500	149.9	13.5265	88.18	22.4919
500	140.5	13.9852	88.43	21.7347
500	128.9	14.4697	87.74	20.7895
500	112.5	15.0668	86.26	19.2166
500	91.2	15.5656	82.40	16.8517
500	74.6	15.859	77.84	14.8632

续表

转速 n_m/(r/min)	流量 Q_m/(L/s)	扬程 H_m/m	效率 η_m/%	轴功率 P_m/kW
500	58.2	15.8916	70.54	12.8286
500	29.4	15.5026	48.59	9.1717
500	14.2	14.9361	26.48	7.9109
500	0.7	14.8412	1.40	7.0424

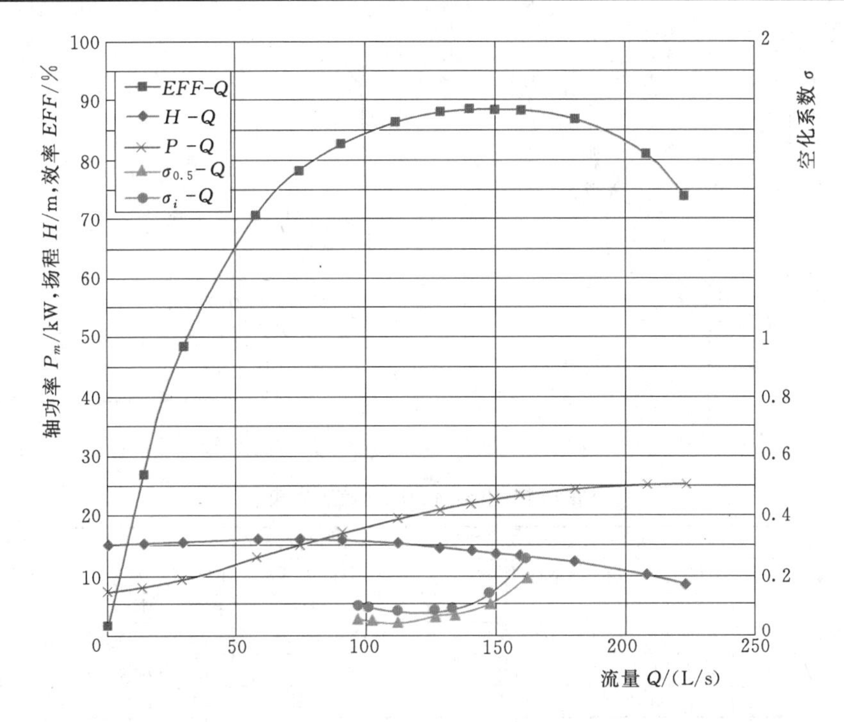

图 2.4-2 A1059 水泵模型综合特性曲线图（n_m=500r/min）

2.4.2.2 A1059 水泵模型空化特性

在水泵运行范围内测量了相应特征扬程工况点的空化性能，A1059 模型水泵空化特性试验结果见图 2.4-2 和表 2.4-2（$\sigma_{0.5}$为临界空化系数，定义为随着吸出水头的减小，与无空化状态下效率相比，效率下降 0.5%所对应的空化系数；σ_i 为初生空化系数，定义为随着吸出高度的减小，在转轮叶片表面开始出现可见气泡时所对应的空化系数）。

表 2.4-2　A1059 水泵模型空化特性试验结果表

流量 Q_m/(m³/s)	扬程 H_m/m	临界空化系数 $\sigma_{0.5}$	初生空化系数 σ_i
0.097	15.38	0.050	0.090
0.102	15.34	0.046	0.085
0.112	15.00	0.037	0.075
0.127	14.57	0.060	0.070
0.134	14.28	0.065	0.080
0.148	13.62	0.101	0.130
0.162	12.91	0.190	0.250

2.4.2.3　A1059 水泵模型压力脉动

试验对蜗壳出口、叶轮后导叶前的 $+Y$ 和 $-Y$ 方向、锥管的 $+Y$ 和 $-Y$ 方向共 5 个测点进行压力脉动测量，测点布置见图 2.4-3，压力脉动试验结果见表 2.4-3。表 2.4-3 中，σ_p 为泵站空化系数，f_n 为模型水泵转动频率，f 为压力脉动频率；$\Delta H/H$ 为压力脉动混频双振幅相对值，H 为试验扬程。

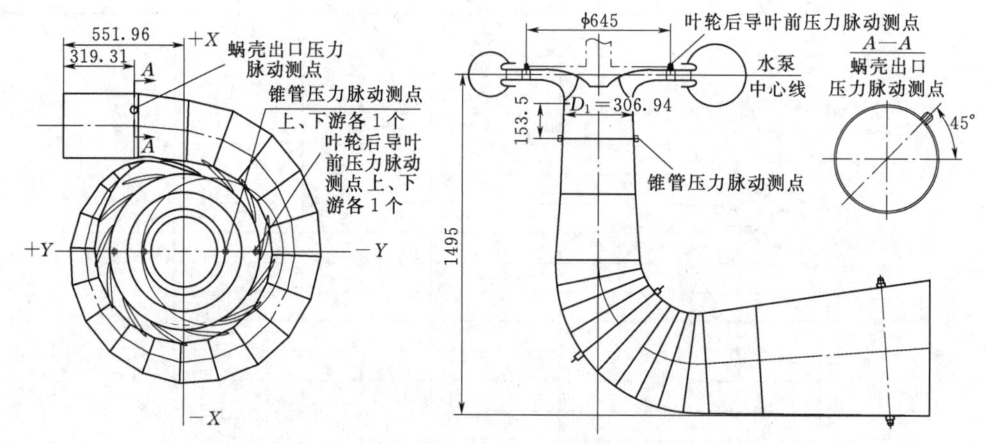

图 2.4-3　A1059 模型水泵压力脉动试验测点布置图

表 2.4-3　A1059 模型水泵压力脉动试验结果表

工况点参数				蜗壳出口			叶轮后导叶前 $+Y$			叶轮后导叶前 $-Y$			锥管 $+Y$			锥管 $-Y$		
Q_m /(m³/s)	H_m /m	σ_p	f_n /Hz	$\Delta H/H$ /%	f /Hz	f/f_n	$\Delta H/H$ /%	f /Hz	f/f_n	$\Delta H/H$ /%	f /Hz	f/f_n	$\Delta H/H$ /%	f /Hz	f/f_n	$\Delta H/H$ /%	f /Hz	f/f_n
0.134	14.29	0.294	8.33	1.95	0.12	0.01	4.72	74.95	9	5.13	74.95	9	1.33	74.95	9	1.72	74.95	9
0.127	14.54	0.282	8.33	2.08	0.24	0.03	4.76	74.95	9	5.25	74.95	9	1.39	74.95	9	1.74	74.95	9
0.113	15	0.149	8.33	2.52	0.12	0.01	5.89	74.95	9	7.77	74.95	9	1.42	74.95	9	1.68	74.95	9

2.4.2.4　A1059 水泵模型四象限特性

A1059 水泵模型四象限特性试验包括水泵试验、零流量试验、水泵制动试验、水轮机试验、飞逸试验。A1059 水泵模型四象限特性见图 2.4-4、图 2.4-5。图 2.4-4、图 2.4-5 中，n_{11} 为单位转速，Q_{11} 为单位流量，T_{11} 为单位力矩。

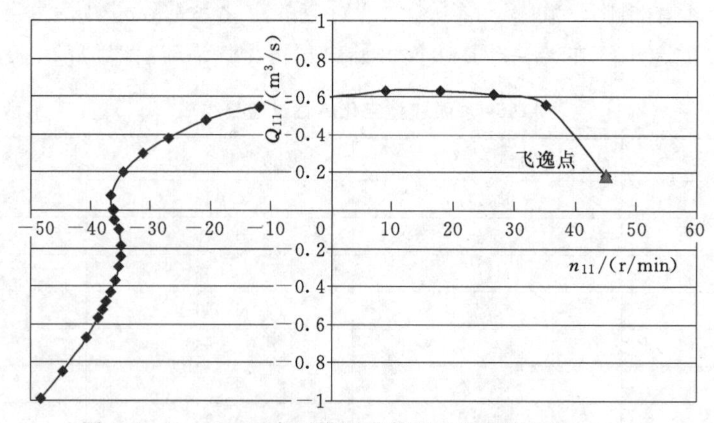

图 2.4-4　A1059 水泵模型四象限试验曲线（$Q_{11}-n_{11}$）

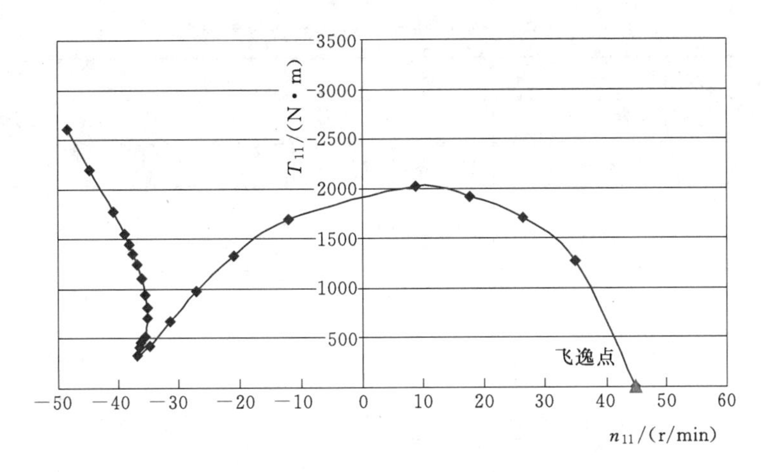

图 2.4-5　A1059 水泵模型四象限试验曲线（$T_{11}-n_{11}$）

根据试验结果，A1059 水泵模型的单位飞逸转速为 44.993r/min，零流量扬程为 14.84m。

2.4.3　A1054 水泵模型试验结果

2.4.3.1　A1054 水泵模型综合特性

600r/min 方案 A1054 水泵模型的扬程、效率、轴功率与流量关系的综合特性曲线见图 2.4-6，试验数据见表 2.4-4。A1054 水泵模型的最高效率为 91.57%。

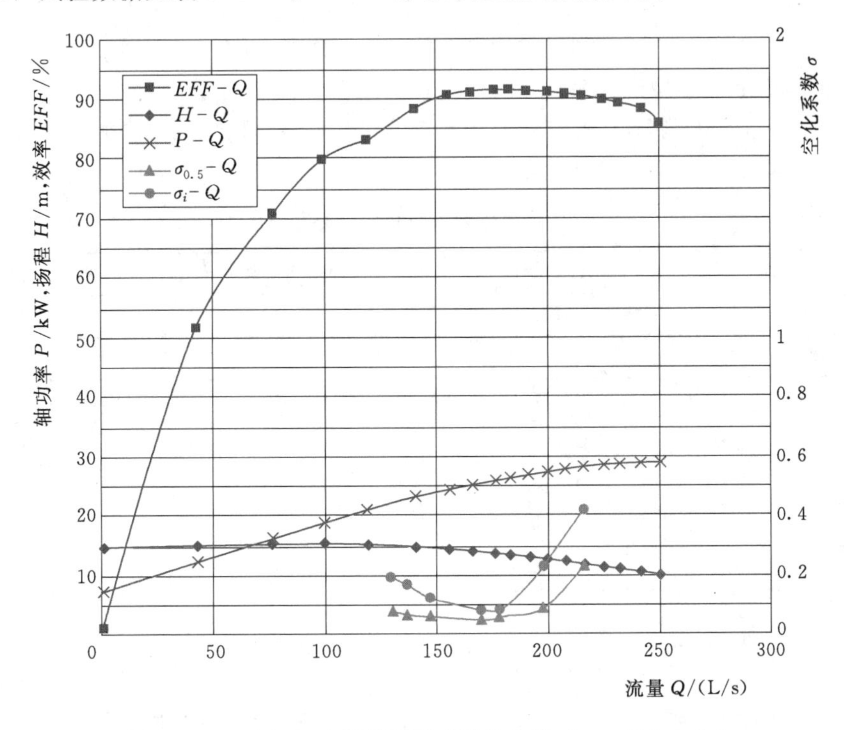

图 2.4-6　A1054 水泵模型综合特性曲线（n_m=500r/min）

表 2.4-4　　A1054 水泵模型综合特性试验数据表

转速 n_m/(r/min)	流量 Q_m/(L/s)	扬程 H_m/m	效率 η_m/%	轴功率 P_m/kW
500	250.86	10.1	86.12	28.8
500	242.47	10.68	88.12	28.77
500	232.33	11.14	89.06	28.45
500	225.7	11.48	89.73	28.26
500	216.04	11.94	90.35	27.96
500	208.23	12.27	90.61	27.61
500	200.04	12.65	91.16	27.18
500	191.69	12.99	91.20	26.73
500	182.91	13.39	91.39	26.23
500	176.42	13.66	91.37	25.82
500	166.16	14.05	91.24	25.05
500	155.71	14.38	90.42	24.25
500	140.76	14.71	88.45	22.92
500	119.32	14.95	83.28	20.97
500	99.65	15.35	79.73	18.78
500	76.87	15.38	70.79	16.35
500	43.3	14.88	51.75	12.19
500	0.75	14.57	1.47	7.28

2.4.3.2　A1054 水泵模型空化特性

在水泵运行范围内测量了相应特征扬程工况点的空化性能，A1059 模型水泵空化特性试验结果见图 2.4-6 和表 2.4-5。

表 2.4-5　　A1054 水泵模型空化特性试验结果表

流量 Q_m/(m^3/s)	扬程 H_m/m	临界空化系数 $\sigma_{0.5}$	初生空化系数 σ_i
0.130	14.85	0.080	0.190
0.137	14.81	0.065	0.165
0.147	14.67	0.060	0.120
0.170	14.04	0.046	0.080
0.178	13.73	0.056	0.081
0.198	12.89	0.088	0.230
0.217	11.99	0.234	0.420

2.4.3.3　A1054 水泵模型压力脉动

试验对蜗壳出口、叶轮后导叶前的 $+Y$ 和 $-Y$ 方向、锥管的 $+Y$ 和 $-Y$ 方向共 5 个测点进行压力脉动测量，测点布置的相对位置与 A1059 水泵模型相同。不同安装高程下，水泵模型的压力脉动试验结果见表 2.4-6、表 2.4-7。

表 2.4-6　A1054 模型水泵压力脉动试验结果表（水泵安装高程 1717.00m）

工况点参数				蜗壳出口			叶轮后导叶前+Y			叶轮后导叶前−Y			锥管+Y			锥管−Y		
Q_m /(m³/s)	H_m /m	σ_p	f_n /Hz	$\Delta H/H$ /%	f /Hz	f/f_n	$\Delta H/H$ /%	f /Hz	f/f_n	$\Delta H/H$ /%	f /Hz	f/f_n	$\Delta H/H$ /%	f /Hz	f/f_n	$\Delta H/H$ /%	f /Hz	f/f_n
0.175	13.7	0.33	8.34	1.84	0.49	0.06	5.48	75.68	9.07	5.69	75.68	9.07	0.63	0.49	0.06	0.64	0.49	0.06
0.168	14	0.314	8.34	0.98	0.49	0.06	5	75.68	9.07	5.53	75.68	9.07	0.55	75.68	9.07	0.62	75.68	9.07
0.145	14.6	0.183	8.34	2.08	75.68	9.07	4.79	75.68	9.07	6.81	75.68	9.07	1.12	75.68	9.07	1.16	75.68	9.07

表 2.4-7　A1054 模型水泵压力脉动试验结果表（水泵安装高程 1725.00m）

工况点参数				蜗壳出口			叶轮后导叶前+Y			叶轮后导叶前−Y			锥管+Y			锥管−Y		
Q_m /(m³/s)	H_m /m	σ_p	f_n /Hz	$\Delta H/H$ /%	f /Hz	f/f_n	$\Delta H/H$ /%	f /Hz	f/f_n	$\Delta H/H$ /%	f /Hz	f/f_n	$\Delta H/H$ /%	f /Hz	f/f_n	$\Delta H/H$ /%	f /Hz	f/f_n
0.175	13.7	0.292	8.34	1.32	0.49	0.06	5.74	75.68	9.07	5.73	75.68	9.07	0.58	0.49	0.06	0.67	0.49	0.06
0.168	14	0.277	8.34	1.12	1.95	0.23	5.32	75.68	9.07	5.99	75.68	9.07	0.59	75.68	9.07	0.6	75.68	9.07
0.145	14.6	0.147	8.34	2.17	75.68	9.07	5.01	75.68	9.07	6.98	0.98	0.12	1.16	75.68	9.07	1.19	75.68	9.07

2.4.3.4 A1054水泵模型四象限特性试验

A1054水泵模型四象限特性试验包括水泵试验、零流量试验、水泵制动试验、水轮机试验、飞逸试验。A1059水泵模型四象限特性见图2.4-7、图2.4-8。

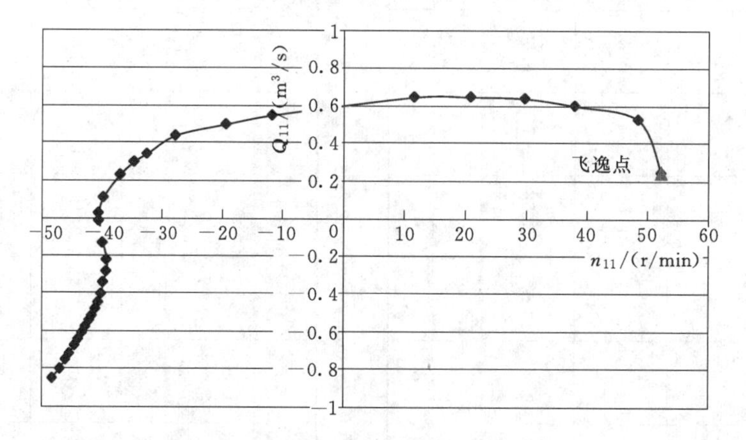

图2.4-7 A1054水泵模型四象限试验曲线（$Q_{11}-n_{11}$）

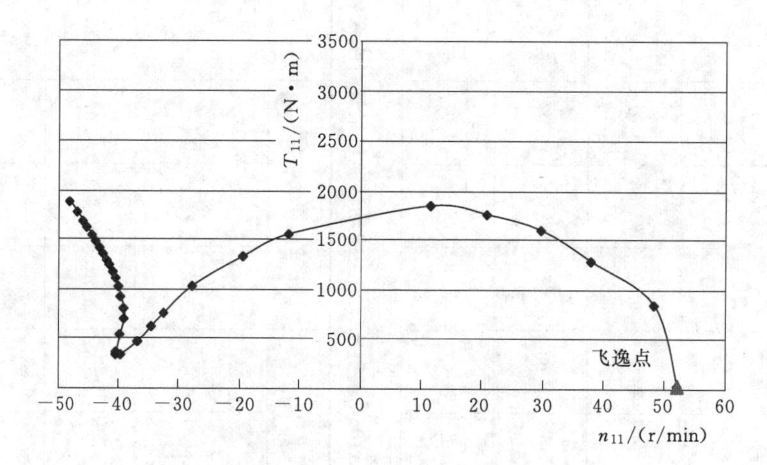

图2.4-8 A1059水泵模型四象限试验曲线（$T_{11}-n_{11}$）

根据试验结果，A1054模型水泵的单位飞逸转速为52.09r/min，零流量扬程为9.4m。

2.5 泥沙磨损试验及预估分析

2.5.1 概述

通过泥沙磨损试验了解牛栏江泥沙的磨损能力和特性，根据水泵可能磨损的主要部位的特征流速对磨损进行预估，并提出减轻水泵泥沙磨损的一些措施，为泵站水泵选型与设计（包括水力设计、结构设计和材料选择等）、机组招标以及水泵运行等提供技术参考。

2.5.2 试验方法及试验装置

材料磨损试验采用圆盘式绕流磨损试验方法[11]。

试验装置系统由浑水水箱、冷却水系统、直流变频电机、转盘室、水泵及测量仪表等组成。系统示意图参见图 2.5-1，转盘室见图 2.5-2。

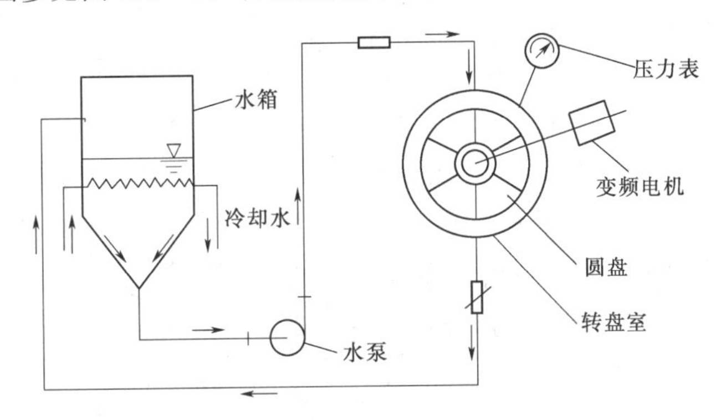

图 2.5-1 泥沙磨损试验系统示意图

图 2.5-2 材料磨损试验用转盘室

转盘室内的圆盘由电机拖动旋转，圆盘由 3 种材料的 6 块扇形试件拼接而成。试验时循环含沙水从转盘室前盖板中央流入，经过阻流栅与圆盘正面构成的间隙，从转盘室内侧流出。圆盘以固定转速旋转时形成了含沙水相对于圆盘盘面的相对流动，使得被试材料磨损。由于旋转圆盘沿半径方向各点的圆周速度不同，因而对应各点的磨损量也不同，通过试验及测量可得到材料的磨损量 ΔH 与圆盘半径各点圆周速度 U 的关系，即 $\Delta H=f(U)$。

2.5.3 磨损试验条件及磨损量测量方法

2.5.3.1 磨损试验条件

为了使试验室泥沙磨损试验结果能较好地符合于真机的实际，试验所选择的试验条件应尽可能与真机的磨损状态与条件相近。为此本试验在选择试验条件时主要从以下3个方面考虑：

（1）试验材料采用目前大型水力机械常用材料，如0Cr13Ni5Mo、0Cr16Ni5Mo等。

（2）试验泥沙取自牛栏江河流泥沙，泥沙粒径应与真机过机泥沙粒径相近。

（3）试验水流为平面绕流流动，磨损性质为普遍磨损，试验流速涵盖真机水流流速范围。

2.5.3.2 试验材料及性能

试验材料（即试件）选用3种不锈钢材料，即1Cr18Ni9Ti、0Cr13Ni5Mo、0Cr16Ni5Mo。1Cr18Ni9Ti材料具有较好的抗空蚀性能，曾在20世纪80年代应用较多，后在试验室材料对比试验中常作为参照材料使用。0Cr13Ni5Mo与0Cr16Ni5Mo均为目前水轮机常用材料，其成分及力学性能见表2.5-1、表2.5-2。

表2.5-1 磨损试验材料化学成分表

材料	C	Si	Mn	P	S	Cr	Ni	Mo
1Cr18Ni9Ti	≤0.12	≤1.0	≤2.0	≤0.035	≤0.03	17.0～19.0	8.0～11.0	—
0Cr13Ni5Mo	≤0.06	≤1.0	≤1.0	≤0.03	≤0.03	11.5～14.0	4.5～5.5	0.4～1.0
0Cr16Ni5Mo	≤0.06	≤1.0	≤1.0	≤0.03	≤0.03	15.5～17.5	4.5～6.0	0.4～1.0

表2.5-2 磨损试验材料力学性能表

材料	σ_b/MPa	$\sigma_{0.2}$/MPa	δ_5/%	φ/%	α_{kv}/J	HB
1Cr18Ni9Ti	≥520	≥205	≥40	—	—	≤187
0Cr13Ni5Mo	≥750	≥550	≥15	≥35	≥50	≥221
0Cr16Ni5Mo	≥785	≥588	≥15	≥35	≥40	≥221

2.5.3.3 试验泥沙及颗粒特性分析

试验泥沙取自牛栏江干流上已建的德泽水库库尾。由于符合试验条件的天然泥沙用量不足，且工程建成后的牛栏江德泽水库坝址处的河流悬移质泥沙粒径较细，为满足模型浑水试验的用沙量要求，不足沙量采用库尾粗砂加工后筛分进行补充。

试验泥沙颗粒特性分析包括泥沙粒径、矿物成分及含量与颗粒形貌分析。

1. 试验泥沙粒径分析

使用激光粒度仪进行了试验泥沙粒径的测试和分析，测试的泥沙级配数据见表2.5-3，泥沙级配曲线见图2.5-3。为后续的比较与分析之用，在图2.5-3中还画出了泵站取水口断面泥沙的有关泥沙级配曲线。从图2.5-3可以看出，试验用沙的中值粒径与德泽水库建成后库水中悬移质的中值粒径非常接近。

表2.5-3 材料磨损试验泥沙的级配表

粒径/mm	0.001	0.003	0.005	0.010	0.020	0.033	0.046	0.065	0.091	0.128	0.152	0.180
粒径小于此值的沙重百分数/%	3.4	23.9	36.4	52.8	68.0	79.6	86.0	91.5	96.5	99.4	99.9	100
d_{50}/mm	0.009											

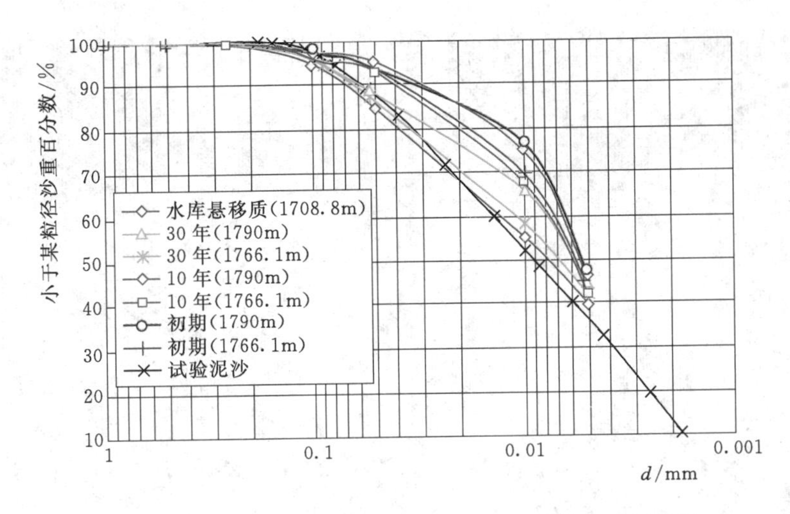

图 2.5-3　试验泥沙和泵站取水口断面泥沙的级配曲线图

2. 试验泥沙矿物成分及含量分析

泥沙矿物成分及含量采用X射线衍射分析法进行了检测和分析，检测的试验泥沙矿物成分及含量见表2.5-4，泥沙矿物成分主要为石英、长石和黏土类矿物等，其中莫氏硬度大于5的硬颗粒矿物含量为67.2%。

与德泽水库库中悬移质、取水口断面悬移质中的硬颗粒含量相比，试验用沙的硬颗粒含量大大增加。

表 2.5-4　　试验泥沙的矿物成分及含量表

矿物名称	石英	钾长石	斜长石	角闪石	方解石、白云石	黏土类	硬颗粒含量
莫氏硬度	7	6	6	5～6.5	3～4	—	
矿物含量/%	63.1	1.9	2.2	—	—	32.8	67.2

注　硬颗粒指莫氏硬度大于5的矿物。

3. 试验泥沙颗粒形貌分析

试验泥沙的颗粒形貌采用电镜扫描进行检测分析，电镜扫描放大后的图片见图2.5-4～图2.5-7。从照片看，试验泥沙的形状主要呈棱形与尖角形。

2.5.3.4　试验参数设定

圆盘直径为360mm，试验时圆盘的旋转速度定为2950r/min，测量半径对应的圆周速度为26～55m/s，并保持转盘室内压力在0.1MPa左右，以保证转盘室内流动相对稳定及试验结果的可比性。试验稳定后转盘室水温为32～42℃。

每6h为一个试验时段，每做完一个试验时段后更换一次试验泥沙。磨损试验共进行了5个试验时段的试验，总的试验时间为30h。

含沙量的测量采用定时取水样的方法进行测量。用标准量筒取水样、通过滤纸对水样过滤与烘干后进行称重，得到含沙量。每一个试验时段取水样3次，所得含沙量均值为试验时段的含沙量。各个试验时段的含沙量平均值即为磨损试验的含沙量。各试验时段的含沙量分别为：10.2kg/m³、10.7kg/m³、10.3kg/m³、3.7kg/m³、8.7kg/m³，相应磨损试

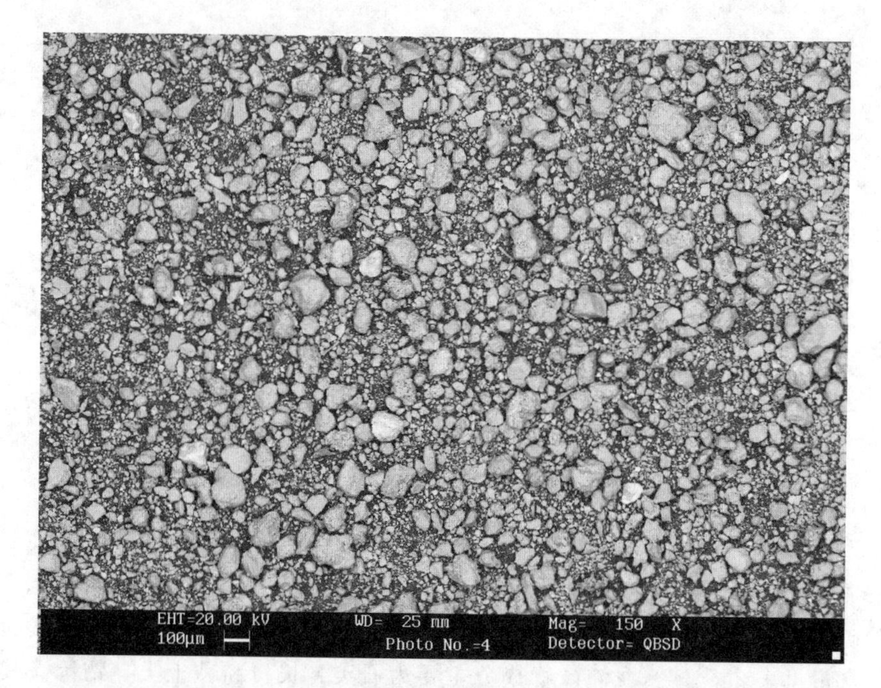

图 2.5-4　试验泥沙的颗粒形貌（放大倍数 150）

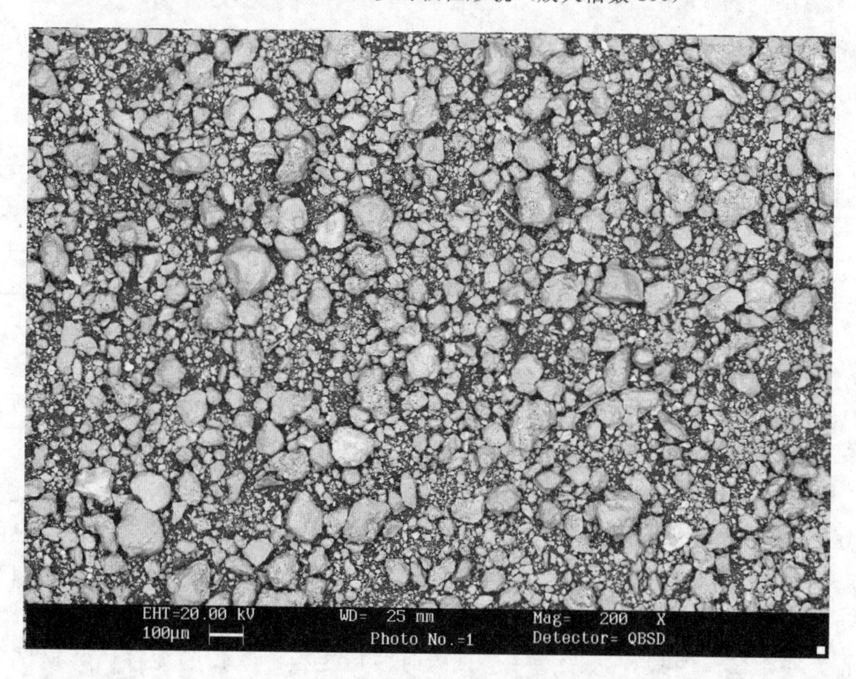

图 2.5-5　试验泥沙的颗粒形貌（放大倍数 200）

验的平均含沙量为 8.7kg/m^3。

2.5.3.5　试验材料磨损量的测量方法

圆盘试验材料的磨损量采用磨损深度测量方法。即将圆盘放置在专用的具有三维坐标的分度盘上用数字千分表进行测量，其测量分辨率为 1μm。先选定测量坐标，调整千分

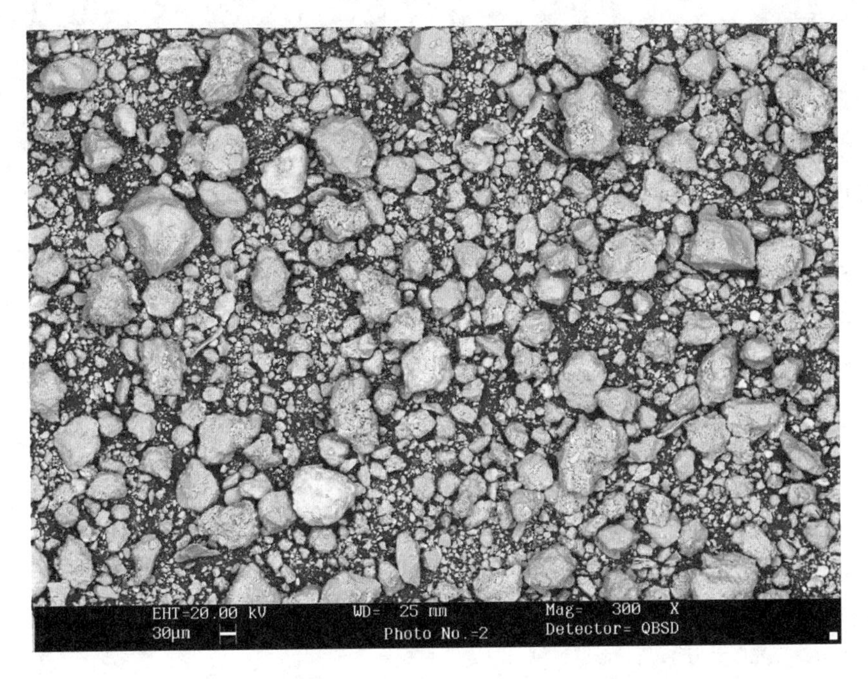

图 2.5-6 试验泥沙的颗粒形貌（放大倍数 300）

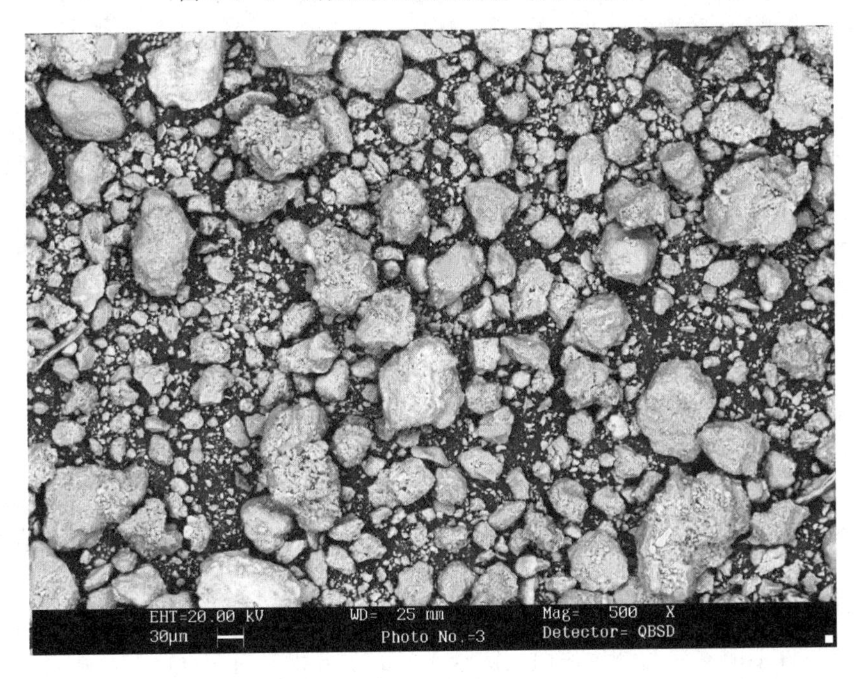

图 2.5-7 试验泥沙的颗粒形貌（放大倍数 500）

表对准坐标原点，以某两试件边缝（在半径 $R=150$mm 处对准）为起始边，沿逆时针方向旋转 45°的半径线为第一块试件的测量半径，再依次转 60°，为其他试件的测量半径。在测量半径上 $R=25\sim70$mm 为基准段（不磨损），$R=70\sim180$mm 为磨损段，共设 22 个测点。

磨损深度测量即在试验前与试验后各测一次，两次测量值之差为各试件的磨损量。

2.5.4　材料磨损计算与试验结果

2.5.4.1　磨损计算关系式[11]

影响材料磨损的主要因素如下：

（1）泥沙颗粒特性（粒径大小、矿物成分及硬颗粒含量、颗粒形状等）。

（2）磨损作用条件（水流流速大小、流态及冲角，含沙量等）。

（3）材质性能（成分、热处理条件、硬度、表面粗糙度等）。

（4）运行时间、运行工况。

归纳为如下的磨损计算关系式：

$$\Delta H=k_0k_sk_mS^MW^NT^\alpha \tag{2.5-1}$$

式中　ΔH——材料的磨损深度，mm；

k_s——泥沙特性影响系数；

k_m——材质性能影响系数；

k_0——除 k_s、k_m 以外的其他因素的影响系数；

S——含沙浓度；

W——水流相对速度；

T——磨损时间；

α——时间指数，对于磨损试验而言，α 可取为1.0；

M、N——指数。

本次试验用沙的硬颗粒含量与真机过机泥沙有较大差异，故应考虑泥沙特性影响系数 k_s。

令 $K_W=k_0k_m$，并称 K_W 为综合影响系数，则式（2.5-1）为

$$\Delta H=K_Wk_sS^MW^NT \tag{2.5-2}$$

通常，单位时间内磨损量称为磨损率 E。为便于计算与比较，设定含沙浓度 $S=1\text{kg/m}^3$ 时的磨损率为单位磨损率，简记为 E_s，则式（2.5-2）为

$$E=\Delta H/T=K_Wk_sS^MW^N \tag{2.5-3}$$

或

$$E_s=\Delta H/(TS^M)=K_Wk_sW^N \tag{2.5-4}$$

采用上述关系式对试验结果进行计算时，还需要考虑采用以下两项近似取值：

1. 水流相对速度

圆盘试验方法中计算的是圆周速度（U），由于圆盘旋转带动盘面附近的水流流动，其盘面流态与许多因素有关，故作用在圆盘面上的水流相对速度（W）与圆周速度存在一定的差异，目前还难以直接确定两者的关系。根据对以前所做试验的总结与分析，两者的近似关系为 $W=(0.82\sim0.94)U$；本次试验按中间值考虑，则有

$$W=0.88U \tag{2.5-5}$$

2. 含沙浓度指数 M

根据对以前所做多次试验的验证及有关资料，含沙浓度指数 $M=0.85\sim1.10$。本次

试验结果分析取 $M=1.0$。

2.5.4.2 磨损试验结果

试验材料泥沙磨损试验数据列于表 2.5-5。表中的 R 为各测点半径，U、W 分别为各测点对应的试验圆周速度和按式（2.5-5）换算的水流相对速度，ΔH_1、ΔH_2 分别为同一材料两块试件对应点处的磨损量，ΔH 为 ΔH_1、ΔH_2 的均值，E_s 为同一材料对应点处的单位磨损率。用水流相对速度表示的磨损曲线（即单位磨损率与水流相对速度关系曲线）见图 2.5-8。磨损后的试件表面形貌见图 2.5-9～图 2.5-12，不锈钢试件表面磨损形貌呈现典型的波纹、鱼鳞状。

表 2.5-5　　试验材料泥沙磨损试验数据表

R /mm	U /(m/s)	W /(m/s)	1Cr18Ni9Ti				0Cr13Ni5Mo				0Cr16Ni5Mo			
			ΔH_1 /μm	ΔH_2 /μm	ΔH /μm	E_s /(μm/h)	ΔH_1 /μm	ΔH_2 /μm	ΔH /μm	E_s /(μm/h)	ΔH_1 /μm	ΔH_2 /μm	ΔH /μm	E_s /(μm/h)
85	26.2	23.1	40	47	43.5	0.167	34	34	34.0	0.130	22	41	31.5	0.121
95	29.3	25.8	60	60	60	0.230	51	52	51.5	0.197	38	57	47.5	0.182
105	32.4	28.5	89	94	91.5	0.351	68	73	70.5	0.270	61	73	67	0.257
115	35.5	31.2	119	124	121.5	0.466	94	96	95.0	0.364	80	100	90	0.345
125	38.6	34.0	149	160	154.5	0.592	139	118	128.5	0.492	103	128	115.5	0.443
135	41.7	36.7	196	200	198	0.759	173	164	168.5	0.646	133	163	148	0.567
145	44.8	39.4	245	268	256.5	0.983	216	212	214.0	0.820	174	208	191	0.732
150	46.3	40.7	268	297	282.5	1.082	240	235	237.5	0.910	196	233	214.5	0.822
155	47.9	42.2	302	339	320.5	1.228	263	265	264.0	1.011	216	260	238	0.912
160	49.4	43.5	342	367	354.5	1.358	303	294	298.5	1.144	244	282	263	1.008
165	51.0	44.9	381	412	396.5	1.519	331	330	330.5	1.266	269	310	289.5	1.109
170	52.5	46.2	410	445	427.5	1.638	369	359	364.0	1.395	301	331	316	1.211
175	54.1	47.6	443	480	461.5	1.768	382	401	391.5	1.500	332	338	335	1.284

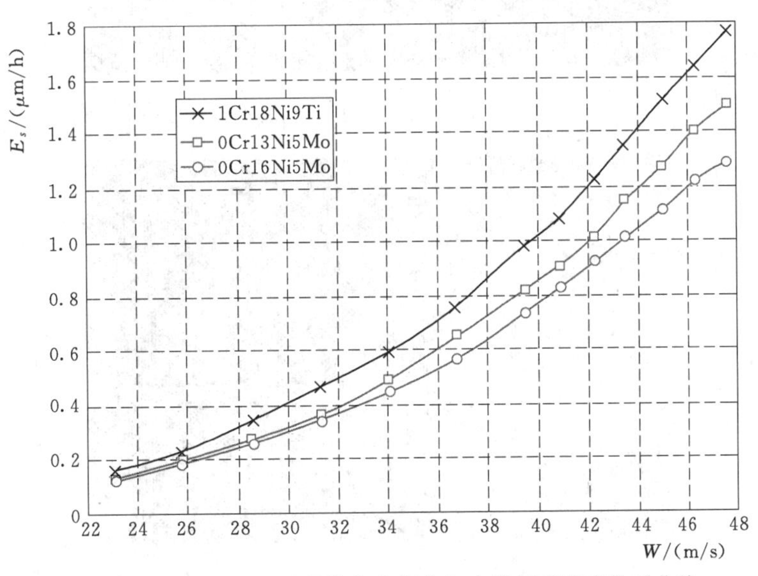

图 2.5-8　牛栏江泥沙的单位磨损率与水流相对速度关系曲线

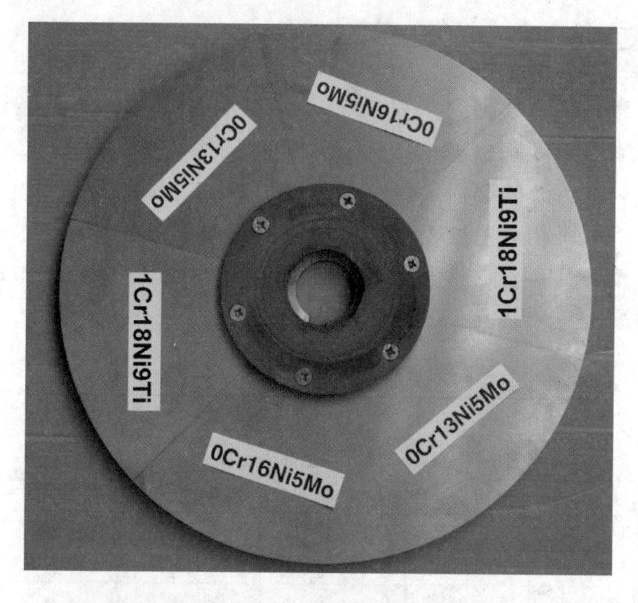

图 2.5-9　材料磨损试验圆盘（试验前）

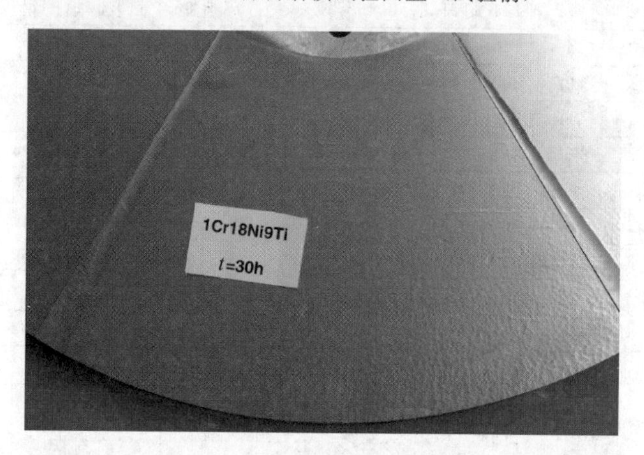

图 2.5-10　1Cr18Ni9Ti 材料表面磨损形态图（试验时间 30h）

图 2.5-11　0Cr13Ni5Mo 材料表面磨损形态图（试验时间 30h）

图 2.5-12 0Cr16Ni5Mo 材料表面磨损形态图（试验时间 30h）

从图 2.5-8 所示的单位磨损率与水流相对速度关系曲线可看出，3 种试验材料的单位磨损率与圆周速度呈现幂次方关系，故按照式（2.5-4）对表 2.5-5 中参数 E_s 与 W 进行拟合计算，得到系数 K_W 与速度指数 N，拟合结果见表 2.5-6。

表 2.5-6　　试验材料单位磨损率与圆周速度关系的 K_W、N 值

试验材料		1Cr18Ni9Ti	0Cr13Ni5Mo	0Cr16Ni5Mo
拟合参数	系数 $K_W/10^{-6}$	5.31	3.06	3.96
	速度指数 N	3.3	3.4	3.3

注　单位磨损率 E_s 的单位为 μm/h。

2.5.5 试验结果分析

2.5.5.1 泥沙资料分析

1. 工程设计院提供的泥沙资料分析

（1）水库泥沙特性。根据工程设计院提供的泥沙分析，牛栏江河流泥沙主要集中在主汛期 6—9 月，占全年来沙量的 85%以上；德泽水库多年平均含沙量为 0.72kg/m³，悬移质泥沙中值粒径为 0.008mm。根据表 1.3-2 的数据可以看出，悬移质泥沙的硬颗粒（莫氏硬度大于 5 的矿物）含量为 12.7%，说明德泽水库汛期虽然含沙量较多，但泥沙颗粒较细，且硬颗粒含量较少。

（2）水泵过机泥沙含量。表 1.3-10 与表 1.3-11 分别给出了不同水位（正常运行水位 1790.00m 与 6 月多年平均水位 1766.13m）下和水库不同运行年限（初始运行、运行 10 年、运行 30 年）的含沙量资料，多年平均含沙量 0.112～0.184kg/m³，多年汛期平均含沙量 0.140～0.232kg/m³，过机泥沙含量较入库泥沙含量显著减少。表 1.3-12～表 1.3-14 分别给出了历年月平均含沙量、典型年日平均含沙量以及各典型年综合预测的含沙量最大值，从表 1.3-13 可以看出，水库水位汛期平均水位时，丰水丰沙年的最大日均过机泥沙含量较入库多年平均含沙量高 14.5%以上。

（3）取水口断面泥沙级配及硬颗粒含量。表 1.3-3～表 1.3-9 分别给出了不同水位、水库不同运行年限的泥沙级配及硬颗粒含量。各泥沙级配曲线见图 2.5-3，泥沙级配中值粒径分别为0.005～0.007mm，较水库悬移质泥沙中值粒径有所减小。根据级配曲线可看出，水库运行初期的级配曲线离水库悬移质泥沙较远，表明泥沙粒径较细；随着水库运行年限的增加，级配曲线向水库悬移质泥沙靠近，表明泥沙粒径与水库悬移质泥沙逐渐接近。硬颗粒含量分别为9.7%～13.5%，也较水库悬移质泥沙的硬颗粒含量有所减少。

2. 关于试验泥沙特性的分析

试验泥沙的级配曲线见图2.5-3，中值粒径为0.009mm，与水库悬移质泥沙中值粒径接近，从图2.5-3可看出两者的级配曲线很相近。从粒径角度来看，试验泥沙具有非常好的代表性。

试验泥沙的矿物组成主要由石英、长石和黏土类矿物等，其中莫氏硬度大于5的硬颗粒含量为67.2%。与水库悬移质泥沙相比，硬颗粒含量增加显著。试验泥沙的颗粒形状主要呈棱形与尖角形，根据经验，这类泥沙具有较强的磨损能力。

2.5.5.2 不同河流泥沙的磨损能力对比

中国水利水电科学研究院曾用同样的试验方法与条件进行过取自的黄河泥沙、取自的金沙江泥沙[12]的磨损试验，试验材料均为0Cr13Ni5Mo。不同河流泥沙的主要参数见表2.5-7，磨损率曲线见图2.5-13。

表2.5-7 不同河流泥沙的主要参数（试验材料0Cr13Ni5Mo）

名 称	牛栏江试验沙	黄河沙（三门峡水电站）	金沙江沙（溪洛渡水电站）
中值粒径/mm	0.009	0.025	0.021
硬颗粒含量/%	67.2	65.7	42.5

通过对比表2.5-7中的参数与图2.5-13中的曲线可以看出，这三种河流泥沙的磨损能力存在明显的差异。在泥沙粒径方面，牛栏江试验沙最细，黄河沙与金沙江沙粗一些；在硬颗粒含量方面，牛栏江试验沙与黄河沙相近，比金沙江沙多一些；在磨损能力方面，牛栏江试验沙最强，金沙江沙次之，黄河沙较弱。

相比较而言，德泽水库坝址距离牛栏江干、支流的源头较近，水中泥沙经受侵蚀的时间不长，棱角分明，因而磨损能力较强。更为主要的原因是，本次试验用砂大部分是采用库尾粗砂加工后筛分得到，加工后的颗粒未经水流的侵蚀与打磨，颗粒形状较尖锐，这也是试验用沙具有较强磨损能力的主要原因。

2.5.5.3 磨损与速度、材料的关系

从图2.5-8与表2.5-5来看，3种不锈钢材料的磨损率与速度呈指数关系；速度指数N值为3.3～3.4，N值很接近，表明3种不锈钢材料的磨损规律基本一致，只是相对抗磨性强弱有所不同而已。

为比较3种不锈钢材料的相对抗磨性，取1Cr18Ni9Ti材料为参照材料，不同材料的相对抗磨倍数ε按下式求出：

$$\varepsilon = \text{1Cr18Ni9Ti 材料磨损量/被比较材料磨损量} \tag{2.5-6}$$

显然，1Cr18Ni9Ti材料的抗磨倍数为1.0。在水流相对速度$W=31.2$m/s时，1Cr18Ni9Ti材料、0Cr13Ni5Mo材料和0Cr16Ni5Mo材料的抗磨倍数分别为1.0、1.28、1.35。从图2.5-8和材料的抗磨倍数看，0Cr16Ni5Mo材料的抗磨性能最好，0Cr13Ni5Mo

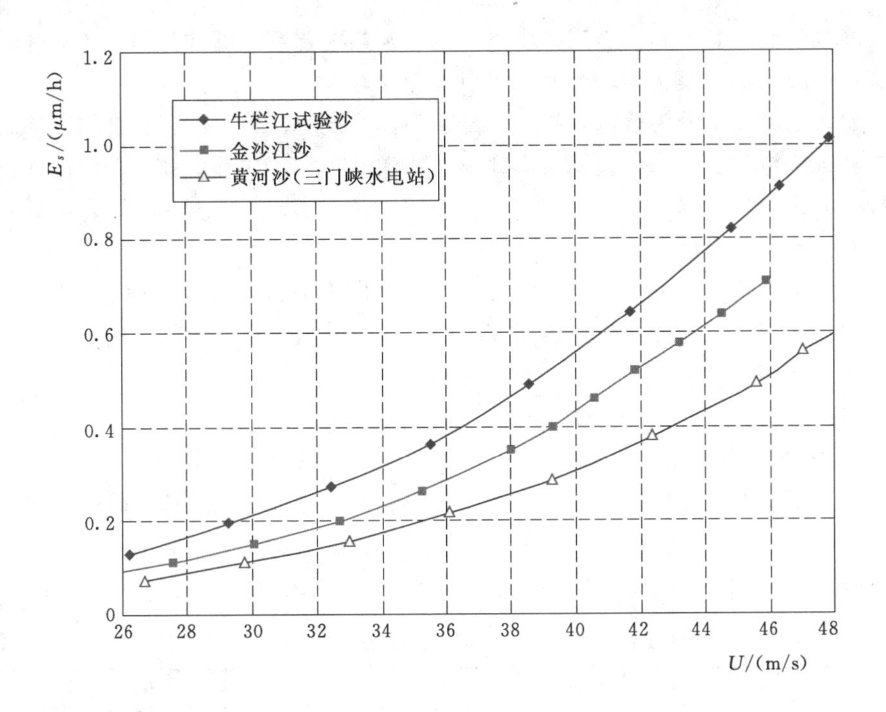

图 2.5-13 不同河流泥沙的磨损率曲线

材料次之，1Cr18Ni9Ti 材料的抗磨性能较差。

考虑到 0Cr13Ni5Mo 材料是目前在水电站核心部件——水轮机转轮上应用最为广泛的材料，故下述的磨损量估算基于 0Cr13Ni5Mo 材料的抗磨性能，即

$$E_s = K_W k_s W^{3.4} \tag{2.5-7}$$

或

$$\Delta H = K_W k_s S T W^{3.4} \tag{2.5-8}$$

式中 E_s——单位磨损率，mm/h；

ΔH——材料的磨损深度，mm；

K_W——综合影响系数，$K=3.06\times10^{-9}$（按 $W=0.88U$ 关系的修正值）；

k_s——泥沙特性影响系数；

W——水流相对速度，m/s；

S——含沙浓度，kg/m^3；

T——磨损时间，h。

2.5.6 磨损量预估

2.5.6.1 水泵磨损特点

在含沙河流上运行的水泵都不同程度地出现泥沙磨损问题，特别是在高含沙河流上运行的高扬程离心水泵，遭受破坏的程度更加严重，例如，陕西东雷一期引黄泵站中的新民二级站（设计扬程 152m），最早使用的水泵运行 600h 后效率下降 9%，运行 1000h 左右水泵叶轮即报废。经验表明，不同扬程水泵的磨损特点（包括磨损部位、磨损程度与各部

位的相对磨损程度）各不相同；高扬程离心式水泵的主要磨损部件为密封环、叶轮与出水导叶等，最严重的部位是密封环、叶轮出口外缘边等处。

水泵磨损的特点可分为普遍磨损和局部磨损。普遍磨损为大面积相对均匀的破坏，破坏的形貌特征为波纹、鱼鳞或鱼鳞坑串通形成的沟槽状等。局部磨损为局部出现较深的坑穴、沟槽等，多出现在局部水流有剧变（流速或冲角显著增大）、或材质缺陷引起的脱流以及存在局部空化的区域。

水泵的磨损破坏往往伴随着空化空蚀，即可能出现泥沙磨损与空化空蚀的联合作用。即使在一些压力相对较高的部位，由于磨损的发展受其他因素的影响可能使水流边界条件恶化，引起水流发生空化。

2.5.6.2　磨损量估算

1. 主要磨损部位的特征流速

水泵过流部件的流速是影响磨损的主要因素之一。在水泵机组选型研究阶段，根据水泵CFD分析研究成果，A1054、A1059水泵设计扬程下水泵主要部位［泵轮进口、出口（取叶轮内部最大相对流速）与导叶进口］的相对流速见表2.5-8。

表2.5-8　　设计扬程下A1054、A1059水泵主要部位相对流速表

水泵型号	A1054			A1059		
水泵部位	叶轮进口	叶轮出口	导叶进口	叶轮进口	叶轮出口	导叶进口
相对流速/(m/s)	33.4	35.80	33.73	30.8	33.6	31.88

2. 磨损量估算

磨损量估算按照式（2.5-8）进行计算，计算参量包括K、k_s、S、T、W等。其中k_s为泥沙特性影响系数，此处为硬颗粒含量折合系数，即过机泥沙硬颗粒含量（表1.3-9）与试验用沙的硬颗粒含量之比；S为过机含沙量（分别采用表1.3-11中汛期过机平均含沙量的平均值、表1.3-14中平水平沙年含沙量最大值计算）；T为水泵一个汛期运行时间，汛期为6—9月共4个月，占全年的1/3，即按年运行小时数（工程可行性研究阶段为7111h）的1/3计，$T=7111/3=2370.3$h；W为水流相对流速，见表2.5-8。

根据表1.3-11、表1.3-14中的泥沙资料，对不同转速方案、叶轮部位和固定导叶区、运行年限和库水位的磨损量估算结果分别见表2.5-9、表2.5-10。

从表2.5-9、表2.5-10可以看出：

（1）平水平沙年含沙量最大值约为汛期过机含沙量的3倍，故表2.5-10中的磨损量约为表2.5-9中对应项的磨损量3倍。

（2）就不同水库水位而言，1766.13m水位为汛期水位，所对应的过机含沙量与硬颗粒含量较1790.00m水位的大，水泵过流部件的磨损量也大些。

（3）不同机组转速方案的磨损量来看，由于高转速方案A1054水泵的流速高，过流部件的磨损量也大些。按汛期平均水位1766.13m、水库运行10年考虑，高转速方案A1054叶轮出口的年磨损深度是低方案转速方案A1059叶轮的1.25倍。按平水平沙年综合预测含沙量的最大值考虑，高转速方案A1054叶轮出口的年磨损深度是低方案转速方案A1059叶轮的1.24倍。

表 2.5-9 水泵磨损量估算（S 采用表 1.3-11 中汛期过机含沙量平均值）

水库参数				机组方案	A1054			A1059		
				水泵部位	叶轮进口	叶轮出口	导叶进口	叶轮进口	叶轮出口	导叶进口
				相对流速/(m/s)	33.4	35.80	33.73	30.8	33.6	31.88
运行年限	库水位/m	汛期过机含沙量 S/(kg/m³)	硬颗粒含量/%	硬颗粒含量折合系数 k_s	磨损深度 ΔH/(mm/a)					
初期	1790.00	0.17	7.54	0.112	0.021	0.027	0.022	0.016	0.021	0.018
初期	1766.13	0.24	9.7	0.144	0.038	0.048	0.039	0.029	0.039	0.032
10 年	1790.00	0.17	7.95	0.118	0.022	0.028	0.023	0.017	0.023	0.019
10 年	1766.13	0.26	10.24	0.152	0.043	0.055	0.045	0.033	0.044	0.037
30 年	1790.00	0.18	11.02	0.164	0.032	0.041	0.034	0.025	0.033	0.028
30 年	1766.13	0.27	13.52	0.201	0.060	0.076	0.062	0.045	0.061	0.051

表 2.5-10 水泵磨损量估算（S 采用表 1.3-14 中平水平沙年含沙量最大值）

水库参数			机组方案	A1054			A1059		
			水泵部位	叶轮进口	叶轮出口	导叶进口	叶轮进口	叶轮出口	导叶进口
			相对流速/(m/s)	33.4	35.80	33.73	30.8	33.6	31.88
运行年限	平水平沙年含沙量最大值 S/(kg/m³)	硬颗粒含量/%	硬颗粒含量折合系数 k_s	磨损深度 ΔH/(mm/a)					
初期	0.552	9.7	0.144	0.087	0.111	0.090	0.066	0.089	0.075
5 年	0.569	9.9	0.147	0.092	0.116	0.095	0.070	0.094	0.079
10 年	0.593	10.24	0.152	0.099	0.125	0.102	0.075	0.101	0.085
20 年	0.616	11.19	0.167	0.113	0.143	0.117	0.086	0.115	0.097
30 年	0.649	13.52	0.201	0.143	0.182	0.148	0.109	0.146	0.122
40 年	0.748	14.5	0.216	0.178	0.225	0.184	0.135	0.181	0.152

（4）随着运行年限的增加，过机含沙量与硬颗粒含量增大，水泵过流部件的磨损量增大。按平水平沙年综合预测含沙量的最大值考虑，以运行初期的高转速方案 A1054 叶轮出口的年磨损深度为参照，运行 10 年、20 年、30 年、40 年 A1054 叶轮出口的年磨损深度分别是运行初期磨损量的 1.13 倍、1.29 倍、1.58 倍、1.64 倍、2.03 倍，与 A1059 叶轮出口的年磨损深度的变化规律几乎相同。

（5）总的说来，高转速方案 A1054 叶轮磨损深度/年的最大值为 0.076～0.182mm/a（运行年限为 30 年），按 10 年计磨损量仅为 0.76～1.82mm，可认为磨损量不大，主要原因是由于含沙量较低、硬颗粒含量较小等因素所致。

（6）从磨损量估算结果来看，就计算选择的水泵部位而言，叶轮出口部位的磨损量最大，但因相对流速相差不大，选择计算的三个部位的磨损量相差不大。这说明离心泵的磨损与其水力设计直接相关。考虑水泵总体磨损强度，建议水泵叶轮出口的相对流速不宜超过

35m/s。

值得说明的是，上述预估的磨损量主要反映的是过流表面上的普遍磨损。虽然普遍磨损对于评价水泵磨损总体水平是非常重要的，但同时也应注意局部磨损在真机磨损破坏中的影响。局部磨损在磨损量及危害性上远大于普遍磨损，如在水泵叶轮出口外缘边，由于与叶片正、背面存在型线过渡交接，且流速较高，故该处容易出现局部磨损，需予以重视。

2.5.7　局部磨损防护措施

除水力设计和结构设计外，为减轻局部磨损对水泵造成的不利影响，选择水泵主要部件的材料时应从母材与材料表面防护两个角度来考虑。

2.5.7.1　母材选择

对于母材，可选用的包括不锈钢、低合金钢、碳钢、铸铁等。现场经验表明，铸铁是最不耐磨的，其次是铸钢，不锈钢具有较好的抗磨性。

(1) 泥沙较细较少或磨损强度不太强的场合，采用铬含量为11.5%～14%系列的不锈钢可取得不错的抗磨效果，若采用铬含量15.5%～17.5%系列的超低碳马氏体不锈钢，则抗磨效果更佳。

(2) 局部磨损强度强的部件或部位，一般硬度的不锈钢往往不具有明显的优越性，需要采用硬度更大、更耐磨的合金钢或对表面进行硬化热处理来提高硬度。

2.5.7.2　表面防护

材料表面防护分为金属材料防护与非金属材料防护。

金属材料防护包括喷涂材料、喷焊材料、堆焊材料及表面硬化处理等。在喷涂材料中，目前采用超音速火焰喷涂（HVOF）碳化钨涂层技术[13]在一些水电站（如刘家峡、三门峡、青铜峡、葛洲坝、姚河坝及渔子溪Ⅱ级等）和泵站（万家寨引黄工程）上使用，取得了较好的效果，但该材料在较强空化区易脱落。喷焊材料因在实施时温度较高易造成部件变形与裂纹，致使其应用受到限制。堆焊材料主要用于水轮机和水泵检修时的修复。表面硬化处理主要用于形状简单及尺寸较小的部件。

非金属材料防护包括环氧金刚砂涂层、聚氨酯涂层、超高分子量聚乙烯等。环氧金刚砂涂层与聚氨酯涂层的抗空化性较差，用于正压区有一定的效果，在低压区、空化区易脱落，而且，这两种涂层有一定的厚度，使用后使得原部件的尺寸有所改变。超高分子量聚乙烯用于水轮机抗磨板及水泵口环具有较好的效果，但因其为塑料故不能在动部件上使用。

2.6　水泵浑水模型试验

2.6.1　概述

为评估水中含沙量对水泵性能的影响，选择研究开发的LY-11-600-9水泵模型(对应比转速为107m·m^3/s)进行浑水试验，试验步骤与清水试验相同。试验中分别从进水口和出水口取水以测定含沙浓度，取样的浑水用滤纸过滤后将泥沙烘干，用天平称出重量后计算含沙浓度。

实际试验过程中，LY-11-600-9 水泵模型完成了在含沙量为 0.2kg/m³、0.8kg/m³ 和 2kg/m³ 条件下的能量试验，以及含沙量为 0.2kg/m³、0.8kg/m³、0.9kg/m³ 条件下的空化试验和压力脉动试验。为便于对比，模型试验结果均按叶轮出口直径 D_2 为 0.45m、试验转速 n 为 1200r/min 给出。

2.6.2 浑水能量试验

2.6.2.1 能量特性试验

LY-11-600-9 水泵模型在不同含沙量下的能量特性曲线见图 2.6-1～图 2.6-3，模型最优效率见表 2.6-1。

表 2.6-1　LY-11-600-9 水泵模型不同含沙量下的最优效率

序号	含沙量/(kg/m³)	H_m/m	Q_m/(L/s)	η_m/%
1	0	150.24	40.71	87.51
2	0.2	145.96	41.50	87.70
3	0.8	150.88	40.57	87.53
4	2.0	148.99	40.81	87.38

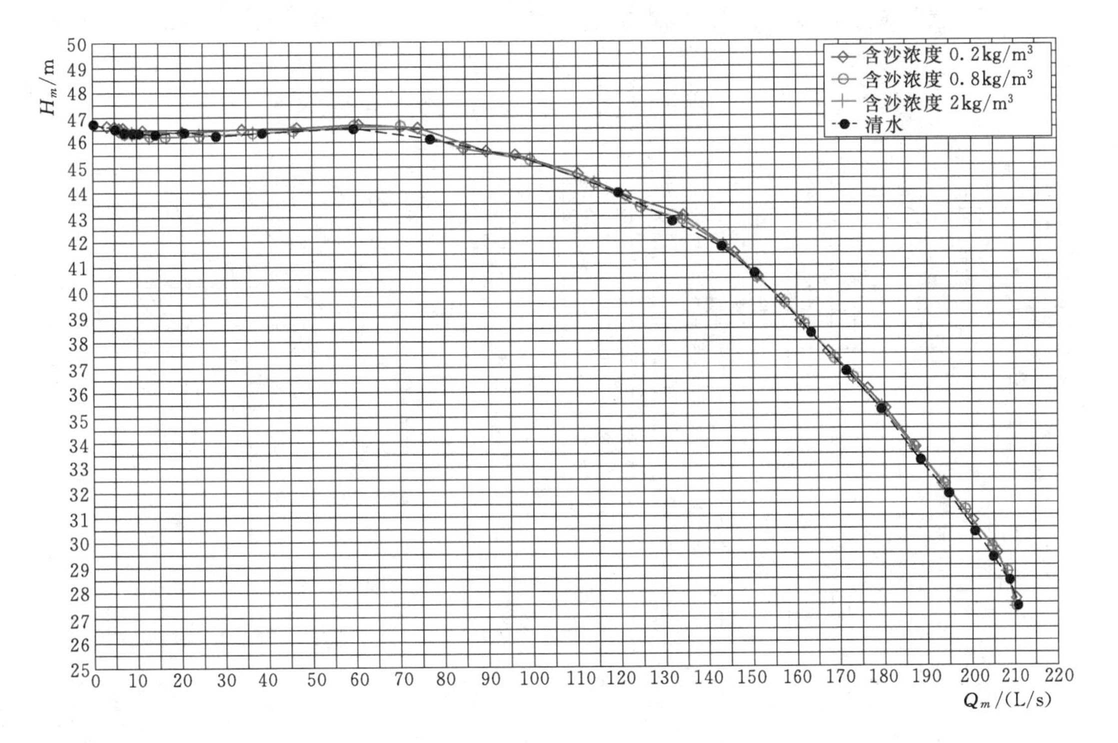

图 2.6-1　LY-11-600-9 水泵模型浑水试验扬程与流量关系曲线图

根据不同含沙量下的模型试验结果，可以看出：

(1) 当含沙量小于 1.0kg/m³ 时，LY-11-600-9 模型最优效率比清水条件下的最优效率稍高；当含沙量大于 1.0kg/m³ 时，最优效率比清水条件下的最优效率稍低。

(2) 与清水试验结果相比，在泵站运行扬程范围内，高扬程工况（运行扬程大于设计

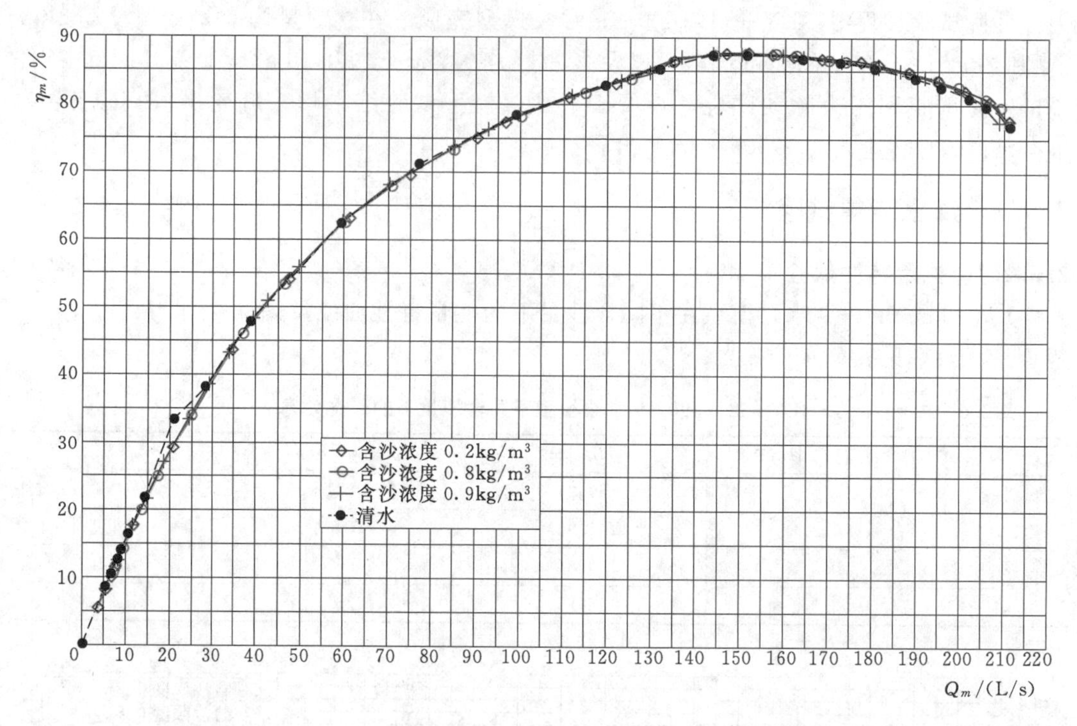

图 2.6-2　LY-11-600-9 水泵模型浑水试验效率与流量关系曲线图

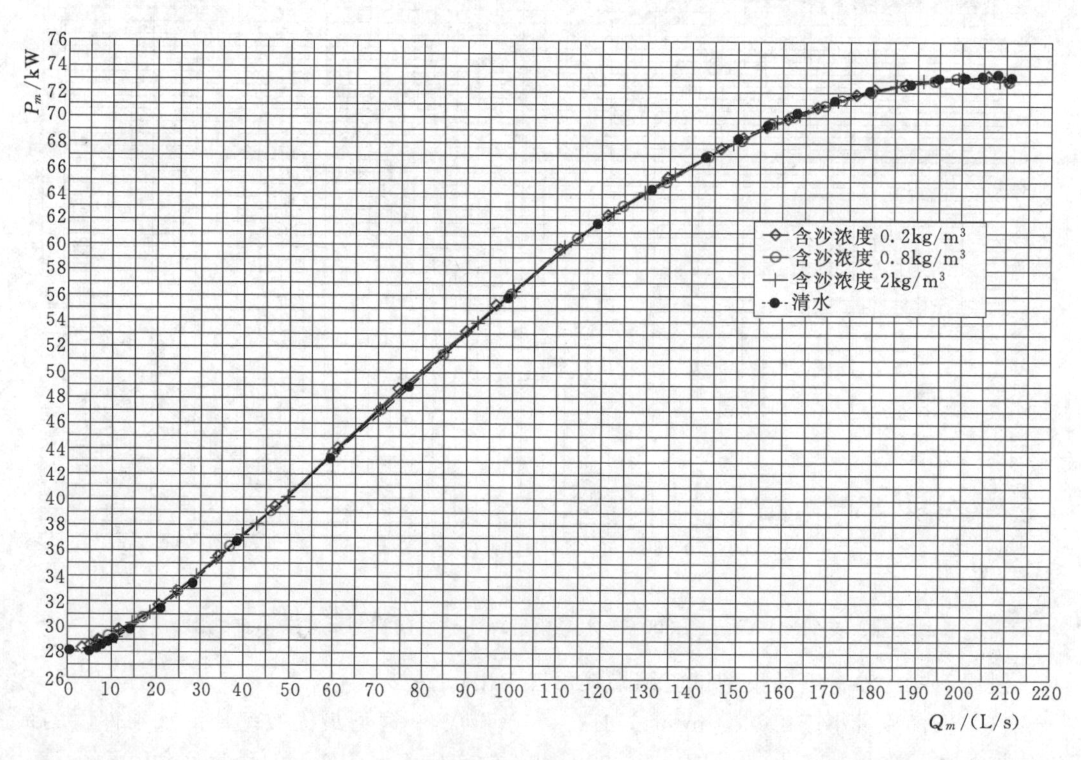

图 2.6-3　LY-11-600-9 水泵模型浑水试验轴功率与流量关系曲线图

扬程）水泵的扬程略有提高，运行扬程低于200m区间的扬程也略有增加，但总体上对水泵的扬程影响很小。

（3）与清水试验结果相比，在泵站运行扬程范围内，高扬程工况水泵的效率有所降低，低扬程工况的效率略有增加，总体上对水泵的效率影响不大。

（4）随着含沙量的增加，水泵驼峰区的最低扬程呈减小趋势，驼峰形状更加明显，说明含沙量的增大对驼峰具有放大效应。

2.6.2.2 空化试验

浑水试验时因水质浑浊未进行初生空化观测。LY-11-600-9空化试验对临界空化系数$\sigma_{0.5}$进行了测量，试验结果见表2.6-2、图2.6-4。

表2.6-2 LY-11-600-9水泵模型浑水试验临界空化系数表

序号	水泵模型工况点		原型水泵工况点		$\sigma_{0.5}$			
	Q_m/(m³/s)	H_m/m	Q_p/(m³/s)	H_p/m	清水	0.2kg/m³	0.8kg/m³	0.9kg/m³
1	131.06	43.07	6.67	232.72	0.0863	0.0822	0.1005	0.1021
2	150.74	40.66	7.68	220.30	0.0561	0.0535	0.0616	0.0599
3	157.24	39.50	8.00	215.10	0.0586		0.0596	0.0634
4	176.52	35.82	8.96	195.40	0.0952		0.1057	0.1026
5	184.99	34.03	9.40	185.50	0.1409		0.1563	0.1527

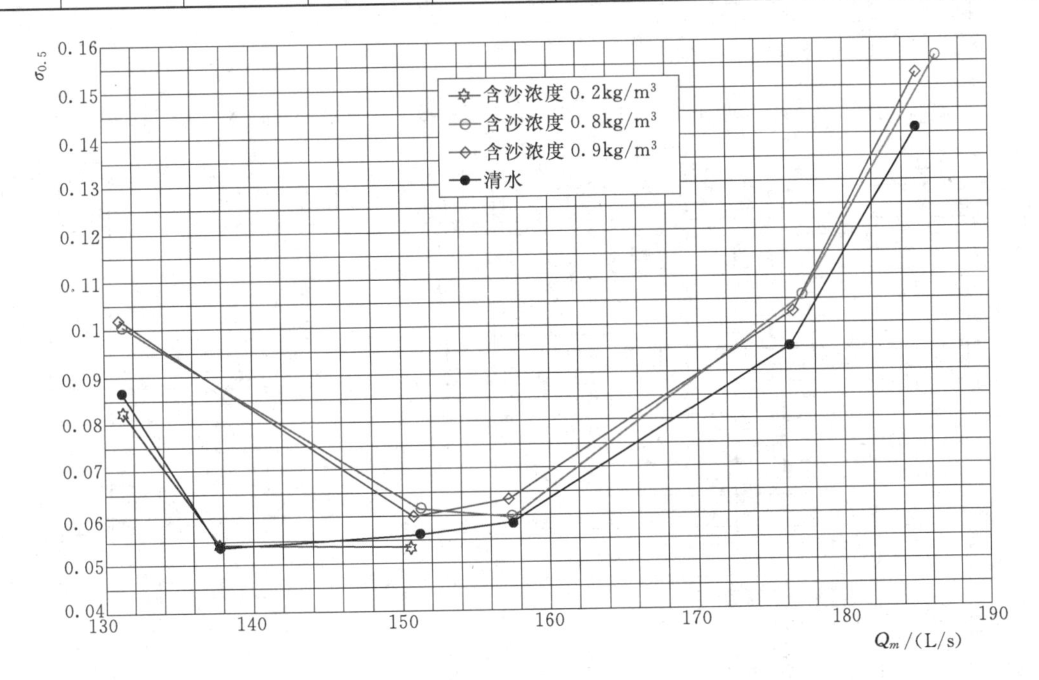

图2.6-4 LY-11-600-9水泵模型浑水与清水试验临界空化系数$\sigma_{0.5}$对比图

清水、浑水的空化试验结果呈以下规律：总体上，含沙量增大时临界空化系数有所增大；当含沙量为0.2kg/m³时，临界空化系数$\sigma_{0.5}$比清水试验时稍有降低；当含沙量接近1.0kg/m³时，临界空化系数$\sigma_{0.5}$比清水试验时约增大10%。

2.6.2.3 压力脉动试验

浑水条件下 LY-11-600-9 水泵模型压力脉动试验各测点的压力脉动混频幅值测量结果见图 2.6-5～图 2.6-8［图中测点 HD1、HD2 分别位于距水泵安装高程为 $0.5D_1$

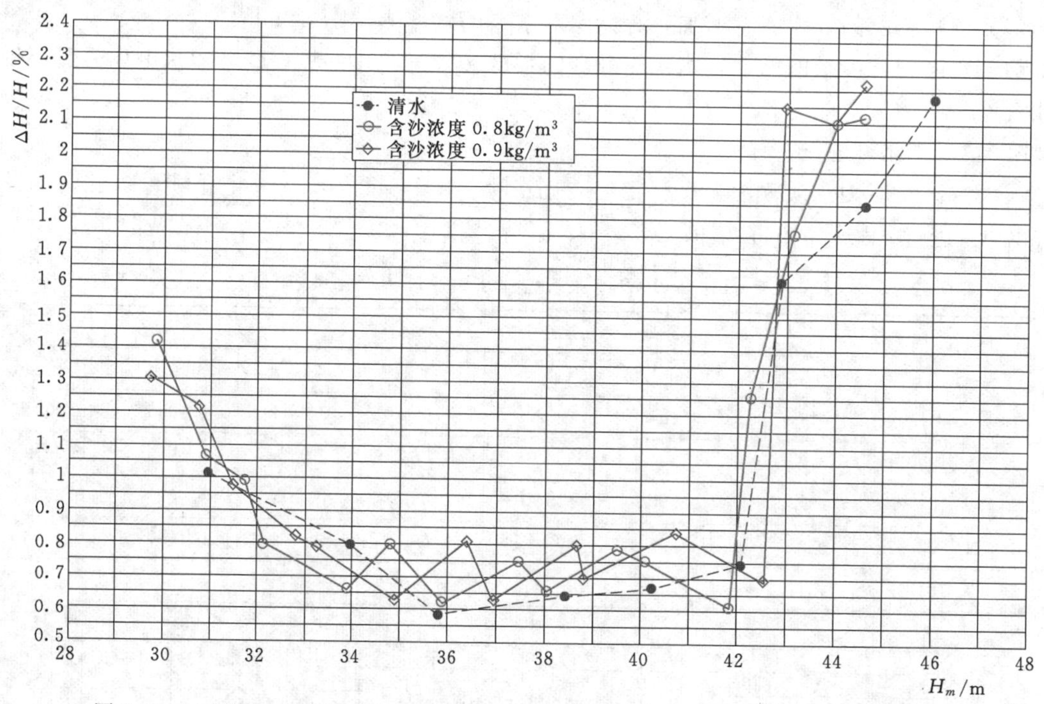

图 2.6-5 不同含沙量下 LY-11-600-9 水泵模型压力脉动幅值曲线（测点 HD1）

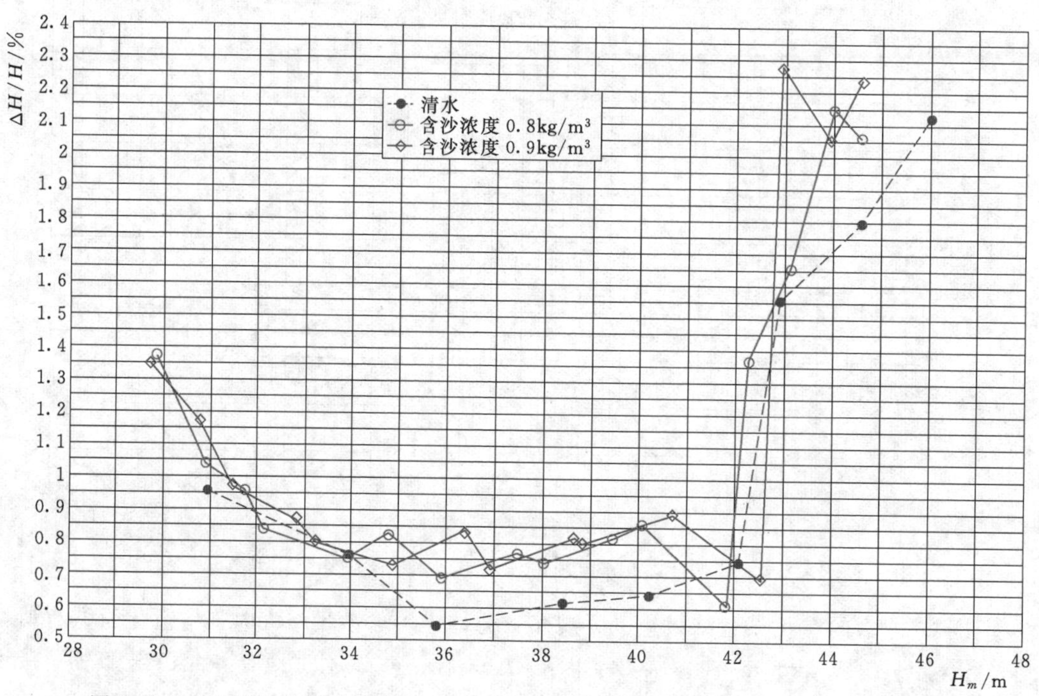

图 2.6-6 不同含沙量下 LY-11-600-9 水泵模型压力脉动幅值曲线（测点 HD2）

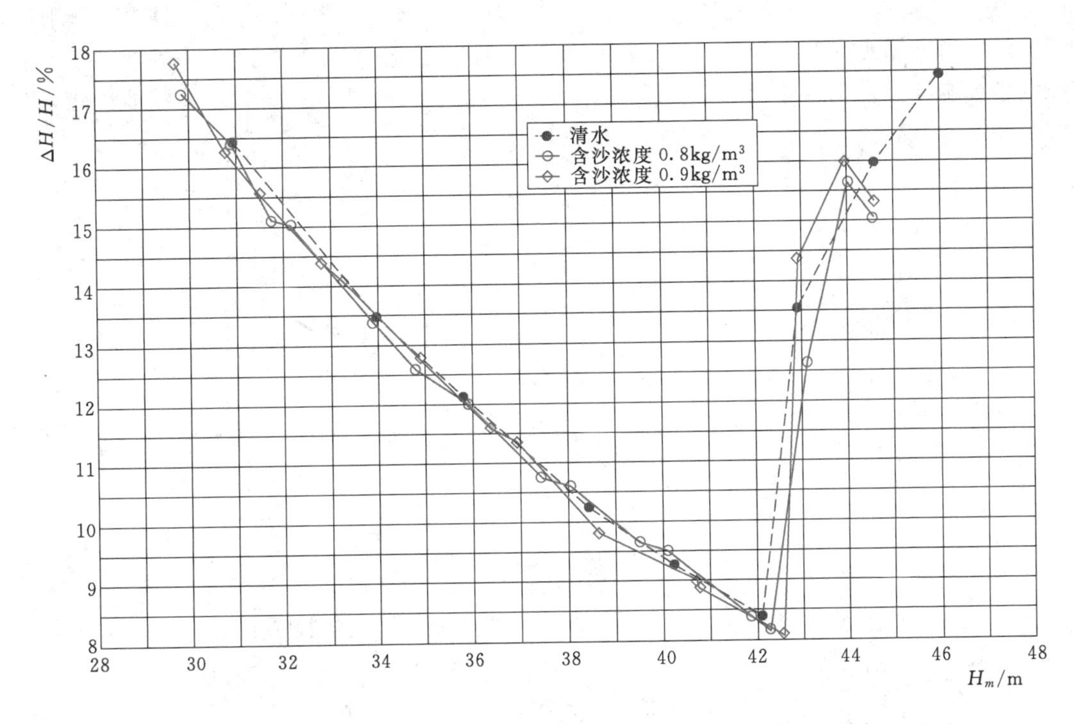

图 2.6-7 不同含沙量下 LY-11-600-9 水泵模型压力脉动特性（测点 HVS1）

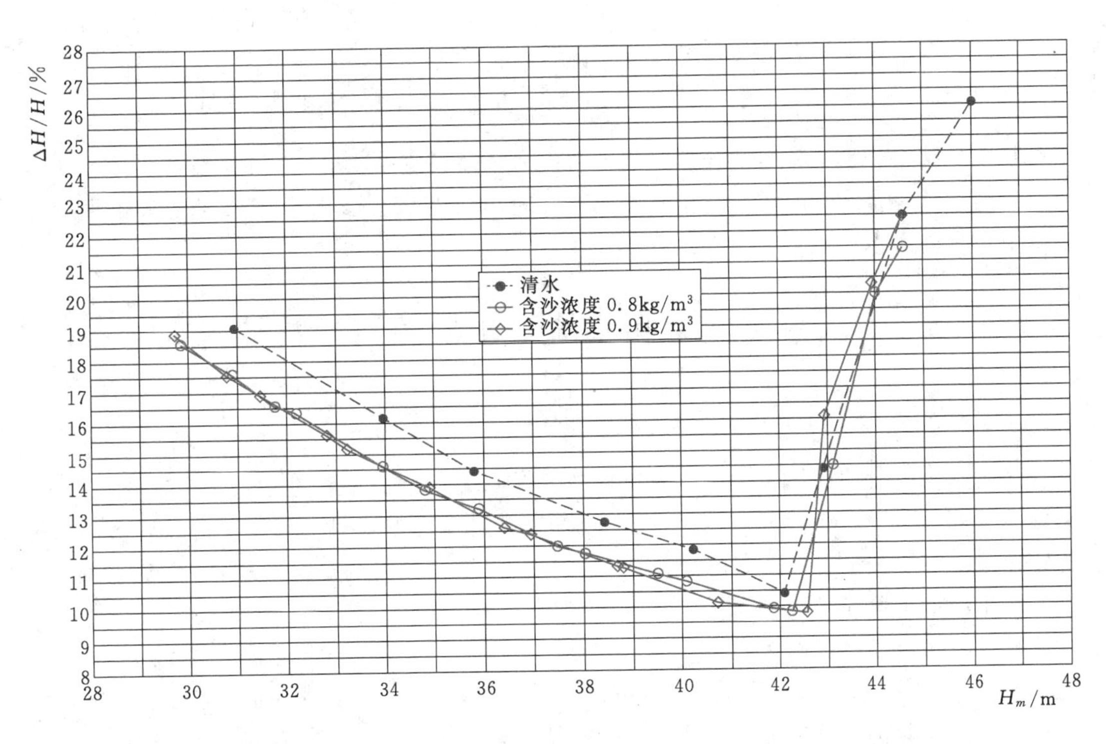

图 2.6-8 不同含沙量下 LY-11-600-9 水泵模型压力脉动特性（测点 HVS2）

（D_1 为叶轮进口直径）的进水锥管内壁 $-Y$、$+X$ 方向部位，测点 HVS1、HVS2 分别位于叶轮出口与固定导叶之间的 $-Y$、$+X$ 方向部位］，按各测点压力脉动混频幅值按等值原则换算至原型水泵叶轮出口直径 D_2 为 2.1m、额定转速 600r/min 的压力脉动特性见图 2.6－9。

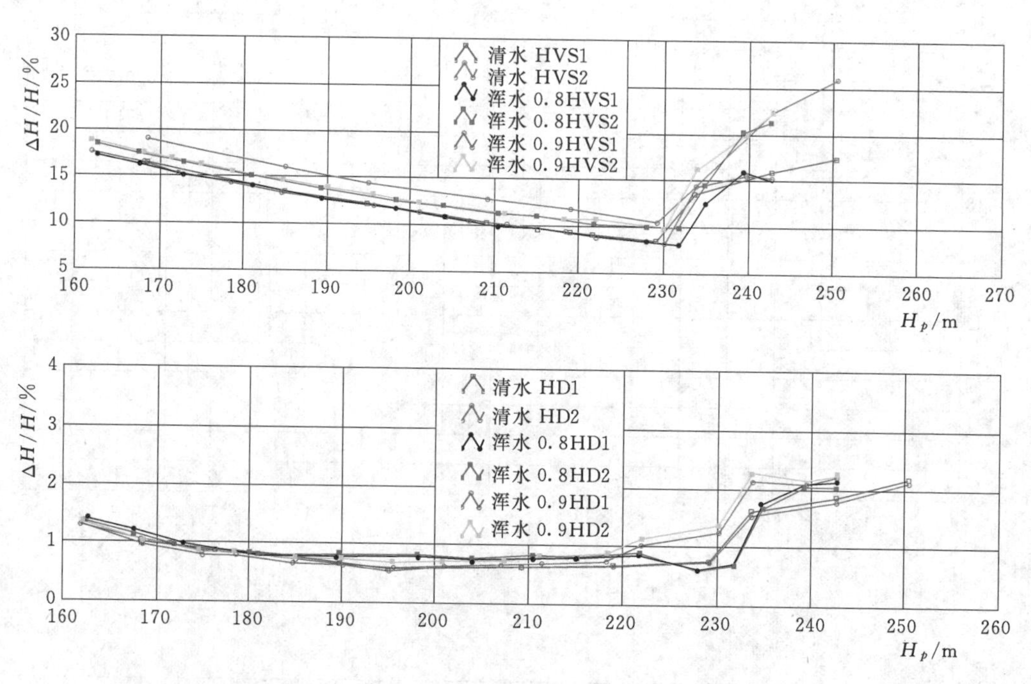

图 2.6－9　不同含沙量下 LY－11－600－9 原型水泵（D_2＝2.1m，n＝600r/min）压力脉动特性对比图

从试验结果分析，整个试验工况范围内压力脉动幅值在清水、浑水条件下的变化规律是一致的；随着含沙量的增加，相同工况下叶轮出口处（HVS1、HVS2 测点）的压力脉动幅值略有增大。

2.7　水泵零流量和小流量工况的扬程特性研究

2.7.1　研究来由

从图 2.4－2 和图 2.4－6 所示的 A1059、A1054 水泵模型特性曲线，以及图 3.1－1 和图 3.1－2 所示的 600r/min、500r/min 方案原型水泵能量特性曲线图中可以看出，两种比转速水泵在零流量工况下的扬程不是水泵在全流量范围内的最高扬程，A1059、A1054 水泵在小流量工况呈现出“正坡”现象，即水泵在小流量工况区扬程随流量的增加而增大。相比较而言，比转速更低的 A1059 水泵的“正坡”现象更为明显。

离心泵在零流量和小流量工况的运行扬程不仅与水泵的启动直接相关，还会影响水泵的稳定运行。对于小流量工况区存在“正坡”现象的离心泵，当小流量工况区的扬程低于最高扬程时，离心泵的运行会不稳定，启动也可能存在问题。

长期以来，离心泵的设计主要是考虑设计点及其附近工况的水力性能，对于零流量点和小流量工况的性能关注相对较少。随着需求的增加和研究的深入，国内外相关行业越来越关注离心泵在小流量工况下的运行性能。

离心泵零流量工况点的扬程很大程度上决定了扬程特性曲线的走势，为了获得满意的水泵特性曲线、确保离心泵顺利启动，必须对零流量工况及小流量工况下的离心泵特性进行深入研究。

2.7.2 研究方法

到目前为止，离心泵的零流量扬程并没有有效的计算公式，多数情况下根据模型试验成果换算获得。近年来，很多学者开始对零流量及小流量工况进行了 CFD 分析。黄萍[14]对比转速为 65m・m^3/s 的离心泵零流量工况下的内部流场进行了 CFD 数值模拟和 PIV 研究；黄思等[15]以 IS125 型离心泵为研究对象，对其零流量点及其附近小流量工况点的性能进行了预测；李湘洲[16]通过对离心泵的流量-扬程特性进行分析，提出叶轮参数对驼峰的影响，对于泵的设计具有重要意义；朱波[17]以低比转速离心泵为研究对象，对其小流量进行数值模拟分析。

美国的 I.J. 卡拉西克等编著的《泵手册》[18]中介绍了不同比转速的离心水泵的扬程-流量关系曲线，见图 2.7-1。图 2.7-1 中，h 为扬程 H 与最优效率点扬程 H_n 的比值，即扬程相对值；q 为流量 Q 与最优效率点流量 Q_n 的比值，即流量相对值；n_s 为采用美制 ft・gal/min 单位制的水泵比转速，是采用 m・m^3/s 单位制、按公式（3.1-1）计算出的比转速的 14.15 倍。

对于额定转速为 600r/min 的干河泵站水泵，其比转速为106.7m・m^3/s。从图 2.7-1 可以看出，比转速为 106.4m・m^3/s 刚好与比转速为 1500ft・gal/min 的曲线 2 对应，其小流量工况区可能会有“正坡”。

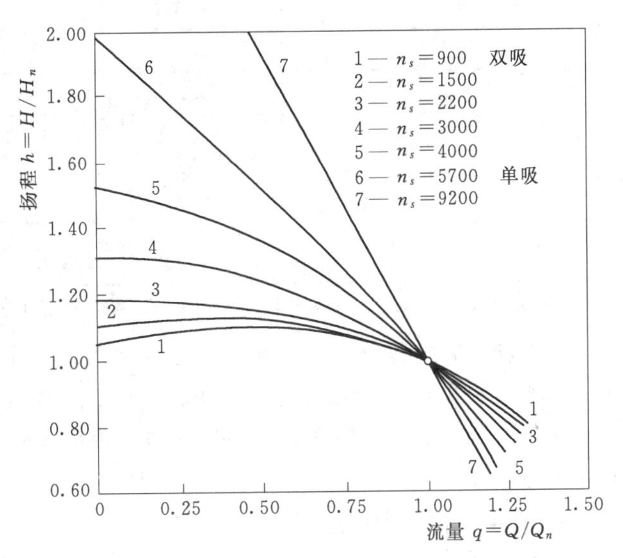

图 2.7-1 不同比转速离心泵的扬程-流量曲线

离心泵扬程-流量曲线的形状，主要是比转速的函数，但是可以通过选择叶片出口角 β_2、叶轮叶片数 Z 和流量系数 Φ 进行某种程度的控制。目前，对于离心泵小流量工况扬程的改善主要是以修正为主。本次研究则是通过水力设计优化对中低比转速立式单级单吸离心泵的零流量及小流量工况下的扬程特性进行研究，寻找改善离心泵零流量扬程的方法，以达到提高离心泵小流量工况扬程的目的，并且通过原型水泵的现场试验对其零流量工况点扬程进行验证。

模型水泵 CFD 计算选取了不同湍流模型（$k-\varepsilon$，RNG $k-\varepsilon$，SST $k-\omega$）进行对比分

析，并将模型水泵的CFD数值模拟分析与其模型试验结果进行验证。验证结果表明，SST $k-\omega$ 湍流模型在所有工况的数值模拟分析结果与模型试验值最为接近，因此选择SST $k-\omega$ 作为优化分析的湍流模型。

2.7.3 模型试验研究和数值分析

2.7.3.1 水泵模型验收试验的零流量试验结果

水泵模型验收试验时进行了零流量验收试验。零流量验收试验分别在模型试验转速400～800r/min无空化条件下和800r/min下变空化系数下进行，验收试验结果见表2.7-1。经试验复核，叶轮出口直径取2040mm时，在无空化条件下，水泵在零流量扬程为237.5m，输入功率为6.48MW。

表2.7-1 水泵模型验收试验的零流量试验结果表

序号	试验转速/(r/min)	出口压力/kPa	进口压力/kPa	H_m/m	空化系数	H_p/m	20号阀门状态
1	400.59	93.4	0.000	9.53	1.0252	236.7	关闭
2	500.82	146.1	−0.150	14.92	0.6574	237.1	关闭
3	599.65	209.4	−0.100	21.37	0.4610	236.9	关闭
4	700.26	286.3	−0.150	29.21	0.3395	237.5	关闭
5	799.96	375.7	−0.050	38.31	0.2597	238.7	关闭
6	800.06	374.8	−0.050	38.23	0.2601	238.1	关闭
7	800.18	358.8	−16.502	38.27	0.2160	238.3	关闭
8	799.95	343.6	−29.403	38.04	0.1806	237.0	关闭
9	799.89	345.3	−29.303	38.20	0.1812	238.0	关闭
10	800.30	319.3	−42.004	36.84	0.1527	229.3	关闭
11	800.08	343.5	−29.803	38.06	0.1805	237.1	关闭
12	800.12	371.9	−2.500	38.18	0.2548	237.8	开启
13	800.16	371.6	−2.450	38.15	0.2543	237.6	开启

注 表中原型水泵的扬程 H_p 是在试验的水泵模型扬程 H_m 基础上按原型叶轮的出口直径为2040mm换算而来的。

零流量试验过程中，当试验装置的空化系数接近泵站装置空化系数时，水泵模型叶轮的进口水流非常紊乱，汽化现象明显，出现气液两相流，水泵进、出口的压力脉动大。零流量试验结果显示，相同试验转速下，空化系数下降时，水泵零流量工况下的扬程总体呈下降趋势。

2.7.3.2 水力优化设计原则

1. 叶轮水力优化设计

叶轮的水力设计是影响水泵整体性能的关键。叶轮水力设计的优化主要包括流道控制尺寸、断面形状、轴面流道面积变化规律及叶片的进出口边位置及形状、叶片高低压边的安放角、叶片数、叶片包角。水力优化设计时，通过调整叶片进口角来改善小流量工况下水泵的空化性能，并调整叶片出口角度，这是提高离心泵在零流量工况及小流量工况下扬程的关键之一。

2. 固定导叶水力优化设计

固定导叶的设计对回能及零流量扬程有着一定的影响，尤其是其与叶轮匹配关系的设计。首先，为减小导叶水力损失，保持叶轮出口宽度与导叶喉部开度相近；其次，保证导叶扩算段长度在合理的范围内，导叶区会起到较好的回能作用；第三，优化导叶进口内切圆直径与叶轮高压边直径的关系，确保零流量扬程有一定的安全裕度。

2.7.3.3 水泵模型 CFD 模拟计算域及边界条件

1. 计算域及网格划分

原型泵额定转速为 600r/min，模型计算转速为 700r/min；原型水泵叶轮出口直径取 2062mm 时，干河泵站原型水泵与模型水泵的换算比尺为 3.354。原型水泵和模型水泵的主要设计参数见表 2.7-2。计算域由吸入室、叶轮、导叶和蜗壳四部分组成，利用 UG 进行计算域三维建模，ICEM 进行计算域的四面体网格划分，图 2.7-2 为计算域三维实体及局部网格。

表 2.7-2　　干河泵站模型水泵和原型水泵的设计参数表

叶轮出口直径/mm		叶轮进口直径/mm		叶轮出口高度/mm		叶片数	导叶数
模型泵	原型泵	模型泵	原型泵	模型泵	原型泵		
614.74	2062	306.94	1026.4	45.77	153.5	9	13

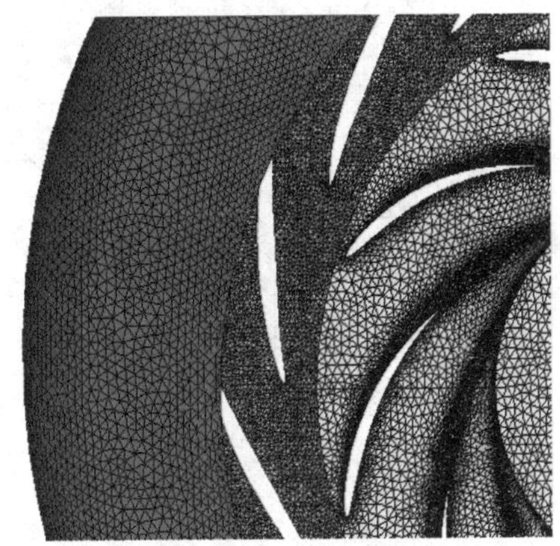

图 2.7-2　计算域三维造型及局部网格图

2. 计算边界条件

计算边界条件设定如下：进口采用质量流量进口；出口为平均静压；壁面为无滑移壁面；进水管与叶轮的交界面处理采用冻结转子（frozen rotor）方法，叶轮与固定导叶交界面处理采用 Stage 方法。

2.7.3.4 水泵模型 CFD 模拟计算

1. 外特性分析

水泵模型 CFD 数值模拟分析、水泵模型试验以及模型水泵到原型水泵的换算结果见表 2.7-3、图 2.7-3。

表 2.7-3　　模型水泵数值模拟与试验结果以及原型水泵的换算成果表

Q_m /(L/s)	Q_p /(m^3/s)	H_m/m		H_p/m		η_m/%		η_p/%	
		模拟值	试验值	模拟值	换算值	模拟值	试验值	模拟值	换算值
361.1	11.41	16.96	19.47	140.17	160.92	74.8	84.18	76.28	85.69
339.8	10.74	18.95	21.65	156.62	178.90	79.51	88.45	80.99	89.97
322.8	10.20	20.44	22.98	168.93	189.91	82.49	89.98	83.97	91.49
299.2	9.45	23.44	24.52	193.73	202.69	90.29	91.09	91.77	92.61
279.7	8.84	24.74	25.73	204.47	212.63	91.59	91.74	93.07	93.25
269.9	8.53	25.37	26.31	209.68	217.46	92.08	91.87	93.56	93.39
262.1	8.28	25.85	26.75	213.65	221.10	92.36	91.81	93.84	93.33
246.7	7.79	26.75	27.60	221.08	228.11	92.73	91.78	94.21	93.30
239.8	7.58	27.13	27.99	224.22	231.32	92.8	91.71	94.28	93.23
225.8	7.13	27.95	28.65	231.00	236.78	92.95	91.22	94.43	92.74
210.3	6.64	28.63	29.29	236.62	242.08	92.5	90.28	93.98	91.80
189.6	5.99	27.84	29.43	230.09	243.25	87.57	86.47	89.05	87.99
166.4	5.26	27.92	29.78	230.75	246.14	82.04	82.96	83.52	84.48
144.2	4.56	28.33	30.03	234.14	248.19	80.46	78.30	81.94	79.82
113.4	3.58	28.23	30.70	233.12	253.71	75.45	72.46	76.93	73.97
77.6	2.45	27.47	30.32	235.80	250.62	65.3	59.58	66.78	61.10
44.1	1.39	28.76	29.49	237.70	243.73	39.81	40.68	41.29	42.20
1	0.03	28.72	29.04	237.37	239.99	1.11	1.20	2.59	2.72

注　表中 Q、H、η 分别表示水泵的流量、扬程和效率；下标 m、p 分别表示模型水泵、原型水泵；原型与模型水泵的效率采用 IEC60193 附录 F（即两步法）进行修正。

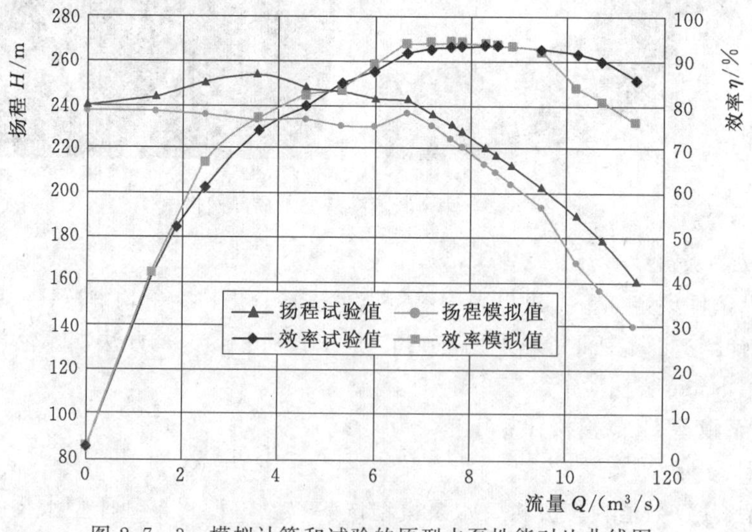

图 2.7-3　模拟计算和试验的原型水泵性能对比曲线图

根据数值模拟计算与模型试验结果可以看出：

(1) 在接近零流量工况 (Q_m=1L/s)，全流道计算换算到原型泵的扬程为 239.99m，高于泵站最高扬程 233.30m，且有一定裕量。

(2) 在设计工况点附近，扬程-流量特性曲线的模拟计算值和试验值比较接近，在小流量及大流量工况偏差相对较大，但是曲线的整体走势一致；效率-流量特性曲线在小流量工况及设计工况附近的模拟分析值和试验值误差较小，在大流量工况偏差较大；在设计工况附近高效率区较宽。

(3) 总体来看，在设计工况点附近此种算法是比较准确的，但对于小流量和大流量工况，该算法的计算误差还是较大。误差较大可能还有一个原因，本次计算采用的是稳态算法，如果使用瞬态算法，可能会降低模拟计算的误差。

2. 小流量工况内特性分析

图 2.7-4、图 2.7-5 给出了一些小流量工况下的模型水泵内部的流场情况，模型水泵的模拟分析工况点的流量分别为：Q_m=1.0L/s、77.6L/s、166.4L/s、225.8L/s (z=0 表示导叶中心平面)，换算至原型水泵的流量分别为 Q_p=0.03m^3/s、2.45m^3/s、5.26m^3/s、7.13m^3/s。

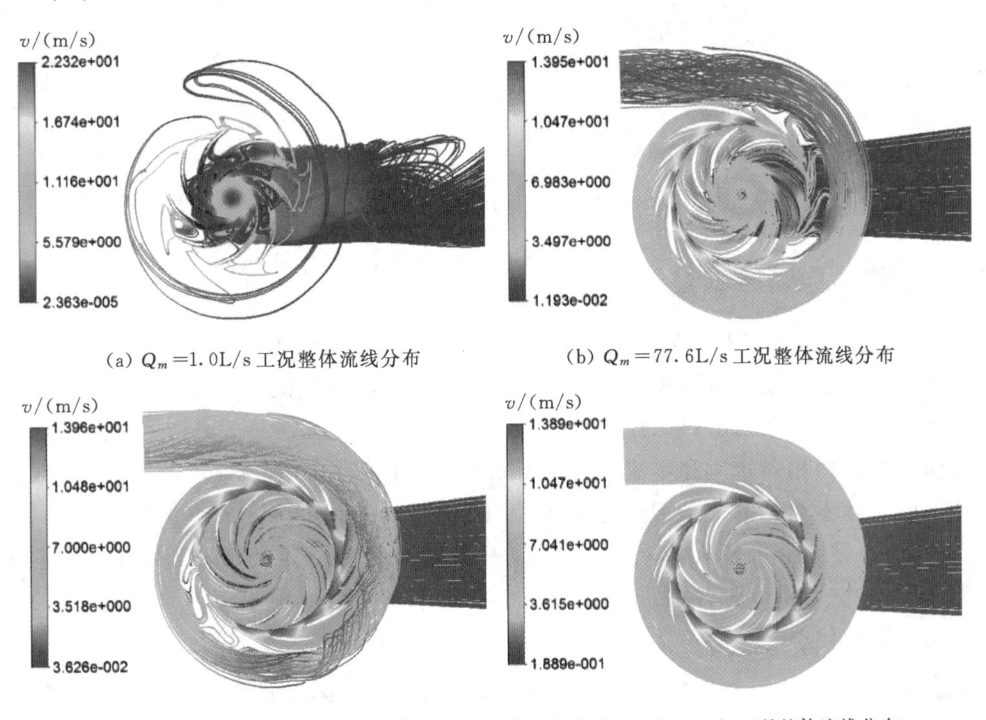

(a) Q_m=1.0L/s 工况整体流线分布

(b) Q_m=77.6L/s 工况整体流线分布

(c) Q_m=166.4L/s 工况整体流线分布

(d) Q_m=225.8L/s 工况整体流线分布

图 2.7-4 模型水泵不同工况整体流线分布图

图 2.7-4 可以看出，在 Q_m=1.0L/s 工况点，整体流线分布非常不理想，在进口段就出现了回流，随着流量的增大，模型泵内部的流线分布越来越顺畅；从图 2.7-5 可以更加清晰地看出内部流态，在 Q_m=1.0L/s 工况点，断面整个流道存在着大量的涡流，随着流量的增加，漩涡逐渐消失，内部流动更加均匀。

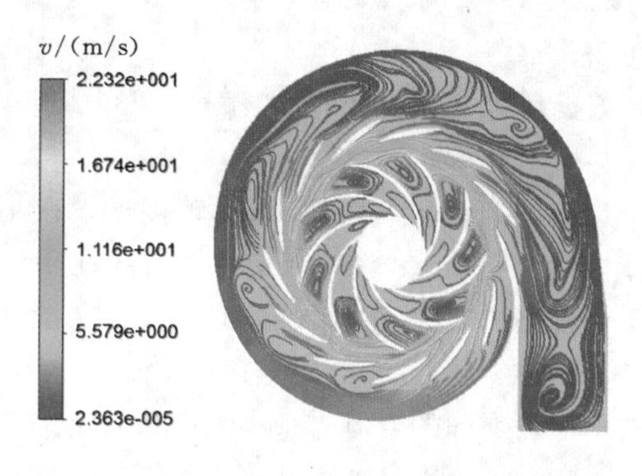

(a) $Q_m=1.0$L/s 工况 $z=0$ 断面流线分布

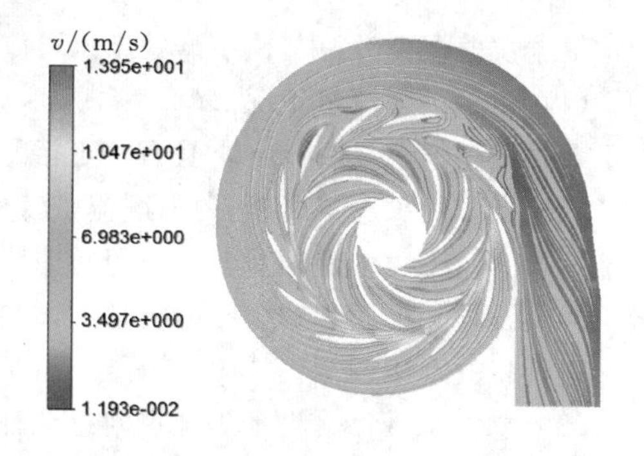

(b) $Q_m=77.6$L/s 工况 $z=0$ 断面流线分布

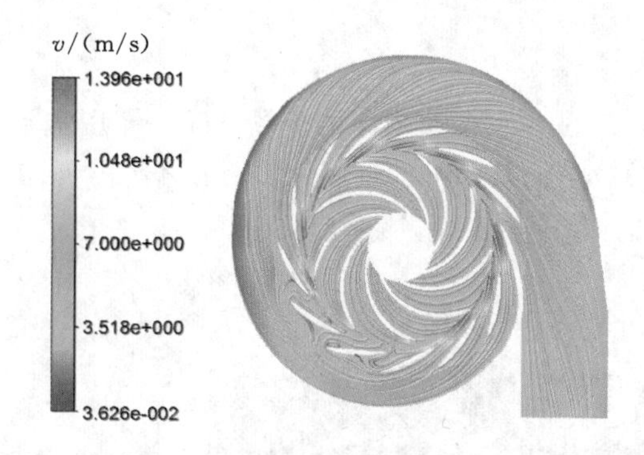

(c) $Q_m=166.4$L/s 工况 $z=0$ 断面流线分布

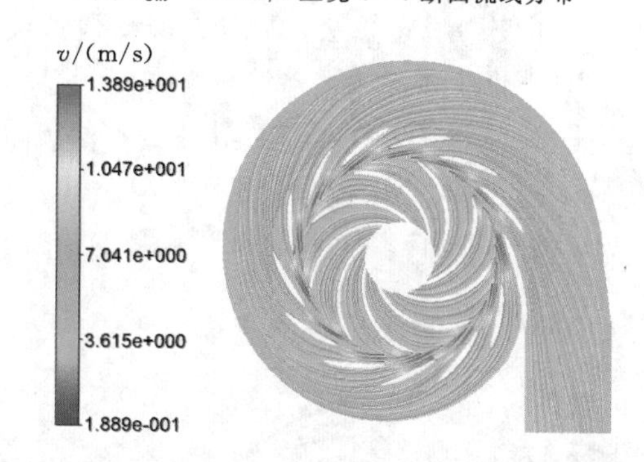

(d) $Q_m=225.8$L/s 工况 $z=0$ 断面流线分布

图 2.7-5　模型水泵不同工况 $z=0$ 断面流线分布

2.7.4　原型水泵造压试验

干河泵站泵组于 2013 年 7 月底开始进行有水调试和试运行，每台水泵机组在 72h 试运行之前均进行了水泵造压试验，并对造压过程进行了状态监测。

在造压过程中，水泵出口工作阀门处于全关闭状态。表 2.7-4 记录了泵站全部 4 台机组造压试验中的相对转速和零流量工况下水泵前后的压力，表 2.7-5 给出了水泵造压试验中不同转速下测得的零流量扬程值和换算至额定转速 600r/min 下的零流量扬程值；图 2.7-6 为泵站 3 号水泵从零转速自动启动后升速至 95%额定转速，当工作球阀前压力大于阀后压力 0.15MPa 时开启进行抽水（水泵启动前的毛扬程为 222m）过程中的球阀前、后的压力变化。

表 2.7-4　干河泵站水泵造压过程水泵前后压力测试结果表　单位：MPa

水泵相对转速	1 号水泵		2 号水泵		3 号水泵		4 号水泵	
	进水管进口压力	工作球阀前压力	进水管进口压力	工作球阀前压力	进水管进口压力	工作球阀前压力	进水管进口压力	工作球阀前压力
20%	0.547	0.648	0.596	0.754	0.2573	0.4844	0.2539	0.4302
50%	0.548	1.232	0.591	1.271	0.2585	1.0281	0.2545	0.9719
75%	0.550	2.019	0.600	2.151	0.2596	1.7563	0.2570	1.7813

续表

水泵相对转速	1号水泵		2号水泵		3号水泵		4号水泵	
	进水管进口压力	工作球阀前压力	进水管进口压力	工作球阀前压力	进水管进口压力	工作球阀前压力	进水管进口压力	工作球阀前压力
80%	0.551	2.234	—	—	0.2604	2.1453	0.2585	2.0531
85%	0.552	2.517	0.597	2.487	—	—	0.2593	2.2083
90%	—	—	0.595	2.860	0.2606	2.3688	—	—
95%	—	—	—	—	0.2621	2.5884	0.2620	2.7625

表 2.7-5　　干河泵站水泵造压过程零流量扬程计算结果表　　单位：MPa

水泵相对转速	1号水泵		2号水泵		3号水泵		4号水泵	
	试验值	换算值	试验值	换算值	试验值	换算值	试验值	换算值
20%	0.101	2.525	0.158	3.950	0.227	5.678	0.176	4.408
50%	0.684	2.736	0.680	2.720	0.770	3.078	0.717	2.870
75%	1.469	2.612	1.551	2.757	1.497	2.661	1.524	2.710
80%	1.683	2.630	—	—	1.885	2.945	1.795	2.804
85%	1.965	2.720	1.890	2.616	—	—	1.949	2.698
90%	—	—	2.265	2.796	2.108	2.603	—	—
95%	—	—	—	—	2.326	2.578	2.501	2.771

从图 2.7-6 及表 2.7-5 可以看出：

(1) 水泵造压过程中，随着水泵转速的增加工作球阀前水压及其压力脉动随之上升，在 95%额定转速下水泵压力波动较剧烈，机组振动和摆度也逐渐加剧；水泵升速至 95%额定转速后，计及压力脉动变化，此时零流量扬程明显高于最高扬程。

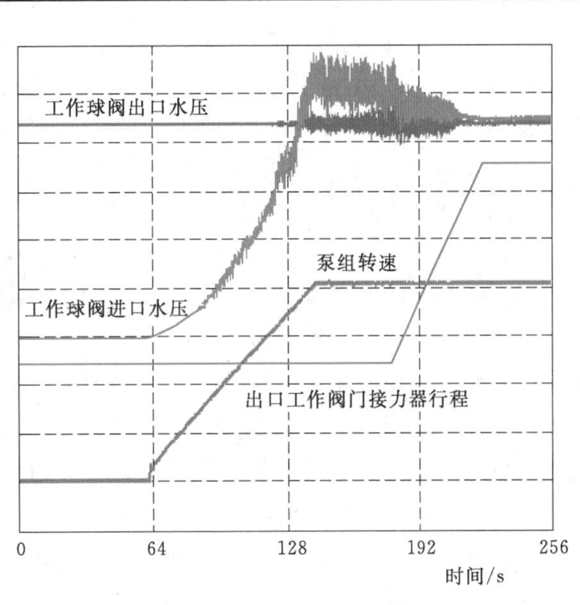

图 2.7-6　水泵自动启动至 95%额定转速后至抽水过程工作球阀前后压力变化图

(2) 根据实测的零流量扬程进行换算，除 1 号机组外，额定转速下水泵的零流量扬程总体上呈现出随空化系数的减小（造压试验转速提高扬程加大，相应空化系数减小）而下降的趋势。从换算结果来看，额定转速下水泵的零流量扬程几乎都在 2.6MPa 以上；换算的最小值为 2.525MPa（发生在 1 号水泵 20%额定转速工况），按所在地的重力加速度计算，相应零流量扬程为 258m，与最高扬程的比值为 1.106，说明零流量扬程相对于最高扬程的裕度足够。

(3) 当水泵升速至95%额定转速开启出水阀门后，水泵出口的压力及压力脉动降低，当阀门接力器开启至80%全行程时压力脉动明显降低，水泵稳定抽水时，水泵出口的压力脉动水平很低，表明水泵运行非常平稳。

对比原型水泵造压试验、模型水泵试验以及CFD数值模拟分析成果，原型水泵的零流量值明显大于模型试验换算值和CFD数值模拟分析值，说明零流量与小流量工况下水泵CFD数值模拟分析、模型试验换算得到的扬程特性与实际差异较大，导致误差较大的主要原因可能是泵站装置空化系数下水泵在零流量工况运行时存在气液两相流；另外，压力脉动水平高也可能影响测量的精度。可见，当离心泵在零流量与小流量工况下运行产生气液两相流时，水泵CFD分析数学模型、模型与原型换算方法需进一步改进。

2.8　水泵开发与试验研究的主要结论

2.8.1　水泵水力开发与模型试验

(1) 对于500r/min、600r/min转速方案，水泵的水力设计都有一定的难度，空化特性是干河泵站水泵水力设计的重中之重。经过优化设计，A1054、A1059水泵的空化性能有了很大的改善，模型试验结果表明，设计扬程和最高扬程的效率和空化特性皆满足预期的目标要求。

(2) 对于500r/min、600r/min转速方案，水泵均可同时满足设计扬程 H_r=219.30m下工作流量 Q_r≥7.67m^3/s和最高扬程 H_{max}=233.30m下工作流量 Q_{min}≥6.67m^3/s的性能要求。

(3) 水泵CFD数值分析和模型试验结果均表明，当水泵以额定转速运行时，对于600r/min、500r/min转速方案，运行扬程降低至195.0m时水泵工作流量大于9.0m^3/s，在最低扬程185.51m时水泵工作流量不小于9.5m^3/s，通过改变水泵的运行特性曲线使最低扬程下的工作流量不大于8.0m^3/s是不可能的。若需在最低扬程185.51m时工作流量不大于8.0m^3/s，水泵必须降低运行转速。

(4) 模型试验结果表明，A1054、A1059水泵模型的效率指标均达到了预期的要求，其中A1054水泵模型的最高效率为91.57%，达到了国际领先水平。由于水泵CFD数值优化分析成果未考虑水泵内的容积损失，实测的水泵效率值低于CFD分析值。

对比实测的A1054和A1059水泵模型的效率特性，600r/min方案A1054水泵的效率水平明显优于500r/min方案的A1059水泵；600r/min转速方案A1054水泵模型的最高效率比A1059的高出3.14%，说明离心泵的比转速越低（A1059水泵在设计扬程下的比转速 n_q=89m·m^3/s，A1054水泵的 n_q=107m·m^3/s），设计难度更大。

(5) 水泵CFD数值分析和模型试验结果均表明，对于600r/min、500r/min转速方案，当水泵以额定转速运行时，最高扬程和设计扬程下的空化性能可满足预期目标要求；但随着运行扬程的降低，水泵的*NPSH*快速增加，空化性能急剧恶化。若对水泵在低扬

程区间的运行转速进行降速调节，不仅水泵的 *NPSH* 将减小，水泵的空化性能可得到明显改善，而且可以减小水泵的工作流量。

对比实测的 A1054 和 A1059 水泵模型的空化特性，500r/min 转速方案 A1059 水泵在设计扬程及以上区间的空化性能稍优于 600r/min 转速方案；A1054 和 A1059 水泵在最高效率点的空化系数差异很小，低扬程区间的空化性能相当。

(6) 模型试验结果表明，水泵模型测量部位的压力脉动水平较低；水泵进水锥管的压力脉动值很小。对比 A1054、A1059 水泵的压力脉动特性试验结果，600r/min 转速方案 A1054 水泵叶轮后导叶前部位的压力脉动值则稍大于 500r/min 转速方案。对比 A1054 水泵模型在不同安装高程下（1717.00m、1725.00m）的压力脉动试验结果，安装高程降低对压力脉动水平基本无影响。

(7) 模型试验结果表明，600r/min 方案的 A1054 水泵综合性能优于 500r/min 方案的 A1059 水泵。

(8) 综合高、低转速方案水泵的流量-扬程特性、空化特性，为保证工程输水线路和水泵机组的安全、稳定和长期运行，水泵应进行转速调节。

2.8.2 材料磨损试验与磨损量预估

(1) 通过对试验泥沙与相关泥沙资料比较，试验泥沙的中值粒径与水库悬移质泥沙很接近，与水库不同运行年限的过机泥沙较接近，从粒径角度来看，试验泥沙具有较好的代表性。试验泥沙的硬颗粒含量与水库悬移质泥沙、过机泥沙存在较大差异，在磨损量估算时通过采用硬颗粒含量折合系数对这种差异进行了修正。

(2) 磨损试验材料的磨损率与速度呈指数关系，指数 *N* 值为 3.3～3.4，3 种不锈钢试验材料的磨损规律是一致的。3 种试验材料的抗磨能力强弱顺序依次为：0Cr16Ni5Mo、0Cr13Ni5Mo、1Cr18Ni9Ti，0Cr16Ni5Mo 不锈钢材料具有更好的抗磨性能。

(3) 从不同机组转速方案的磨损量来看，由于高转速方案 A1054 水泵的流速高，其过流部件的磨损量也大些。高转速方案 A1054 叶轮出口的年磨损深度约为低方案转速方案 A1059 叶轮的 1.25 倍。

(4) 从磨损量估算结果来看，按水库运行 30 年，高转速方案 A1054 叶轮出口处年磨损深度最大值为 0.076～0.182mm，按 10 年计磨损量为 0.76～1.82mm；低转速方案 A1059 叶轮出口处年磨损深度最大值为 0.061～0.146mm，按 10 年计磨损量为 0.61～1.46mm。可以认为，水泵的磨损强度不大。

(5) 高扬程中低比转速离心泵的磨损与其水力设计直接相关。考虑水泵总体磨损强度，建议水泵叶轮出口的相对流速不宜超过 35m/s。

(6) 局部磨损在磨损量及危害性上远大于普遍磨损，因此应对主要磨损部位在过流通道水力设计、材质与加工制造等方面予以重点关注。水泵招标采购时应结合水泵的水力设计及结构设计，要求水泵制造厂家提出应对局部磨损的措施。建议根据各过流部件的相对流速分布情况，对相对流速超过 30m/s 的区域采取防护措施，水泵叶轮进口和出口、导叶进口部位可进行碳化钨涂层防护。

2.8.3 清水与浑水模型试验结果对比分析

LY-11-600-9 水泵模型的浑水试验结果表明，在泵站运行扬程范围内，与清水试验结果对比可见：

（1）含沙量不大于 2.0kg/m^3 时，含沙量的不同总体上对水泵的效率影响不大。

（2）含沙量增大时临界空化系数也有所增大。当含沙量接近 1.0kg/m^3 时，相同工况点的临界空化系数 $\sigma_{0.5}$ 约增大 10%。

（3）压力脉动幅值在清水、浑水条件下的变化规律是一致的。随着含沙量的增加，相同工况下叶轮出口处（HVS1、HVS2 测点）的压力脉动幅值略有增大，但频率无明显变化。

第3章 泵站水力机械设计

3.1 水泵机组主要参数选择

3.1.1 泵站特征扬程选择

1. 加权平均扬程

加权平均扬程为泵站出水池设计水位与德泽水库（进水池）加权平均水位之差，并计入泵站以设计流量（$23m^3/s$）运行的输水系统水力损失，为208.70m。

2. 最高扬程

最高扬程为泵站出水池设计水位与德泽水库死水位之差，并计入泵站以最高扬程下最大供水流量（$20m^3/s$）运行的输水系统水力损失，为233.30m。

3. 最低扬程

最低扬程为泵站出水池最低行水位与德泽水库正常蓄水位之差，并计入泵站1台机组运行时的输水系统水力损失，为185.51m。

4. 设计扬程

一般而言，设计扬程为泵站进、出水池的设计水位差并计入以设计流量（$23m^3/s$）运行的输水系统水力损失确定。泵站进水池设计水位采用设计保证率为70%时对应的水库水位1766.07m，按此计算，设计扬程为219.3m。

3.1.2 水泵型式选择

3.1.2.1 水泵型式

干河泵站运行扬程范围在185.51～233.30m之间，设计扬程219.30m，单机设计流量$7.67m^3/s$，适用的水泵型式为离心式水泵。

3.1.2.2 水泵布置方式选择

离心泵按吸入方式和叶轮级数有单吸单级、双吸单级、单吸多级、双吸多级等结构型式，按主轴布置有立式、卧式布置方式。适合于干河泵站的水泵结构型式有：立式单吸单级、立式单吸双级、卧式双吸单级和卧式双吸双级等结构型式。

双级泵理论上能够减低流道内流速，提高水泵的抗空化性能，减轻转轮的泥沙磨损，但双级泵结构复杂，设计、制造难度大，运行时效率低、振动和噪声大，易损部件较多，泵组安装、拆卸、维护工作量较单级泵大许多。对于干河泵站，若要选用较多水泵台数才会考虑双级泵，因此干河泵站水泵不采用双级泵结构。

双吸单级离心泵流道结构复杂，采用卧式布置，泵壳制造采用铸造工艺，运行效率较立式单吸离心泵低，噪声大；泵房结构单层布置，高度低但跨度和长度都很大，不利于地下厂房的设计和施工。大型卧式双吸单级离心泵多用于扬程在150m以下的地面泵站中。目前，世界上最大的卧式双吸单级离心泵的设计扬程为119.6m、流量为11m³/s，配套电机功率为14.92MW。

立式单吸单级离心泵结构简单，设计、制造难度小、工艺成熟，流道简单，运行效率高，水泵结构便于叶轮拆卸，泵组安装、拆卸、维护工作量小，在国内外大型泵站方面应用广泛。目前，美国哈瓦苏湖的Mark Wilmer泵站水泵是世界上最大的立式单吸单级离心泵，其设计扬程为251m、流量为14.2m³/s，配套电机功率为44.8MW。

干河泵站运行扬程高、单机容量大，从水泵设计和制造的难度、泵站设计和施工的难度以及降低泵站的运行成本等方面考虑，采用立轴布置的单级离心泵具有明显优势，故最终采用单吸单级立式离心泵。

3.1.3 水泵台数选择

3.1.3.1 水泵工作泵台数

干河泵站运行扬程高、单机容量大，水泵设计难度大，泵站工作泵台数的选择应考虑设备的制造能力、备用泵的配置、泵站设计、工程投资和运行成本等因素。

截至2010年年底，国内外已投入运行的、配套电机功率在10MW以上的大型单级单吸立式离心泵站的统计资料见表3.1-1。根据国内外已投入运行的大型单级单吸立式离心泵的技术水平分析，干河泵站工作泵台数宜在2～4台之间选择。干河泵站工作泵台数比选见表3.1-2。

表3.1-1 国内外已投入运行的大型单级单吸立式离心泵主要参数表

序号	国家	泵站工程名称	设计扬程/m	设计流量/(m³/s)	转速/(r/min)	电机功率/MW	比转速/(m·m³/s)	投产年份	制造厂商
1	美国	Mark Wilmer	251	14.17	514	44.8	112.0	1982	日立
2	美国	Pearblossom	173.4	8	514	15.2	111.0	1972	安德里兹
3	葡萄牙	Alto Rabagao	170	15.8	428.6	29.3	132.1	1960	安德里兹
4	美国	加州供水	169.5	10.6	450	22	113.8	1992	三菱
5	印度	Kirloskar Brothers	150	7	500	13.2	112.7	2008	荏原
6	中国	万家寨引黄Ⅰ期	140	6.45	600	12	136.7	2004	荏原
7	美国	南加州市政供水	137.2	6.5	450	13	104.5	1991	三菱
8	美国	南加州市政供水	135.9	6.5	450	13	105.2	1991	三菱
9	美国	芝加哥市政卫生	100.6	9.35	360	13.055	126.5	1982	日立
10	印度	Kalwakurthy	86	23	333.3	30	206.6	2009	安德里兹
11	美国	加州供水	58.5	14.4	300	14	196.4	1985	三菱
12	埃及	Mubarak	57.1	16.7	300	12	215.4	2002	日立
13	印度	KNNL	50	20.25	375	12.5	327.6	2009	安德里兹
14	印度	Kirloskar Brothers	48.5	18.4	333.3	12	283.9	2006	荏原
15	印度	Bheema Ⅱ	41.5	21.24	300	12	308.6	2008	安德里兹

表 3.1-2 干河泵站不同工作泵台数方案水泵及泵站主要参数表

序号	方案名称	2台工作泵方案	3台工作泵方案	4台工作泵方案
1	工作泵台数	2	3	4
2	备用泵台数	1	1	1
3	装机台数	3	4	5
4	叶轮出水边直径 D/m	2.5	2.1	1.8
5	设计扬程/m	219.3	219.3	219.3
6	设计流量/(m^3/s)	11.5	7.67	5.75
7	额定转速/(r/min)	500	600	750
8	设计点效率/%	91	91	91
9	设计扬程比转速/(m·m^3/s)	108.6	106.4	115.2
10	电动机功率/MW	34.0	22.5	17
11	泵站装机容量/MW	102	90	85
12	水泵安装高程/m	1725	1725	1725
13	单台水泵重量/t	85	60	45
14	单台电动机重量/t	164	110	85
15	变频器功率/MW	35	23	17.5
16	进水阀公称直径/m	2.4	2.0	1.8
17	出水阀公称直径/m	1.5	1.2	1.0
18	泵房桥机起重量/t	100	75	50
19	主厂房尺寸/m（长×宽×高）	64.25×23.4×34.5	69.25×20.4×31	79×19.4×29.5

从表 3.1-2 可以看出：

（1）各方案水泵在设计扬程下的比转速处于同一水平，水泵的运行效率和安装高程相同。水泵比转速水平相当则设计难度也相当；由于水泵叶片扭曲幅度大，叶轮尺寸越小则焊接难度越大，4 台工作泵方案的水泵叶轮制造难度最大。

（2）泵站机组年运行小数数很高，工作泵台数越少备用率越高，供水保证率越高，但流量调节的灵活性越差；反之，备用率越低，虽然流量调节的灵活性越好，但供水保证率也越低。

（3）计入备用泵的配置，工作泵台数越少则泵站装机容量、变频器容量越大，2 台、4 台工作泵方案泵站的装机容量分别比 3 台工作泵方案的高出+13.3%、-5.6%；泵站全部机组的总重量也越大，2 台、4 台工作泵方案泵站机组的总重量分别比 3 台工作泵方案的高出+9.9%、-4.4%；尤其是 2 台工作泵方案变频器的容量超过 25MW，其技术难度大幅增加，造成单位千瓦投资远大于其余两方案。2 台工作泵方案因水泵、电动机、变频器以及泵站主变压器等主要机电设备的投资明显出其余两方案；3 台、4 台工作泵方案泵站的装机容量相差不大，泵站机电设备的投资差别不大，4 台工作泵方案的稍低。

（4）2 台工作泵方案水泵的进水半球阀公称直径为 2.4m，国内厂家尚未生产过如此大口径的半球阀。

（5）4台工作泵方案泵站地下厂房的长度较3台工作泵方案大出近10m，土建工程量及投资增加；另外，机组间距小造成水泵进（出）水管间距也减小，增加了地下泵房及进、出水管隧洞的施工难度。2台工作泵方案泵站地下厂房的跨度较3台工作泵方案大3m，虽然主厂房长度减少5m，但土建工程量及投资仍然大于3台工作泵方案。

（6）4台工作泵方案机组台数多，泵站施工工期更长。

总体上看，各方案水泵机组的设计、制造难度均没有实质性的差异；2台工作泵方案泵站投资最大，4台工作泵方案次之，3台工作泵方案泵站投资最少；3台工作泵方案供水保证率和调度灵活性适中。综合考虑，干河泵站的工作泵台数选定为3台。

3.1.3.2　备用泵台数

《泵站设计规范》（GB/T 50265—2010）规定：备用机组的台数应根据工程的重要性、运行条件及年运行数确定；对于重要的供水泵站，工作机组3台及3台以下时，宜设1台备用机组。

根据牛栏江—滇池补水工程近、远期的工程任务，以及泥沙磨损试验及预估分析成果，泵站设置1台备用泵。考虑到工作泵的年运行时间达6910h，泵站还配置1个备用叶轮，供机组检修备用。

3.1.4　水泵转速选择

3.1.4.1　比转速选择

比转速是表征水泵水力参数水平和经济性的一项综合参数，选得较高，虽能减小机组尺寸和重量、降低造价、节约投资，但会因水流在叶轮内的相对流速和圆周速度增加引起效率下降、空化、泥沙磨蚀和稳定性变差。水泵比转速 n_q 定义为1m扬程下抽出 $1m^3$ 水时的转速，按下式计算：

$$n_q=\frac{3.65n\sqrt{Q}}{H^{0.75}} \tag{3.1-1}$$

从表3.1-1的统计数据可以看出，大型立式离心泵的比转速与设计扬程呈反向关系，当设计扬程在100m以上时，水泵比转速都在 $140m\cdot m^3/s$ 以下，明显低于设计扬程在100m以下的大型水泵比转速（基本上都在 $200m\cdot m^3/s$ 以上）；设计扬程在150m及以上时，水泵比转速基本上都在 $110m\cdot m^3/s$ 左右。考虑到德泽水库的运行调度方式，干河泵站机组年运行时间长，且抽取的水量大部分是在汛期完成的，从水泵机组的安全、稳定和长期运行的角度出发，水泵的比转速不宜超过 $115m\cdot m^3/s$。按此比转速水平计算，可供选择的同步转速为500r/min、600r/min，相应水泵比转速分别为 $88.7m\cdot m^3/s$、$106.4m\cdot m^3/s$。

3.1.4.2　水泵开发与试验研究的主要结论

水泵开发与试验研究的主要结论详见2.7节，概述如下：

（1）600r/min方案A1054水泵的效率水平明显优于500r/min方案。对比实测的A1054和A1059水泵模型的效率特性，500r/min转速方案A1059水泵模型的最高效率比A1054的低3.14%，说明离心泵的比转速越低，设计难度更大。

（2）500r/min方案A1059水泵的空化性能优于A1054水泵。A1054和A1059水泵在

最高效率点的空化系数差异很小，离最高效率点越远则空化性能差异越大。

(3) 水泵 CFD 数值分析和模型试验结果均表明，对于 600r/min、500r/min 转速方案，当水泵以额定转速运行时，最高扬程和设计扬程下的空化性能可满足预期目标要求；但随着运行扬程的降低，水泵的 $NPSH$ 快速增加，空化性能急剧恶化。

(4) 600r/min 方案的 A1054 水泵综合性能优于 500r/min 方案的 A1059 水泵。

(5) 离心泵的磨损与其水力设计直接相关。高转速方案 A1054 水泵的流速稍高，其过流部件的磨损量也大些，高转速方案 A1054 叶轮出口的年磨损深度约为低方案转速方案 A1059 叶轮的 1.25 倍。从水泵运行 10 年的磨损量估算结果来看，高转速方案 A1054 叶轮出口处磨损量为 0.76～1.82mm，低转速方案 A1059 叶轮出口磨损量为 0.61～1.46mm。总体来看，水泵的磨损强度都不大，两转速方案水泵的磨损基本上处于相同的水平。

(6) 综合高、低转速方案水泵的流量-扬程特性、空化特性，为保证工程输水线路和水泵机组的安全、稳定和长期运行，水泵应进行转速调节。

3.1.4.3 高扬程大功率离心泵技术交流及总结

1. 水泵技术交流主要内容

2009 年 11 月，向具备生产干河泵站水泵机组能力的国内外水力机械设计、制造厂商发出了技术交流邀请函，请各厂商根据干河泵站的设计条件和各自的经验提供不局限于下列要求的交流内容：

(1) 不同的参数水平及其对水泵机组稳定、安全和长期运行的影响，水泵及电机设计的关键技术要点。

(2) 不同转速方案水泵机组的主要技术参数 [包括各扬程下水泵的最大必需空化余量 ($NPSH_r$)，水泵安装高程]，水泵特性曲线（包括零流量特性），配套电机型式和主要技术参数；并根据经验提出推荐转速方案。

(3) 水泵进、出水流道型式和控制尺寸。

(4) 推荐方案水泵及电机结构型式和主要部件控制尺寸 [水泵叶轮（带轴）尺寸，顶盖，定子，转子等]，水泵启动力矩，水泵及电机转动惯量，水泵轴向水推力等。

(5) 受泵站后输水隧洞过流能力限制，分析水泵在低扬程工况下的流量调节能力，根据自身经验推荐变速调节的必要性及其型式，变速条件下水泵转速-扬程-流量特性以及变速对电机、电气设计的要求。

(6) 水泵及电机总重量，起吊的最重件、最大件的重量和尺寸。

(7) 水泵的拆卸方式。

(8) 水泵机组拟采用的设计、制造和运输方案、生产周期（含模型试验）。

(9) 减轻水泵泥沙磨损的技术措施。

2. 各厂商提供的技术交流方案

2010 年 1 月 18—21 日，在昆明市召开了牛栏江—滇池补水工程干河泵站水泵技术交流会议。接受邀请参加技术交流会议的水泵制造厂商有：奥地利安德里茨股份（集团）公司（以下简称“安德里茨”）、日本日立工业设备技术株式会社（以下简称“日本日立”）、日本荏原制作所（以下简称“日本荏原”）、哈电集团哈尔滨电机厂有限责任公司联合体

（哈尔滨电机厂有限责任公司、哈尔滨电机厂交直流有限责任公司，以下简称“哈电”）。各厂商提供的水泵技术建议方案见表3.1-3。

3. 高扬程大型离心泵技术交流总结

在对各水泵生产厂商技术建议方案的技术交流、讨论和分析的基础上，达成的会议纪要如下：

（1）泵站安装高程。通过与有关水泵制造厂进行技术交流，认为本工程年运行小时数高，水泵扬程高，扬程变化幅度大，水流含有一定泥沙，水泵运行条件苛刻，为防止水泵产生气蚀破坏，水泵安装高程宜采用初生空化余量、同时考虑临界空化余量来计算，按清水条件下无空化运行的原则确定。当采用变频调速进行水泵运行特性控制，并结合水工布置要求，经分析水泵安装高程可由原来的1717.00m适当提高。

（2）水泵检修拆装方式。根据技术交流情况，研究确定水泵采用中拆与上拆（电机设计允许时）拆装方式，即叶轮芯包可通过中拆吊入或吊出（含叶轮、顶盖、轴承等）；叶轮也可以通过电动机定子孔吊入或吊出。

（3）水泵转速。根据技术交流情况，所有参与技术交流的制造厂家均推荐采用600r/min。

（4）推力轴承布置。泵组推力轴承设置在电动机上方；为保证电动机设备安全稳定运行，电动机设置混凝土风罩。

（5）蜗壳的布置方式。根据技术交流情况，各水泵制造厂家均认为蜗壳受到泥沙磨蚀破坏的影响小，宜采用蜗壳埋入布置结构方案。会议研究确定采用蜗壳埋设布置方案，在水泵招标时应注意对蜗壳的磨蚀余量提出要求。

（6）厂房布置方式。根据与制造厂家的交流情况，会议进一步对水泵进水阀门、水泵出水两道阀门的布置进行了研究，认为针对本工程特点和要求，在水泵进口设置检修蝶阀，在水泵出口设置一道液控缓闭球阀和一道检修用液控球阀是合理的、必要的。为优化厂房布置，降低因厂房跨度较大对厂房水工结构和施工方面的不利影响，建议将出水检修液控球阀移至主厂房外，利用已有的排水洞室扩挖成专门检修阀室。

（7）水泵进、出口阀门公称直径。水泵进口阀门直径采用DN2000mm。通过与制造厂家交流并对原设计方案进行复核，建议出口阀门直径采用DN1400mm或DN1200mm，应从水泵水力设计以及泵站水力过渡过程、输水系统水力损失、布置和投资等方面综合考虑选取。

（8）水泵机组运行方式。由于泵站扬程变幅达48m，水泵运行条件比较苛刻，受输水系统过流能力限制，为保证水泵安全、稳定、灵活运行和年供水量、供水流量控制，研究认为：在当前确定的设计扬程及流量要求下，水泵采用变频调速运行是非常必要的，因此电动机应采用变频调速运行方式。设计单位应按设计规范的要求对设计扬程做进一步比选。由于水泵扬程高、功率大，按目前确定的扬程及流量特性要求，为保证不同水泵之间的工作流量匹配要求，建议水泵机组与变频器采用一对一的变频运行方式，每台水泵机组均配置1套变频装置。

3.1.4.4 额定转速比较

以A1054、A1059水泵模型在清水条件下的试验结果为基础，原型水泵选型设计确定

表 3.1-3　　牛栏江—滇池补水工程干河泵站水泵技术交流资料

序号	名称	单位	安德里茨			日本日立			日本荏原			哈电					
1	水泵转速	r/min	600			600			600			600			500		
2	水泵参数																
	水泵叶轮出口直径 D_2	mm	2130			2100			2120			2065			2415		
	水泵叶轮进口直径 D_1	mm	1017			1075						870			905		
	工作扬程	m	231.70	219.35	208.29	231.70	219.30	210.00	230.00	219.30	200.00	231.37	230.00	184.68	231.18	220.00	184.96
	工作流量	m^3/s	6.91	7.76	8.36	6.55	7.67	8.45	7.0	7.67	8.8	6.74	6.83	8.99	6.64	7.49	9.91
	效率	%	90.02	90.53	90.21	89.3	91	91.2	89.8	90	89.6	90.60	90.70	84.20	89.70	90.02	87.30
	轴功率	kW	17368	18256	18843	17000	18000	19000	18000	18323	19350	16890	16970	19350	16790	17960	20600
	必需空化裕量	m	16.95	19.49	41.71	27.6	25	29	24	26	34.5	10.4	12.4	60.2	18.6	15.7	58
	水泵最高效率	%	90.6			91.3			90			90.8			90.04		
	水泵最高效率点流量	m^3/s	7.9			8.3			7.7			6.85			7.6		
	水泵最高效率点扬程	m	216			212			219.3			230.6			218.5		
	建议的最大输入功率	kW	19500			21000			20000			21700			21700		
	建议的安装高程	m	1735.00			1732.00			1727.00			1730.00			1730.00		
	建议的空化评价方法		初生空化			扬程下降 3%，空化安全系数取 2			扬程下降 3%，空化安全系数取 2			初生空化（2～3 个叶道间）与临界空化系数（切线法）					
	导叶相对高度（b/D_2）											0.07418			0.07418		
	零流量下扬程	m				263			320			240			240		
	零流量下轴功率	kW				≈8000			11200			6752			6752		
	启动力矩	kN·m	125			136.97			192.58（带水）			108			108		

续表

序号	名称	单位	安德里茨	日本日立	日本荏原	哈电	
	倒转飞逸转速	r/min			≈600	780	650
	水泵转动惯量	$t \cdot m^2$	10.6	9	12	10	12
	轴向水推力	t		105	60（正常） 100（最大，关阀）	50（正常） 100（最大）	50（正常） 100（最大）
3	重量						
	水泵总重	t		53	70	50	60
	叶轮重量	t		2.5	25（泵芯包）	2.8	3.8
	蜗壳和座环	t		12.8	38	11	13
	进水管里衬	t		3.05	5	15	18
	泵轴、中间轴	t		3.4、2.9		5.5	6.5
	顶盖	t		5		6.6	7.5
4	水泵流道参数						
	外接进水管内径	mm	2500	1800	2000	2000	2000
	进水阀法兰至机组中心距离	mm	5097	5200	5200	6150	7194
	进水阀中心至安装高程高度	mm	3900	4000	4000	3265	3818
	进水肘管距机组中心距离	mm	1500	2600		1358	1589
	进水管总高（至安装高程）	mm	5150	4900	5000	4096	4790
	锥形进水管进口直径	mm	1436	1715		1209.5	1414
	锥形进水管出口直径	mm	1017	1075		873	902
	蜗壳出水管内径	mm	1019	1200	1200	1000	1150
	机组Y轴距蜗壳出水中心	mm	1884	1800	1500	1853	2167

续表

序号	名称	单位	安德里茨	日本日立	日本荏原	哈电	
	出水阀法兰距机组 X 轴	mm		1800	2600	2500	2500
5	厂房布置参数						
	水泵叶轮拆卸方式			中拆，顶盖外径 2.3m	中拆，顶盖外径 2.5m	中拆，顶盖外径 2.48m	中拆，顶盖外径 2.9m
	蜗壳安装方式		埋设	明装	埋设	埋设	埋设
	泵轮带轴高度	mm		2560	3160	2360	2420
	水泵机坑内径	mm	3344/2888		3000	2700	3100
	泵机坑踏板距安装高程高度	mm	1000				
	水泵运输最大件	mm		蜗壳＋座环 4600×4000×1600	蜗壳＋座环 5900×4200×1600	蜗壳＋座环 4300×4000×1100	
6	调节和启动						
	建议的调节方式		变频调速装置对水泵在低扬程运行进行调节	变速调节范围（85%～100%）n_r	变频调速范围（92%～100%）n_r	变频调速装置对水泵在低扬程运行进行调节	
	建议的启动方式				变频启动	推荐压水、变频启动	
7	减轻泥沙磨损的技术措施		泥沙含量相对较低，不推荐涂层防护。采用良好的水力设计确保水流平顺	泥沙对水泵的磨损影响非常小，不必防护	可不做全喷涂，建议叶轮出口、口环采用 HVOF 强化喷涂；考虑泥沙对空化影响，必需空化余量再加20%～30%裕量	工程布置考虑拦沙措施；合理选择水泵参数；优化水泵水力设计；易磨损部件（如口环）采用易拆结构、高抗磨材料制造或表面抗磨处理：叶轮表面硬化热处理提高硬度；叶轮、导叶、止漏环等高流速区进行喷涂（碳化钨加镍铬）防护，泵壳、抗磨板过流面及座环过流面等处采用软涂层防护；减小过流面粗糙度	
8	水泵部件结构及材料						
	叶轮		材料 GX4CrNi13－4；整体铸造或分块铸造焊接；迷宫环与叶轮整体铸造	马氏体不锈钢铸件（碳钢＋白金）	材料 ZG0Cr13Ni5Mo 叶轮整铸，打磨加工	材料 ZG0Cr13Ni4Mo；叶片与后盖板整体铸造，再焊前盖板；整体运输	

续表

序号	名称	单位	安德里茨	日本日立	日本荏原	哈　电
	顶盖		材料 S235 J0		材料 Q235B	材料 16Mn
	座环		材料 S235 J0；带两个法兰的焊接结构		材料 Q235B	材料 TSTE355 - Z25＋Q345C
	泵轴		材料 C45 ＋ N（DIN）法兰与主轴整体锻造		材料 45 号锻钢	材料 20SiMn 锻钢
	吸入肘管和锥管		材料 S235 J0（DIN）钢板焊接结构		材料 Q235A 可设进人门	材料 Q235
	蜗壳		材料 S235 J0（DIN）钢板焊接结构	碳素钢板焊接	材料 Q235B	材料 16MnR
	抗磨环		不锈钢材料，可更换；用于上下泵盖的迷宫环		材料 13Cr 不锈钢	高抗磨材料
	导轴承		动压滑动轴承，表面为白合金；外协加工	分块瓦轴承（8块），巴氏合金瓦	材料锡合金＋碳钢滑动轴承	分块瓦或筒形瓦轴承
	工作密封		旋转式机械密封	碳制减压环机械密封	材料 WC＋特殊纤维旋转式机械密封	水润滑自补偿径向密封（进口赛思德）
	其他			设置平衡孔、平衡管以减小水泵轴向推力		
9	生产业绩					
	已生产的最大水泵		757.50m、11.2m³/s、92100kW，4 级叶轮（蓄能泵）	251m、14.17m³/s、44760kW，单级叶轮	143m、10.67m³/s、19000kW，单级叶轮	万家寨引黄一期工程水泵，惠州、蒲石河、回龙等抽水蓄能电站的可逆式水泵水轮机

的主要参数见表 3.1-4，对应的原型水泵的能量特性曲线分别见图 3.1-1、图 3.1-2。表中 H、P、η、Q、n_q 分别表示水泵的工作扬程、轴功率、效率、工作流量和比转速，$NPSH_{\sigma0.5}$、$NPSH_{\sigma i}$ 分别为按临界空化系数、初生空化系数确定的必需空化余量 $NPSH_r$。

表 3.1-4 不同转速方案原型水泵机组主要参数

水泵额定转速/(r/min)		600			500		
叶轮型号		A1054			A1059		
特征工况参数	H/m	233.8	219.3	193.1	231.2	219.3	197.8
	P/MW	16.84	17.72	19.93	17.15	18.93	20.86
	η/%	91.39	93.10	92.10	88.71	90.33	90.25
	Q/(m^3/s)	6.76	7.67	9.69	6.75	7.95	9.70
	$NPSH_{\sigma0.5}$/m	19.59	17.53	63.26	12.08	18.42	52.61
	$NPSH_{\sigma i}$/m	28.22	19.90	89.21	19.24	16.89	54.40
	n_q/(m·m^3/s)	95.23	106.4	131.60	79.97	90.30	107.77
最优点效率/%		93.28			90.88		
叶轮出口直径 D_2/mm		2040.1			2387.9		
叶轮进口直径 D_1/mm		1026.4			1096.1		
零流量扬程/m		236.6			227.4		
零流量轴功率/MW		5.79			6.47		
叶轮叶片数		9			9		
固定导叶数		13			13		
进水管高度/mm		4079.2			4775		
设计扬程下导叶进口速度/(m/s)		33.73			32.56		
设计扬程下叶轮出口速度/(m/s)		37.06			38.50		
设计扬程下叶轮出口相对速度/(m/s)		30.70			26.92		
设计扬程下叶轮出口圆周速度/(m/s)		64.09			62.83		
设计扬程下叶轮内部最大相对速度/(m/s)		35.80			33.36		
叶轮重量/t		3.4			4.4		
水泵总重量/t		60			78		
配套电动机功率/MW		22.5			23.0		
电动机总重量/t		110			126		
配套变频器功率/MW		23			23.5		

从表 3.1-4 可以看出：

(1) 600r/min 转速方案水泵的效率明显高出 500r/min 转速方案。600r/min 转速方案原型水泵在设计扬程以上区间的运行效率高出 2.6%，结合低扬程区间的变频调速运行方式，600r/min 转速方案原型水泵的加权平均效率至少高出 2.6%；按泵站多年平均供水量计算，600r/min 转速方案泵站每年可节省抽水电量 0.104 亿 kW·h，可降低直接运行成本 435 万元。

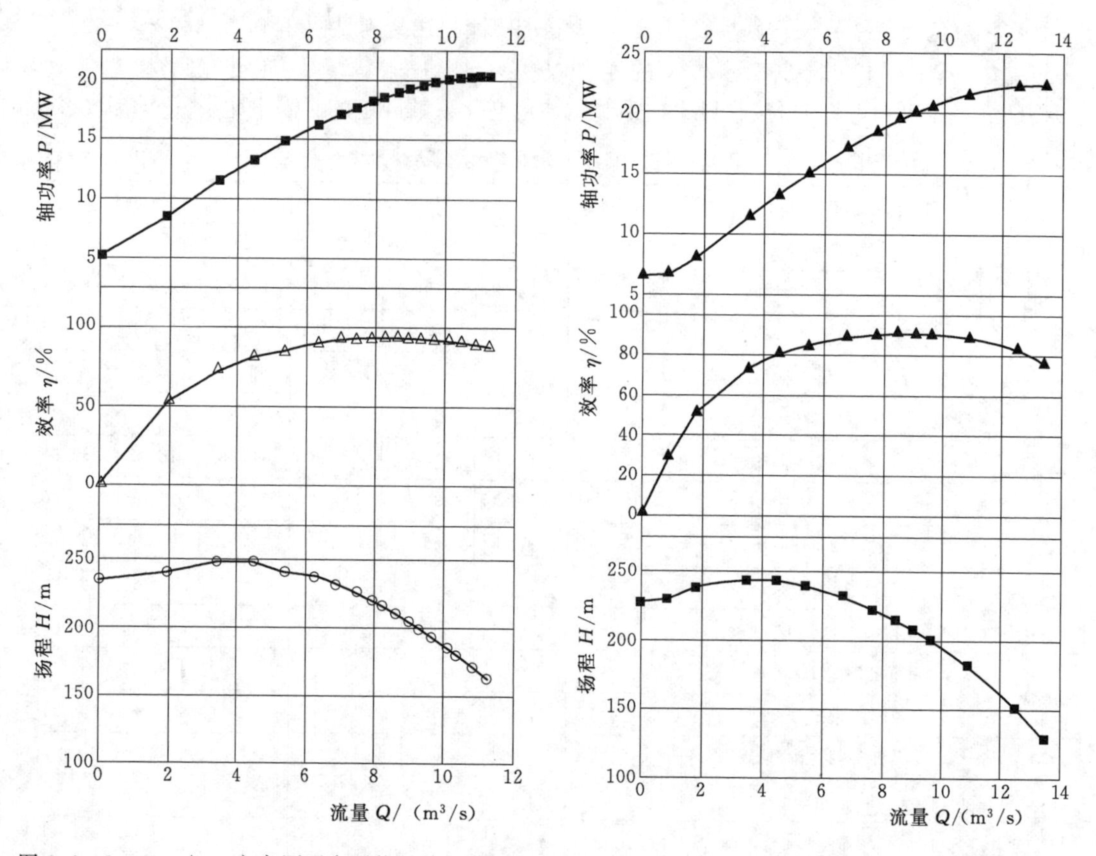

图 3.1-1 600r/min 方案原型水泵能量特性曲线图 图 3.1-2 500r/min 方案原型水泵能量特性曲线图

(2) 600r/min 转速方案水泵尺寸小、重量轻，电动机的重量也小，每台水泵和电动机的投资可降低 460 万元，4 台机组可节省投资 1860 万元。

(3) 600r/min 转速方案水泵效率高，配套变频器的容量更小。

(4) 600r/min 转速方案水泵和电动机尺寸小，可减小地下泵房的跨度 1m、长度 4m，对地下泵房的设计更为有利。

3.1.4.5 额定转速选择

根据开展的干河泵站高、低转速方案水泵的开发与试验研究成果和技术经济比较，结合高扬程大型离心泵技术交流各制造厂商的建议，选定水泵的额定转速为 600r/min。

3.1.5 水泵安装高程

3.1.5.1 水泵安装高程计算方法

目前，水利水电工程水力机械（包括水轮机、水泵水轮机、水泵和蓄能泵）安装高程的确定有两种方法：初生空化计算法和临界空化计算法。初生空化法是反映水力机械是否发生空化的内在特性的评价方法，临界空化计算法则是水力机械发生空化后其外在参数（如效率、扬程/水头）的变化是否在可接受范围内的评价方法。显然，临界空化不能准确评定水力机械是否发生空化的内在本质。

干河泵站运行扬程高、单机容量大、年运行时间长，水泵汛期扬水时水流中含有泥沙，从减轻水泵的泥沙磨蚀和延长水泵的使用寿命角度考虑，水泵安装高程应按在清水条件下运行时水泵不发生空化的原则来确定，即要求泵站的装置空化系数 σ_p 大于水泵各运行工况下的初生空化系数 σ_i。考虑到试验存在的测量误差、水泵制造偏差，以及安装高程应留有适当裕度的要求，计算中按 $\sigma_p \geqslant 1.1\sigma_i$ 控制。

按照国内的惯例，干河泵站水泵安装高程的选择也采用了临界空化计算法进行了复核，计算中按 $\sigma_p \geqslant 1.4\sigma_{0.5}$ 控制。

干河泵站从德泽水库内取水，水泵安装高程对于地下泵站的布置影响极大。在可行性研究设计阶段，水泵安装高程是根据国外知名水泵制造厂商建议的水泵性能曲线及空化性能经综合分析后初定的，水泵安装高程为 1717.00m，水泵叶轮中心高程比水库水位低 35～73m。由于受地形条件、水库消落深度及泵站对外交通条件限制，该水泵安装高程给泵站地下枢纽的布置造成极大难度，最主要问题是泵站主厂房进厂交通洞不能采用常规的汽车运输，只能设置斜井加缆车方案作为主厂房的主要运输通道；如果按此实施，不仅地下厂房的施工难度大、工期长，而且由于埋深太大，泵房存在防渗、设备运输及通风困难等一系列问题。

鉴于此，在初步设计阶段，在干河泵站水泵开发与试验研究的基础上开展了水泵的调节方式研究，提出了把水泵安装高程提高到 1725.00m 的目标以优化泵站系统布置，并进行了可行性分析。

3.1.5.2 水泵安装高程计算

水泵安装高程按下式计算：

$$Z_{安}=Z_{前}+10-\frac{\nabla}{900}-NPSH_r \tag{3.1-2}$$

式中 $Z_{安}$——水泵的安装高程；

$Z_{前}$——水泵的进口水位；

∇——泵站的装机高程；

$NPSH_r$——必需空化余量。

水泵的进口水位 $Z_{前}$ 按 3 台机组同时抽水、1 台机组抽水两种情况进行计算（Q 为单泵工作流量，H 为水泵工作总扬程）。3 台机组抽水时：

$$Z_{前}=1976.8-H+0.00661605\times(3\times Q)^2 \tag{3.1-3}$$

1 台机组抽水时：

$$Z_{前}=1974.8-H+0.00661605\times Q^2 \tag{3.1-4}$$

式（3.1-2）中 $NPSH_r$ 按初生空化系数 σ_i、临界空化系数 $\sigma_{0.5}$ 两种情况计算，相应的空化安全系数分别按 1.1、1.4 选取，即必需汽蚀余量 $NPSH_r$ 分别按以下两式计算：

$$NPSH_{ri}=1.1\times\sigma_i\times H \tag{3.1-5}$$

$$NPSH_{rc}=1.4\times\sigma_c\times H \tag{3.1-6}$$

在不考虑转速调节条件下，采用 A1054 水泵空化性能计算的干河泵站水泵安装高程见表 3.1-5。

表 3.1-5 干河泵站水泵安装高程计算表（无转速调节条件下）

计算方法	泵站流量 /(m^3/s)	出水池水位/m	水库水位 /m	净扬程 /m	总水力损失/m	泵前水力损失/m	总扬程 H/m	σ	$NPSH_r$ /m	要求的 $Z_{安}$ /m
初生空化	20	1976.80	1750.00	226.8	6.43	3.78	233.23	0.11	28.22	1726.08
	6.67	1974.80	1750.00	224.8	0.71	0.42	225.51	0.11	27.29	1730.38
	23	1976.80	1766.00	210.8	8.50	5.00	219.30	0.085	20.5	1748.58
	7.67	1974.80	1756.45	218.35	0.95	0.56	219.30	0.085	20.5	1743.47
	26.7	1977.20	1779.00	198.2	11.45	6.74	209.65	0.23	53.04	1727.30
	8.9	1974.80	1766.40	208.4	1.27	0.75	209.67	0.23	53.05	1720.69
	29.10	1977.40	1790.00	187.4	13.61	8.00	201.01	0.42	92.87	1697.21
	9.7	1974.80	1790.00	184.8	1.51	0.89	186.31	0.42	86.08	1711.12
临界空化	20	1976.80	1750.00	226.8	6.43	3.78	233.23	0.06	19.59	1734.71
	6.67	1974.80	1750.00	224.8	0.71	0.42	225.51	0.06	18.94	1738.72
	23	1976.80	1766.00	210.8	8.50	5.00	219.30	0.046	14.12	1754.96
	7.67	1974.80	1756.45	218.35	0.95	0.56	219.30	0.046	14.12	1749.85
	26.7	1977.20	1779.00	198.2	11.45	6.74	209.65	0.088	25.83	1754.51
	8.9	1974.80	1766.40	208.4	1.27	0.75	209.67	0.088	25.83	1747.90
	29.10	1977.40	1790.00	187.4	13.61	8.00	201.01	0.234	65.85	1724.23
	9.7	1974.80	1790.00	184.8	1.51	0.89	186.31	0.234	61.04	1736.16

从表3.1-5可以看出，在不进行转速调节条件下：

(1) 按临界空化考虑，要求的水泵安装高程最低值为1724.23m，由德泽水库正常蓄水位时3台泵同时运行工况确定。

(2) 按初生空化考虑，要求的水泵安装高程最低值为1697.21m，由德泽水库正常蓄水位时3台泵同时运行工况确定。若水泵选择的安装高程为1725.00m，A1054水泵的工作流量在8.0m^3/s以下时，初生空化有足够的裕量；当水泵流量在8.9m^3/s、相应运行总扬程约210m时，水泵开始发生空化；当扬程进一步下降时，空化将在叶轮背面发生，且随运行扬程的降低发展快。当水泵运行扬程在195.00～185.51m时，即使水泵安装高程为1717.00m，如果不采取调节措施，水泵叶轮的空化将较为严重。

结合水泵的流量调节分析（详见3.2节），确定的水泵安装高程为1725.00m。

3.1.6 水泵主要参数

根据以上分析，选型设计阶段确定的干河泵站水泵主要参数如下：

水泵型式：单吸单级立式离心泵

工作泵台数：3台

备用泵台数：1台

设计扬程：219.3m

设计流量：7.67m^3/s

额定转速：600r/min

叶轮出口直径：2040mm

设计扬程下水泵效率：93%

设计扬程下比转速：106.4m·m^3/s

水泵安装高程：1725.00m

3.1.7 配套电动机功率

在不进行转速调节的情况下，按A1054水泵的工作流量为9.0m^3/s、相应扬程204m确定配套电机的额定功率，该工况下水泵的轴功率为19.5MW。考虑泥沙磨损引起水泵性能下降、含沙水流的密度以及制造、安装质量的影响，按配套电动机留出15%的功率裕度确定配套电机的功率，相应电动机的额定功率为22.5MW。

3.2 水泵流量调节

3.2.1 水泵流量调节的必要性

按牛栏江—滇池补水工程设计要求，输水线路设计流量为23m^3/s，最大输水流量为24m^3/s，要求在运行扬程范围内水泵单机流量不能超过8m^3/s。

干河泵站运行扬程185.51～233.30m，扬程变幅达47.79m，从水泵CFD数值优化分析成果和模型试验成果来看，无论是高比转速水泵还是低比转速水泵，由于离心水泵的固有特性，水泵在固定转速工况下无法实现最低扬程下工作流量不大于8m^3/s的运行要求，且水泵在低扬程区间运行时叶轮背面将发生严重空化。因此水泵设置调节措施是必要的，应采取合适的流量调节措施来满足泵站后输水工程的安全运行要求。

3.2.2 离心泵调节方式选择

水泵的调节可以通过采取节流或溢流、变频调速、双速电机等方式。

节流调节方案是在水泵出水管上设置流量调节阀，通过改变管道特性使水泵机组在低于设计扬程时能使水泵运行工况点左移，即通过增加管道系统的水力损失来提高水泵运行扬程以减小抽水流量并改善水泵的空蚀性能，防止泵站出水池出现大量溢流。但是，调节阀进行流量调节时容易产生压力脉动或水击，并联工作机组间的配合运行控制非常困难，流量调节阀本身的稳定性也无法控制，且管路系统水力损失大大增加，泵站提水的年运行电费较高，泵站运行的经济效益不佳。溢流调节不仅将白白产生大量的能量消耗，经济上极不划算，而且水泵在最低扬程下运行时，水泵的空蚀和振动严重。

变频调速方式通过在电机输入端设置变频器来调节电动机的转速，改变水泵在不同水库水位运行时的工作转速，使水泵机组在整个扬程变化范围内均可稳定、高效运行。采用变频调节运行可解决水库水位变化（即工作扬程变化）对水泵出口流量的影响，将明显改善水泵的运行工况，使水库水位在高水位时（相应水泵运行扬程较低）水泵能稳定运行在高效率区，工作流量变化范围较小，且减轻水泵运行发生的振动和空化，可大大提高供水的灵活性和准确性，还可以保证工程的安全输水要求。干河泵站水泵机组若采用变频调节，所需变频器容量不超过25MW，不存在生产能力限制。

双速电机通过改变同步电动机转子的电气接线使水泵实现以两个同步转速运行。干河泵站水泵机组额定转速为600r/min，可供选择的下一级同步转速为500r/min，当水泵在低扬程下以低档同步转速运行时，水泵工作流量基本可控制在$8m^3/s$以下，但降速后的水泵工作扬程小于泵站最低扬程，泵站无法向出水池抽水；当水泵在高扬程下以低档同步转速运行时，水泵工作流量大大减小，水泵偏离最优运行区间较远而空蚀、振动严重。

综上所述，从技术可靠、设备稳定运行、供水灵活性和输水隧道安全供水等多方面考虑，水泵采用变频调速方式进行流量调节。

3.2.3 水泵变频调节及特性分析

3.2.3.1 水泵变频调节主要参数的换算

水泵变速调节后的能量特性和空化特性按以下公式进行换算（式中下标“R”为初始转速工况的参数，下标“1”为变速后工况的参数）：

（1）流量换算

$$Q_1=Q_r\left(\frac{n_1}{n_R}\right) \tag{3.2-1}$$

（2）扬程换算

$$H_1=H_r\left(\frac{n_1}{n_R}\right)^2 \tag{3.2-2}$$

（3）轴功率换算

$$P_1=P_r\left(\frac{n_1}{n_R}\right)^3 \tag{3.2-3}$$

（4）$NPSH$换算

$$NPSH_1=NPSH_r\left(\frac{n_1}{n_R}\right)^2 \tag{3.2-4}$$

3.2.3.2 水泵变频调节特性分析

以A1054水泵的设计工况（设计扬程219.30m、额定转速600r/min、设计流量$7.67m^3/s$）为基点，按以下四个方案进行水泵变速运行特性分析：

方案一：增速+降速运行（最高扬程233.30m至最低扬程185.51m之间水泵均可抽水$7.67m^3/s$）；

方案二：降速运行1（设计扬程219.30m至最低扬程185.51m之间水泵均可抽水流量$7.67m^3/s$）；

方案三：降速运行2（对应抽水流量$8.0m^3/s$的扬程至最低扬程185.51m之间水泵均可抽水流量$8.0m^3/s$）；

方案四：降速运行3（最高扬程233.30m至最低扬程185.51m之间水泵均可实现抽水流量$6m^3/s$）。

A1054 原型水泵不同转速调节方案的运行特性分析分别见表 3.2－1、表 3.2－2（表中 n_r 为额定转速 600r/min）和图 3.2－1、表 3.2－2。

表 3.2－1　　A1054 水泵转速调节范围

方案名称	工作流量/(m^3/s)	运行扬程/m	调节转速 n_1/(r/min)	变速比 n_1/n_r/%
方案一	7.67	233.30	610	101.67
	7.67	219.30	595	99.17
	7.67	211.00	586	97.67
	7.67	195.00	568	94.67
	7.67	185.51	557	92.83
方案二	6.67	233.30	600	100
	7.67	219.30	595	99.17
	7.67	211.00	586	97.67
	7.67	195.00	568	94.67
	7.67	185.51	557	92.83
方案三	6.67	233.30	600	100
	7.67	219.30	595	99.17
	8.00	211.00	591	98.5
	8.00	195.00	574	95.67
	8.00	185.51	563	93.83
方案四	6.00	233.30	593	98.83
	6.00	219.30	577	96.17
	6.00	211.00	566	94.33
	6.00	195.00	546	91
	6.00	185.51	534	89

从表 3.2－1、表 3.2－2 和图 3.2－1、图 3.2－2 可以看出：

（1）在设计扬程 219.30m 至最高扬程 233.30m 的扬程区间，若使水泵均能实现按 7.67m^3/s 流量运行，水泵要求的最大转速为 101.67％倍额定转速，水泵增速后在最高扬程下的运行效率提高 1.3％，且增速运行要求的必需临界空化余量和必需初生空化余量均下降，水泵运行的空化裕度提高。可见，高扬程区间增速运行对水泵更有利。

（2）在设计扬程 219.30m 至最低扬程 185.51m 的扬程区间，若使水泵均能实现按 7.67m^3/s、8m^3/s 流量运行，A1054 水泵要求的最小转速分别为 92.83％倍、93.83％倍额定转速，降速后 A1054 水泵的运行效率接近最高效率；降速后水泵运行要求的必需空化余量降低，水泵运行的空化裕度增加，对水泵的运行更有利。

（3）水泵可在最高扬程 233.30m 至最低扬程 185.51m 的全扬程区间通过降速实现 6m^3/s 流量运行，水泵要求的最小转速为 89％倍额定转速。

1）在设计扬程 219.30m 至最低扬程 185.51m 区间，降速运行要求的必需空化余量降低，水泵运行的空化裕度增加。

表 3.2-2 A1054水泵不同变速方案水泵主要参数及安装高程分析

方案编号	扬程/m	流量/(m³/s)	转速/(r/min)	效率/%	轴功率/kW	$\sigma_{0.5}$	$NPSH_{rc}$/m ($1.4NPSH_{0.5}$)	σ_i	$NPSH_{ri}$/m ($1.1NPSH_i$)	临界空化要求的$Z_{安}$/m	初生空化要求的$Z_{安}$/m
方案一	233.3	7.67	610	93.16	18.64	0.05	16.33	0.086	22.07	1738.8	1733.0
	219.3	7.67	600	93.19	17.95	0.046	14.12	0.08	19.30	1755.0	1749.8
	211	7.67	587	93.22	17.02	0.051	15.07	0.074	17.18	1762.3	1760.2
	195	7.67	568	93.24	15.6	0.057	15.56	0.085	18.23	1777.5	1774.8
	185.51	7.67	557	93.25	14.87	0.06	15.58	0.1	20.41	1777.5	1772.7
方案二	233.3	6.67	600	91.81	16.8	0.06	19.60	0.11	28.23	1736.7	1728.1
	219.3	7.67	600	93.25	17.98	0.046	14.12	0.08	19.30	1755.0	1749.8
	211	7.67	587	93.22	17.02	0.051	15.07	0.074	17.18	1762.3	1760.2
	195	7.67	568	93.24	15.6	0.046	12.56	0.08	17.16	1780.5	1775.9
	185.51	7.67	557	93.25	14.87	0.06	15.58	0.1	20.41	1777.5	1772.7
方案三	233.3	6.67	600	91.81	16.8	0.06	19.60	0.11	28.23	1736.7	1728.1
	219.3	7.67	600	93.25	17.98	0.046	14.12	0.08	19.30	1755.0	1749.8
	218	8	600	93.26	18.33	0.058	17.70	0.081	19.42	1753.0	1751.3
	211	8	591	93.26	17.64	0.062	18.31	0.095	22.05	1759.4	1755.6
	195	8	574	93.2	16.34	0.075	20.48	0.122	26.17	1772.2	1766.5
	185.51	8	563	93.16	15.55	0.078	20.26	0.143	29.18	1772.4	1763.5
方案四	233.3	6	593	89.16	15.26	0.068	22.21	0.16	41.06	1734.8	1716.0
	219.3	6	577	89.99	14.28	0.058	17.81	0.147	35.46	1749.9	1732.3
	211	6	566	90.53	13.62	0.055	16.25	0.123	28.55	1759.8	1747.5
	195	6	546	91.34	12.49	0.048	13.10	0.1	21.45	1778.9	1770.6
	185.51	6	534	91.7	11.81	0.045	11.69	0.085	17.34	1745.3	1739.7

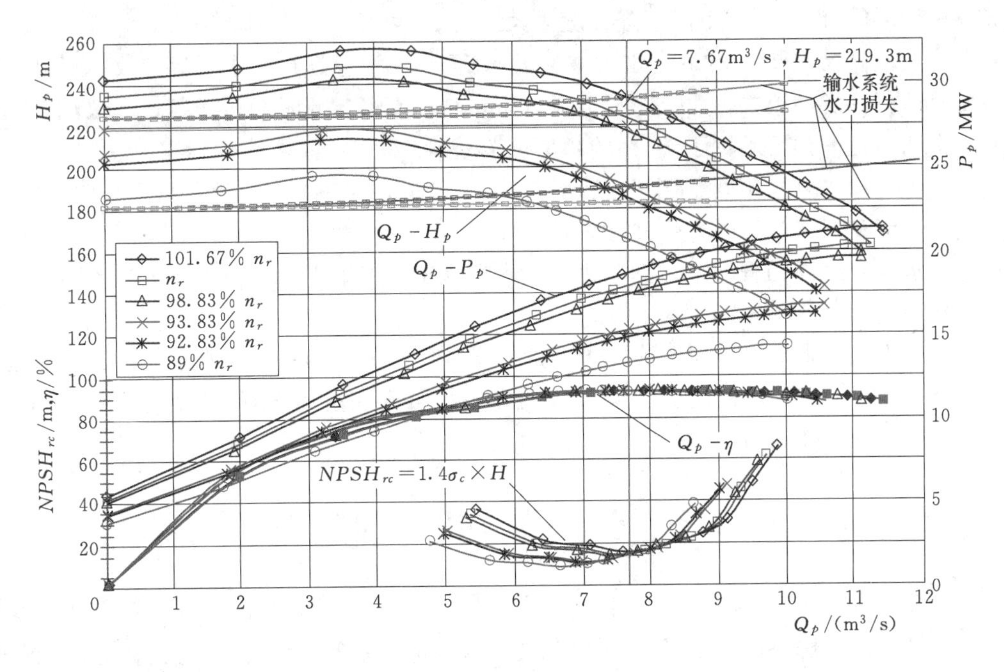

图 3.2-1 A1054 水泵变速方案运行特性分析图（临界空化特性）

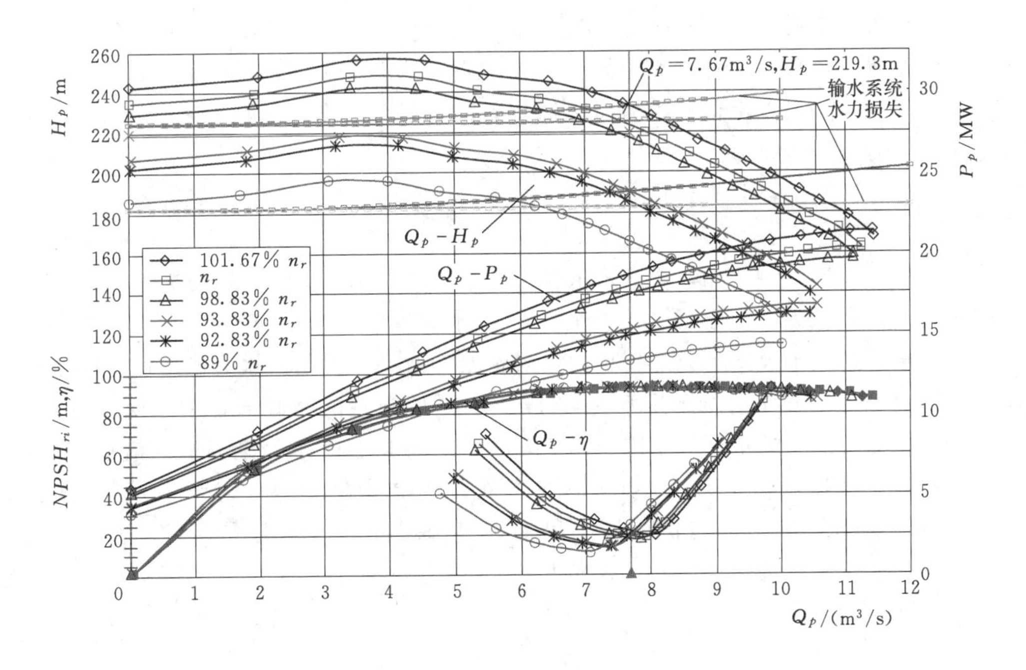

图 3.2-2 A1054 水泵变速方案运行特性分析图（初生空化特性）

2）水泵最高扬程下（对应 3 台水泵同时运行）降速至 $6m^3/s$ 流量运行时，水泵要求的 $NPSH_r$ 值增大，按初生空化特性分析，若水泵安装高程取 1725.00m，水泵运行将发生空化，建议水泵在最高扬程下不作降速运行。

3）从效率特性分析，降速至 $6m^3/s$ 流量运行时水泵效率下降，效率下降值为

3.25%～1.5%，设计扬程下的下降幅度最大。

(4) 在最高扬程233.30m下水泵增速至7.67m³/s流量运行时水泵运行效率提高，空化裕度及运行稳定性改善，水泵在最高扬程下可增速至额定流量附近运行，建议配套变频器的频率调节范围预留不少于+2%的频率调节裕量。

(5) A1054水泵采用变频调速运行时，7.0～8.0m³/s的工作流量区间为高效率区间，水泵空化性能良好，运行时宜优先考虑。

(6) 水泵在最高扬程下不做降速运行。水泵流量调节的下限不应低于6m³/s，在低扬程区间水泵的流量调节上限可在8.5～9.0m³/s之间。

(7) 考虑到前期研究阶段与实际采购的水泵性能存在一定差异，水泵的转速调节范围取为(88%～102%)n_r。在此转速调节范围内，水泵安装高程选择1725.00m是合适的，水泵可以实现无空化运行。

3.3 水泵进、出水阀门

干河泵站主厂房为地下厂房，水泵进、出口压力钢管采用单管4机布置方式，水泵进、出水管与主厂房在高程上形成U形布置，为满足水泵的检修需要在每台水泵设置进、出水阀。

每台水泵进口前设置1台公称直径为2.0m、标称压力为1.6MPa的检修半球阀。每台水泵出口设置1台采用两阶段关闭规律、公称直径为1.2m、设计压力为4.0MPa的液控球阀为工作阀，并设置1台直线关闭规律、公称直径为1.2m、设计压力为4.0MPa的液控球阀为检修备用阀。

3.3.1 水泵进水阀

水泵进口最大静水头72m，考虑水击升压的最大水头为80.3m，该压力下水泵进水阀门可选用蝶阀。考虑到干河泵站水泵扬程高，进水阀安装位置贴近水泵进口，若采用蝶阀，其阀瓣会对进入水泵的水流产生扰动，对水泵的效率、空化、水力稳定性、振动、噪声等均有影响。另一方面，由于进水阀位于厂房U形布置的最底部，进水阀也是厂房、机组安全运行的保证，故水泵进水阀选用安全性高、开启状态下为全通道的液控半球阀。每台水泵的进口设DN2000mm、PN1.6MPa的液控半球阀各1台，1号与2号水泵的进水半球阀共用1套液压站，3号与4号水泵的进水半球阀共用1套液压站，并将这2套液压站进行串联互为备用。进水阀主要参数如下：

型号：DYQQ743H (X)-16C-2000

型式：卧轴单面止水，液动偏心半球阀

公称直径：2000mm

设计压力：1.6MPa

最大静水头：72m

最大工作水头：80.3m

额定流量：8m³/s

密封型式：单面止水，金属/橡胶软硬密封

阀门操作方式：液压驱动

液压系统工作压力：16.0MPa

阀门关闭方式：线性关闭

开阀时间：60～120s（可调）

关阀时间：60～120s（可调）

3.3.2 水泵出水阀门

水泵出口的最大静水头251.8m，考虑水击升压的最大水头为323m，出水阀门关闭时和开启过程中A1054水泵在额定转速下出水阀前最大水头为312m。考虑到实际采购的水泵的零流量扬程与A1054水泵存在差异，水泵启动后出水阀未开启时压力脉动剧烈，且出水阀门是在动水条件进行关闭，为提高阀门安全度及地下厂房的运行安全，将水泵出水阀门的设计压力提高至4.0MPa。

每台水泵出口设置1台DN1200mm、PN4.0MPa的液控工作球阀；为满足工作球阀的检修要求，保证厂房和机组的运行安全，在每台水泵工作球阀的出水侧再设置1台相同型号的DN1200mm、PN4.0MPa检修兼事故备用液控球阀。水泵液控工作球阀布置在泵站主厂房内，检修兼事故备用液控球阀布置在利用厂房周边排水廊道扩挖的检修球阀室内。

每台球阀配置1套液压站供操作用。水泵出口阀门是水泵正常运行及事故停机保护水泵的重要设备，对于高扬程大容量泵组尤为重要，为了确保阀门能可靠动作，预防因电气及液压元件故障等因素不能实现可靠关闭，干河泵站专门设置了纯机械过速事故保护装置，以确保事故关阀。

工作球阀主要参数为：

型号：QX747SH-40

型式：卧轴、双向金属密封直通式液动球阀

公称直径：1200mm

设计压力：4.0MPa

最高静水头：251.8m

额定流量：8m^3/s

密封型式：可移动差压式金属硬密封

阀门操作方式：液压驱动

液压系统工作压力：16MPa

阀门关闭规律：两段关闭

（1）快关时间范围/关闭角度范围：10～40s/62°～78°

（2）慢关时间范围/关闭角度范围：10～80s/28°～12°

开阀时间：20～120s（可调）

检修兼事故备用液控球阀主要参数与工作球阀的相同，阀门采用直线关闭规律，关阀时间在10～120s内可调。根据泵站水力过渡过程计算要求，实际整定的全关时间为40s。

3.4　泵站水力过渡过程

3.4.1　泵站输水系统布置

干河泵站输水系统主要由进水口、压力引水隧洞、调压井、进水压力钢管、进水支管、水泵、出水支管、出水主管、出水池等组成。泵站输水系统布置详见1.4节。压力引水隧洞长3245.25m，内径4.0m；上游调压井为圆筒式调压井，上筒内径10.0m，连接管尺寸4.0m×4.0m；调压井后接进水压力钢管段长58.172m，内径4.0m；最长一根进水支管至机组中心长43.681m，内径2.0m；最长一根出水压力钢管支管长约21.294m，内径1.2m；水泵机组出水主管长约595.309m，内径3.2m。

3.4.2　计算边界条件

泵站输水系统的过渡过程计算涉及管道瞬变流、阀门边界、水泵边界、扬程/水位边界、调压井等数学模型，并涵盖了不同运行水位、泵组运行台数等各种组合工况下的稳态运行、正常停机、突然失电（阀门正常关闭、阀门拒动）等多种计算工况。通过建立泵站输水系统水力过渡过程仿真计算平台及计算机模拟分析，在分析各种不同稳态、瞬变运行工况下泵后工作阀的关闭规律、机组转动惯量、调压井尺寸等对输水系统沿线的最大、最小压力分布及机组最大倒转速影响的基础上，确定的干河泵站输水系统的过渡过程计算边界条件如下：

（1）调压井为圆筒式，上筒内径10.0m，连接管尺寸为4.0m×4.0m。

（2）水泵出口液控工作球阀采用线性开启规律，全开时间为50s。泵组相继启动时，工作泵启动的间隔时间为100s。

（3）机组事故掉电（突然断电）情况下，水泵出口液控工作球阀采用“先快—后慢”两阶段关闭：第一阶段关闭时间为20s，阀门由全开100%开度关至20%开度；第二阶段关闭时间为20s，阀门由20%开度关至全关0开度。正常停机时，工作泵组相继关闭，关闭间隔时间为100s。

（4）泵组转动惯量$GD^2=80\text{t}\cdot\text{m}^2$。

3.4.3　计算成果

3.4.3.1　正常开、停泵工况

1. 正常开泵工况

德泽水库水位1790.00m、出水池水位1976.00m下，1号、2号、3号相继启动后泵站以设计流量运行，阀门开启前1号水泵出口压力为290m，阀门开启后泵后压力降低至工作压力，其余2台泵启动开阀后产生水锤，1号水泵出口最大压力为257mH_2O[1]。调压室涌浪、1号水泵出口压力的变化过程分别见图3.4-1、图3.4-2。德泽水库水位

[1] mH_2O为废除的压力计量单位，$1mmH_2O=9.8Pa$，全书下同——编辑注。

1752.00m，出水池水位 1976.00m 下，1号、2号、3号相继启动后泵站以设计流量运行，1号水泵出口最小水击压力 249mH_2O。调压室涌浪、2号水泵工作球阀后压力的变化过程分别见图 3.4-3、图 3.4-4。

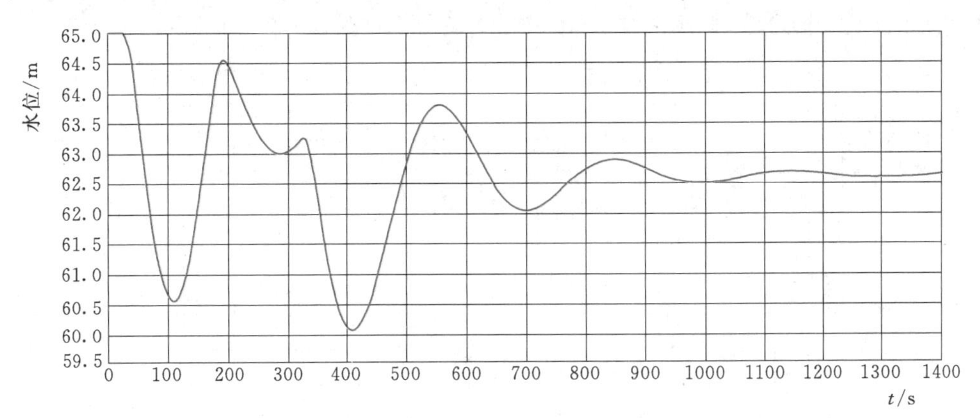

图 3.4-1　1号、2号、3号水泵相继开机调压井涌浪变化（水库水位 1790.00m）

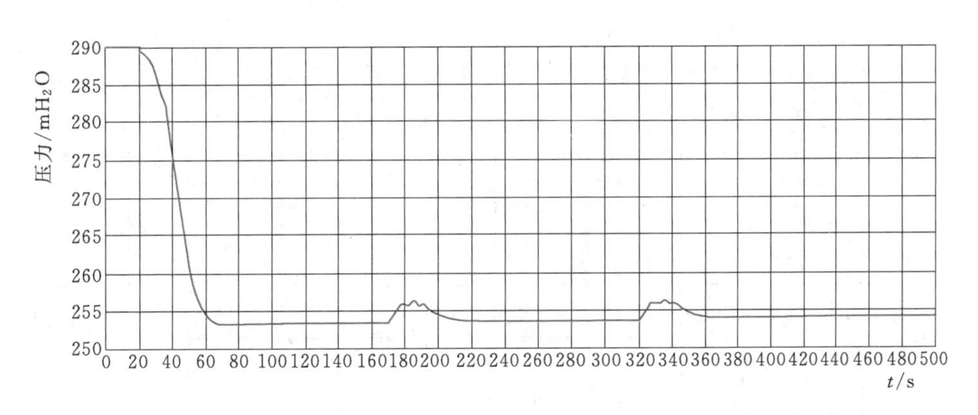

图 3.4-2　3台机相继开机1号水泵出口压力变化过程（水库水位 1790.00m）

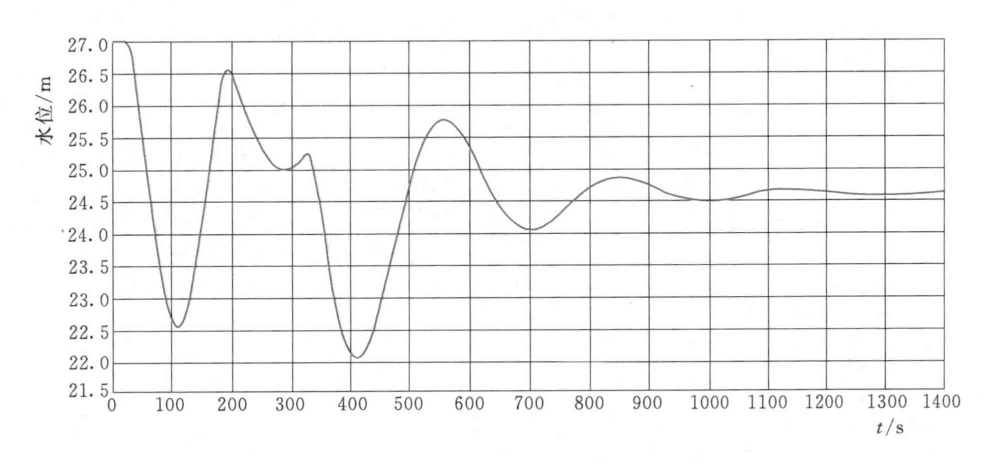

图 3.4-3　1号、2号、3号水泵相继开机调压井涌浪（水库水位 1752.00m）

2. 正常停泵工况

德泽水库水位1790.00m、出水池水位1976.80m下，运行的1号、2号、3号相继关机，水泵出口工作球阀依次关闭，水泵出口最大压力为293mH_2O，工作球阀后最大压力254mH_2O。调压室涌浪、1号水泵工作球阀出口压力的变化过程分别见图3.4-5、图3.4-6。

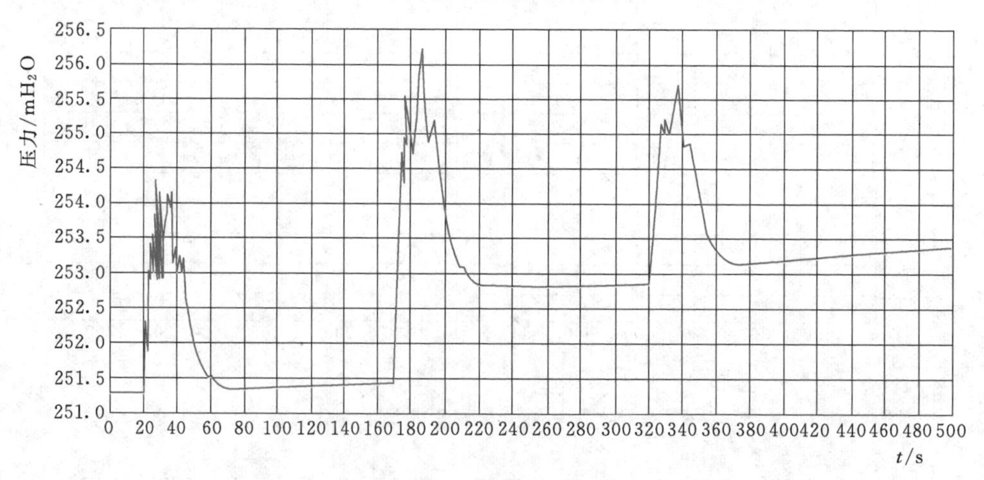

图3.4-4　3台机相继开机2号水泵工作球阀后压力变化过程（进水口水位1752.00m）

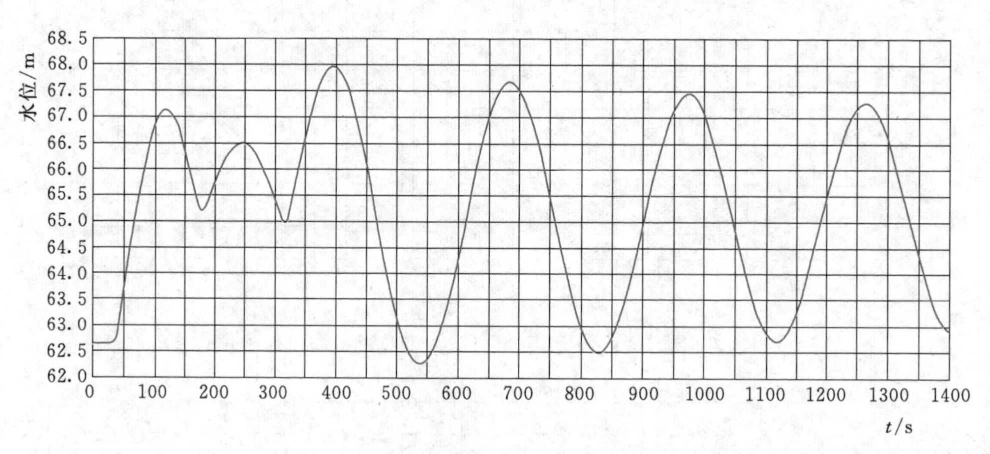

图3.4-5　1号、2号、3号水泵相继关机调压井涌浪曲线（水库水位1790.00m）

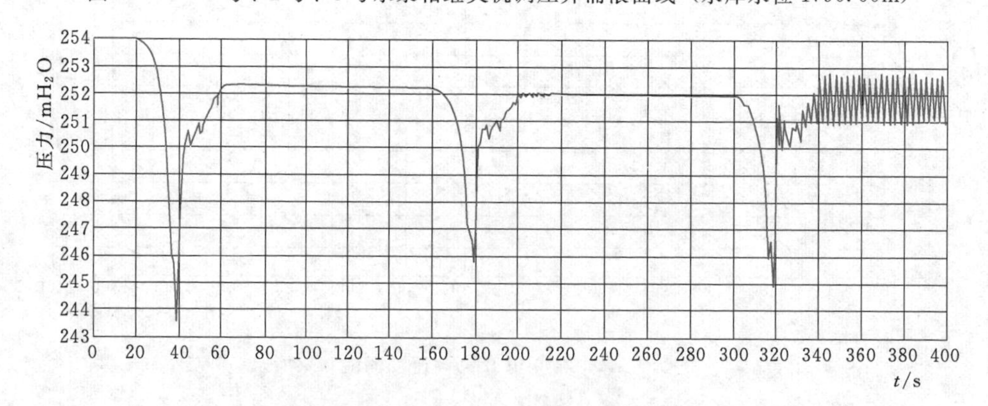

图3.4-6　3台工作泵相继关机后1号水泵工作球阀后压力变化（水库水位1790.00m）

德泽水库水位 1752.00m、出水池水位 1976.80m 下，运行的 1 号、2 号、3 号相继关机，水泵出口工作球阀依次关闭，工作球阀后最小压力 241.6mH_2O。调压室涌浪、3 号水泵工作球阀出口压力的变化过程分别见图 3.4-7、图 3.4-8。

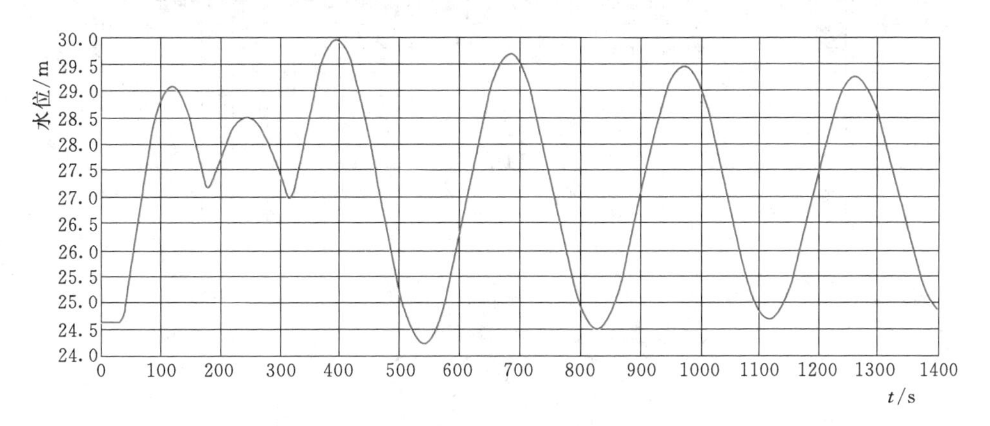

图 3.4-7　1 号、2 号、3 号水泵相继关机调压井涌浪曲线（水库水位 1752.00m）

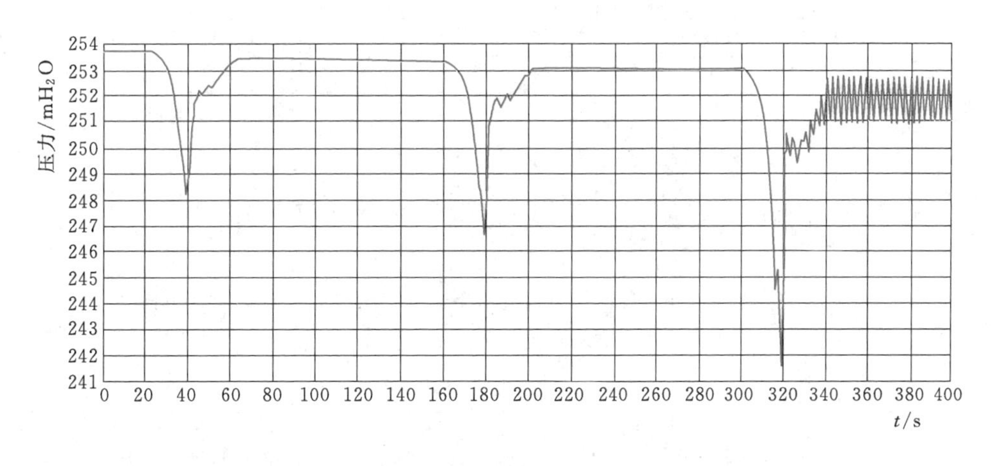

图 3.4-8　3 台工作泵相继关机后 3 号水泵工作球阀后压力变化（水库水位 1752.00m）

3.4.3.2　全部机组突然掉电工况

1. 泵组突然掉电，工作球阀按两段关闭规律正常关闭

在最高扬程工况（德泽水库水位为死水位 1752.00m，出水池水位 1976.80m）泵站以设计流量运行，3 台工作泵同时掉电后，调压井最高涌浪水位 1766.08m，最低涌浪水位 1740.71m。1 号水泵最大倒转速为－682.9r/min（掉电前转速为 606.5r/min），球阀的最大流量为－10m^3/s（“－”表示倒流）。调压室涌浪、1 号水泵转速的变化过程分别见图 3.4-9～图 3.4-11（负号表示进入调压井的流量）。

在最低扬程工况（德泽水库水位为正常蓄水位 1790.00m，出水池水位 1976.80m）泵站以设计流量运行，3 台工作泵同时掉电后，调压井最低涌浪水位 1786.31m，调压井最高涌浪水位 1795.41m，超过调压井溢流堰顶高程（1794.00m）1.41m，溢流堰峰值溢流量 15.52m^3/s，溢出水量约 1400m^3。1 号水泵最大倒转速为－608.2r/min，工作球阀后最

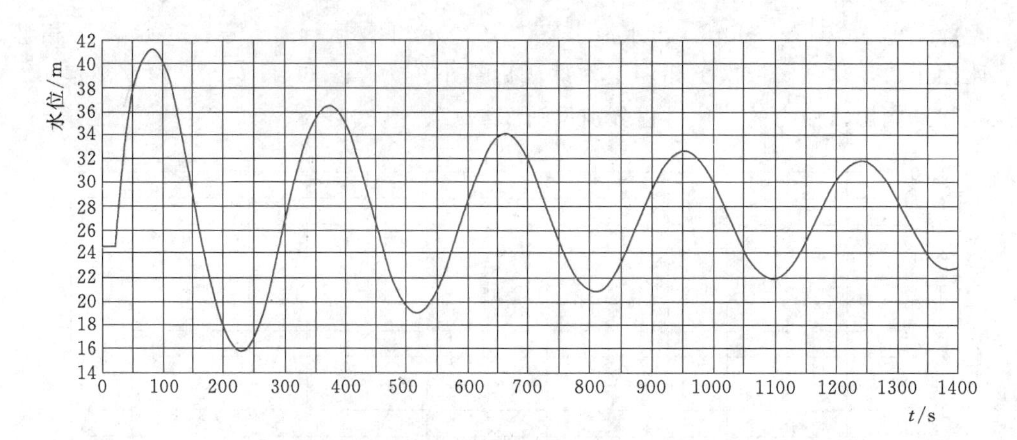

图 3.4-9　3 台工作泵同时掉电后调压井涌浪（水库水位 1752.00m）

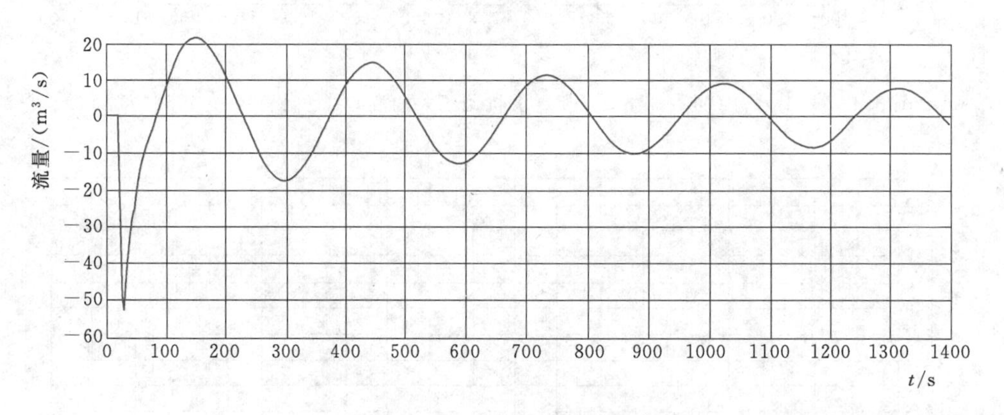

图 3.4-10　3 台工作泵同时掉电后调压室流量变化（水库水位 1752.00m）
（负号表示进入调压井的流量）

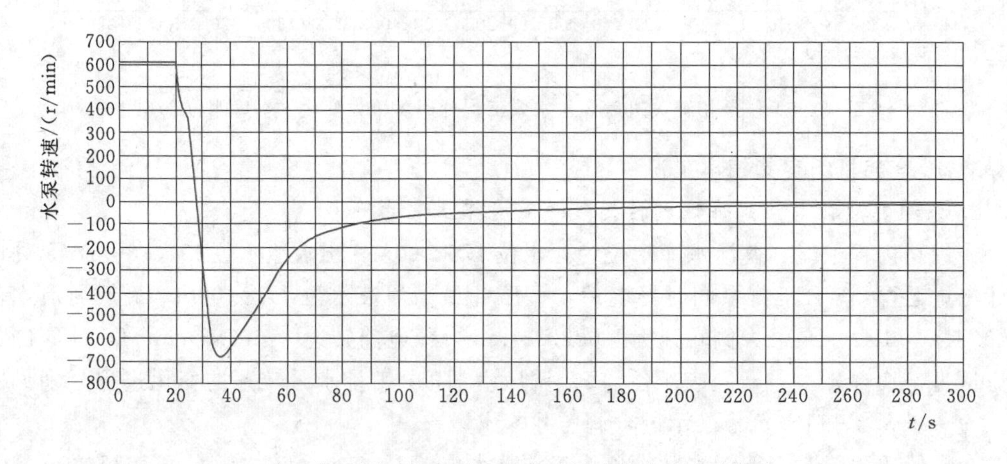

图 3.4-11　3 台工作泵同时掉电后 1 号水泵转速变化（水库水位 1752.00m）

小压力为 155.0mH_2O。调压室涌浪、输水系统压力包络线、1 号水泵转速变化过程分别见图 3.4-12～图 3.4-14。

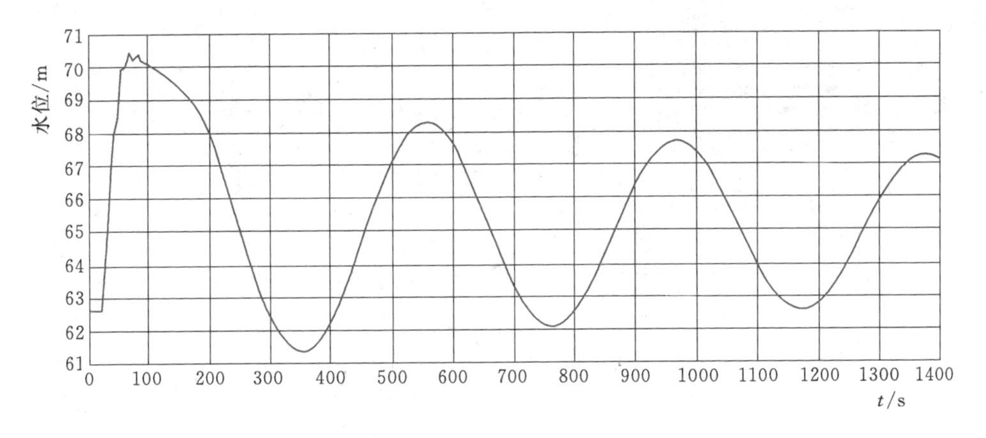

图 3.4-12　3 台工作泵同时掉电后调压井涌浪（水库水位 1790.00m）

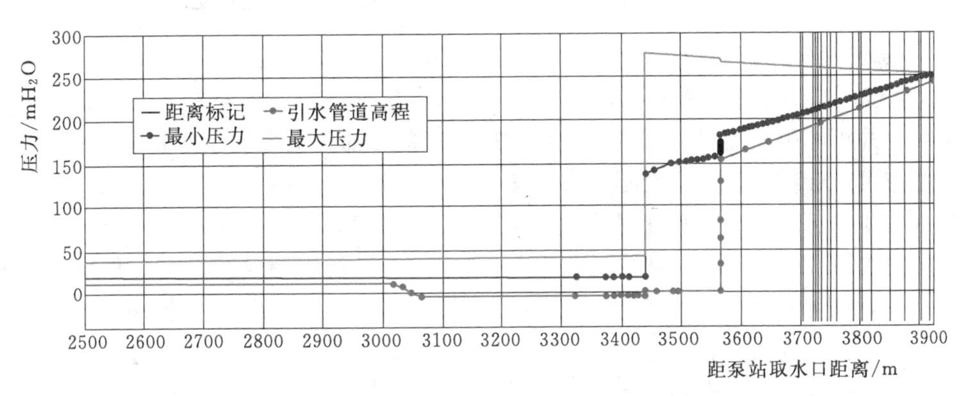

图 3.4-13　3 台工作泵同时掉电后输水系统最大、最小压力包络线

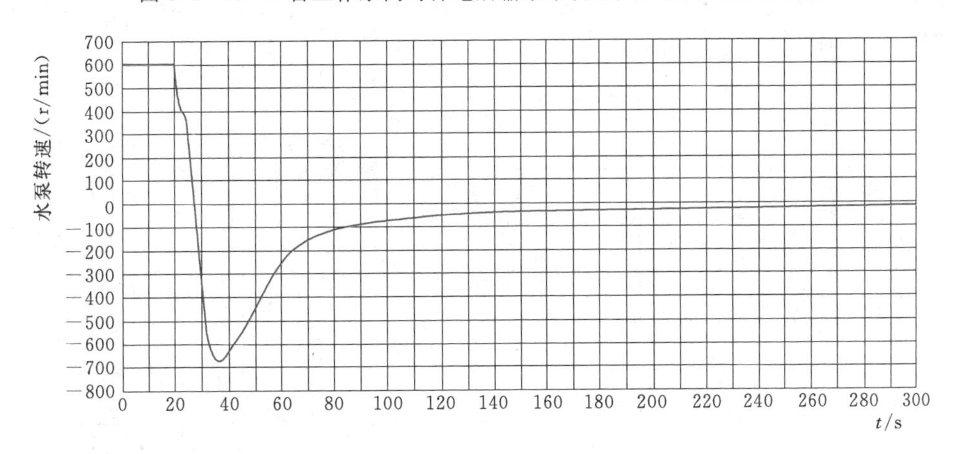

图 3.4-14　3 台工作泵同时掉电后 1 号水泵转速变化（水库水位 1790.00m）

2. 泵组突然掉电，工作球阀拒动

在最高扬程工况（德泽水库水位为死水位 1752.00m，出水池水位 1976.80m，机组转速为 606.5r/min）泵站以设计流量运行，3 台工作泵同时掉电后工作球阀拒动，1 号水泵转速变化过程分别见图 3.4-15。1 号泵组最大倒转速为−723.6r/min，反转转速为额定

转速的1.193倍。

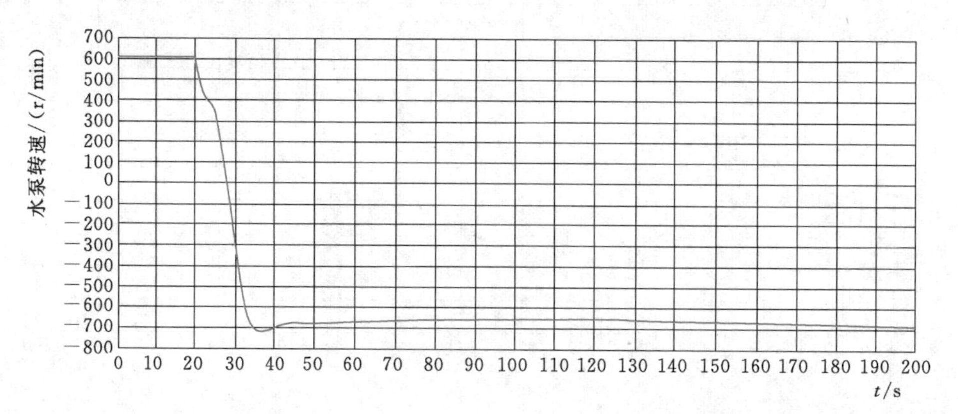

图3.4-15　3台工作泵同时掉电球阀拒动后1号水泵转速变化（水库水位1752.00m）

3.4.3.3　部分机组突然掉电工况

3台泵组、2台泵组并联运行时其中一台泵组事故突然掉电停泵对其余运行泵组具有较大影响，并可能引起流量、效率和功率的振荡现象。部分机组突然掉电停泵带来的水力冲击和振荡可能会对泵站的稳定运行带来危害，应引起足够的重视。

1. 3台工作泵并联运行时1号机组突然掉电，工作阀门正常关闭

在水库水位1752.00m时泵站以设计流量运行，1号机组突然掉电后工作球阀正常关闭，其余2台正常运行，2号水泵流量、效率及水力矩变化过程分别见图3.4-16～图3.4-18。

2. 3台工作泵并联运行时1号机组突然掉电，工作阀门拒动

在水库水位1752.00m时泵站以设计流量运行，1号机组突然掉电后工作球阀拒动，其余2台正常运行，2号水泵流量、效率及轴功率变化过程分别见图3.4-19～图3.4-21。

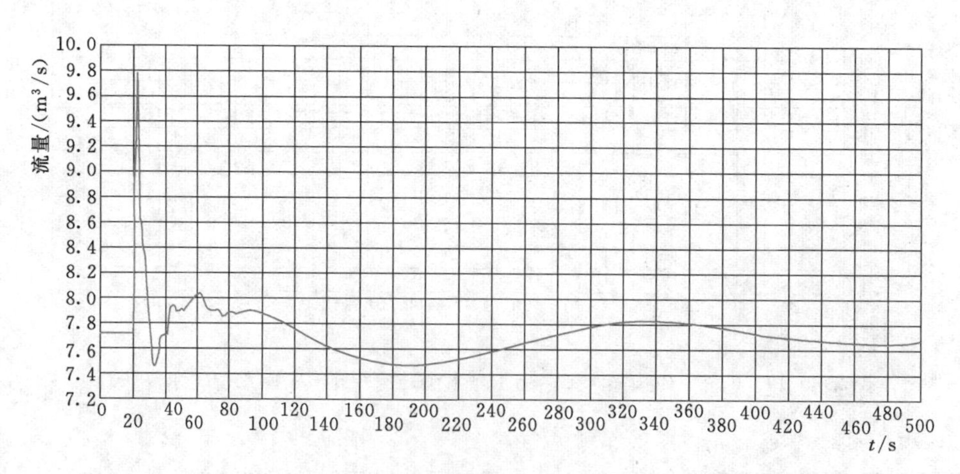

图3.4-16　3台工作泵运行1号泵掉电正常关阀后2号球阀出口流量变化
（水库水位1752.00m）

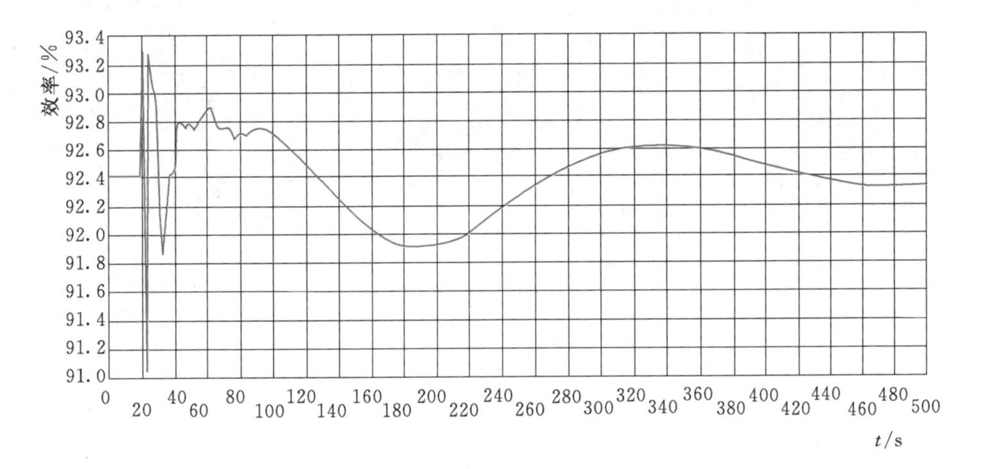

图 3.4-17 3 台工作泵运行 1 号泵掉电正常关阀后 2 号水泵效率变化
(水库水位 1752.00m)

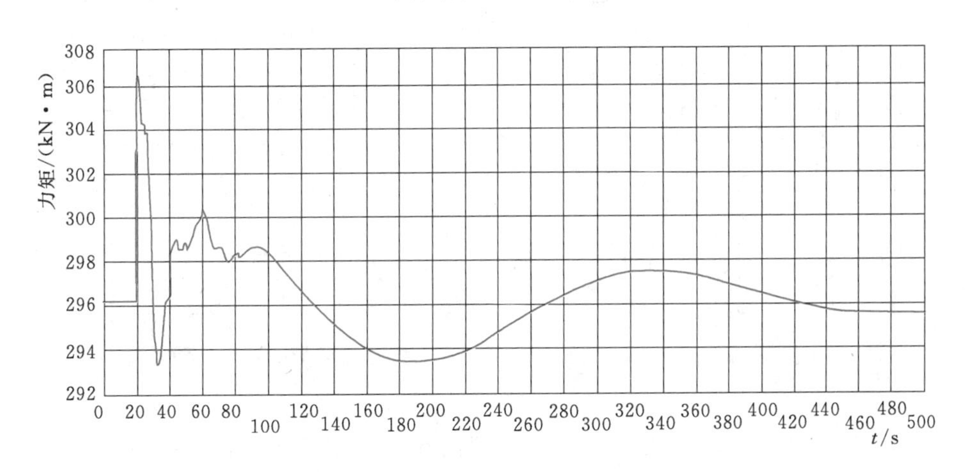

图 3.4-18 3 台工作泵运行 1 号泵掉电正常关阀后 2 号水泵水力矩变化
(水库水位 1752.00m)

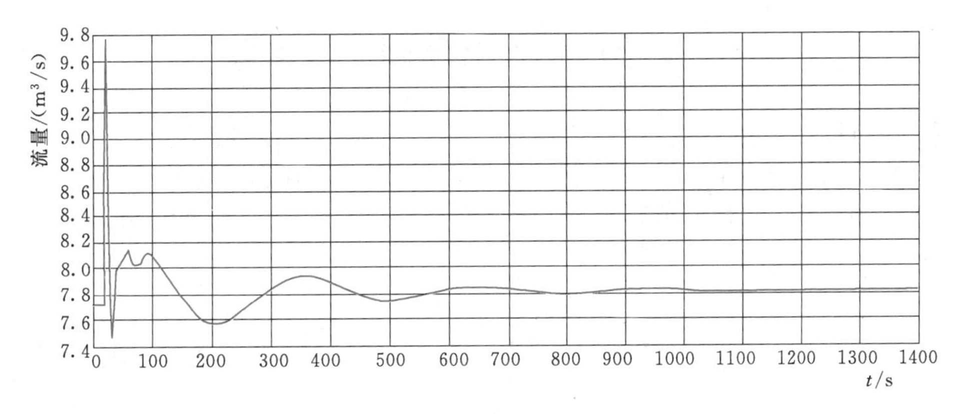

图 3.4-19 3 台工作泵运行 1 号泵掉电阀门拒动后 2 号水泵流量变化
(水库水位 1752.00m)

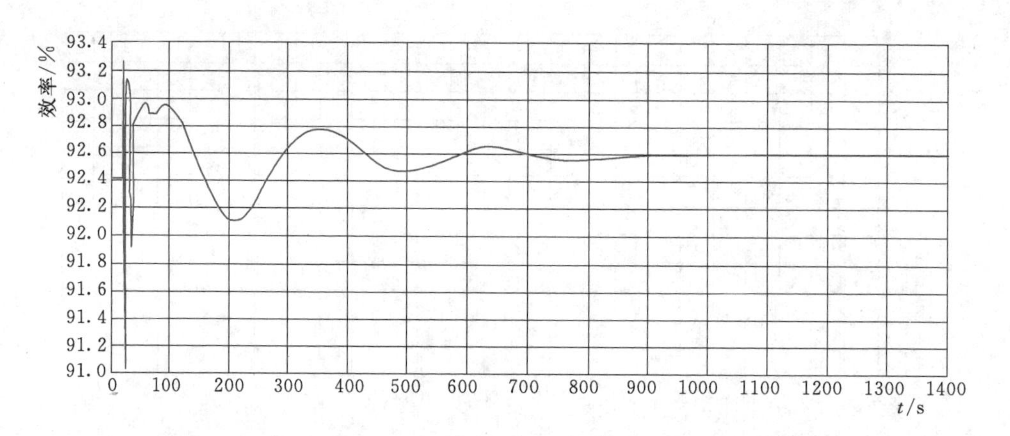

图 3.4-20　3台工作泵运行1号泵掉电阀门拒动后2号水泵效率变化
（水库水位1752.00m）

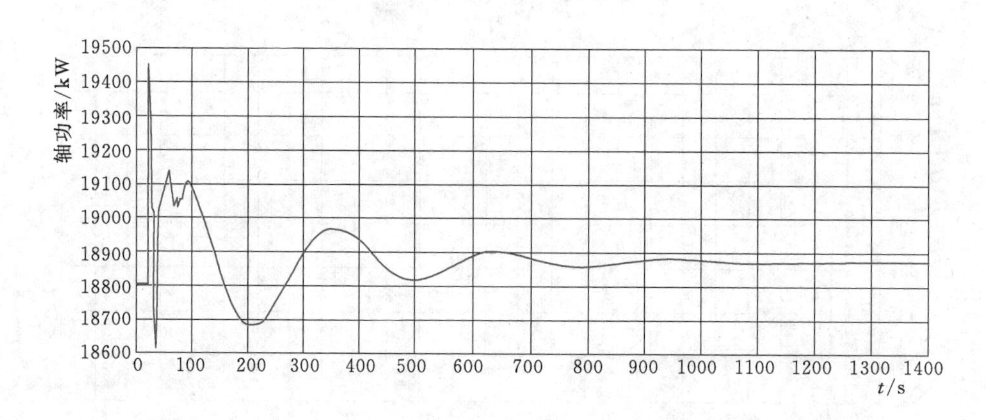

图 3.4-21　3台工作泵运行1号泵掉电阀门拒动后2号水泵轴功率变化
（水库水位1752.00m）

3.5 主厂房和检修球阀室起重设备

根据机组设备安装、运行检修的需要，泵组最重起吊件为电动机转子，重约50t。泵站主厂房起重设备配置1台起重量为75t/20t、跨度为18.5m的变频调速桥式起重机。主厂房出水侧的检修球阀廊道上部设置1台起重量为32t、跨度为5m的慢速桥式起重机。

3.6 泵站辅助系统

3.6.1 压力钢管充水系统

为保证水泵首次安全启动、降低大容量电动机启动对电网的冲击，避免水泵启动过程

中长时间过低扬程运行以及出水系统产生高速水流磨损、空蚀、啸叫和不稳定振动等现象而影响水泵机组和工程的安全，需要对出水压力钢管进行初扬水充水。

由于充水过程几何扬程变幅较大，系统设置2台不同扬程的立式多级离心泵作为充水泵，充水泵工作流量均为50～90m³/h，低扬程充水泵工作扬程为48～85m，高扬程充水泵工作扬程为88～150m。充水泵进、出水管设置于4号主泵出水侧工作球阀前、后。压力钢管充水系统见图3.6-1。

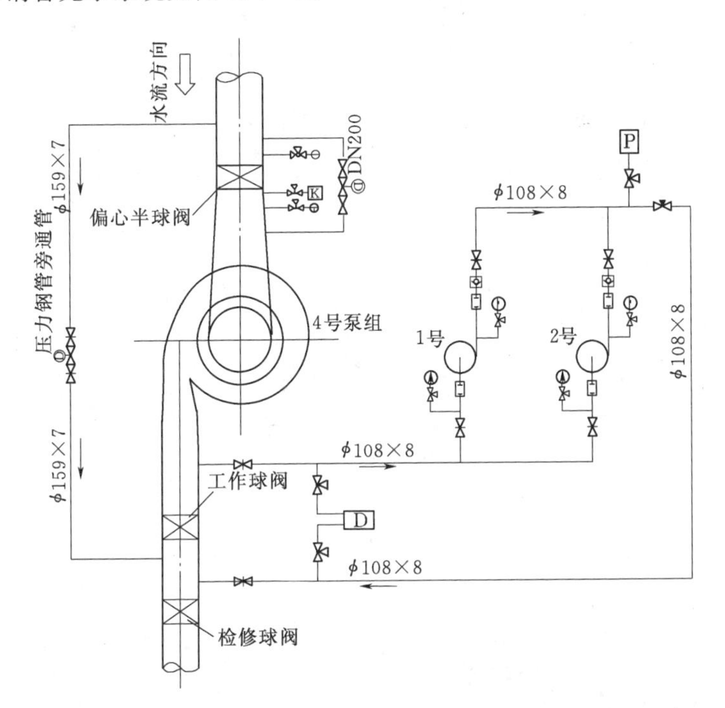

图3.6-1 压力钢管充水系统图

3.6.2 水泵机组技术供水系统

干河泵站水泵机组技术供水系统主要供水对象为电动机空气冷却器、电动机推力及上导轴承油冷却器、下导轴承油冷却器、水泵导轴承油冷却器和主轴密封。一台泵组总技术供水量301m³/h。

泵组技术供水方式采用水泵供水，水源取自进水侧半球阀前压力钢管，经全自动滤水器过滤、水泵加压后供至泵组，冷却排水管排至进水侧半球阀后压力钢管。泵组各冷却器的额定工作压力为0.8MPa，每台泵组设置2台工作流量为290～330m³/h、工作扬程为43～45m技术供水泵、2台全自动滤水器，水泵和滤水器均为一主一备的工作方式。

主轴密封供水取自低压消防水池（水池底板高程1834.70m），设置2台互为备用的高精度滤水器过滤后汇为干管，各泵组主轴密封用水分别引自干管，密封水水压0.9～1.0MPa。水泵机组技术供水系统见图3.6-2。

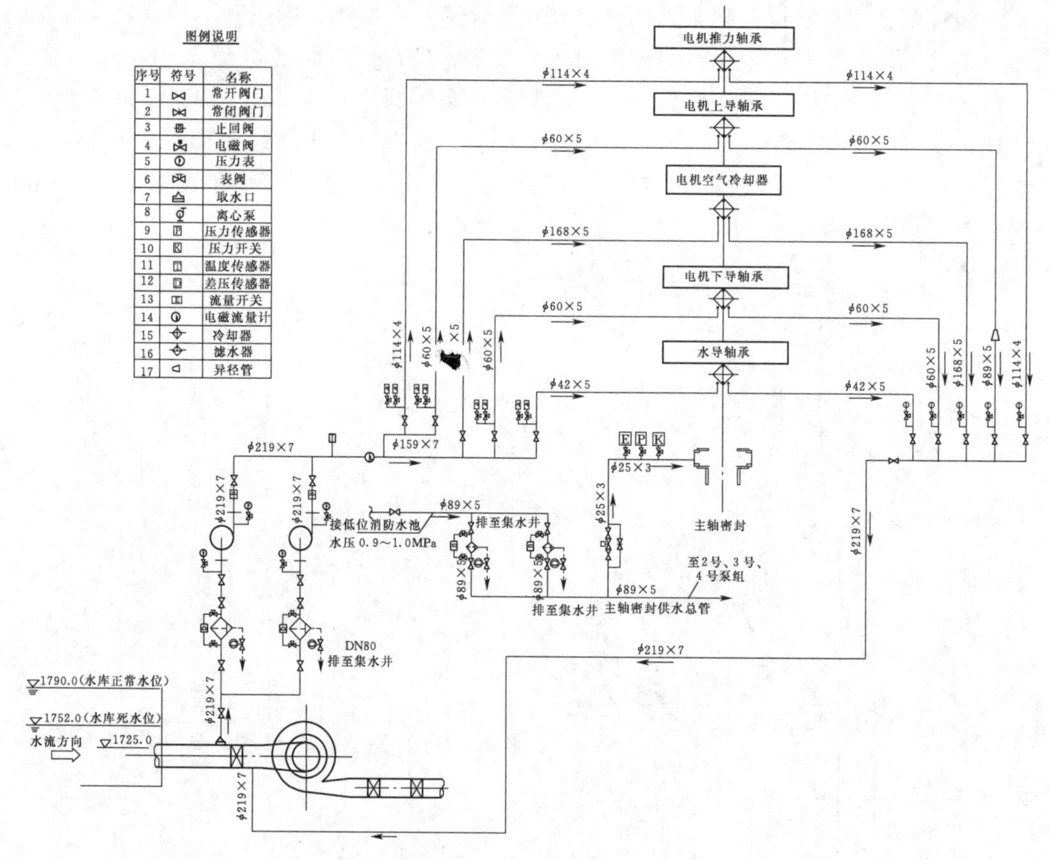

图 3.6-2　水泵机组技术供水系统图

3.6.3　变频装置技术供水系统

变频装置布置于地面副厂房，每台变频装置冷却水量约 31m³/h。变频装置技术供水主用水源取自出水侧压力钢管，经 2 路互为备用的全自动滤水器过滤并减压后供水至各台变频冷却装置。变频装置技术供水备用水源取自高位消防水池（水池底板高程 1900.00m），高位消防水池水源取自泵站调压井，设置 1 台工作流量为 90m³/h、工作扬程为 178m 的潜水深井泵。变频装置技术供水系统见图 3.6-3。

3.6.4　地下主厂房渗漏排水系统

主厂房渗漏排水系统主要汇集厂房渗漏水、泵组机坑漏水、主轴密封排水和渗水、滤水器冲洗、排污水等。主厂房渗漏水量约为 66m³/d。

在主厂房进水侧的检修半球阀层设置 1 个有效容积为 100m³ 的渗漏集水井，配置 3 台流量为 260～370m³/h、扬程 90～120m 井用潜水泵，排水泵工作方式为 1 台工作、1 台备用、1 台后备保护用。水泵启停由集水井液位变送器控制，为缩短排水管线长度，水泵排水总管排至辅助交通洞进口外的水池。另外，为提高排水系统的安全性，在排水总管上设置水击泄放阀，当排水管道内压力超过设定值时水击泄放阀开启泄压。地下主厂房渗漏排水系统见图 3.6-4。

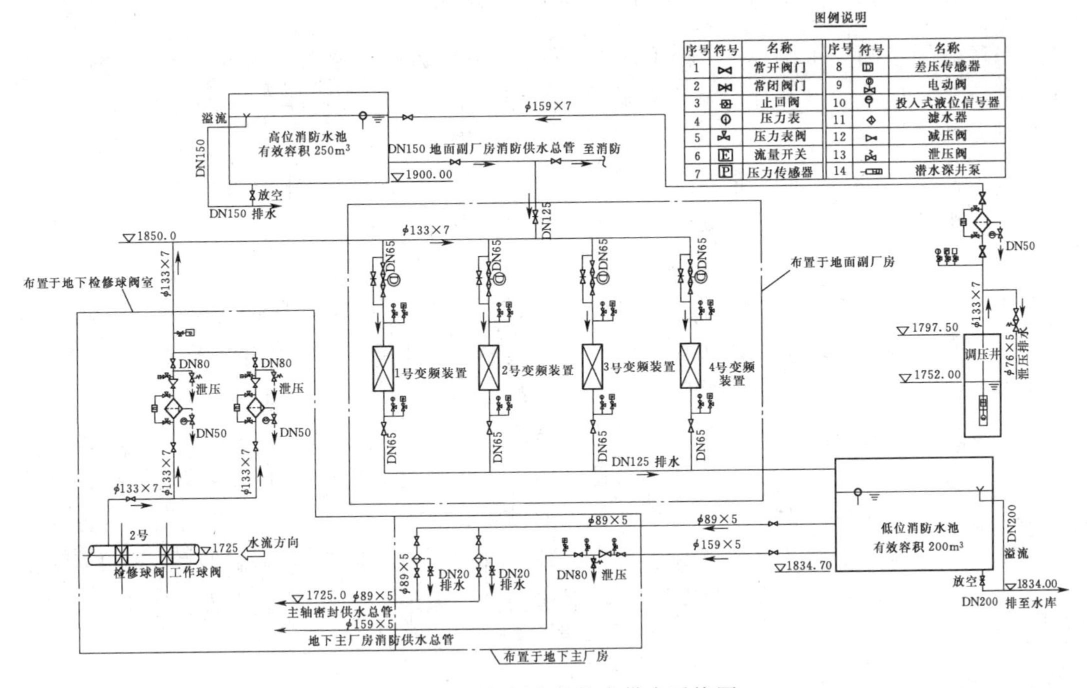

图 3.6-3 变频装置技术供水系统图

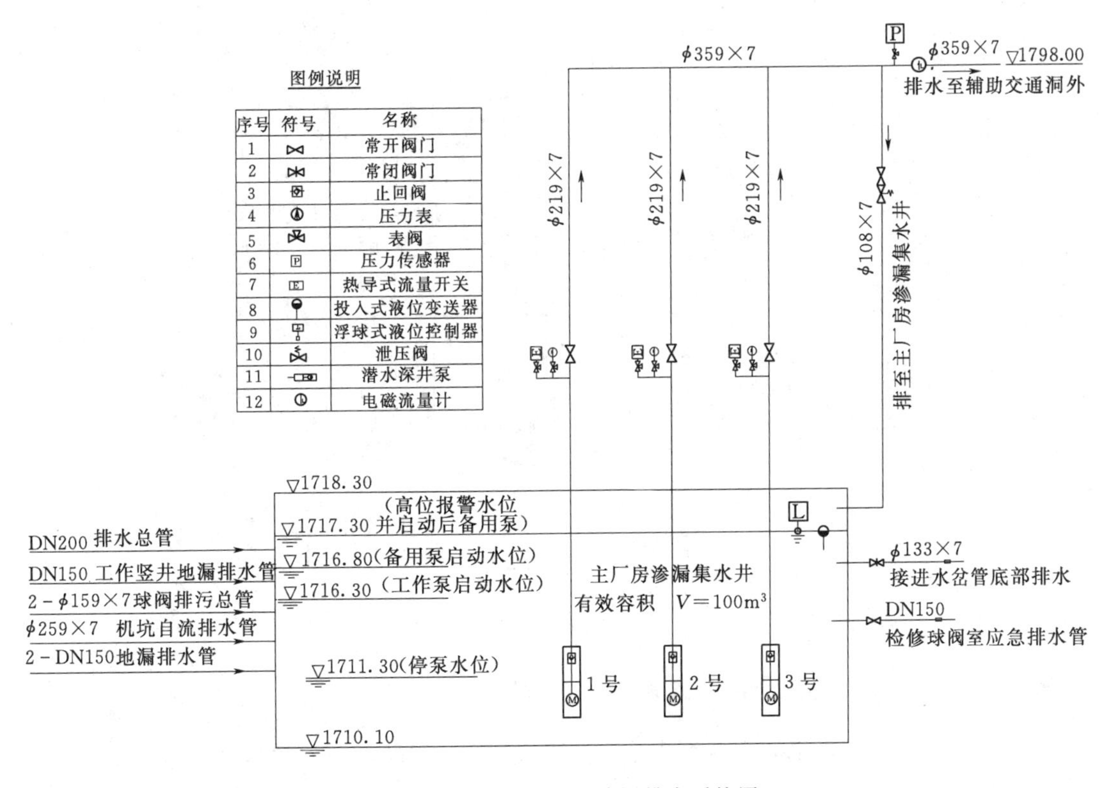

图 3.6-4 地下主厂房渗漏排水系统图

3.6.5 泵房厂区第三层排水廊道渗漏排水系统

泵房厂区渗漏排水系统是用来汇集地下主厂房周边的排水廊道和检修球阀室内的渗水。地下主厂房周边设有3层排水廊道，其中第一层（最上层）排水廊道的积水可自流排入德泽水库。泵房厂区第三层（最底层）排水廊道渗漏水量约为$4802m^3/d$。

按汇集1.5h的渗漏水量计算，泵房厂区第三层渗漏集水井设置1个有效容积为$300m^3$的集水井。为满足检修阀室排水要求，并考虑到水泵工作的可靠性，第三层排水廊道渗漏排水系统共配置6台流量为$300 \sim 520m^3/h$、扬程$90 \sim 120m$的井用潜水泵，排水泵工作方式为2台工作、2台备用、2台后备保护用。水泵启停由集水井液位变送器控制，水泵排水总管排至辅助交通洞进口外的水池。另外，为提高排水系统的安全性，在排水总管上设置水击泄放阀，当排水管道内压力超过设定值时水击泄放阀开启泄压。

由于地下主厂房布置于德泽水库库边山体内，地下主厂房周边排水廊道内的渗漏水量难以准确计算，第三层排水廊道位置又低，为进一步提高泵房厂区第三层排水廊道渗漏排水系统的运行可靠性，设置2根DN150mm的排水管将第三层廊道集水井内上部的渗漏水引至主厂房渗漏集水井，排水管在主厂房内设置阀门，视实际渗漏情况可操作阀门将渗漏水引入主厂房渗漏集水井，以减轻泵房厂区渗漏排水系统的排水压力。泵房第三层排水廊道渗漏排水系统见图3.6-5。

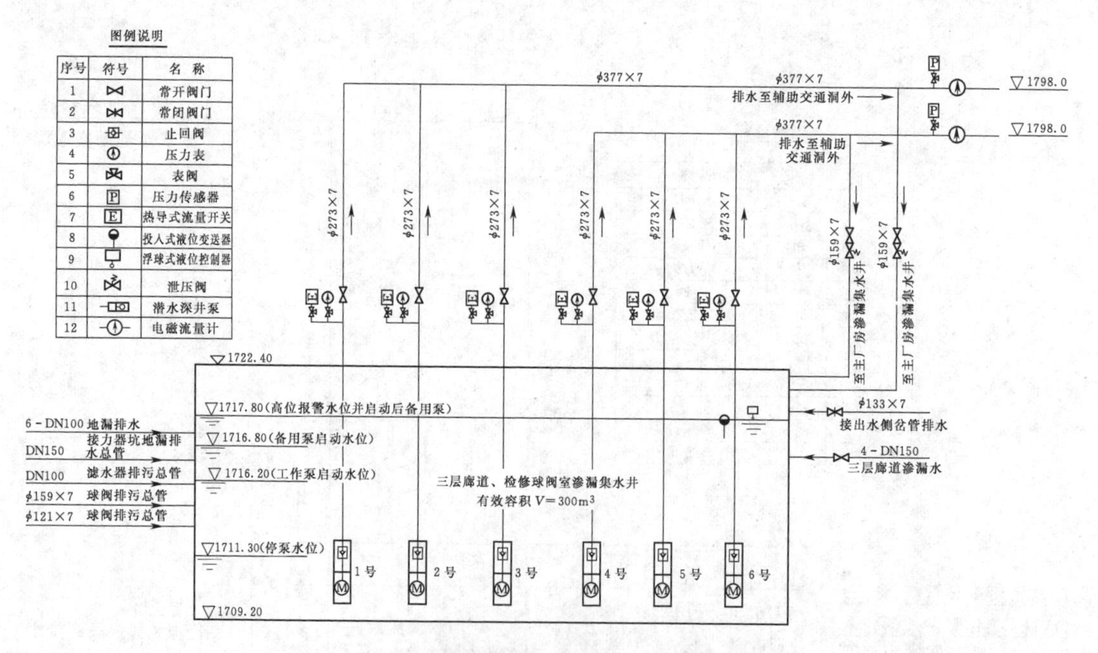

图3.6-5 泵房第三层排水廊道渗漏排水系统图

3.6.6 地下主厂房第二层廊道渗漏排水系统

第二层排水廊道集水井主要汇集主厂房周边第二层灌浆廊道的渗漏水，第二层排水廊道渗漏水量为$2190.41m^3/d$。

地下主厂房第二层廊道渗漏排水系统的集水井按汇集厂房 60min 渗漏水量计算，设置 1 个有效容积为 $90m^3$ 的集水井。系统共配置 3 台流量为 200～$310m^3/h$、扬程为 56～75m 的井用潜水泵，排水泵工作方式为 1 台工作、1 台备用、1 台后备保护用。水泵启停由集水井液位变送器控制，水泵排水总管排至辅助交通洞进口外水池。另外，为提高排水系统的安全性，在排水总管上设置水击泄放阀，当排水管道内压力超过设定值时水击泄放阀开启泄压。地下主厂房第二层廊道渗漏排水系统见图 3.6－6。

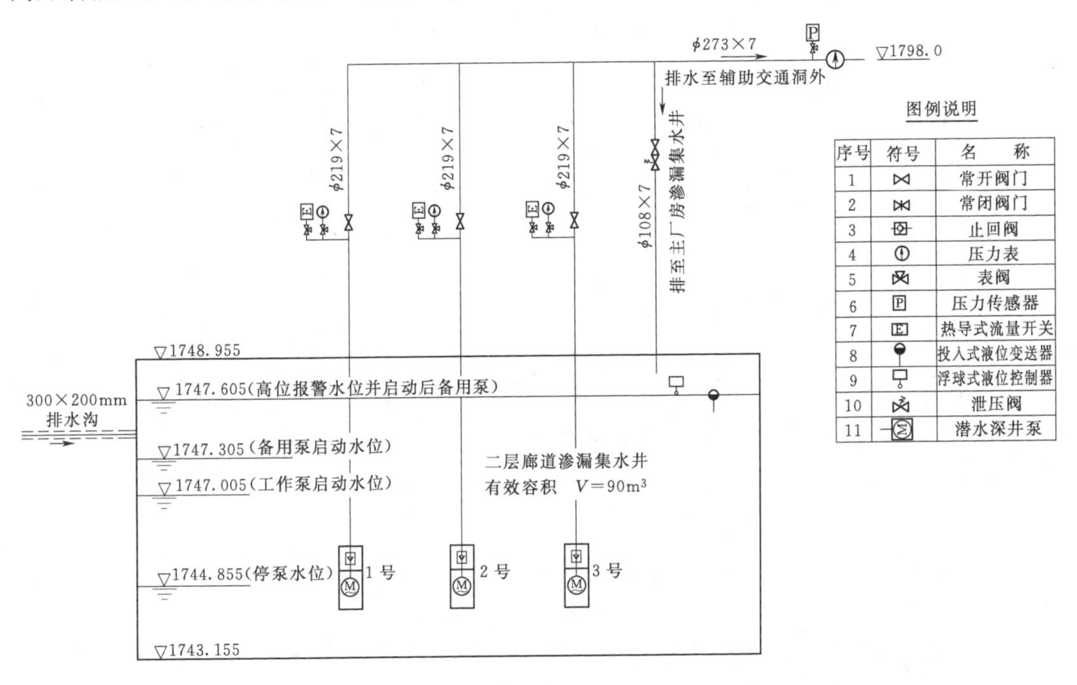

图 3.6－6　地下主厂房第二层廊道渗漏排水系统图

3.6.7 主交通洞渗漏排水系统

在地下主厂房主交通洞沿线的交 0＋551 和交 1＋031.03 处分别设置 2 个渗漏集水井，集水井有效容积均为 $10m^3$。集水井处分别设置流量为 35～$42m^3/h$、扬程为 72～90m 和流量为 35～$42m^3/h$、扬程为 55～70m 的长轴深井泵各 1 台。水泵启停由集水井液位变送器控制。位置低的集水井内的水泵排水管沿主交通洞引至主厂房后接至辅助交通洞进口外，位置高的集水井内的水泵排水管沿主交通洞排至交通洞进口外。主交通洞渗漏排水系统见图 3.6－7。

3.6.8 机组检修排水系统

机组检修排水系统主要担负泵组检修时的排水，并兼顾输水管线检修排水的任务。

1. 泵组检修排水

单台泵组检修时排水量为进水偏心半球阀与出水液动工作球阀间钢管、进水管和蜗壳内的总积水量，共计约 $50m^3$。

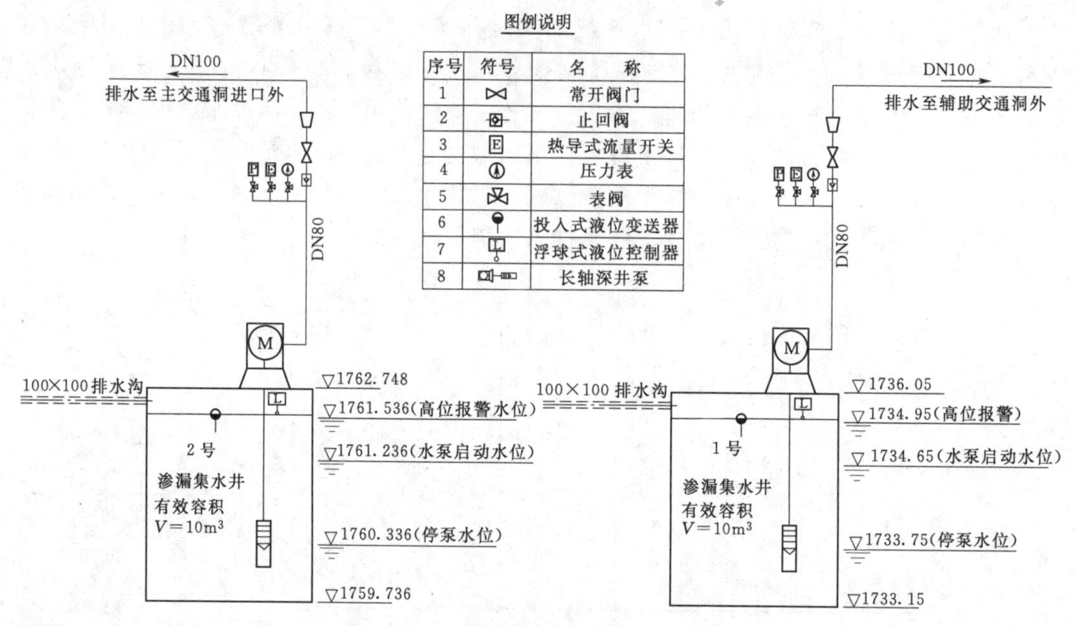

图 3.6-7 主交通洞渗漏排水系统图

泵组检修排水时排水量较小，采用间接排水方式，排水时关闭主泵进水偏心半球阀和工作球阀，然后打开水泵进水管底部阀门将水引至主厂房渗漏井。

2. 泵站输水系统检修排水

泵站输水管线检修时排水量为：调压井至进水侧偏心半球阀间管线水量，约 $1600m^3$；出水侧压力钢管 1752.00m 高程下管线水量，约 $1600m^3$；共计 $3200m^3$。

由于泵站输水系统检修排水量较大，其排水采用直接排水方式。泵站输水系统检修排水系统设置2台流量为 $90\sim130m^3/h$、扬程为 90～120m 的立式单级离心泵，输水系统检修时同时手动启动2台排水泵排出积水，排水时间约13h。机组检修排水系统见图3.6-8。

3.6.9 地下厂房事故排水系统

对干河泵站地下泵房可能发生淹水事故的分析和采取的措施如下：

(1) 若地下泵房主压力钢管上的小口径支管发生破裂，形成单孔孔口出流，若泵组进、出口侧阀门均拒动，且主厂房内所有排水水泵均拒动为最不利情况，应在5min内迅速关闭进水调压井快速闸门，管线内水体将全部涌入厂房，按关闭闸门时间5min计算，涌入厂房水量约 $9600m^3$，地下厂房中间层以下厂房的容积约 $13700m^3$，地下厂房电机层以下厂房容积约 $18500m^3$，涌水将淹没至水泵层地面以上约2.80m高程，涌水时间约1.8h。

(2) 若泵组进水主压力钢管上的小口径支管若发生管道破裂，形成单孔孔口出流，主厂房内所有排水水泵均拒动，应迅速关闭进水调压井快速闸门和出水侧检修液动球阀。经计算，水体最终淹至球阀层以上2.30m高程，时间38min。

(3) 若泵组出水主压力钢管上的小口径支管若发生管道破裂，形成单孔孔口出流，主厂房内所有排水水泵均拒动，应该迅速关闭出水侧检修液动球阀和进水侧半球阀。经计

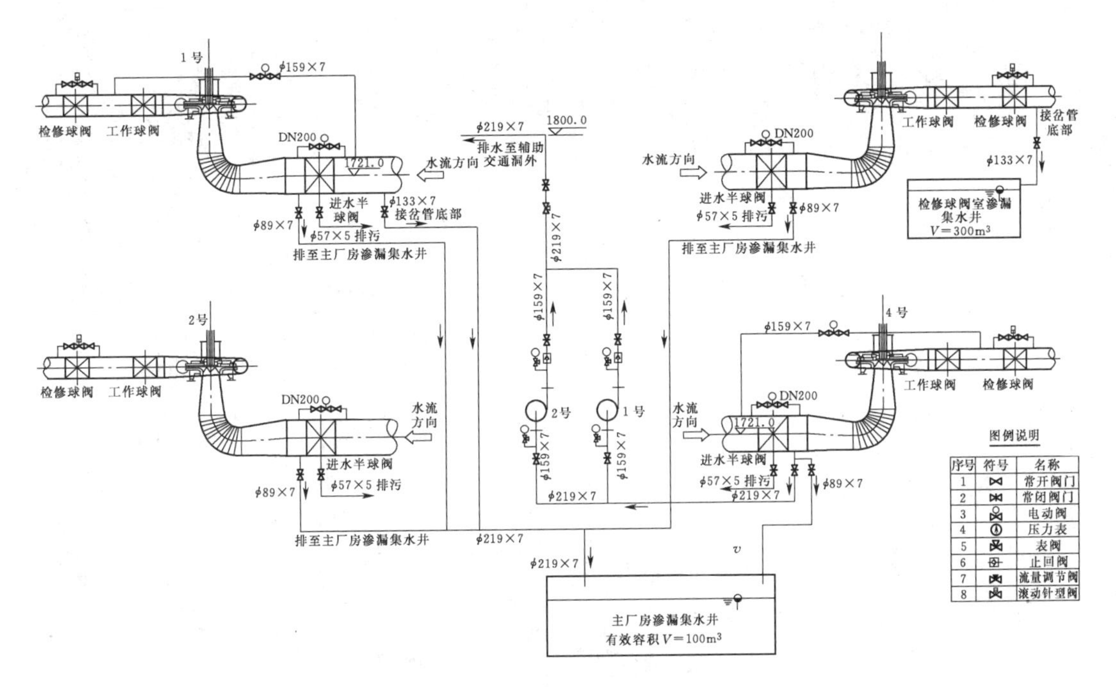

图 3.6-8 机组检修排水系统图

算，水体最终淹至水泵层以上 1.00m 高程，时间 188min。

3.6.10 低压压缩空气系统

低压气系统主要用于电机的制动用气、主轴检修密封用气和检修吹扫用气。制动供气压力为 0.9～1.0MPa。

低压压缩空气系统按 3 台泵组同时制动考虑，设置 2 台工作压力为 1.0MPa、生产率为 1.41m^3/min 的风冷螺杆式空压机，设置 1 个容积为 5.0m^3 的制动气罐和 1 个容积为 2.0m^3 的检修气罐。各泵组主轴检修密封用气分别从制动干管引出，由电磁阀控制。

空压机出口设置空气过滤器和冷干机以提高供气品质。泵站共配置 2 台电动油泵用于泵组检修时顶起转子以拆装水泵中间轴及转轮芯包附件。低压压缩空气系统见图 3.6-9。

3.6.11 透平油系统

透平油系统主要任务是泵组轴承、进出水侧液动球阀操作用油的供排油、储备净油、油净化处理等。系统设置容积为 9.0m^3 的净油桶和运行油桶各 1 只，设移动式 2CY-3.3/3.3-1 油泵、LY-150 压力滤油机和 ZJCQ-3 透平油净油机和添油小车各 1 台，以满足油净化处理的需要。

在地下主厂房内出水球阀层设置 1 个容积为 2.0m^3 集油装置用于收集泵组排油和渗漏油，在检修球阀室底部设置 1 个容积为 1.0m^3 集油装置用于收集水泵进出水侧检修球阀的排油和渗漏油。透平油系统见图 3.6-10。

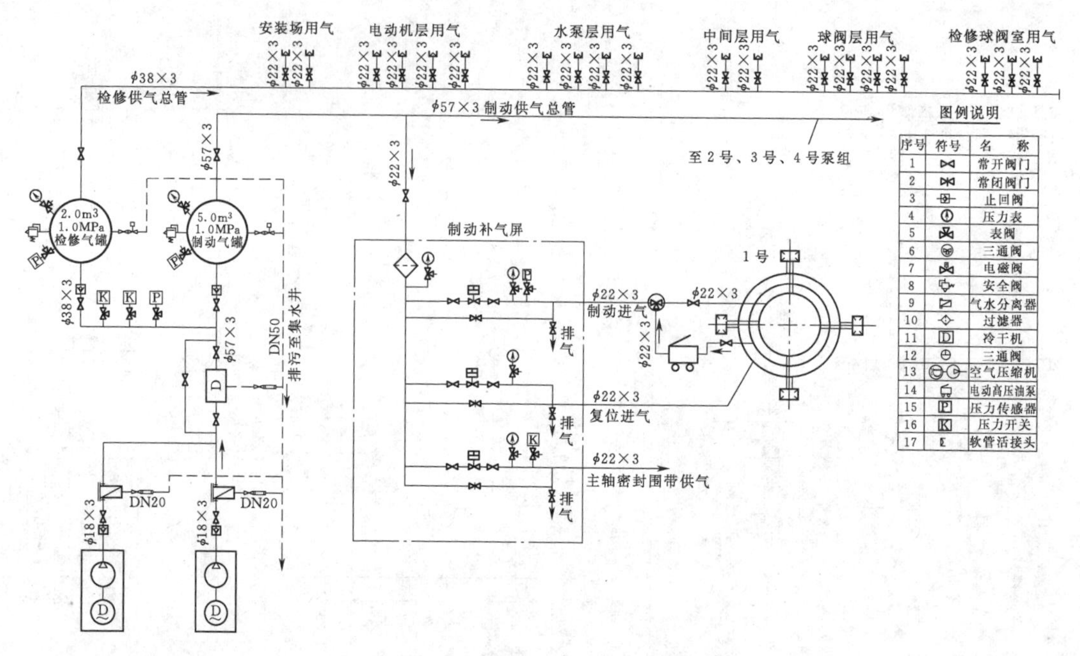

图 3.6-9　低压压缩空气系统图

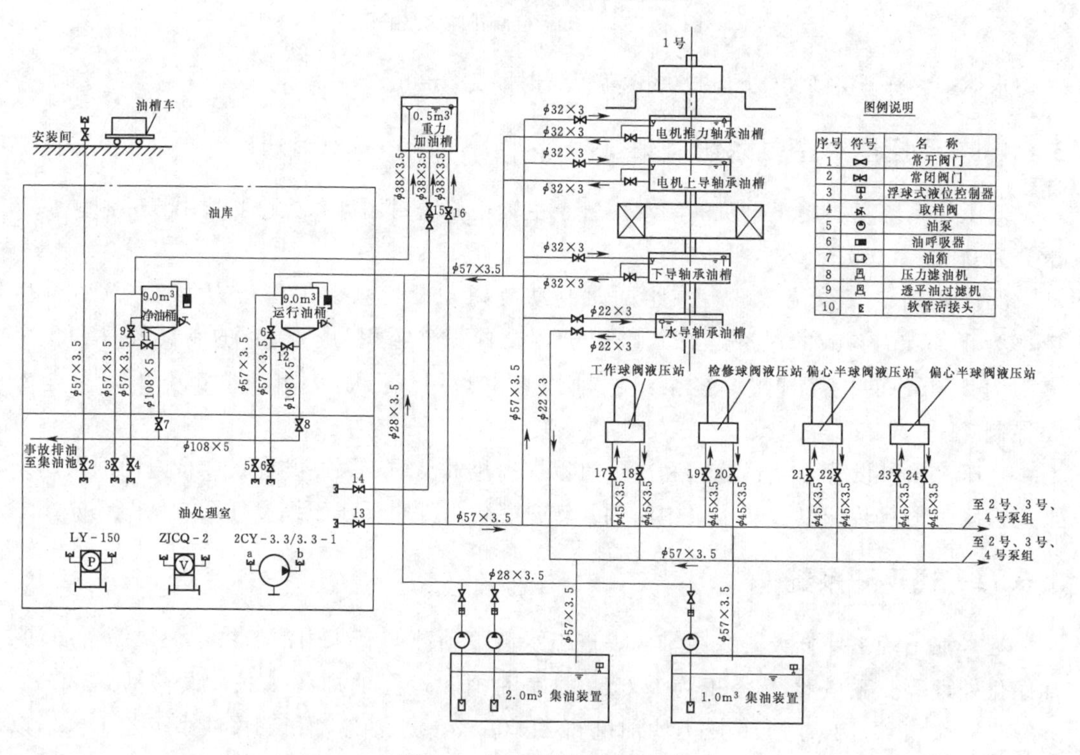

图 3.6-10　透平油系统图

3.6.12　绝缘油系统

绝缘油系统主要供变压器和各电器绝缘用油设备等用油，并对油进行净化处理。本泵站不设置绝缘油库及油处理室，仅配置简单的油处理设备对绝缘油进行处理，设置1台生产能力为3000L/h、排出压力为0.5MPa的ZJB3KY型真空净油机。

3.6.13 水力量测系统

水力监视测量系统包括全站监视和泵组段监视两部分。

全站监视的项目有取水口水位、出水池水位、调压井水位、各渗漏集水井水位、泵站流量、低位消防水池水位、高位消防水池水位、充水泵进出口水压、各渗漏排水泵进出口水压、厂房地面淹没水位等；泵组段监视的项目有泵组超声波测流、水泵进水管差压测流、蜗壳出口压力、蜗壳出口压力脉动、叶轮后固定导叶前压力脉动、进水锥管压力脉动、进水管进口压力、进水管出口压力、顶盖压力、主轴密封水压、各轴承冷却水压力、各轴承冷却水水温、各轴承冷却水示流、进水口和出水口侧阀门前后压力、轴承振动和主轴摆度等。水力量测系统见图3.6-11。

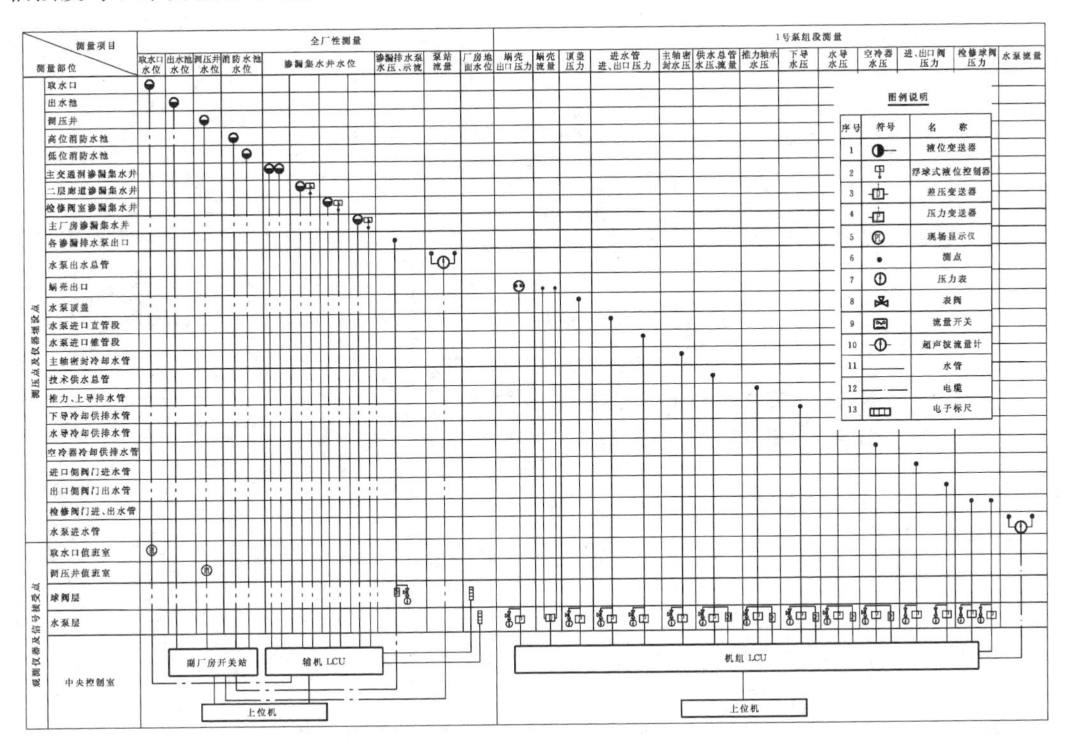

图3.6-11　水力量测系统图

3.7 地下泵房通风空调系统

3.7.1 室内外空气设计参数

3.7.1.1 室外空气计算参数

多年平均气温：14.4℃

年平均相对湿度：73%

冬季采暖室外计算温度：2℃

冬季通风室外计算温度：4℃

夏季空调计算干球温度：29℃

夏季空调计算日平均温度：25℃

夏季空调室外计算湿球温度：20℃

夏季通风室外计算温度：26℃

室外地面年平均温度：17℃

3.7.1.2　地下泵房室内空气计算参数

主要部位室内空气计算参数见表3.7-1。

表3.7-1　　干河泵站地下泵房主要部位室内空气计算参数表

生产场所（泵组正常运行时期）	夏季参数			冬季参数
	温度/℃	工作区风速/(m/s)	相对湿度/%	温度/℃
电动机层	≤30	0.2～0.8	≤75	≥10
中间层	≤30	0.2～0.8	≤80	≥8
水泵层	≤30	0.2～0.8	≤80	不规定
主阀操作室	≤33	不规定	不规定	≥5
水泵房	≤33	不规定	≤80	≥5
油罐室	≤33	不规定	≤80	不规定
油处理室	≤33	不规定	≤80	10～12
空压机室	≤35	不规定	≤75	≥12
电气修理间	≤33	不规定	≤75	≥12
电工实验室	28～30	不规定	≤70	16
蓄电池室	≤33	不规定	≤80	≥10
计算机室	23±2	≤0.3	45～65	20±2
通信值班室	≤28	0.2～0.5	≤70	18～20
电缆道（室）	≤35	不规定	不规定	不规定
厂用变压器室	≤35	不规定	不规定	不规定
配电盘室	≤35	0.2～0.8	不规定	不规定
励磁盘室	≤35	不规定	不规定	不规定
电抗器室、油断路器室、母线室（道）	≤40	不规定	不规定	不规定

3.7.2　地下泵房通风方案

地下泵房通风系统利用位于水库校核洪水位高程以上的第一层廊道隧洞对空气进行降温，使空气流经第一层廊道降温后再由机械送风至主厂房，同时利用主厂房四周的防湿隔墙做通风道，通过设置轴流风机将电动机层的新鲜空气送至厂房的中间层、水泵层和进出水阀层。主厂房的排风采用自然排风+机械排风方式，利用主厂房各层的交通道、楼梯、吊物孔、设备开孔等将厂房各层的热湿负荷排至水泵层、中间层和电动机层，球阀室上部吊顶作为排风通道与辅助交通洞连接，由设在辅助交通洞口的排风机排至室外，同时，通过高差为114.25m的主、副厂房连接工作竖井将地下厂房的排风送至地面。主厂房吊顶上部设有专用排烟风管，通过设于地下主厂房端部的事故排烟风机将火灾产生的烟雾排至辅助交通洞，再经由辅助交通洞上部的风道排至厂房外。干河泵站地下主厂房空气流通组织设计见图3.7-1、图3.7-2。

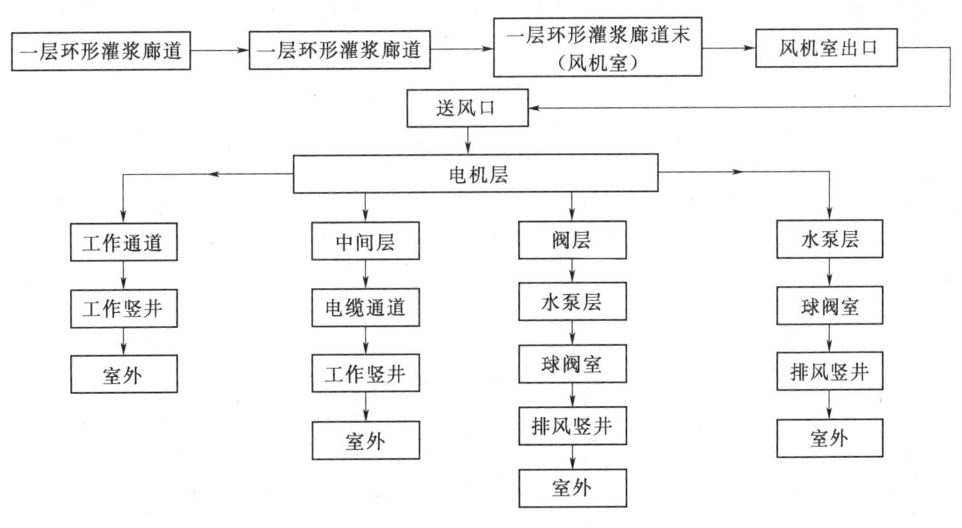

图3.7-1　干河泵站地下厂房通风气流通路框图

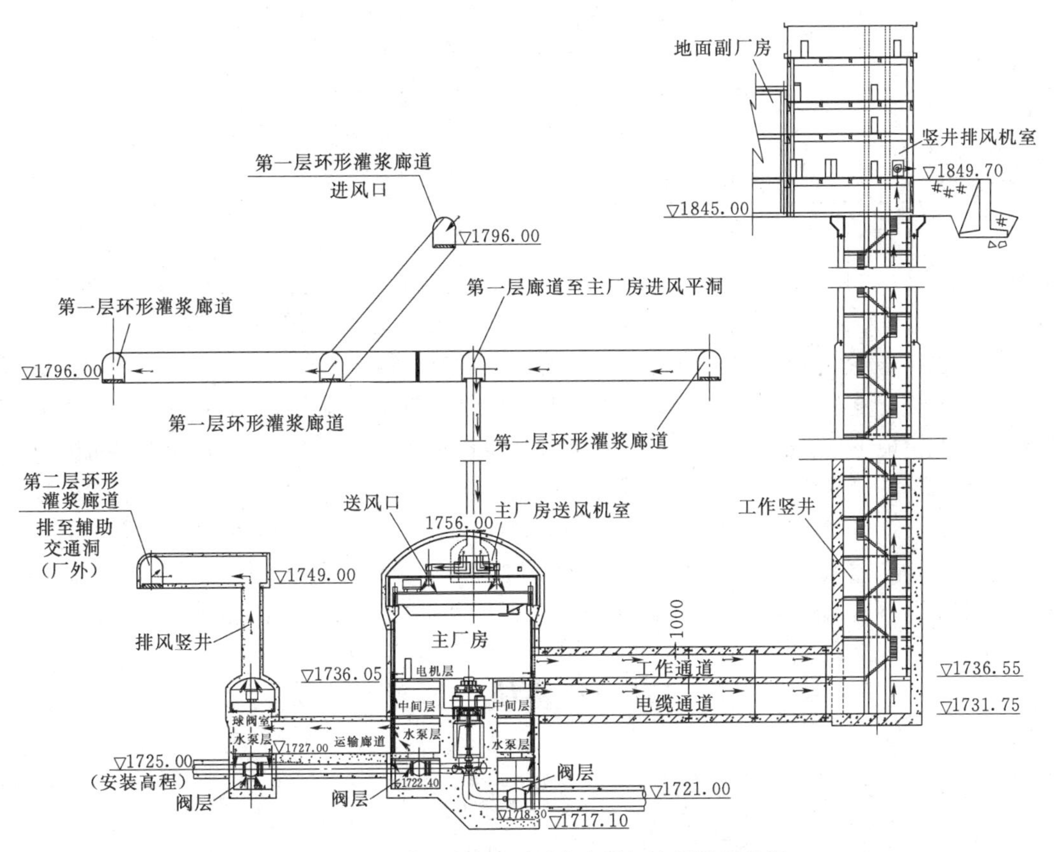

图3.7-2　干河泵站地下厂房主要气流通路组织图

3.7.3 地下厂房通风系统各气流通路参数

地下厂房通风系统各气流通路的空气参数见表3.7-2。

表3.7-2 干河泵站地下厂房通风系统各气流通路空气参数表

主要部位	风量/(m^3/h)	温度/℃	相对湿度/%	备 注
一层廊道入口	66000	26.0	84.0	
一层廊道末端	66000	23.0	100.0	
通风机房出口	66000	24.0	85.0	通风机房除湿量为127771g/h
送风	66000	24.0	85.0	
电机层	66000	25.5	75.0	电机层除湿量为52270g/h
中间层	32000	29.6	59.0	
主厂房水泵层	18000	29.3	60.6	
主厂房阀层	12000	26.5	79.7	
工作廊道入口	4000	25.5	75.0	
工作廊道末端	4000	25.5	75.0	
母线廊道入口	25000	29.6	59.0	
母线廊道末端	25000	32.5	50.0	
工作竖井混合段	29000	31.5	52.7	
工作竖井末端	29000	38.6	36.1	
运输廊道入口	37000	28.7	64.9	
运输廊道末端	37000	28.7	64.9	
球阀室水泵层	37000	30.1	59.8	运输廊道空气先进入球阀室水泵层，然后部分进入阀层后排出
球阀室阀层	6000	30.8	66.9	
球阀室排风	37000	30.2	61.3	

从表3.7-2可以看出，当干河泵站采用第一层廊道岩壁降温、送风量为66000m^3/h时，通风气流组织方案具备自然冷却及除湿功能，无须设置空调系统，主厂房内各层、球阀室阀层的空气参数均满足《水利水电工程采暖通风与空气调节设计规范》(SL 490—2010）的要求。

干河泵站地下主厂房共分为四层，每一层之间相互贯通，与交通洞、廊道、竖井、辅助交通洞等形成了复杂的地下洞室网络，整个地下网络的通风空调系统受到各种条件的影响及制约，因此对地下厂房的主厂房、第一层廊道、工作竖井等洞室进行了通风空调模拟分析研究及模型试验。研究结果表明，干河泵站通风空调设计方案是合理可行的，廊道岩壁降温送风量计算、设计方案不仅节省了通风空调设备、通风管道的设备投资，更降低了泵站的年空调运行费用。夏季工况下送风温度为23～24℃时，各层工况下各层工作区温度均满足要求。过渡季节工况下送风温度为15.1～16.9℃时，地下厂房各层工作区温度均满足要求。

3.8 泵站主要机电设备布置

3.8.1 地下主厂房机电设备布置

地下主厂房内机电设备布置见图3.8-1～图3.8-6。

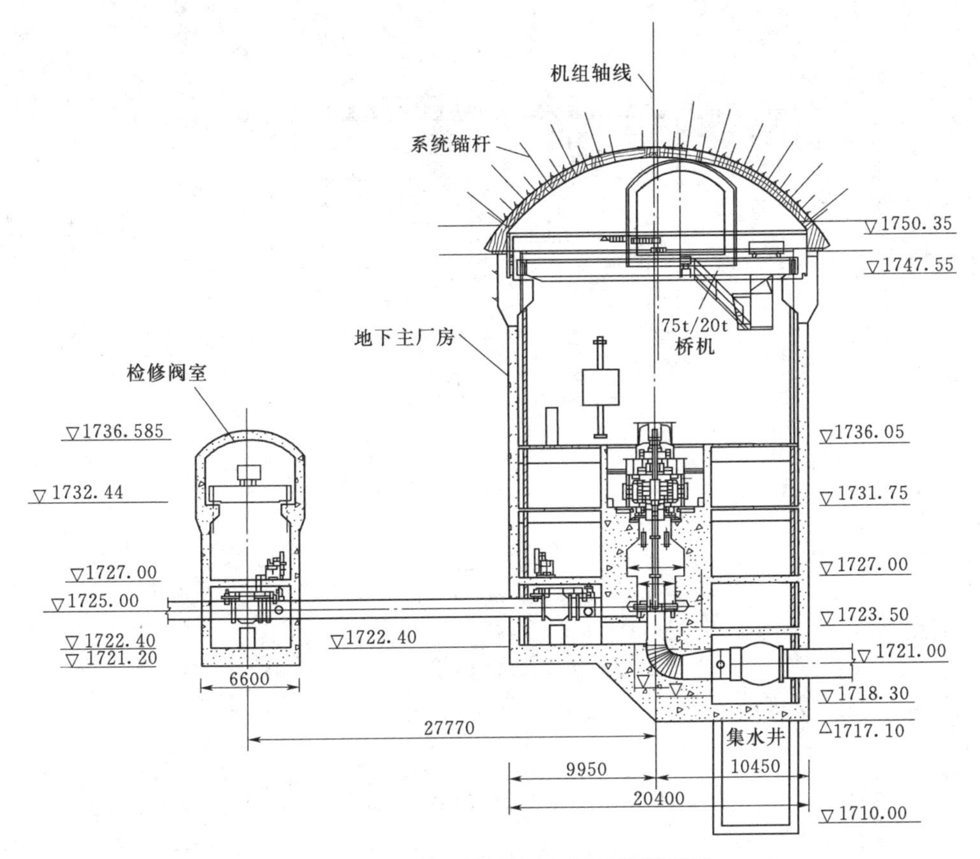

图 3.8-1 干河泵站地下主厂房横剖面图

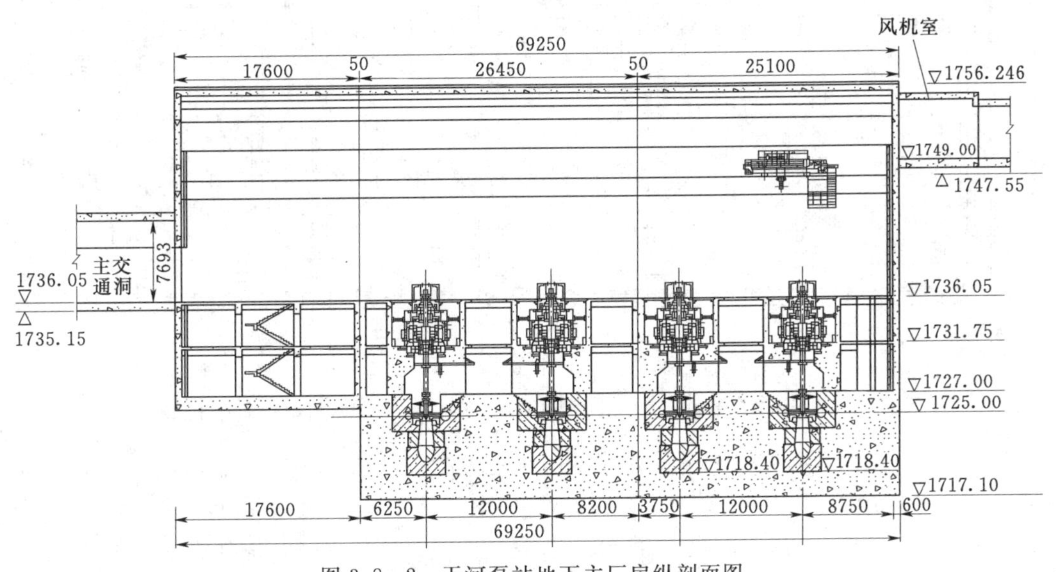

图 3.8-2 干河泵站地下主厂房纵剖面图

地下主厂房设有电机层、中间层、水泵层和球阀层。主厂房长 69.25m，宽 20.4m，高 31m，其中机组间距 12m，安装间长 17.6m。

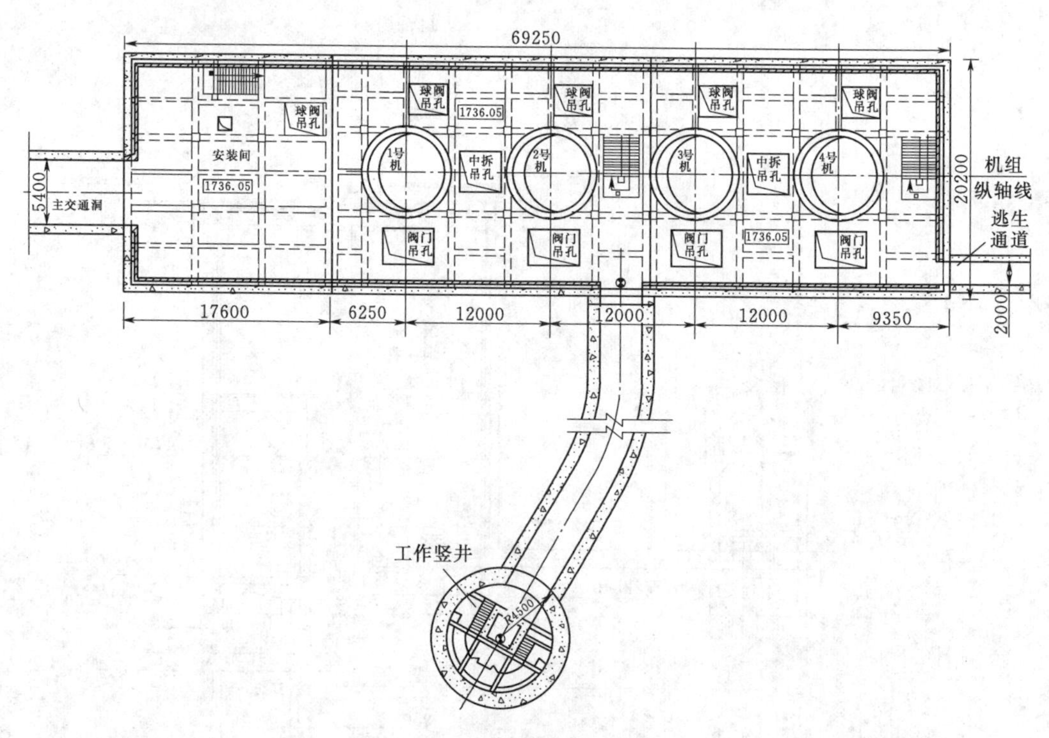

图3.8-3　干河泵站地下主厂房电机层（高程1736.05m）机电设备平面布置图

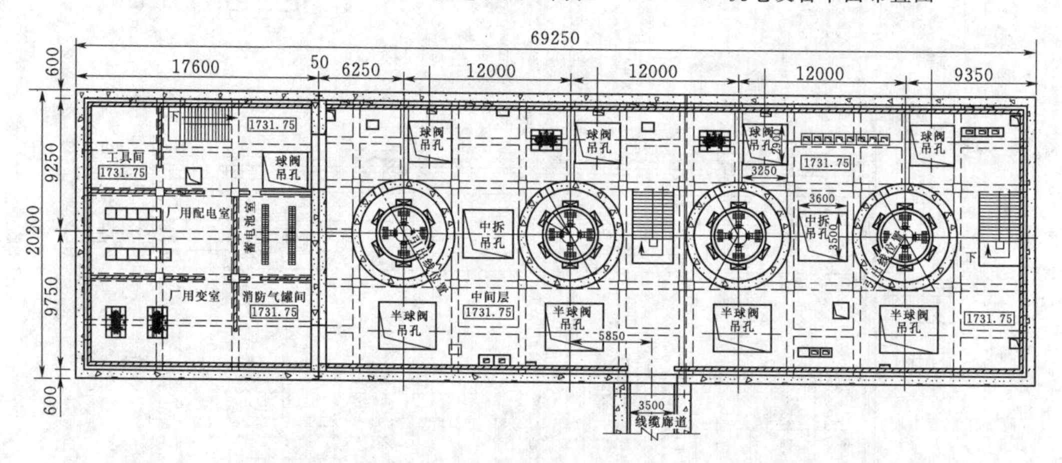

图3.8-4　干河泵站地下主厂房中间层（高程1731.75m）机电设备平面布置图

安装间与电机层同层，布置于顺水流方向的左侧，与进厂主交通洞连接。主交通洞长1037.2m，全断面采用马蹄形，底宽5.2m，最大宽度7.6m，最大高度7.7m；主交通洞进口高程1797.00m，出口高程1736.05m。安装间下设两层，一层布置低压屏柜室、蓄电池室及厂用变压器，二层布置油库、油处理室、油库风机室、空压机室。

电动机层高程1736.05m，主机段主要布置电动机，电机层进、出水侧布置机旁屏。出水侧设工作通道与工作竖井连接。

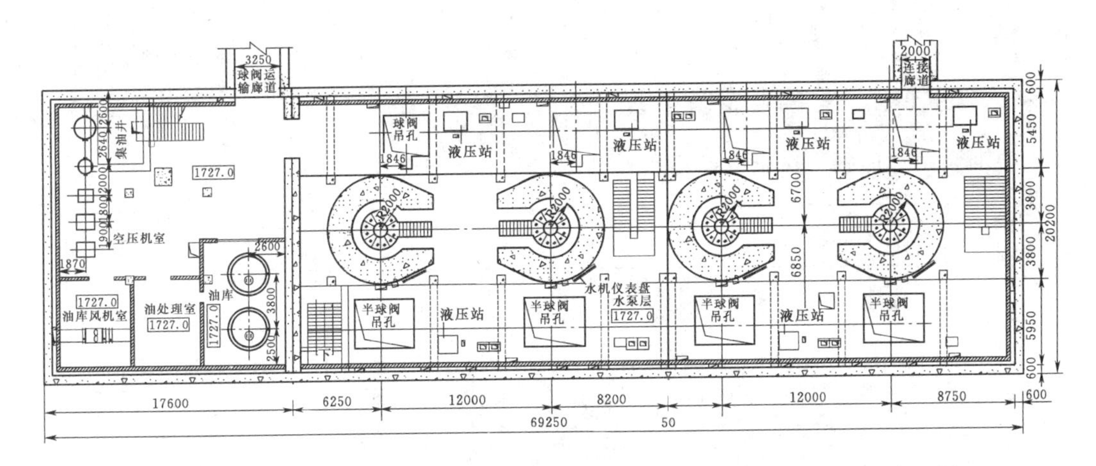

图 3.8-5 干河泵站地下主厂房水泵层（高程 1727.00m）机电设备平面布置图

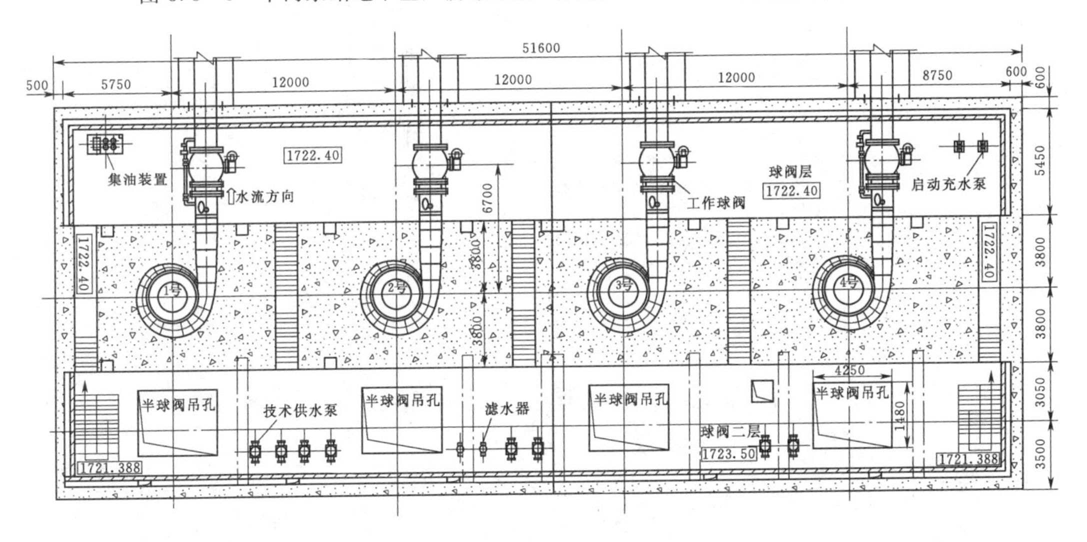

图 3.8-6 干河泵站地下主厂房球阀层（高程 1722.40m 和高程 1723.50m）机电设备平面布置图

中间层高程 1731.75m，机墩外布置各台泵组的中性点柜、出口 PT 柜。厂房进水侧布置电机进线母线，中间层左侧（安装间下）为厂用配电室、厂用变压器室、蓄电池室和消防气罐间。进水侧设置线缆廊道与工作竖井连接。

水泵层高程 1727.00m，在每台泵组段阀门附近布置球阀液压站、控制柜，水泵室左侧为空压机室、透平油库、油处理室。

球阀层高程 1723.50m 主要布置技术供水泵、主轴密封用高精滤水器及电气控制柜；高程 1718.30m 主要布置液动半球阀、全自动滤水器、检修排水泵、渗漏排水泵等设备；高程 1722.40m 主要布置工作液动球阀、集油装置和充水水泵等设备。

主厂房出水侧的检修球阀廊道下层高程为 1722.40m，布置 4 台水泵出水检修球阀及第三层廊道集水井；上层高程 1727.00m，布置检修球阀液压站、控制柜、集水井深井泵。

主厂房上部设 1 台 75t/20t、跨度 18.5m 的变频桥式起重机，供厂房内泵组吊装、检修用。主厂房出水侧的检修球阀廊道上部设置 1 台起重量为 32t、跨度为 5m 的桥式起重

机，供吊装检修球阀检修用。

3.8.2　地面副厂房机电设备布置

干河泵站地面副厂房机电设备布置见图 3.8-7～图 3.8-9。

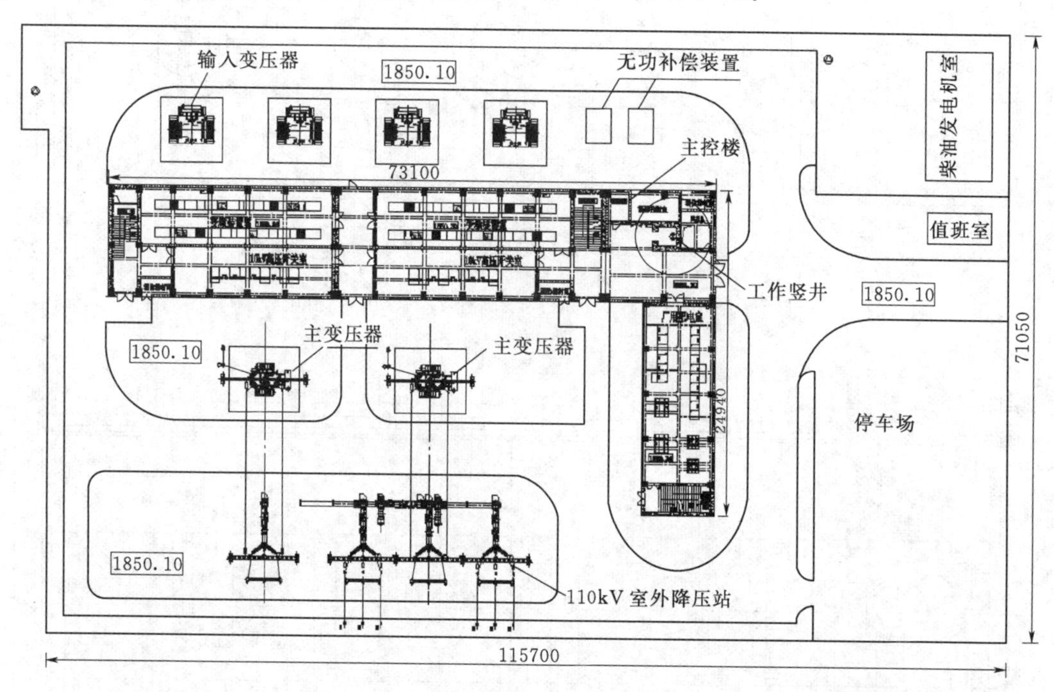

图 3.8-7　干河泵站地面副厂房地上一层（高程 1850.30m）平面布置图

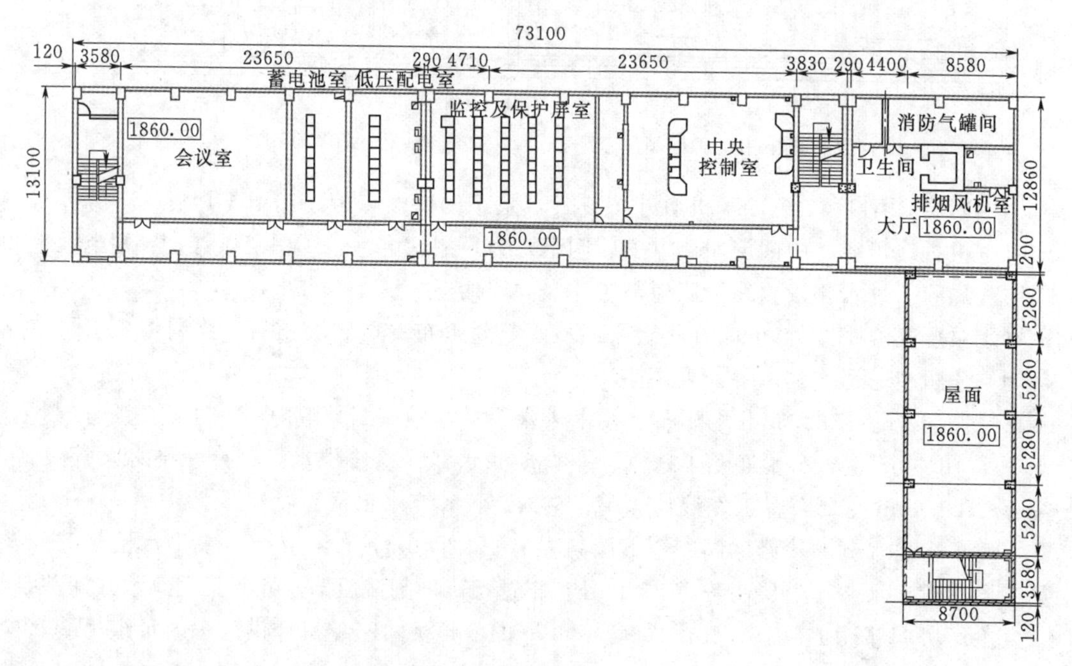

图 3.8-8　干河泵站地面副厂房地上三层（高程 1860.00m）平面布置图

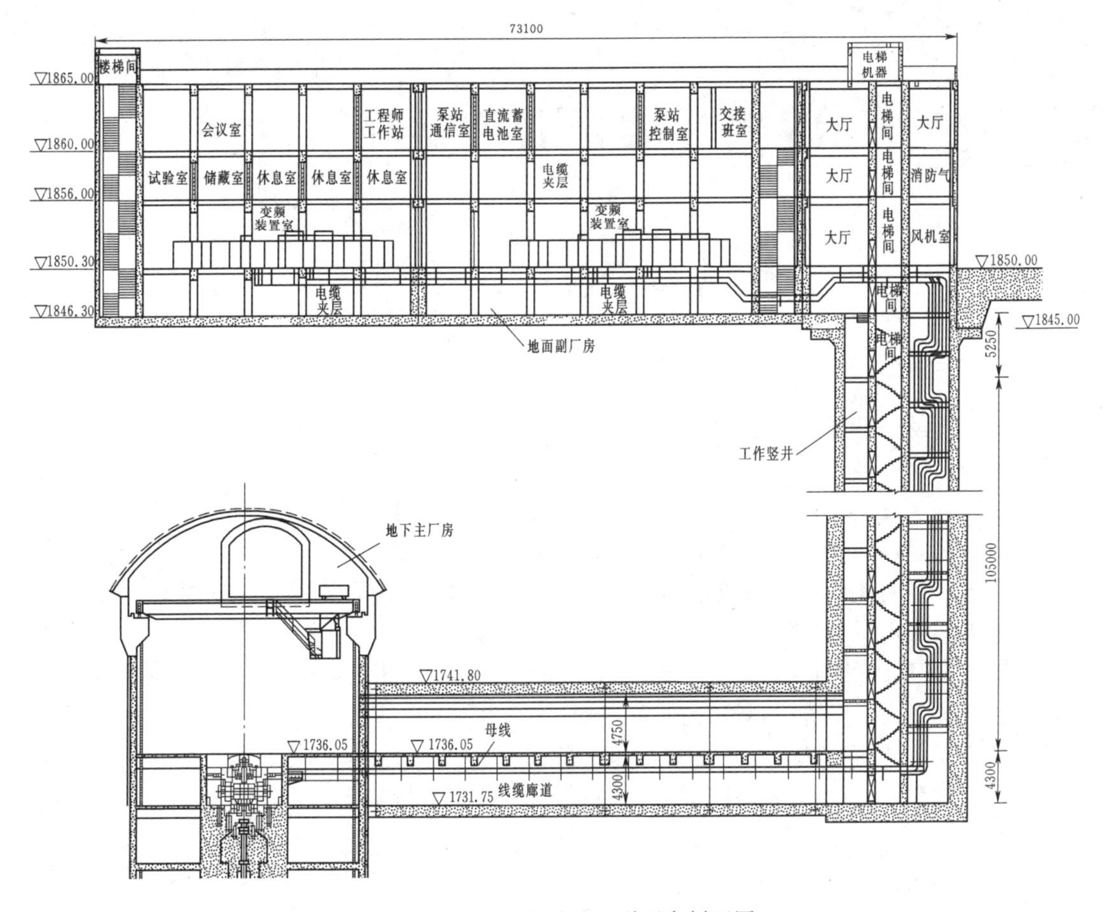

图 3.8-9 干河泵站地面副厂房剖面图

干河泵站的地面副厂房和地下主厂房通过直径为 9m 的工作竖井连接，工作竖井内的电梯通至地下厂房 1736.05m 高程，出口连接地面副厂房 1850.30m 高程。

地面副厂房主控楼与工作竖井相结合形成 L 形布置，总长为 73.1m，总宽为 13.1m，高 19.6m，分四层布置。L 形交会处与工作竖井的内筒即电梯井筒，连接地面副厂房地下一层，地面高程为 1846.30m，布置工作竖井中的母线、电缆。地面副厂房地上一层地面高程 1850.30m，布置大厅、排风机室、变频器室、10kV 高压开关室；地上二层地面高程 1856.00m，布置电缆夹层和消防气罐间；地上三层地面高程 1860.00m，布置有中控室、直流室、通信室、工程师工作站和会议室。

110kV 室外降压站布置于综合控制楼正面，采用户外布置方式，站内布置有 2 台 50000kVA 油浸式主变压器，以及 2 个进线间隔、2 个出线间隔、2 个 PT 间隔和 1 个母联间隔。在综合控制楼背部布置 4 台变频器输入变压器及 2 套无功补偿装置；厂区进厂道路两侧布置值班室、柴油发电机室及停车场。

第4章 水泵设计与制造

4.1 水泵主要参数

4.1.1 水泵设计扬程

水泵设计扬程是泵站安全、经济、稳定运行的基础。对于中低比转速离心泵来说，如果设计扬程选择过高，不仅配套电机功率过大，在低扬程运行时，水泵的空化、磨损和运行稳定性等将会发生恶化，扬程降幅越大则恶化越剧烈；若设计扬程选择过低，水泵在低扬程下可稳定运行并能降低配套电机功率，但在高扬程下水泵的空化、磨损和运行稳定性等也会发生较大的变化，水泵流量会减小，扬程变幅越大则恶化越剧烈，可能使泵站不能满足多年平均供水量的要求。

从水泵CFD的数值分析和模型试验成果来分析，无论水泵采用500r/min还是600r/min额定转速，从最高扬程到设计扬程，扬程下降6.4%而流量增加15.0%，空化性能的变化更为明显；从模型综合特性曲线分析，低初生空化系数区间均比较窄，低空化系数区间的两边呈现急剧变化，说明中低比转速离心泵在偏离最优运行区间后其空化性能将急剧恶化。

德泽水库正常蓄水位与死水位之间的变幅达38m，计入水力损失变化，水泵的运行扬程变幅达47.69m，泵站加权平均扬程几乎等于最高扬程和最低扬程的平均值。按设计扬程与加权平均扬程相等考虑，根据水泵开发和试验研究成果，水泵既无法同时满足在最高扬程、最低扬程下的无空化运行要求，又无法满足最低扬程下工作流量不大于8m^3/s的要求；为保证输水隧洞的运行安全和水泵的无空化运行以及供水可靠性，水泵还须配置变频调速装置。对于采用变频调速运行方式的离心泵，选择较高的设计扬程可以提高供水的可靠性和灵活性。

干河泵站水泵在汛期含沙水流中运行时，叶轮等过流部件会发生磨损，造成水泵的扬水能力下降。水泵及其附属设备招标时，为确保泵站的供水能力及供水可靠性，加之每台水泵都配置了变频调速装置，提出投标人设计的水泵应在连续或无故障累计运行7000h、受到泥沙磨蚀后的扬程和流量仍能满足在设计扬程221.2m时流量不小于7.67m^3/s、最高扬程233.3m时流量不小于6.7m^3/s的要求。因此，水泵招标时确定的水泵设计扬程为221.2m。

水泵模型验收试验完成后，根据招标技术要求，在统筹考虑水泵各项性能的基础上，最终确定的水泵设计扬程为223.32m。

4.1.2 水泵主要参数

干河泵站新投运水泵的主要参数见表4.1-1。

表 4.1-1 干河泵站新投运水泵的主要参数表

参数名称	单位	数值	参数名称	单位	数值
叶轮进口直径	m	1.0264	最高效率	%	93.30
叶轮出口直径	m	2.062	最大轴功率	MW	20.52
设计扬程	m	223.32	零流量下扬程	m	239.8
设计流量	m^3/s	8.12	零流量下轴功率	MW	6.81
额定转速	r/min	600	最大倒转飞逸转速	r/min	757.6
设计扬程点效率	%	93.29	水泵安装高程	m	1725.00
设计扬程点轴功率	MW	19.45	叶轮最小淹没深度	m	27.0
设计扬程点 $NPSH_r$	m	17.7	水泵转速调节范围	r/min	528～612

4.2 水泵结构设计

4.2.1 水泵结构总体设计

干河泵站水泵采用立轴、单吸、单级离心式水泵，金属焊接蜗壳，蜗壳包角 345°，俯视逆时针方向旋转。干河泵站水泵总体结构见图 4.2-1。

水泵进水管、蜗壳座环均埋在混凝土中。水泵采用中拆结构，设有中间轴与电动机轴连接，水泵的可拆卸部件均可在水泵层拆装。水泵机坑内设直行吊车，可满足泵芯包（包括叶轮、泵轴、导轴承和主轴密封等部件）的整体拆装要求。

4.2.2 水泵结构设计

4.2.2.1 叶轮

叶轮为整体铸焊结构，前、后盖板采用抗空蚀、抗腐蚀和具有良好焊接性能的马氏体 ZG00Cr16Ni5Mo 不锈钢材料铸造而成。叶片采用 00Cr16Ni5Mo 不锈钢板模压成型后进行数控加工，叶片数为 9 个。叶轮最大外径 2090mm，高 590mm，重 3.36t。

叶轮的刚强度满足各种工况的运行要求。叶轮与水泵主轴采用螺栓连接，摩擦传递扭矩，以满足互换性的要求。当叶轮放置在座环上，能支撑其自身和主轴的重量。叶轮在车间内精加工后进行静平衡试验。

叶轮设斜梳齿形止漏环。为减小轴向水推力，在叶轮上腔梳齿后采取了减压排水措施，在顶盖上设有 4 个减压排水管。

4.2.2.2 主轴与中间轴

水泵轴段由主轴及中间轴组成，均采用外法兰中空厚壁轴，整体锻造，材料为锻钢 20SiMn。

主轴法兰外径 720mm，轴身外径 400mm，长 2000mm，重 2.4t。主轴与轴承瓦配合处设轴领，轴领外径 580mm。主轴下法兰用螺杆与叶轮连接，上法兰用销螺杆与中间轴法兰连接，螺杆的预紧，均采用液压拉伸器预紧。

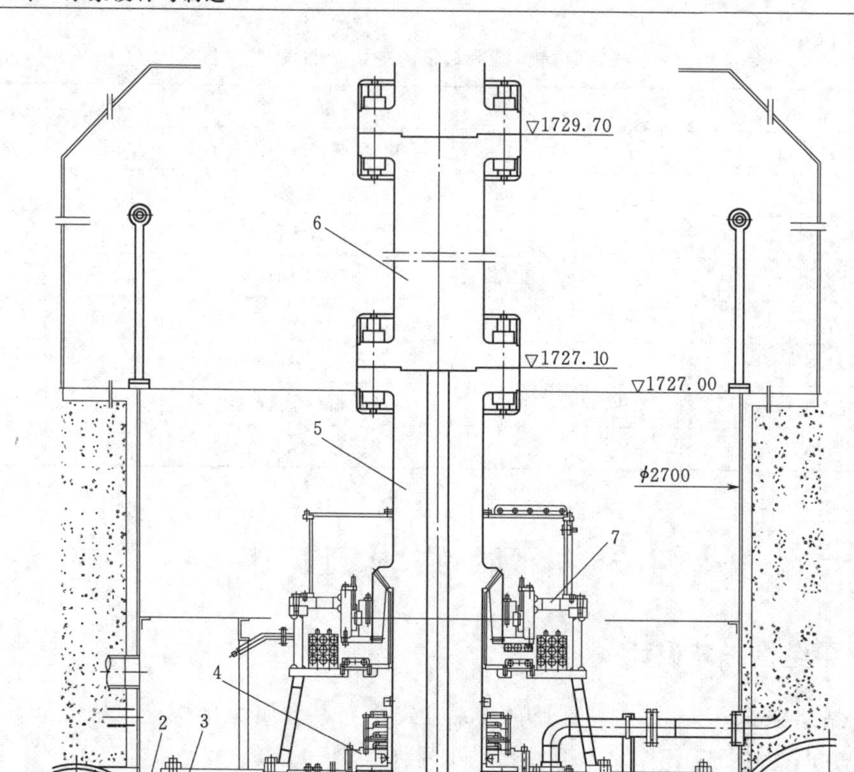

图 4.2-1 干河泵站水泵总装配图

1—叶轮；2—蜗壳座环；3—顶盖；4—主轴密封；5—主轴；
6—中间轴；7—导轴承；8—进水管

中间轴法兰外径 720mm，轴身外径 400mm，长 2600mm，重 2.8t，下法兰用销螺杆与水泵主轴连接，上法兰用销螺杆与电动机轴法兰连接。

主轴及中间轴具有足够的强度和刚度，能在包括飞逸转速在内的任何转速下运行而没有有害的振动和变形。

4.2.2.3 顶盖

顶盖为整体平板结构，采用 Q235B 厚钢板制造。最大外圆直径 2500mm，重约 5t。

顶盖用高强度螺栓连接到座环的上法兰，在工地调整合格后与座环同钻铰定位销。由于电动机下部机坑直径（2200mm）限制，顶盖安装和检修时从中拆廊道进出。

顶盖过流表面塞焊一定厚度的不锈钢抗磨板，上部设有测量叶轮上腔压力的测孔、测头及接口。顶盖上设有一个可更换的梳齿形不锈钢固定止漏环，止漏环材质为0Cr13Ni5Mo。固定止漏环在磨损后、导致间隙变大超出允许值时，需进行更换。

顶盖排水采取以下方式：依靠座环上法兰处，蜗壳尾部上方穿过机坑里衬的DN150机坑排水管将机坑内积水自流引至集水井。

4.2.2.4 导轴承

水泵导轴承采用分块瓦结构，共8块瓦，轴瓦采用巴氏合金材料，现场安装时不需刮研。水泵导轴承由轴承体、上油箱、轴承支架、冷却器、油箱盖等部件组成。导轴承能承受任何运行工况（包括最大倒转飞逸转速工况）的径向负荷。导轴承单边径向间隙为0.15～0.20mm。轴瓦采用中间支顶位置，满足机组正常运行时正向旋转和事故停机时反向旋转的要求，能在正常运行且在冷却水中断的情况下运行5min。

轴承润滑油采用L-TSA46号汽轮机油，油循环为自循环方式，冷却采用内置冷却器。轴瓦最高温度不超过65℃，最高油温不超过60℃。每个轴瓦设置1只RTD铂热电阻，用于监控瓦温；在油箱内设置2只RTD热电阻，用于监控油温，信号传至计算机控制系统，当温度达到或超过规定值时及时发出报警信号。在油箱内设置1个浮子信号器，测量轴承油箱内油位，当油位超过最高油位或低于最低油位时，自动发出报警信号。在油槽底部设油混水信号器，当水的含量超过规定值时，自动发出报警信号。

油冷却器的冷却水管采用紫铜管，冷却水由泵站技术供水系统供给，进口水温不高于25℃，冷却器的额定工作压力为0.8MPa，通过冷却器的压力下降不超过0.05MPa。

4.2.2.5 主轴密封

1. 工作密封

工作密封设置在导轴承下方、主轴穿过顶盖的部位，采用三层接触式径向密封。工作密封为自补偿型，与主轴上的不锈钢护套配合使用，在主轴轴向或径向运动时，以及停泵过程水泵反转时，不影响密封性能。工作密封采用进口高分子材料，具有耐磨抗腐蚀能力，漏水量小。

工作密封润滑水为清洁压力水，供水压力为0.9～1.0MPa，由泵站技术供水系统供给。

2. 检修密封

检修密封在泵组停机后主轴静止时投入。检修密封采用橡胶密封，操作压缩空气压力为0.8MPa。当泵组运行时，该密封与主轴间应有一定的间隙，使密封免受磨损；当泵组停机后，给检修密封充入压缩空气，使之环抱主轴，与主轴紧密接触。

4.2.2.6 蜗壳、座环

出水蜗壳按上部设置弹性层、单独承受最大内水压（含水锤压力）设计，设计压力为3.5MPa；蜗壳采用钢板Q345R焊接制成，钢板厚度留有不小于5mm的磨损腐蚀余量，出口扩散段设有止推环，出口直径1200mm。座环与基础环为一体结构，蜗壳与座环的焊接全部在厂内进行，运至工地现场后进行水压试验。

座环采用双平板钢板焊接结构，上、前盖板采用优质16Mn-Z25抗撕裂钢板。座环不分瓣，有13个固定导叶，固定导叶材料采用Q345C。座环环板内环面及基础环过流表面全部塞焊不锈钢钢板。

座环具有足够的强度和刚度，在蜗壳不充水的情况下，座环能承受压在其上的结构件的重量，亦能可靠地承受泵组运行时内部压力所产生的各种应力。座环的设计，可以满足叶轮造压后水流能够经过固定导叶平顺流入蜗壳，并防止卡门涡频率与座环固有频率接近而产生共振破坏。座环过流表面打磨光滑，所有焊缝进行超声波探伤检查。为便于浇筑和填实座环下面的混凝土，在座环基础环上设有灌浆孔和排气孔。

座环上设有一个可更换的不锈钢下固定止漏环，与叶轮下梳齿对应，其材质为ZG0Cr13Ni5Mo。下固定止漏环在磨损后、导致间隙变大超出允许值时，需进行更换。座环安装时采用地脚螺栓与混凝土基础相连接，其支撑和调整靠斜楔完成。

蜗壳与出水球阀伸缩节进口侧的连接短管焊接，进人门设置在球阀连接钢管上。蜗壳进口装有测量出口压力的测头。

4.2.2.7 进水管

进水管为弯肘形，分为锥管段和肘管段。进水管按承压1.6MPa设计，进口直径ϕ2000mm，均采用20mm厚的Q235B钢板焊接而成，外部有肋板适当加固。

锥管段设有1个ϕ600mm密封的外开式进人门，进人门的开孔部位进行补强。进人门下侧设有检修梁孔和验水阀门。

4.2.2.8 机坑里衬

机坑里衬采用Q235B钢板焊接结构，里衬钢板厚度8mm。机坑里衬自座环上环板一直衬至发电机下机架底板，对应检修廊道方向设有开口。机坑里衬内径自上而下分别为发电机基础段ϕ2200mm、观察廊道段ϕ4000mm、座环连接段ϕ2700mm；发电机基础段与观察廊道段采用45°锥面过渡。

机坑里衬外侧用加强筋补强及环形锚钩将其锚固到周围的混凝土中。机坑里衬内设置中拆直行行车轨道固定插槽及基础版，借助混凝土强度，作为中拆行车吊重支撑。机坑下部蜗壳尾部上方设有2个自流排水管。

机坑里衬设置接线盒和4个壁灯（3个正常照明，1个事故照明）的凹室。机坑内环形走道设有栏杆，满足检查机坑内情况时的安全保护要求。

4.2.2.9 辅助部分

为了保证水泵机坑内部件的更换和检修，在机坑中拆检修廊道顶部设置电动直行吊车，最大起吊重量为20t。吊车采用直行双轨道，设有4个葫芦，轨道自机坑内延伸到泵房吊物孔边缘。

受行车电机限制，机坑内侧两个葫芦不带电机，为从动滚轮，机坑外侧（机坑进人门侧）两个葫芦带有电机，为驱动滚轮，用连接板将4个葫芦连接固定。每个滚轮下面设有电动升降的锁链式葫芦，4个葫芦同步起降、一体操控，4点同时起吊，以满足叶轮芯包整体快速拆装的要求。

4.2.3 水泵泥沙磨损防护

为防止高速含沙水流对水泵过流表面的磨损，对水泵过流部件采取了如下防护措施：

(1) 叶轮在进、出水边和梳齿密封进行硬喷涂，根据施工作业能力喷涂面积范围尽可能大；固定导叶迎水面和头部圆角、座环上下环板过流面、基础环过流面亦采用硬喷涂。硬喷涂采用高速火焰喷涂（HVOF）热熔碳化钨，由专业的厂家进行喷涂，涂层厚度约0.3mm。叶轮、座环采用的硬喷涂见图4.2-2和图4.2-3。

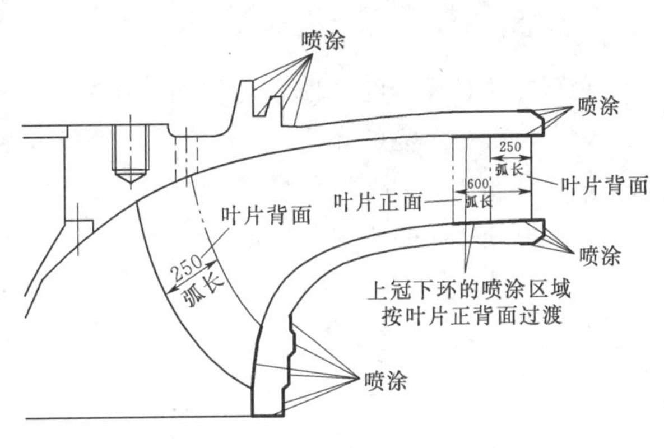

图4.2-2 叶轮硬喷涂示意图

(2) 蜗壳内表面及固定导叶背面喷涂改性聚氨酯材料。经反复多层喷涂，涂层厚度达到1mm左右。蜗壳采用的软喷涂见图4.2-4。

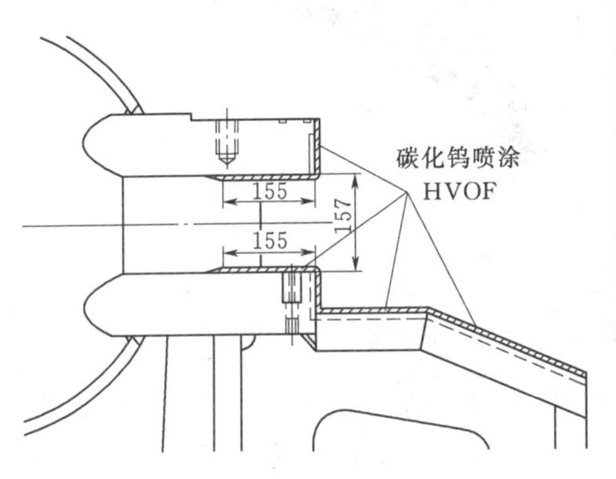

图4.2-3 座环硬喷涂示意图

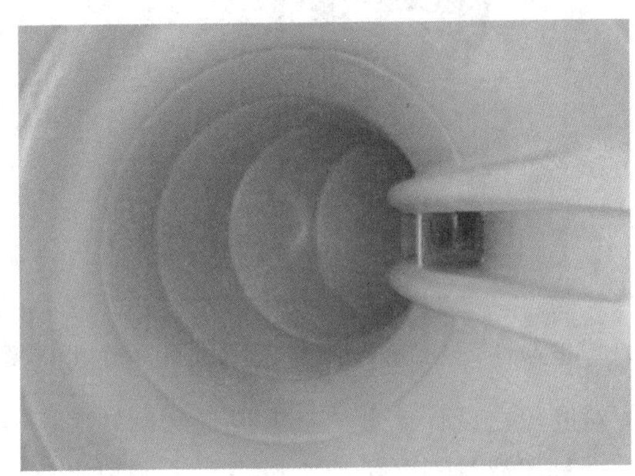
图4.2-4 水泵蜗壳内表面软喷涂示意图

4.3 水泵主要部件刚强度分析

4.3.1 水泵叶轮刚强度分析

4.3.1.1 计算条件及要求

叶轮叶片的形状以及作用在叶片上的水压力根据水泵水力开发中采用的CFX-Tascflow流体计算软件计算得出。

叶轮上、下盖板采用ZG00Cr16Ni5Mo材料铸造加工，叶片采用00Cr16Ni5Mo钢板模压成形。叶轮材料的主要机械性能为：

铸件：极限抗拉强度 $\sigma_b=785\text{MPa}$，屈服强度 $\sigma_s=588\text{MPa}$；

钢板：极限抗拉强度 $\sigma_b=830\text{MPa}$，屈服强度 $\sigma_s=630\text{MPa}$。

根据水泵设计要求，选用的叶轮材料的许用应力 $[\sigma]$ 分别为：

正常工况下：$[\sigma]=117.6\text{MPa}$；

飞逸工况下：$[\sigma]=392\text{MPa}$。

4.3.1.2 力学模型的建立及边界条件的选取

为保证干河泵站水泵叶轮的安全稳定运行，运用ANSYS有限元分析软件对叶轮进行刚强度分析。

水泵叶轮是典型的周期对称结构。在分析叶轮强度时，根据有限元周期对称边界条件，建立包含一个完整叶片的 $2\pi/Z_r$（Z_r 为叶片的个数）模型，见图 4.3-1。在叶轮上、下盖板切开断面，为保证位移协调一致，采用周期对称边界条件；为了防止产生刚体位移，计算时在叶轮与主轴把合螺栓处约束相应节点的自由度。

计算选取 20 节点六面体单元和 10 节点四面体单元进行分析，每个节点具有 3 个自由度，共剖分 6933 个单元、16776 个节点。叶轮叶片的有限元网格剖分见图 4.3-2。

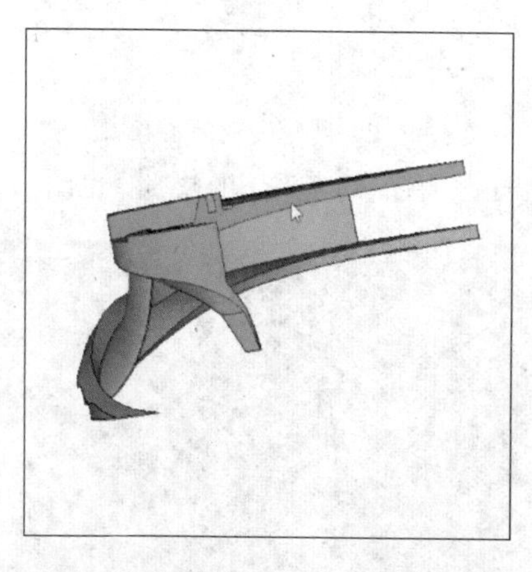

图 4.3-1 叶轮刚强度有限元分析计算模型

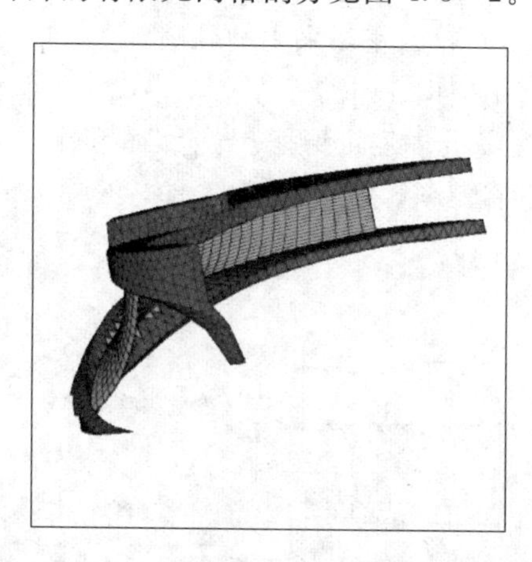

图 4.3-2 叶轮刚强度有限元分析网格剖分

对叶轮在设计流量、最大流量和倒转飞逸等三种工况进行刚强度分析。计算时，设计流量、最大流量工况考虑水压力、离心力以及重力的作用；在飞逸工况，考虑重力和离心力的作用。

4.3.1.3 叶轮强度计算结果

各工况下叶轮强度分析计算结果见表 4.3-1、表 4.3-2，以及图 4.3-3～图 4.3-8。

表 4.3-1 干河泵站水泵叶轮强度分析计算结果表

计算工况	最大位移/mm	最大应力/MPa	最大应力位置
设计流量工况	0.097	34.42	叶片进水边与上盖板相交处
最大流量工况	0.101	33.81	叶片进水边与上盖板相交处
倒转飞逸工况	0.199	64.62	叶片出水边与上盖板相交处

表 4.3-2 干河泵站水泵叶轮盖板密封处位移计算结果表

计算工况	后盖板密封处/mm		前盖板密封处/mm	
	径向	轴向	径向	轴向
设计流量工况	0.0267～0.0386	−0.0445～−0.0262	0.012～0.0314	−0.0160～−0.0102
最大流量工况	0.0268～0.0388	−0.0456～−0.0268	0.0153～0.0311	−0.0173～−0.0116
倒转飞逸工况	0.0515～0.072	−0.0645～−0.034	0.0318～0.0828	−0.006～0.007

从表 4.3-1 可以看出：额定流量工况，应力仅为 34.42MPa；在最大流量工况，应力仅为 33.81MPa；均远小于材料的许用应力；在飞逸工况下，叶轮的应力水平为

64.62MPa，也远小于许用应力值。从表 4.3-2 可以看出，各工况下叶轮前、后盖板的变形位移均小于 0.1mm。可见，水泵叶轮的应力水平较低，变形很小。

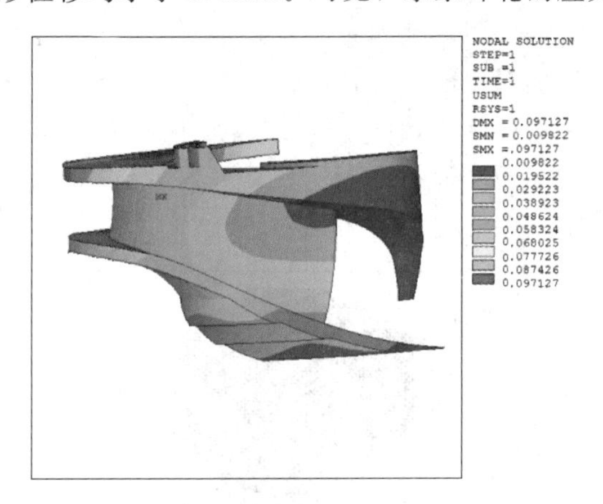

图 4.3-3　额定流量工况下叶轮变形图
（单位：mm）

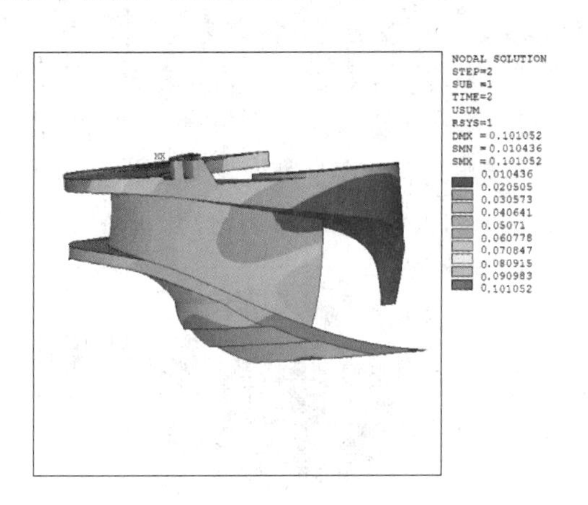

图 4.3-4　最大流量工况下叶轮变形图
（单位：mm）

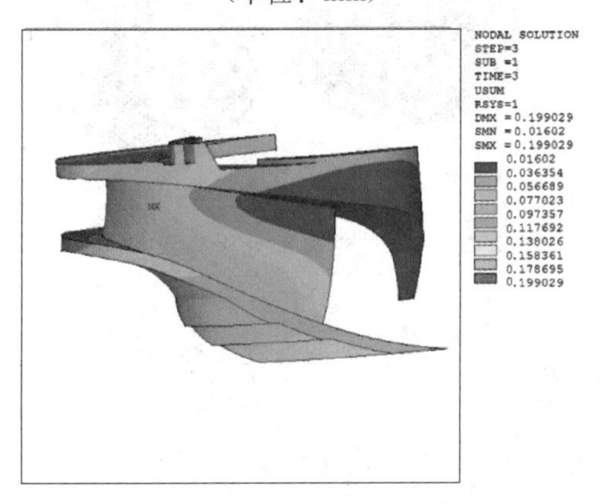

图 4.3-5　飞逸工况下叶轮变形图
（单位：mm）

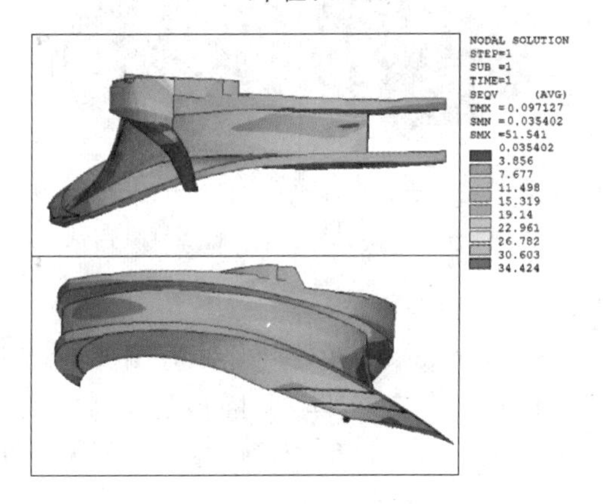

图 4.3-6　额定流量工况下叶轮应力分布图
（单位：MPa）

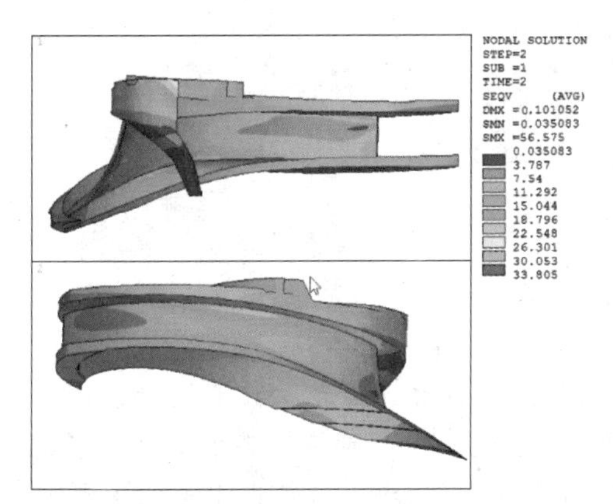

图 4.3-7　最大流量工况下叶轮应力分布图
（单位：MPa）

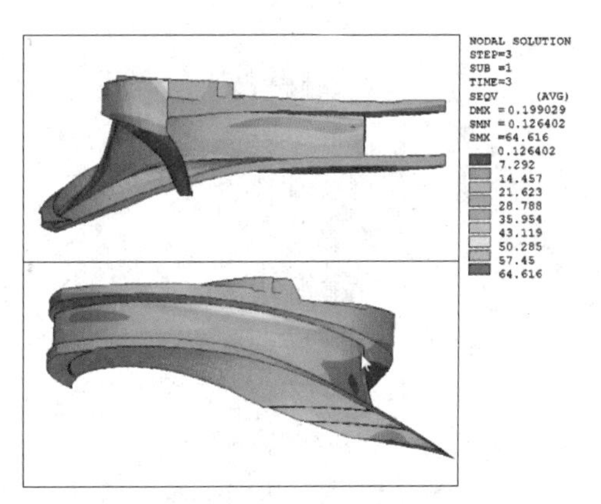

图 4.3-8　飞逸工况下叶轮应力分布图
（单位：MPa）

4.3.2 水泵叶轮动态特性分析

4.3.2.1 动态特性分析模型

水泵的叶轮在水中工作，需对叶轮进行动态特性分析。采用 ANSYS 软件对水泵叶轮进行固有频率分析时，应考虑水体对叶轮的影响。有限元网格采用 10 节点四面体单元，每个节点具有 3 个自由度；共剖分 91093 个单元、78931 个节点。动态特性分析模型、有限元网格剖分分别见图 4.3-9、图 4.3-10。

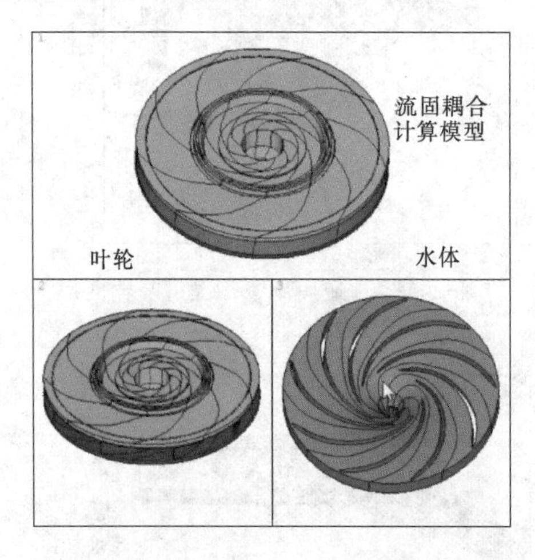

图 4.3-9 叶轮在水中固有频率计算模型图

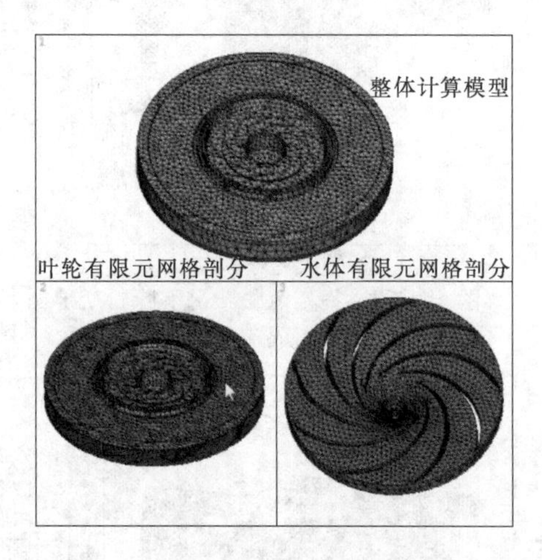

图 4.3-10 叶轮振动分析有限元网格剖分

4.3.2.2 动态特性分析

高扬程水泵的叶轮叶片中有尾流通过时，会产生相当大的激振力，这种干扰产生的水力激振力会有规律、间隔地扰动叶轮并使之产生振动。叶栅的相互干扰会引起水力激振，其频率、振型和强度主要是由叶轮叶片数和导叶数确定的，一般情况下归纳为以下公式：

$$mZ_g \pm k = nZ_r \tag{4.3-1}$$

$$f_r = mZ_g n_r \tag{4.3-2}$$

式中 m、n——任意整数；

Z_g——导叶个数；

Z_r——叶片个数；

k——节径数；

f_r——节径数为 k 的振型对应的激振频率；

n_r——水泵转动频率。

当激振频率 f_r 同有 k 个节径数的叶轮固有频率一致时，叶轮就会发生谐振。对于干河泵站叶轮而言，$m=2$，$n=3$，$k=1$，因此要求在节径 $R=1$ 时（叶轮振动时，在盘面上出现一条或数条沿径向均匀分布的节线，这种节线称为节径），叶轮在水中的固有频率应避开机组的激振频率 $f_r=\dfrac{2\times13\times600}{60}=260(\text{Hz})$。

此外，节径数 $R=0$ 的振型要避开机组转频与导叶数乘积，即$\dfrac{13\times600}{60}=130(\text{Hz})$。

水泵叶轮动态特性分析计算结果见表4.3-3。图4.3-11为叶轮在节径 $R=0$ 时的振型；图4.3-12为叶轮在节径 $R=0$ 时的振型（前后盖板反向振动）；图4.3-13为叶轮在节径 $R=1$ 时的振型；图4.3-14为叶轮在节径 $R=2$ 时的振型。

表4.3-3　　水泵叶轮动态特性分析计算结果　　单位：Hz

叶轮状态	空气中	水中	机组的激振频率
$R=0$ 叶轮振动频率	261.373	191.88	130
$R=0$ 上下盖板反向振动频率	920.285	851.75	130
$R=1$ 叶轮振动频率（摆动）	163.950	152.36	260
$R=2$ 叶轮振动频率（四瓣振动）	289.190	270.02	不关注

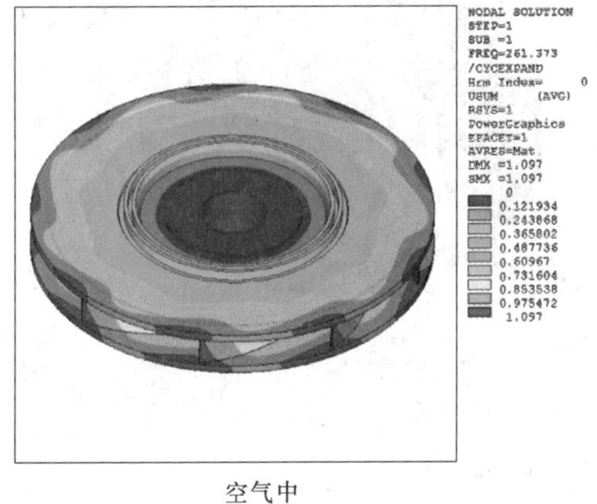

空气中　　　　水中

图4.3-11　叶轮振动节径 $R=0$ 时的振型图（单位：mm）

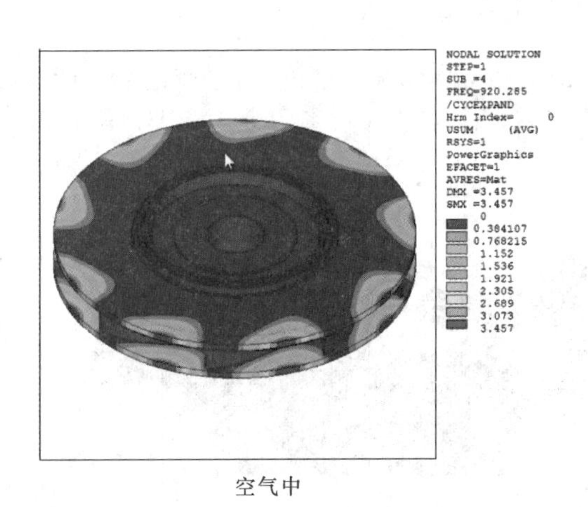

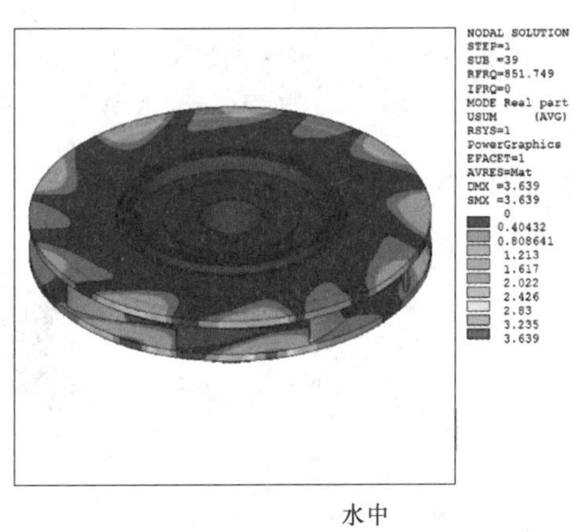

空气中　　　　水中

图4.3-12　叶轮振动节径 $R=0$ 时的振型（前后盖板反向振动）图（单位：mm）

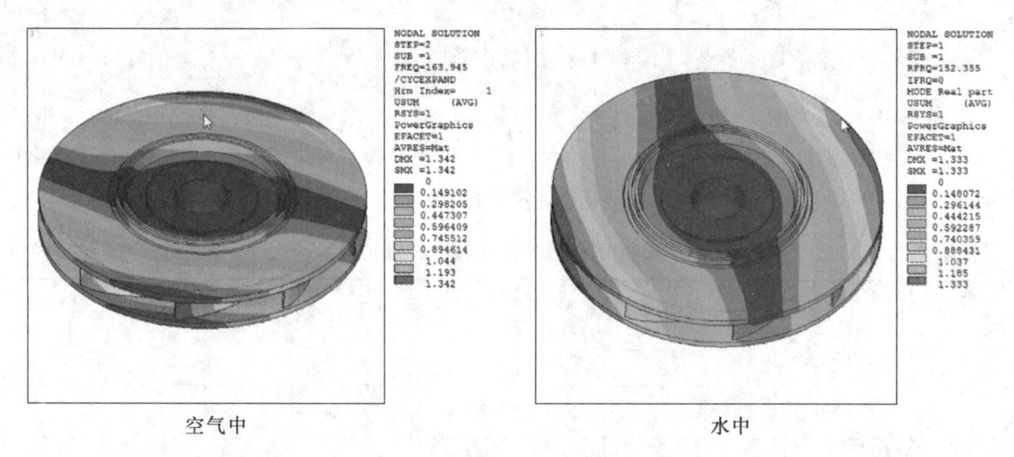

图 4.3-13　叶轮振动节径 $R=1$ 时的振型图（单位：mm）

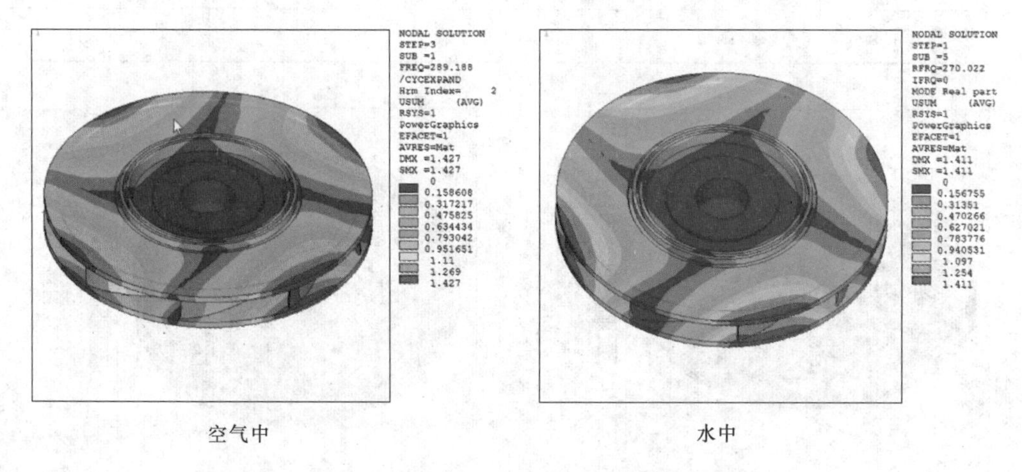

图 4.3-14　叶轮振动节径 $R=2$ 时的振型图（单位：mm）

从表 4.3-3 的结果可知：当节径 $R=1$ 时，叶轮在水中的固有频率为 152.36Hz，与激振频率的比率 $r=\dfrac{152.36}{260}=0.586$，有效地避开了机组的激振频率。

除此之外，对于水泵而言，叶轮在水中前后盖板反向振动的频率也应避开机组的激振频率，见图 4.3-15。对干河泵站水泵叶轮而言，该振型的频率为 851.75Hz，与激振频率的比率 $r=\dfrac{851.75}{130}=6.55$，也有效地避开了机组的激振频率。

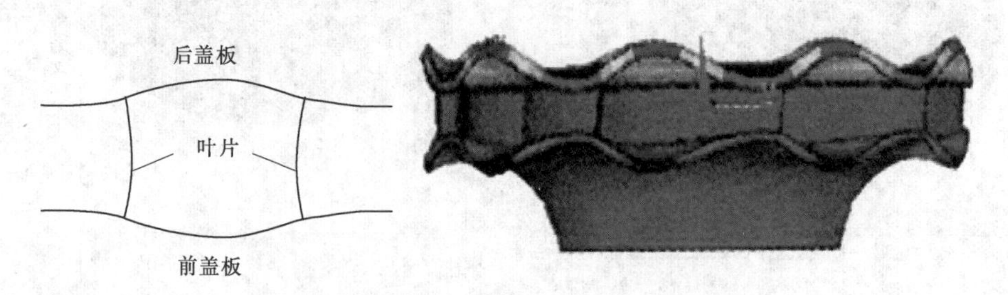

图 4.3-15　水泵前后盖板反向振动振型示意图

综上所述，叶轮在水中的固有频率有效地避开了机组的激振频率，即叶轮具有很好的动态特性。

4.3.3 蜗壳、座环、顶盖的刚强度计算

蜗壳座环、顶盖的刚强度及动态特性采用ANSYS有限元分析软件进行计算分析，以检验其刚强度是否满足要求，顶盖固有频率是否避开激振频率。

4.3.3.1 计算基本参数

计算选用的基本参数为：

出水池水位：1976.80m

进水池最高运行水位：1790.00m

进水池最低水位：1752.00m

水泵安装高程：1725.00m

最高扬程：233.30m

设计扬程：223.32m

最低扬程：185.51m

蜗壳设计压力：3.50MPa

额定转速：600r/min

最大倒转飞逸转速：840r/min（招标要求值）

泵轴承装配重量：2.0t

泵密封承装配重量：0.5t

4.3.3.2 蜗壳座环、顶盖材料及许用应力

1. 蜗壳座环及顶盖材料特性

表4.3-4给出了蜗壳、座环、顶盖等部件的材料及其主要特性。

表4.3-4　　蜗壳、座环、顶盖的材料及特性

部件名称	材料	极限抗拉强度 σ_b/MPa	屈服强度 σ_s/MPa
蜗壳	Q345R	490	325
座环环板	16Mn-Z25	490	315
固定导叶	Q345C	470	325
顶盖	Q235	375	215
其他	Q345	470	315

2. 许用应力

对蜗壳、座环、顶盖等部件采用有限元法进行分析，将得到结构部件的局部应力和应力分布，因此根据部件结构和设计要求给出不同的许用应力标准。

（1）蜗壳、座环平均应力的许用应力。蜗壳、座环平均应力的许用应力按设计要求以及美国机械工程师学会（American Society of Mechanical Engineers，ASME）“锅炉和压力容器规程”第Ⅷ卷　第1部分的规定选取，见表4.3-5。

表 4.3-5　　ASME 和设计要求的蜗壳、座环平均应力的许用应力　　单位：MPa

部件	ASME 规定的平均应力的许用应力			设计要求平均应力的许用应力	
	应力形式	准则	数值	准则	数值
座环环板	M	$\sigma_b/3.5$	140	$\sigma_b/4$	122
固定导叶	M	$\sigma_b/3.5$	134	$\sigma_b/5$	94
	M+F	$\sigma_b/3.5$	134	$\sigma_b/4$	117
蜗壳	M	$\sigma_b/3.5$	140	$\sigma_s/3$	108
其他	M	$\sigma_b/3.5$	134	$\sigma_b/4$	117

（2）蜗壳、座环局部应力的许用应力选取。对于由有限元法计算得到的局部应力，通常采用的许用应力选择方法是按 ASME“锅炉和压力容器规程”的分析应力准则来确定。ASME“锅炉和压力容器规程”第Ⅷ卷　第 2 部分给出了一些用有限元法计算应力的限制应力，并将应力分类如下：

1）P_m 为初次薄膜应力；

2）P_l 为初次局部应力（不连续但没有应力集中）；

3）P_b 为初次弯曲应力；

4）Q 为二次薄膜应力＋不连续的弯曲应力。

许用应力的参考应力 S_m 按下式确定：

$$S_m=\min\left(\frac{\sigma_b}{3};\frac{2}{3}\sigma_s\right) \tag{4.3-3}$$

不同应力的许用应力按如下原则确定：

$$P_m<S_m \tag{4.3-4}$$

$$P_l+P_b<1.5S_m \tag{4.3-5}$$

$$P_l+P_b+Q<3S_m \tag{4.3-6}$$

按式（4.3-3）～式（4.3-6）确定的蜗壳、座环局部应力的许用应力见表 4.3-6。

表 4.3-6　　蜗壳、座环有限元法计算局部应力的许用应力　　单位：MPa

应力名称	P_m 的许用应力	（P_l+P_b）的许用应力	（P_l+P_b+Q）的许用应力
固定导叶	156	234	470
座环环板	163	244	490
蜗壳	163	244	490
其他	156	234	470

（3）顶盖许用应力的选取。在正常运行工况下，顶盖刚强度计算平均应力的许用应力应不大于 $\sigma_b/4$，在瞬态工况最大应力的许用应力应小于 $\sigma_b/3$。对于局部应力的许用应力，按平均应力的许用应力的 1.5 倍选取。顶盖的材料、性能及许用应力见表 4.3-7。

表 4.3-7　顶盖材料性能及许用应力　单位：MPa

顶盖材料	σ_b	σ_s	平均应力的许用应力		局部应力的许用应力	
			正常工况	瞬态工况	正常工况	瞬态工况
Q235	375	215	93	125	140	187

4.3.3.3　蜗壳、座环和顶盖应力及变形计算

1. 计算模型

蜗壳、座环及顶盖断面计算结构简图见图 4.3-16。顶盖属于周期对称结构，结构相对简单，因此对顶盖和蜗壳、座环展开联合受力计算分析。通常蜗壳出口段（第 1 断面）的应力最大，以该扇形区域作为计算对象，截取包含具有 1 个完整固定导叶在内的 360°/13 扇形区域为一个分析模型，计算时不考虑混凝土联合受力的影响。蜗壳、座环和顶盖应力及变形计算采用块体单元划分网格，共划分 19003 个单元、73419 个节点，有限元网格分析模型见图 4.3-17。

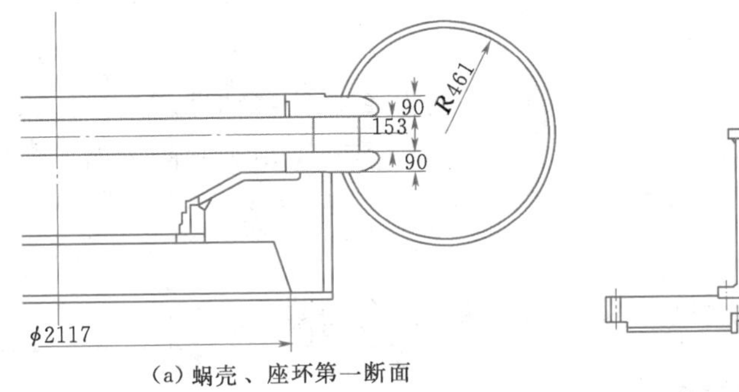

(a) 蜗壳、座环第一断面　(b) 顶盖断面

图 4.3-16　蜗壳、座环及顶盖断面结构简图

2. 边界条件

在切开断面处施加力偶约束，以满足周期对称变形协调的条件。在座环与顶盖把合螺栓分布圆处，约束其相应节点的轴向位移，此外在上、下环板上各取一节点约束 θ 向自由度，以防止产生刚体位移。

3. 计算工况及载荷

计算主要考虑了最大水压力下水泵正常运行和零流量运行两种工况。两种工况下的水压力值见表 4.3-8。各压力载荷分布见图 4.3-18。

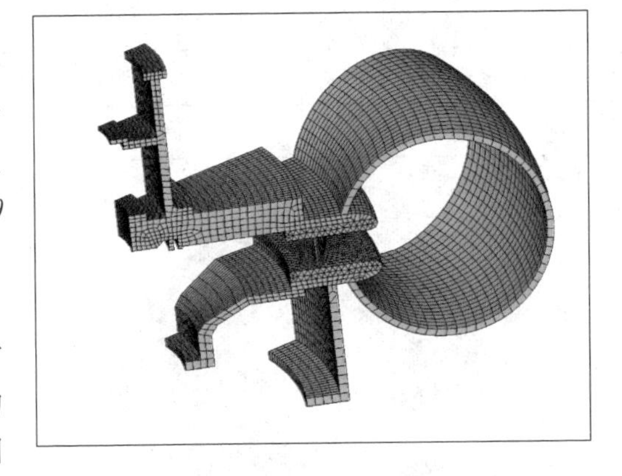

图 4.3-17　蜗壳座环计算模型及网格划分

表 4.3-8　水泵正常运行和零流量运行工况的水压力载荷　单位：MPa

工况名称	蜗壳座环过流面压力 P_1	叶轮出口与上止漏环之间的压力 P_2	上止漏环与主轴密封之间的压力 P_3	叶轮出口与下止漏环之间的压力 P_4
正常运行工况	2.47	1.944	0.455	1.95
零流量运行工况	3.5	2.221	0.455	2.227

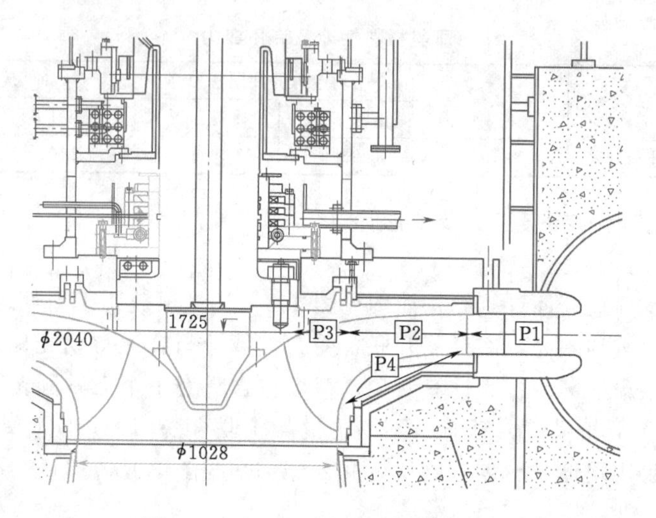

图 4.3-18　水压力载荷分布示意图

4. 计算结果及分析

表 4.3-9 给出了蜗壳、座环及顶盖各部件的应力和变形计算结果。两种计算工况下，最大应力位置均在固定导叶上。图 4.3-19～图 4.3-24 给出了不同工况下各种应力及变形分布。从计算结果可看出，顶盖、蜗壳、座环和固定导叶等部件的应力均满足要求。

表 4.3-9　蜗壳、座环及顶盖各部件的应力和变形计算结果

计算工况	位移/mm		最大应力（平均应力）/MPa			
	顶盖	蜗壳座环	顶盖	座环环板	蜗壳	固定导叶
正常运行工况	0.605	1.043	104（58）	122（68）	85（53）	178（80）
零流量运行工况	0.677	1.181	116（64）	139（77）	111（71）	213（95）

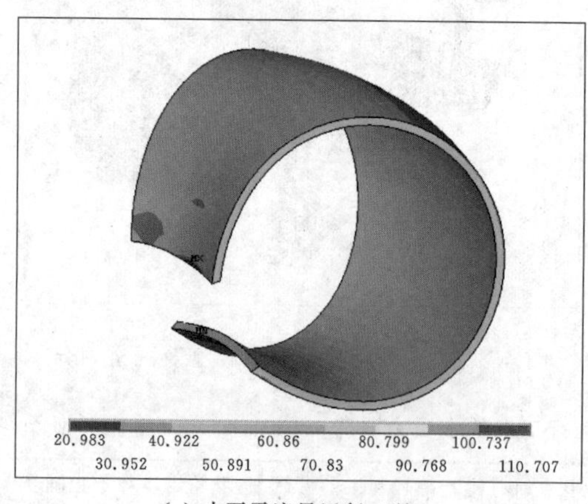

(a) 水泵零流量运行工况

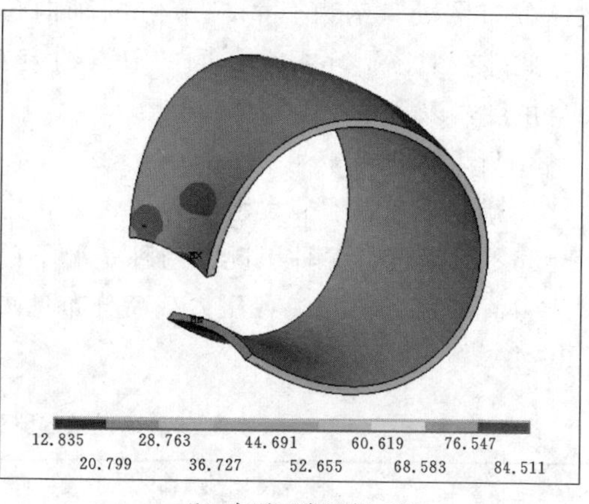

(b) 水泵正常运行工况

图 4.3-19　蜗壳应力分布（单位：MPa）

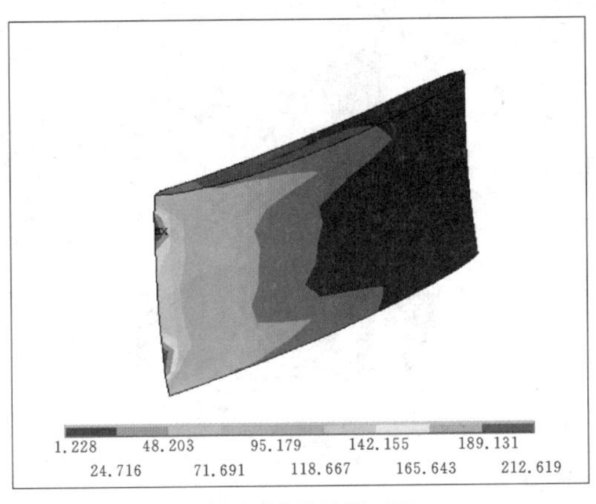

(a) 水泵零流量运行工况

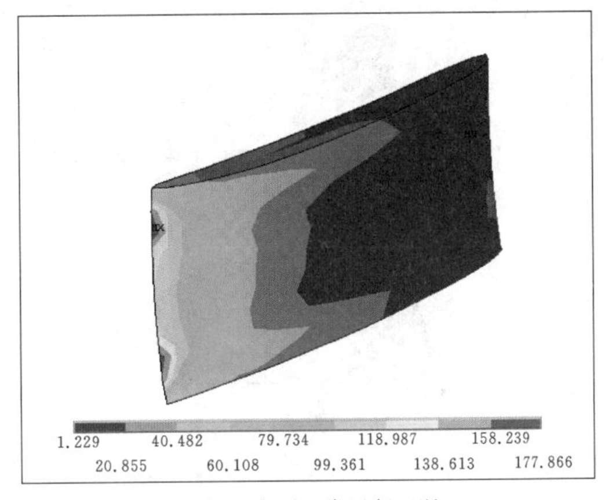

(b) 水泵正常运行工况

图 4.3-20 固定导叶应力分布（单位：MPa）

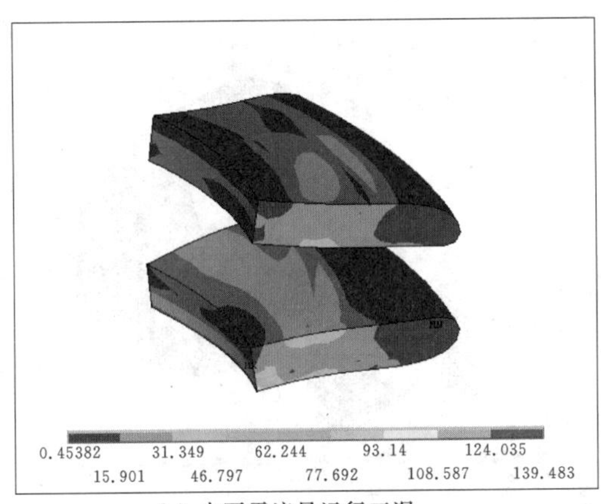

(a) 水泵零流量运行工况

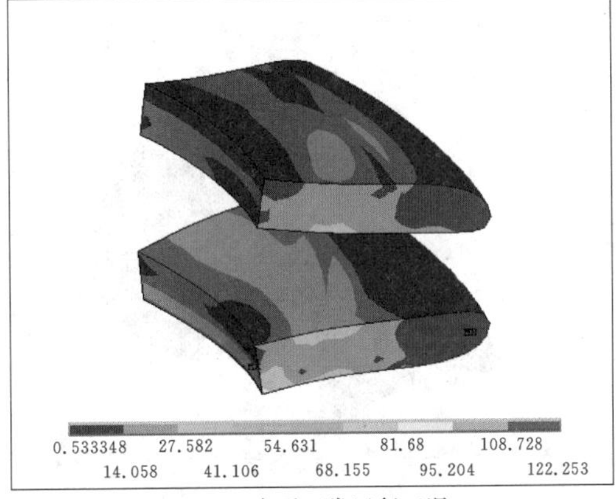

(b) 水泵正常运行工况

图 4.3-21 座环环板应力分布（单位：MPa）

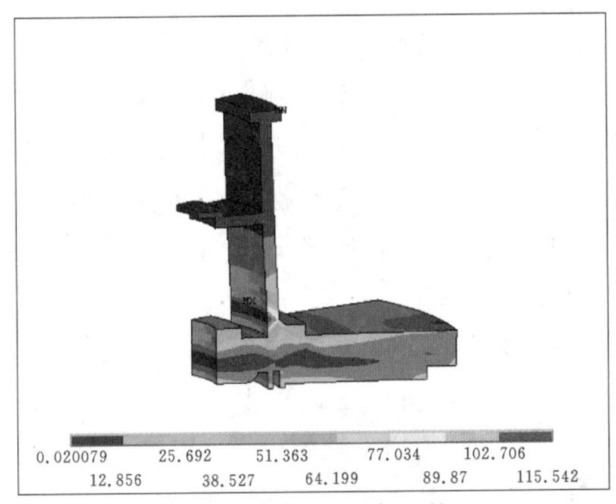

(a) 水泵零流量运行工况

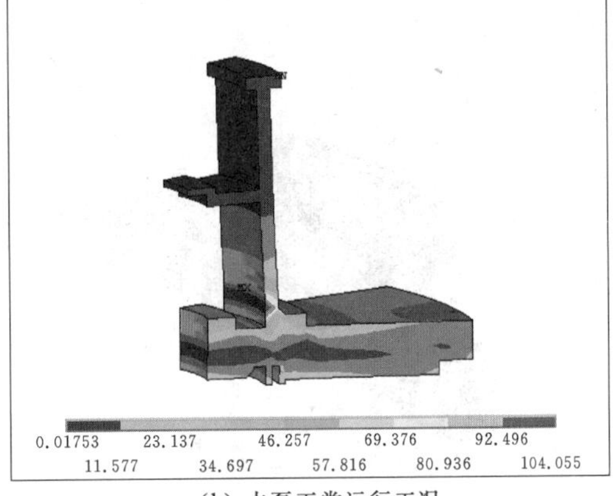

(b) 水泵正常运行工况

图 4.3-22 顶盖应力分布（单位：MPa）

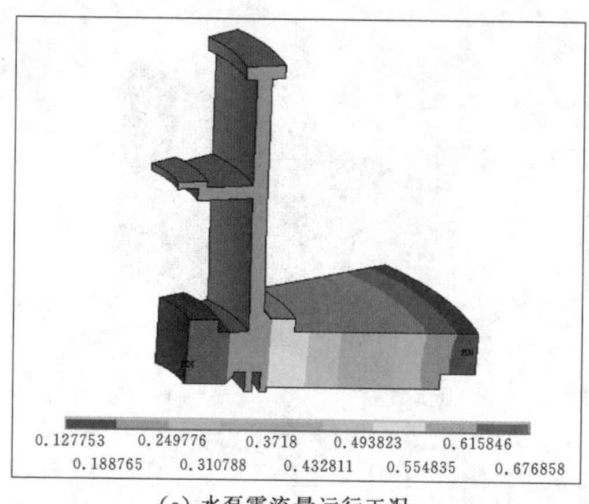

(a) 水泵零流量运行工况

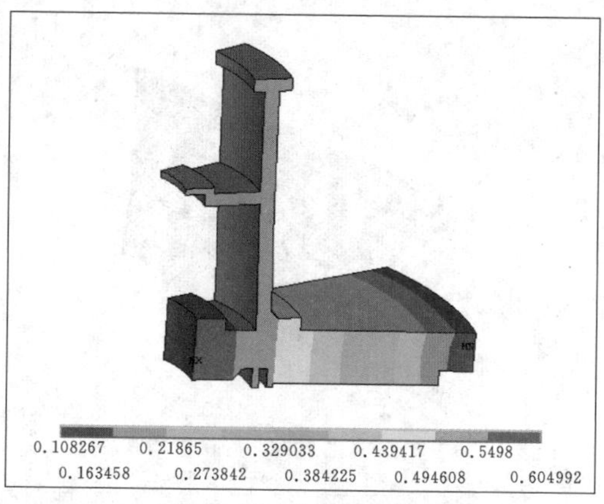

(b) 水泵正常运行工况

图 4.3-23 顶盖变形分布（单位：mm）

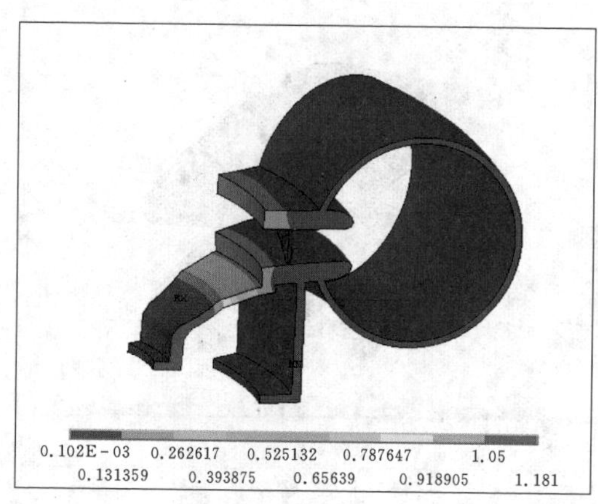

(a) 水泵零流量运行工况

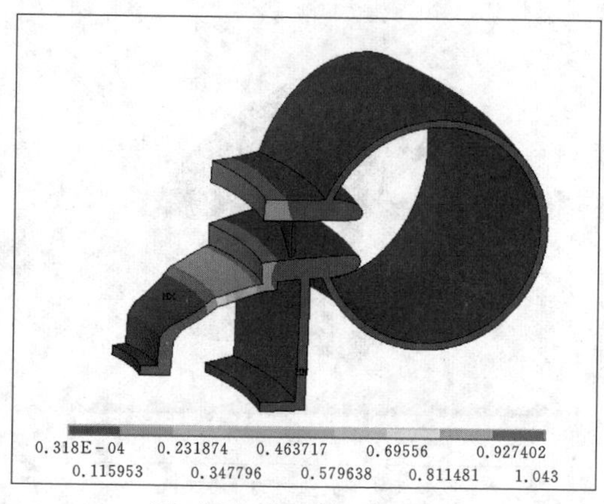

(b) 水泵正常运行工况

图 4.3-24 蜗壳座环变形分布（单位：mm）

图 4.3-25 顶盖径向刚度计算有限元模型

4.3.3.4 顶盖的径向刚度计算

计算顶盖径向支撑刚度时，取 1/2 顶盖作为计算模型，在对称面上施加对称约束，在顶盖与座环连接法兰螺栓分布圆相应节点处约束轴向、环向和径向自由度。有限元模型见图 4.3-25。

假设总径向力为 $F_0=1.0\times10^6$N，按余弦曲线分布施加在泵轴承支撑圆的内缘节点上。径向变形见图 4.3-26。通过有限元计算分析，顶盖的径向变形为：$\delta=0.4777$mm，由公式 $K=\dfrac{F_0}{\delta}$（N/mm）计算

得出顶盖径向刚度为：$K=2.09\times10^{6}$（N/mm）。

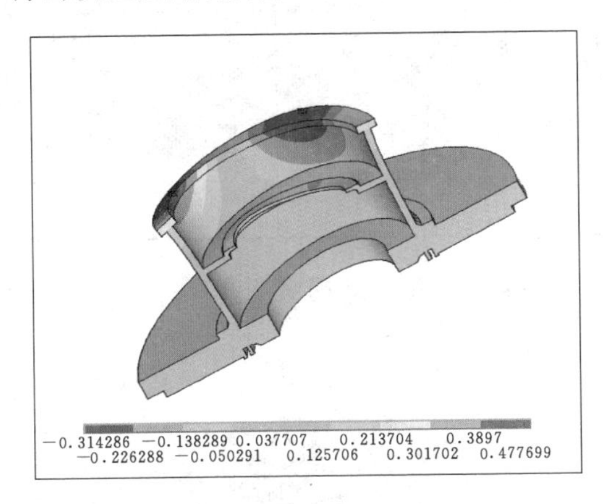

图 4.3-26 顶盖在总力 F_0 作用下的径向变形分布（单位：mm）

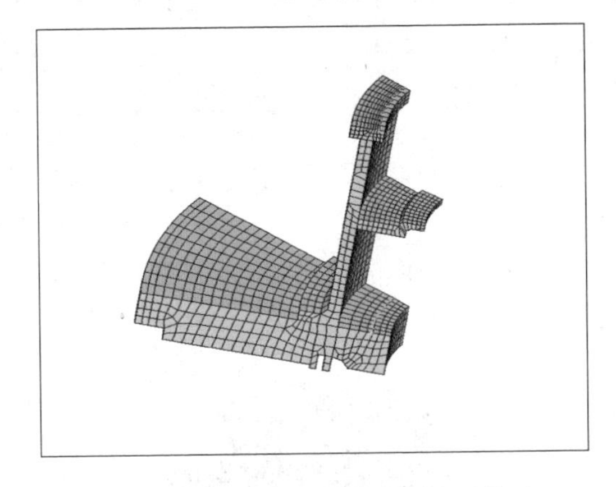

图 4.3-27 顶盖模态计算有限元模型

4.3.3.5 顶盖自振频率计算

计算顶盖自振频率时，选取整个顶盖的 1/13 作为计算模型，见图 4.3-27。计算分析时，考虑水泵密封的装配重量和轴承的装配重量对顶盖自振频率的影响。计算采用 Lanczoa 法求解自振频率，不考虑水的附加质量对顶盖振动的影响。

由于压力脉动影响，顶盖的整体轴向模态振型是最危险的。顶盖的整体轴向频率（节径 $R=0$）应避开主要的激振频率为水泵转频与叶片个数乘积 [10×9=90(Hz)]，避开范围应大于 10%。

叶栅的相互干扰会引起水力激振，其频率、振型和强度主要是由叶轮叶片数和导叶数确定的，一般情况下归纳为以下公式：

$$mZ_g \pm k = nZ_r \tag{4.3-7}$$

$$f_h = nZ_r n_r \tag{4.3-8}$$

式中 m、n——任意整数；

Z_g——导叶个数；

Z_r——叶片个数；

k——节径数；

f_h——节径数为 k 的振型对应的激振频率；

n_r——水泵转动频率。

当激振频率 f_h 同有 k 个节径数的顶盖固有频率一致时，顶盖就会发生谐振。对于干河泵站顶盖而言，$m=2$，$n=3$，$k=1$，因此要求在节径 $R=1$（顶盖振动时，在盘面上出现一条或数条沿径向均匀分布的节线，这种节线称为节径）时顶盖的固有频率应避开机组的激振频率 $f_h=\dfrac{3\times9\times600}{60}=270(\text{Hz})$。

通过有限元计算得到顶盖的前三阶自振频率见表 4.3-10，前三阶整体模态振型见图 4.3-28～图 4.3-30。

表4.3-10　　顶盖前三阶自振频率计算结果

阶次	振型	自振频率/Hz	激振频率/Hz
1	摆动（$R=1$）	169.5	270
2	轴向振动（$R=0$）	177.35	90
3	摆动（$R=1$）	464.59	270

计算成果表明，顶盖的自振频率有效地避开了激振频率，范围大于10%，不会引起机组共振现象。

0　0.210646　0.421292　0.631937　0.842583
0.105323　0.315969　0.526614　0.73726　0.947906

图4.3-28　顶盖第一阶自振振型（单位：mm）

0　0.173563　0.347125　0.520688　0.69425
0.086781　0.260344　0.433906　0.607469　0.781031

图4.3-29　顶盖第二阶自振振型（单位：mm）

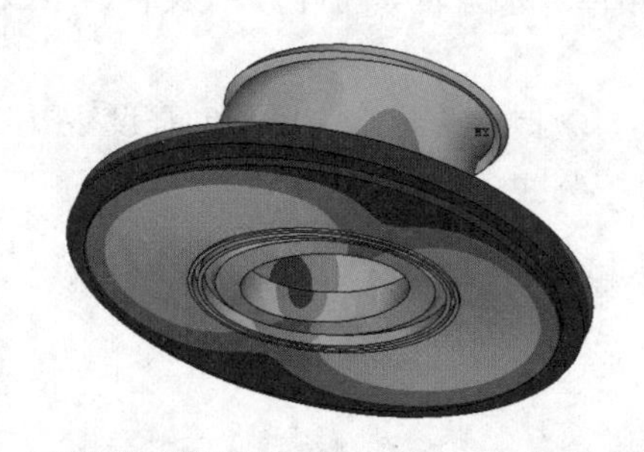

0　0.245101　0.490201　0.735302　0.980402
0.12255　0.367651　0.612751　0.857852　1.103

图4.3-30　顶盖第三阶自振振型（单位：mm）

4.4　水泵叶轮工艺与制造

干河泵站水泵叶轮的叶片狭长、数量多、出口高度小，叶轮出口高度仅153mm，装配及焊接空间非常狭小；另外，叶轮总体尺寸不大，按相对误差计算出的制造精度远高于大型水轮发电机组。因此，干河泵站叶轮的制造难度很大。为满足制造精度的要求，对叶轮的制造工艺，尤其是焊接工艺进行了技术攻关，并采取了一些特殊的措施。

4.4.1 叶片制作、检查与加工

4.4.1.1 叶片制作

叶轮叶片为钢板锻件，检查合格后，采用模压工艺制作成型。叶片模压工具及制作见图 4.4-1。

图 4.4-1 干河泵站叶轮叶片模压制作

叶片模压工艺流程为：

(1) 按叶轮叶片压模图纸要求标定位置，焊好定位圆柱。

(2) 将模具安装在 2000t 油压机上，连接冷却水管，试运行几次以保证上模与下模的导向柱吻合。

(3) 将叶片平放入炉内垫稳正火，升温速度 40～60℃/h，加热到 1100℃，保温 140min。

(4) 将叶片从正火炉内取出，按照下模上的定位圆柱及挡块的位置，将叶片放置在下模上。为确保叶片压制时的有效高温，从打开炉门到开始压制的时间尽可能短，最多不超过 3min。

(5) 叶片摆放好后，油压机以最大压力带动上模缓慢下压至合模，然后上模抬起 10mm，再下压合模，如此重复操作两次。当叶片的周边温度达到 800℃后通水冷却叶片。叶片在模具中冷却时，压力尽量不变，最小压力保持为 800t。

(6) 当叶片冷却至 300℃时，油压机再次以最大压力加压。叶片在模具中冷却时，压力尽量保持不变，最大压力保持 1200t，直至叶片周边温度达到室温。

(7) 对叶片进行回火处理，升温速度 40～60℃/h，回火温度为 630℃，保温 140min 后在空气中冷却。回火的目的是为了改善叶片的机械性能，消除叶片加热成形产生的内应力。

(8) 对叶片进行喷砂处理，去除氧化皮。

4.4.1.2　叶片检查

利用模具检查叶片翼形，划出叶片吸力面及压力面的轮廓线，要求叶片的最终形状与模具的间隙小于2mm。如有变形，需进行修型处理。叶片首件检查合格后划检加工余量，确认加工余量满足后序工序的要求后，方可正式开始大量模压。

4.4.1.3　叶片加工

为保证叶轮的制造精度满足要求，模压后的叶片以及叶轮的前、后盖板全部采用数控机床加工，加工偏差控制在0.5mm范围内，以保证叶轮的装配质量。

4.4.2　叶轮装配

4.4.2.1　装配工艺研究

水泵叶轮内的装配及焊接空间非常狭小，为保证叶轮的制造质量，尤其是焊接、铲磨、探伤等能满足高精度要求，专门制作了1个比例为1∶1木制叶轮样模（图4.4-2）来更加细致地研究叶轮的制造工艺，用以研究确定前盖板的分割位置，优化叶轮装配及焊接的工艺，制定合理的叶轮制造工艺方案，确保叶轮焊接质量。

(a)

(b)

图4.4-2　干河泵站的木制叶轮样模

4.4.2.2　装配工艺措施

(1) 叶轮后盖板、前盖板采取分内外、环焊接结构，装配高度按高装4mm控制，采用穿轴方法进行焊接，保证叶轮开口尺寸。

图4.4-3　叶轮焊接前装配图

(2) 叶轮后盖板、前盖板的内、外环采取多次划线、装配、焊接、清理，每一步骤都需铲磨配合完成，以保证装配尺寸。

(3) 在装配现场用FARO配合测量叶片与前盖板的配合相贯面，确保装配的精度。

叶轮装配见图4.4-3，叶轮出口角检查见图4.4-4。

4.4.3 叶轮焊接

4.4.3.1 焊接材料的选择

图 4.4-4 叶轮出口角检查

叶轮叶片和前、后盖板均采用00Cr16Ni5Mo不锈钢材料，焊接材料采用同材质的马氏体不锈钢焊接材料HS367L焊丝。HS367L焊丝是马氏体不锈钢焊接材料中的综合性能最好的，也是大型水轮机、水泵水轮机转轮焊接制作中被广泛采用的焊接材料。HS367L焊丝的化学成分和机械性能见表4.4-1、表4.4-2。

表 4.4-1 HS367L焊丝的化学成分表

元素成分	C	Si	Mn	S	P	Cr	Ni	Mo
含量/%	0.03	0.45	1.0	0.010	0.004	16.5	5.5	0.5

表 4.4-2 HS367L焊丝熔敷金属力学性能表（经过590℃ 8h回火处理）

性能	σ_b/MPa	σ_s/MPa	δ_5/%	α_{kv}/J
性能值	760	550	15	50

4.4.3.2 焊接方法

叶轮焊接工作量大，故选择熔化极气体保护焊。熔化极气体保护焊的优点是焊丝熔覆效率高，焊道清理时间短，生产效率高，可有效缩短制造周期，而且焊缝质量高、抗裂性能好，焊接变形和应力小等优点。焊接混合气体采用95%Ar+5%CO_2。

前期工艺准备时对该焊接方法按ASME标准进行焊接工艺评定，评定中的各项性能均应达到规定的要求，并根据评定结果编制焊接工艺规范，作为焊工实际操作的指导文件。

焊接开始前采用天然气对叶轮进行整体预热，以增强抗裂性能。预热应均匀，预热温度为100℃以上。

在焊接过程中，为控制焊接变形，尽可能采用小规范进行焊接。操作者在对称位置进行焊接，采用多层多道、分段退步焊、逐层锤击、多次翻身等工艺手段，有效地减小焊接变形，保证焊缝质量。

为保证叶轮主要尺寸的偏差满足要求，叶轮焊接过程中由2名焊工在对称位置进行施焊。

4.4.3.3 焊接质量控制

（1）考虑到铲磨的操作空间，前盖板内、外环分割位置需向叶轮出水边方向适当外移。

（2）叶轮焊接操作空间有限，因此，叶轮的焊接、探伤、铲磨工序交叉进行，严格按图纸及工艺要求执行。在后盖板、前盖板外环装焊后，如流道中间焊缝存在问题，无论焊接、探伤还是铲磨几乎都无法进行修复，因此，各工序应紧密衔接，做到稳妥可靠。焊接时采取有效防护措施，注意保护上一阶段铲磨完工的流道表面。

（3）叶片与前盖板之间的焊缝，在前盖板内、外环分割处向两侧一定范围内，可采用 ER316 焊接材料打底，再进行填充焊接。具体范围在第一台叶轮焊接时根据具体情况确定。

（4）为便于焊枪操作，焊接采用气体保护焊焊枪，保证叶轮焊接质量。

图 4.4-5　叶轮后、前盖板内环与叶片焊接图

（5）由于叶片型线长，对于叶轮平放时不易进行焊接操作的位置，采用穿轴方法进行焊接，将叶轮吊放在滚轮架上（图 4.4-5），通过穿心轴确保叶轮稳固并可进行旋转，使叶轮处于最佳焊接位置，保证焊接质量。

（6）为防止叶轮后盖板的内环、前盖板的内环与叶片焊接过程中发生焊接变形，并控制叶片开口及弦距尺寸，在叶片与前盖板外环相接触位置装焊支撑环（图 4.4-6），支撑环的尺寸为 ϕ2020mm/ϕ1960mm，板厚 30mm。

（7）由于后盖板、前盖板比较单薄，刚性差，为控制叶轮后盖板外环、前盖板外环与叶片焊接过程中叶轮发生焊接变形，在前、后盖板外环各装配焊接加强环以增加刚性，见图 4.4-7。

图 4.4-6　叶轮后、前盖板内环与叶片焊接图

图 4.4-7　叶轮前、后盖板外环与叶片焊接图

（8）为了避免叶轮焊接坡口焊满后无损检测发现较多焊接缺陷使返修的工作量加大，叶轮焊接过程中进行中间探伤，在叶片与后盖板、前盖板的坡口焊缝背面清根时进行一次 PT 探伤检查，合格后才允许继续进行焊接。

（9）为保证焊接质量，将叶片与后盖板、叶片与前盖板内环焊接后铲磨流道进行探伤，修复缺陷，合格后再进行前盖板外环的焊接，焊后打磨流道探伤，直至合格。

（10）叶轮退火前，后盖板与叶片间焊缝全部需进行 UT、PT 探伤，前盖板内环与叶片间焊缝全部需进行 UT、PT 探伤。叶轮退火后，后盖板、前盖板与叶片间之间的焊缝进水边 200mm 需进行 100%的 UT、PT 探伤；叶轮出水边 300mm 需进行 100%的 UT、PT 探伤。

（11）受结构限制，叶轮退火后，铲磨有少部分盲区，无法抛光，要求这些区域在退火前按设计要求进行抛光，退火后不再进行抛光处理。

4.4.4 叶轮尺寸控制

4.4.4.1 单件检测过流面尺寸

叶轮前、后盖板的过流表面在数控机床上进行测量、修形，保证过流面偏差在 0.5mm 之内。由于流道较长，在后盖板上刻出叶片与之相交的相贯线，焊接时用 FARO 跟踪测量，保证前盖板与叶片配合的质量精度。

4.4.4.2 叶轮叶片进、出水边截面尺寸的修复

根据技术要求，叶轮的尺寸控制为叶轮进、出口共 5 个截面（其中进水边 2 个、出水边 3 个）的直径尺寸，如图 4.4-8 中所示的出水边 EC1、EC2、EC3 和进水边的 EC4、EC5 断面对应的直径。这 5 个断面距离基准平面的高度分别为 31.5mm、76.5mm、121.5mm、220mm、287mm。

根据制造质量要求，这 5 个断面的直径偏差值非常小，叶轮出水边 EC1、EC2、EC3 断面的直径单个值允许偏差为（+0.8，−0.3）mm、平均值允许偏差为（+0.5，−0.3）mm，叶轮进水边 SC4、SC5 断面直径的单个值允许偏差为（+0.6，−0.6）mm、平均值允许偏差为（+0.5，−0.5）mm，焊接时无法完全满足，因此采取了如下特殊工艺措施：

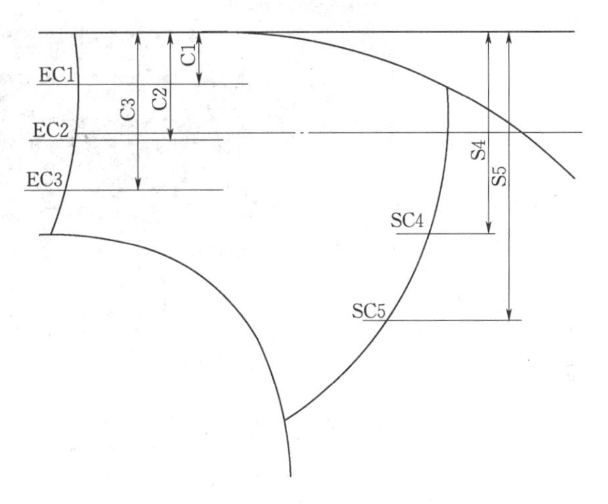

图 4.4-8 叶轮焊接进出水边尺寸控制断面图

（1）采取立车辅助测量，根据整个叶轮的划检记录，标定工件的中心、平线位置，上立车按中心找正基准圆后，测量每个叶片的进出水边位置，在叶片上做出明确标识，缺肉进行补焊，多肉进行打磨。

（2）根据样板进行打磨。根据立车测量的尺寸，用样板先测量叶片到样板的尺寸，对比两次偏差值以确定进行补焊或打磨。实践中发现此方法还是存在一些偏差，造成叶轮多次上机床，后期改进为在第一次测量时将工件粗加工，留出余量并标注，再用样板比对则非常精确。

4.4.5 叶轮加工

由于叶轮结构尺寸的公差要求严格，而焊接无法满足技术要求，因此需采取多种加工工艺措施来使叶轮的质量满足要求。

叶轮出口高度为153mm（偏差0～+0.3mm），焊接无法保证，为保证流道的光顺，在工件划检后取中间偏差确定工件的水平中心线，进行补焊、立车加工和流道铲磨。由于叶轮出口高度太小，采用钳工打磨方式。

后盖板下平面与导水锥配合，由于焊接变形，无法保证原有的加工尺寸，经分析研究，将后盖板下平面按原设计的止口深度进行加工，保证与导水锥配合的错牙最小，并增加导水锥与叶轮的预装工序，保证把合孔位置准确、流道符合技术要求。为保证流道的平顺，对后盖板外圆大平面的局部高点进行加工，以保证过流表面的波浪度。

叶轮在数控立车进行车削，在数控镗床、铣床上镗联轴孔。叶轮加工见图4.4-9，加工后的转轮尺寸见图4.4-10。

图4.4-9　干河泵站叶轮加工示意图

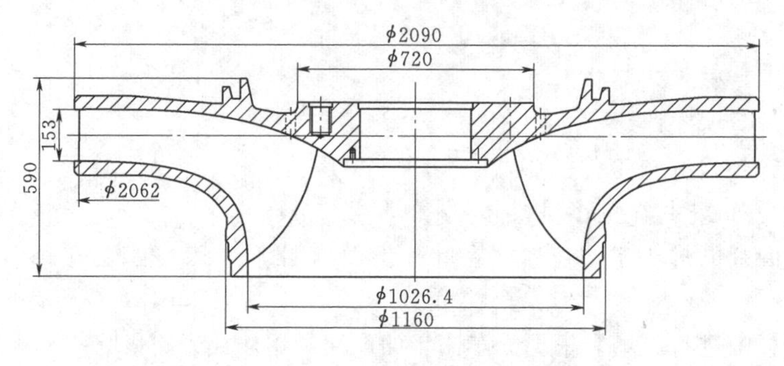

图4.4-10　干河泵站叶轮结构图

4.4.6　叶轮静平衡

精加工后的叶轮采用钢球镜板静平衡方式进行平衡，要求的残余不平衡重应不大于2.5N·m，高于国际静平衡标准级精度。叶轮上没有配重的位置，只能采用去除重量的方式使其满足要求。由于叶轮的残余不平衡力要求非常高，为避免出现偏差，制作两个法兰分别用于粗平衡和精平衡，并在法兰上对称加工四个孔用来测量间隙，以保证平衡时平衡球与叶轮的同轴度。叶轮静平衡见图 4.4-11。

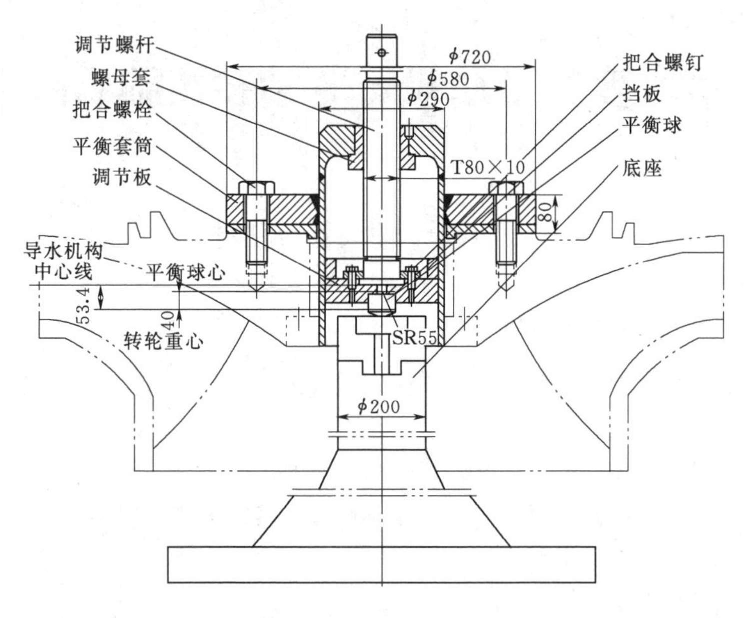

图 4.4-11 叶轮静平衡示意图

第5章　变频电动机、变频装置和励磁系统

5.1　变频电动机

5.1.1　变频电动机设计特点

干河泵站水泵需要进行变速运行，因此驱动电机选择了全转速范围内的变频调速同步电动机，与水泵配套的变频电动机额定功率为22.5MW。根据运行工况需求不同，通过变频装置输出不同频率的电能对电机进行驱动，使电机工作在不同的转速上，通过与水泵的最优水力特性相结合，起到调节水泵工作流量及电机输出功率的目的，并提高机组的运行效率和运行可靠性。由于干河泵站电机采用全功率变频运行，有别于普通工频电机，电机的设计需考虑以下因素：

（1）变频电源对电机的影响。设计时应考虑变频电源的 du/dt 对电机绝缘系统的特殊要求、变频电源谐波引起的谐波发热以及转矩脉动等问题；同时，在电磁设计中应优化磁场波形，并考虑采取措施抑制变频电源引起的共膜电压对电机的影响。

（2）电机从零转速到工作转速过程采用变频软起动，相当于准同步启动状态，启动过程中电机电磁转矩有别于工频异步启动转矩。设计时提出了电机在变频启动过程中的启动力矩的计算方法，并根据水泵的阻力矩曲线对启动过程进行核算。

（3）电机工作在不同的转速下，电机的通风冷却系统没有采用外置强迫风机，采用了自带风扇通风的结构。不同的转速对电机冷却风扇的特性以及冷却结果会产生影响，电机的通风设计中应予以考虑。

（4）电机存在突然失电失去动力、上游高压管道内的水反向作用在叶轮上使水泵反转的运行工况。在这种工况下，会使得与叶轮同轴的电机的转速从工作点下降至零进而反向运转、最终达到反向飞逸转速工况。因此，电机设计时要考虑在不同转速区间的各阶振动，以避开共振点，同时在轴承设计时要考虑满足各种正反转、高低速工况的润滑及刚度要求。

（5）为避免在启动、停机过程或低速运行时的干摩擦或半干摩擦，并减少启动扭矩和轴承磨损，立式推力轴承采用了动静压轴承，即静压顶起、动压可正反向运行的结构。当主轴静止或转速低于一定值时，利用静压供油系统提供的压力油将主轴浮升并承受一定外载荷。

5.1.2　变频电动机基本参数

5.1.2.1　型号和额定值

型号：TL22500－10/3100

额定容量：22500kW

额定电压：3.1kV

额定电流：4270A

额定功率因数：1.0

额定频率：50Hz

额定转速：600r/min

额定效率（不包括励磁系统损耗）：98%

额定效率（包括励磁系统损耗）：97.75%

相数：3

额定励磁电压：145V

额定励磁电流：410A

5.1.2.2 电气、机械性能

定子绕组绝缘等级：F级

转子绕组绝缘等级：F级

转动惯量 GD^2：900kN·m^2

一阶临界转速：1142r/min

直轴同步电抗 X_d（饱和值）：135.39%

直轴同步电抗 X_d（不饱和值）：144.29%

直轴瞬变电抗 X'_d（饱和值）：33.71%

直轴瞬变电抗 X'_d（不饱和值）：35.93%

直轴超瞬变电抗 X''_d（饱和值）：19.26%

直轴超瞬变电抗 X''_d（不饱和值）：20.52%

交轴同步电抗 X_q（饱和值）：79.39%

交轴同步电抗 X_q（不饱和值）：84.61%

交轴瞬变电抗 X'_q（饱和值）：79.39%

交轴瞬变电抗 X'_q（不饱和值）：84.61%

交轴次瞬态电抗 X''_q（不饱和值）：20.83%

X''_q 与 X''_d 的比值：1.015

负序电抗 X_2：20.67%

零序电抗 X_0：6.72%

短路比：0.74

5.1.2.3 主要部件重量和尺寸

定子铁芯内径：2450mm

定子铁芯外径：3100mm

定子铁芯长度：870mm

定子机座高度：2220mm

定子外径（不包括冷却器）：4090mm

定子外径（包括冷却器）：4800mm

风罩内径：6500mm

转子直径：2404mm

转子高度：7410mm

电机总高：7850mm

转子带轴重量：42.5t

定子重量：38t

主轴重量：14t

电机总重量（包括冷却器、轴承、机架）：135t

5.1.3　电磁设计

5.1.3.1　电机冷却方式选择

立式同步变频电动机采用双路径轴向部回风通风结构，冷却空气一部分由桨式风扇的作用进入磁极轴向，流经磁极极间、气隙、定子径向风沟汇集到定子铁心背部；另一部分在转子旋转产生的压头作用进入磁轭轴向通风孔，流经磁轭风沟、磁极极间、气隙、定子径向风沟，冷却气体携带发电机损耗热汇集到冷却器，与冷却水交换热量、散去热量后，重新分上、下两路流经定子线圈端部进入转子支架，构成密闭自循环通风系统。通风系统风路循环见图5.1-1。

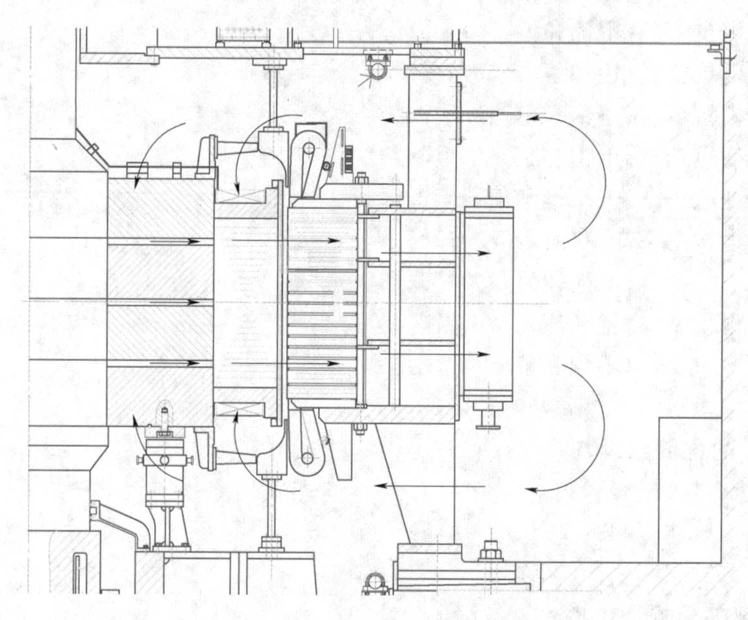

图5.1-1　变频电动机通风系统风路循环示意图

电机为变频调速运行，转速调节范围为528～612r/min。通风冷却系统应保证电机在全部转速调节范围内的运行温升能够满足要求。为解决变频电机在低转速时冷却风量不够的问题，需合理确定桨式风扇的形状及安装角，并对转子的径向通风进行了特殊设计，在通风沟处增加导风带，以减小风阻提高效率。应用FLOWMASTER软件对变频电动机进行了通风计算分析，通风网络根据机组的结构确定，包括转子磁轭、磁极的压力元件及风阻元件，定子入口、出口风阻元件，冷却器等风阻元件。

电机通风计算结果如下：

(1) 以转速 528r/min 运行时，电机通风损耗为 60.5kW；电机冷却总风量为 10.39m^3/s，其中转子风扇形成的冷却风量为 5.65m^3/s。

(2) 以转速 600r/min 运行时，电机通风损耗为 89.7kW；电机冷却总风量为 11.93m^3/s，其中转子风扇形成的冷却风量为 6.52m^3/s。

通过计算，通风系统满足电机运行温升限制值要求。

5.1.3.2 额定电压选择

电动机的额定电压与变频装置的输出电压相匹配。变频装置输出的额定电压为 3.1kV，变频电动机的额定电压确定为 3.1kV。

5.1.3.3 抑制谐波的措施

由于变频装置在其输出电压波形中含有谐波分量，另外电机本身也会出现谐波。这些谐波会对电机的损耗、振动、噪声等带来不利影响。为减少谐波的影响，采取了如下措施予以抑制。

1. 采用整数槽绕组

分数槽绕组产生的磁动势中常含有一系列分数次谐波，在有些情况下可能和磁极产生的主磁场相互作用而产生一系列干扰力；整数槽绕组则没有这个问题。

对于电机来说，每极每相槽数 q 值越大，则齿谐波的阶数越高，谐波磁场的含量就越小，因而选择较大的 q 值可以减小波形的畸变。

确定的定子槽数为 150，相应每极每相槽数 $q=5$。

2. 选择合适的极弧系数和阻尼绕组节距

经比选优化，确定的极弧系数为 0.7，阻尼绕组节距为 42mm。

5.1.4 结构设计

5.1.4.1 总体结构

电动机为立轴悬式密闭自循环空气冷却电动机；采用一段轴结构；设有 2 部导轴承和 1 部推力轴承，上导轴承和推力轴承分别布置在转子上方的上机架内，转子下方设有下导轴承。经计算，电动机与水泵组装后轴系的一阶临界转速大于机组倒转飞逸转速的 125%。

电动机由定子、转子、上导轴承、推力轴承及上机架、下导轴承及下机架、空气冷却器装置、制动系统、灭火系统及各种盖板、基础埋入部件、各种管路、电缆等必要的辅助部件组成。电动机总体结构见图 5.1-2。

定子的机座支撑在预埋入混凝土的底板上，机座架具有足够的强度和刚度，包括紧固件在内，可以承受电动机整个静、动荷载和推力轴承传递的全部轴向荷载，以及各种暂态力矩和转子半数磁极短路引起的单侧磁拉力。

推力轴承的上支架直接安放在定子机座上，具有足够的刚度和强度，能承受包括电动机转子、水泵叶轮和轴的整个旋转部件的重量，外加作用在水泵叶轮上的水推力（包括过渡过程工况和水泵叶轮密封环可能的磨损和损坏时的水推力）。

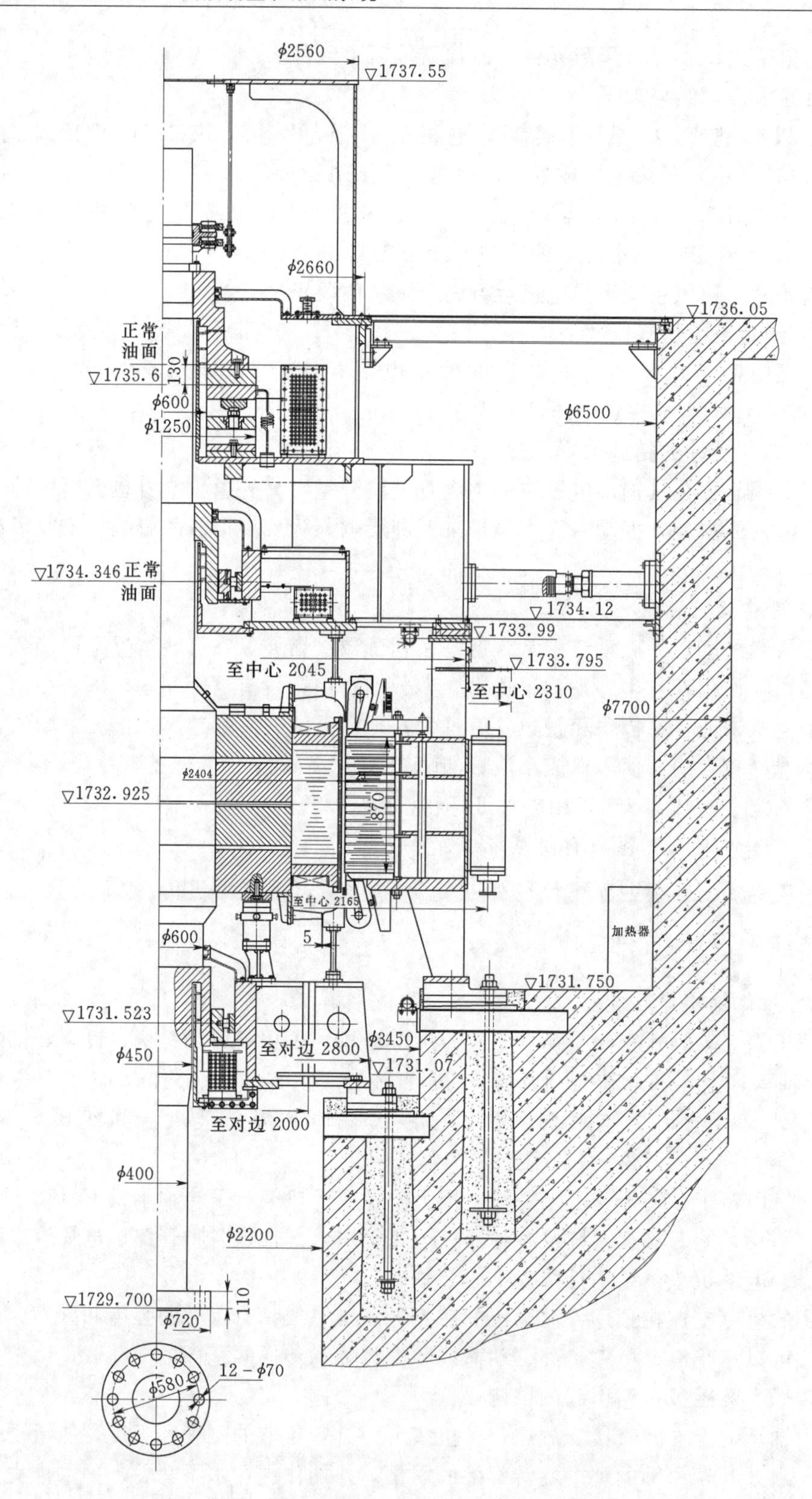

图5.1－2　干河泵站22.5MW变频电动机剖面图

电动机的轴承支架、基础板及电动机的结构部件的设计应避免与泵组的固有频率产生任何有害的共振现象。

电动机所有相同的部件都具有互换性。

5.1.4.2 定子

1. 定子机座

定子机座由轧制钢板焊接而成，采用整体运输。

定子机座由定子铁芯支撑环、垂直筋板以及机座外壁组成。定子机座下齿压板具有足够的强度和径向刚度，能承受定子铁芯和绕组的重量。垂直筋板沿径向方向焊接固定在各支撑环间，使这些支撑环成为一个稳定的机械结构。机座外壁上安装空气冷却器，形成循环通风冷却回路。

定子机座具有足够的强度和刚度，能承受定子绕组短路时产生的切向力和转子半数磁极短路时产生的单向磁拉力；能承受在各种运行工况下所受的热膨胀力、额定运行工况产生的切向力及定子铁芯通过定位筋传来的 2 倍频率交变力等；能够承受推力轴承、上机架、转子、水泵叶轮、泵轴及水推力。定子机座能承受把整体定子从安装场吊入电动机所在机坑的过程中引起的应力而无有害变形。

2. 定子铁芯

定子铁芯采用低损耗、高导磁率、非晶粒取向、无时效、机械性能优质的冷轧硅钢片。

定子铁芯叠片全部交错叠制，采用分段压紧方式，叠片的叠压系数不低于 0.96，叠片的压紧由叠片装配应力控制，并检查拉紧螺杆的拉力以校对叠片压紧程度。铁芯叠片分段压紧力不小于 1.6MPa，拉紧螺杆两端用螺母固定在齿压板。铁芯叠装后由于叠片错位引起定子槽深和槽宽的误差均不大于 0.3mm。叠片分段压紧时，圆周方向高度差不超过 ±0.5mm。

定子叠片上、下两端用齿压板牢固地夹住，齿压板的压指采用非磁性材料，以减小端部漏磁场引起的损耗和发热。

3. 定子绕组

定子线圈采用双层叠绕组，线圈主绝缘为 F 级云母带，采用 VPI 压力真空整浸处理。定子线圈具有严密、无气孔、均匀、有弹性以及极好的电气、机械、抗老化性能和不易燃与防火特性，具备良好的防电晕和耐腐蚀能力。单个定子线圈能保证在不低于 1.5 倍的额定线电压下不产生电晕，电动机整体绕组在不低于 1.1 倍额定线电压下不产生电晕。在线圈的槽部和端部采取二次防晕结构。在下线前，铁芯槽部用半导体漆进行处理。

由于变频装置所输出的电压中含有大量的高次谐波及峰值电压，对于电机的绝缘性能及质量要求高，因此绝缘结构是变频电动机设计应考虑的主要技术问题之一。考虑到电源的峰值电压及电压变化速率的关系，电机的主绝缘和匝间绝缘设计按 3kV 等级设计、按 7kV 等级考核。在电机的设计中采用最大并联支路数的方式可降低对线圈首末匝的电压冲击幅值。

电机定子线圈不但经常承受矢量控制过程中高低频电磁力的冲击，而且还承受向下的重力及电源施加的各次谐波脉振的影响，因此对定子绕组端部固定的要求非常高。定子端部采用外端箍把合在压板支架上的绑扎方法，保证了绕组的端部在轴向和径向上的固定，并且在槽口加垫块以加强轴向固定。绕组的端箍采用非磁性材料。绕组斜边采用多层热胀型材料塞紧，在加热和压力作用下高出线圈边3mm左右，上、下端膨胀后形成一哑铃状，使线圈斜边的固定非常牢固。为了加强定子绕组鼻部的固定，在鼻部内圈处增设软端箍。软端箍经VPI浸渍固化后形成一玻璃钢环。通过上述的绑扎固定后绕组端部可满足各种运行工况下的要求。绕组经VPI无溶剂真空整体浸渍，并进行介质损失角测定、直流吸收比试验和绝缘局部放电试验。绕组的所有接头均采用银铜焊。

4. 主引出线和中性点引出线

主引出线和中性点引出线采用成型的全绝缘铜排，主引出线绝缘铜排引出至与铜管母线连接处。

5.1.4.3　转子

1. 磁轭

磁轭由高强度优质钢板叠装而成，可以保证在最大飞逸转速下磁轭断面上出现的最大拉应力不大于材料屈服应力的2/3。

磁轭与轴的连接采用热套的连接方式。在磁轭热套完成后，磁轭与轴之间的预紧力可保证转子在1.1倍最大飞逸转速时轴与磁轭不发生分离，在额定转速及最大反向飞逸转速下磁轭不发生浮动。

磁轭结构能够满足通风系统的要求。制动环安装在转子磁轭下端，其拆装不必拆除磁轭。

2. 磁极

磁极的固定能保证在电动机的所有运行工况下不发生有害变形，并采取措施补偿绝缘材料的收缩并在磁极线圈上维持适当的压力。磁极绕组、绝缘及极间连接线、绝缘能承受运行时的振动、热位移和飞逸转速下的应力，而且能承受短路和不平衡电流而无机械的和电气的损坏。

磁极铁芯由锻钢压板、高强度优质薄钢板经高精度冲模的冲片及拉紧螺杆组成。

磁极线圈导体采用铜母线，其纯度不低于99.9%。磁极绕组绝缘为F级绝缘。磁极线圈匝间绝缘采用F级上胶Nomex纸与相邻匝完全黏合，且突出每匝铜线表面，并热压成整体。磁极极身与线圈之间的间隙用预浸涤纶毡塞紧，固化后成为一体。磁极绕组上、下部具有绝缘托板且各点支撑良好。极间连接线为可靠的柔性连接，连接线有防松动措施，便于拆卸和检修。磁极线圈接头布置在转子上方，在极间装有支撑块。

磁极绕组经过加压热处理，匝间无间隙，以保证组装紧固。磁极线圈采用带有散热匝的结构，使散热条件得到改善，可有效降低绕组的温升。固定在磁极和磁轭上的铜排引线，其线夹结构应考虑防止引线在运行中做径向滑动。

3. 阻尼绕组

转子设有阻尼绕组。阻尼绕组具有承受短路电流和不平衡电流的能力。

采用银铜焊将阻尼条和阻尼环连接紧固，以防止由于振动、热位移以及在飞逸转速下出现机械性故障。阻尼环间采用多层紫铜片制成的连接片进行柔性连接，用螺栓紧固。

4. 主轴

主轴为一体式结构，具有足够的强度和刚度以承担正常运行和非正常运行工况下作用于轴上的各种转矩和力，并使应力、挠度和摆度均控制在允许范围内，以保证机组的安全和稳定运行。

主轴采用高强度优质钢锻制而成，经热处理释放应力后再进行机械加工，加工后的技术要求符合如下规定：

导轴承轴颈外圆允许差值：<0.03mm

配合面及止口允许差值：<0.02mm

法兰端面垂直度允许差值：<0.02mm

主轴的机械抛光面的表面粗糙度：不超过 0.8μm

主轴按 ASTM A－388 标准进行包括 X 射线、超声波等无损探伤方法的检查。

5.1.4.4 推力轴承

推力轴承位于转子上方，安装在上机架中心体油槽内。推力轴承采用弹性圆盘支撑方式，该结构可使推力瓦的热变形和机械变形最小。推力轴承瓦采用巴氏合金瓦，正常开、停机时，推力轴承使用高压油顶起装置。推力轴承为稀油润滑，推力轴承润滑油采用 L－TSA46 汽轮机油。

推力轴承及其支架能承受机组转动部分的重量和水推力构成的综合负载。电动机在各种不同的工况下运行，包括机组从最大反向飞逸转速不加制动到停机的整个过程，推力轴承不发生损坏。

推力轴承冷却水温在规定范围内时，其最高运行温度不超过 70℃。在推力轴承的油温不低于 10℃时，允许机组正常停机后立即启动及在事故条件下无制动停机。在油冷却器冷却水中断的情况下，允许机组在额定工况下运行 15min 而不损坏，轴承各部位温度不超过 75℃，并能正常停机。

推力轴承设有防油雾逸出和甩油装置，采用接触式密封，防止油雾逸出，设置隔油板等措施以避免油内混气产生气泡。

推力轴承设有绝缘措施，防止轴电流对推力轴承的危害，并设有轴电流检测设备和轴电流保护装置。推力轴承和各部导轴承的绝缘电阻不小于 1MΩ。

推力轴承每块轴瓦内装设电阻型测温元件，油槽内至少装有 2 个电阻型测温元件。

5.1.4.5 导轴承

在电动机转子上、下部各设置导轴承，上导轴承及其冷却器布置在上机架内，下导轴承及其冷却器布置在下机架内。导轴承为油浸、自润滑、可调的分块瓦型式，能正、反两方向安全运行，能承受各种运行工况下施加于它的径向力和半数磁极短路时产生的单边磁拉力。

导轴承通过轴承旋转的自身泵作用来促使油循环，设有阻止渗油、溢油、甩油和油雾扩散的可靠措施。导轴承设有绝缘结构，防止轴电流腐蚀轴瓦。轴承绝缘为夹层型，便于测量轴承绝缘。在下端轴设置接地电刷，防止绝缘损坏后轴电流损伤轴瓦。

在导轴承的油温不低于 10℃时，允许电动机起动。在油冷却水中断的情况下，在达到整定的停机轴承温度前允许机组在额定工况下运行 15min。

5.1.4.6 上、下机架

上、下机架采用钢板焊接结构，由中心体和4个支臂组成。上机架与定子机座对应的立筋通过销钉和螺栓刚性连接。上机架具有轴向刚度大、切向柔度适中的特点，保证在事故工况电动机的稳定性，并使混凝土围墙承受的径向力最小、均匀和恒定，能承受导轴承传递的任何条件下的径向力（包括转子半数磁极短路产生的单边磁拉力）和机组转动部分的重量和水泵最大水推力构成的综合负载。可在不拆下集电环的情况下即可取出上导轴承瓦和油冷却器。

对机架、定子机座等结构件的固有频率均进行了计算，以避免与机组的振动频率及其倍频或与不对称运行时转子和定子铁芯的振动频率产生的共振。

5.1.4.7 电动机机坑

电动机机坑由固定在上、下机架上的钢隔板和电动机混凝土墙组成，并形成一个完全密闭式循环空气系统；机坑内壁为圆形。所有阀门、开关、表计等均装在便于操作、观察的地方，且不妨碍维护人员通行。

上盖板及其框架有足够的刚度，并能承受4MPa的外部荷载。上盖板与机架之间设防震隔音隔板。上盖板和隔板能分块拆卸，以便于用桥机吊装空气冷却器等。上盖板与混凝土墙上钢环之间配合紧密，盖板的所有接缝处均设置密封垫，有防松装置的紧固件。

下机架的适当位置设有刚性下盖板，盖板的所有接缝处均设有密封垫。

机坑混凝土墙壁上有向机坑外开的进人门，门设置密封垫和专用锁。机坑内设置一定数量的照明装置，被照区域照度按100Lx考虑，并设有带蓄电池及逆变器的照明灯具(事故照明)，当正常照明电源消失后自动投入，运行时间不小于30min。

电动机机坑内的所有金属部件都可靠接地。

5.1.4.8 集电装置

集电装置由集电环和电刷装置组成，装设于电动机轴上部的罩内，并考虑充分的通风冷却，且安装了吸尘装置以防止碳粉回风污染定子和转子绕组。

集电环采用高抗磨材料制成，采用支架式整圆结构，环间距离不小于60mm。电刷采用高抗磨材料制成，运行寿命不少于3000h。

刷握沿正、负导电环的圆周方向上下交错布置，采用恒压弹簧式刷握。每个刷握设1个电刷，每只电刷的引线采用镀银编织铜线，以防止由于电刷接触不良或接头松动导致机组失磁。正负导电环各设1个用于试验测量的备用电刷、刷握及端子。

电缆接头与导电环的接触面电流密度不超过0.25A/mm^2，以防氧化和两种金属长期接触电腐蚀作用导致接触电阻增大和局部过热，电缆接头数不少于2个。

集电环、导电环及引线的全部绝缘均耐油、防潮。励磁回路导线截面选择至少为能承受最大励磁电流所需截面积的130%。从电刷架引至励磁柜端子间的励磁电缆为整根电缆，中间无接头。

5.1.4.9 冷却系统

1. 电动机冷却系统

电动机冷却系统设备主要包括电动机空气冷却器、推力轴承和上导轴承油冷却器、下导轴承油冷却器三部分。冷却水压力为0.6～1.0MPa。冷却水系统的最高进水温度为

25℃。冷却水系统设置一个总阀门（不锈钢），用于控制和调节冷却水量。

电动机配置有 6 个冷却器，对称的分布在定子机座的周围。空气冷却器的容量设计裕度不小于 20%，当电动机在额定工况运行、进口冷却水温为 25℃时，任一台冷却器退出运行后，空气冷却器出口风温不超过 40℃，电动机各部位温升不超过允许温升限制值。

空气冷却器采用高导热、耐腐蚀的铜镍合金材料制成，冷却效率高。每个冷却器设有集水箱、排水阀、自动排气阀等排水、排气装置以及必需的测量仪表和带电接点的温度信号计，以及消除水垢的设施。每个冷却器的进口和出口均装有压力表，以及供安装与检修时用的起重吊环。

空气冷却器最大工作压力为 1.0MPa，设计压力为 1.5MPa，试验水压为 2.5MPa。试验时在试验水压下保持 60min，然后将压力降至最大工作压力再保持 30min，冷却器不渗漏、且不产生有害变形。冷却器进、出口压力表计之间的水力压降不超过 0.15MPa。

2. 轴承润滑油冷却系统

推力轴承和导轴承油槽应采用内循环冷却方式，油冷却器布置在油槽内。轴承润滑油采用水冷却，每部轴承油槽均设置油-水冷却器。

油冷却器采用高导热、耐腐蚀的紫铜管制成。油冷却器保证不渗漏水，并设计成能防止泥沙堵塞和便于清洗的结构。

油冷却器的最大工作压力、设计压力、试验压力及试验要求与空气冷却器相同。油冷却器进、出口压力表计之间的水力压降不超过 0.15MPa。

5.1.4.10 润滑系统

电动机推力轴承和导轴承配有独立、密封的全套自循环润滑系统。润滑系统由油槽、油冷却器、管路及其附件、阀门、测量仪表、控制、自动化元件等组成。每一个轴承油槽设有一个现地显示油位计和一个带接点输出的油位计。油槽的油量按电动机在额定工况运行时冷却水中断 15min 轴承允许的最高温度确定。润滑油采用 L-TSA46 汽轮机油。

轴承油槽采用具有成熟技术的接触式油挡结构，密封良好，能防止油雾逸出。润滑系统设有消除油气溢出、甩油和漏油的措施，配有油气分离装置和油混水检测装置。

推力轴承设有高压油减载装置，其作用是在机组较长时间停机后重新启动或停机过程中自动给推力轴承提供高压油。正常情况下，在机组开、停机之前自动启动高压油泵。停机时当机组转速达 50%～80%额定转速时，高压油泵启动运行，机组完全停机后，高压油泵关闭。

高压油减载系统设有两台全容量油泵，1 台工作、1 台备用，油泵由交流电动机驱动。设备的压力和流量测量装置各自带有两个独立的电气接点。高压软管能承受 2 倍以上的工作压力，并配有逆止阀防止油倒流。油过滤器能滤掉直径大于 1/2 油膜厚度的微粒。

5.1.4.11 机械制动装置

电动机安装一套压缩空气操作的机械制动装置，由制动环、制动器（带制动块）、压缩空气控制柜和管路以及阀门、压力表、自动化元件、连接电缆等部件组成；当电动机转速下降到 30%额定转速时，机械制动装置投入，直至机组完全停机，制动时间不超过 2min。制动系统压缩空气气压为 0.55～0.7MPa。

制动环安装在转子磁轭下端。制动环的耐磨表面为防热变形和开裂的分块结构，易于拆卸和更换。

制动块为非金属无石棉材料（GHA9010），制动时不会产生有害环境的物质和粉末，使用寿命不少于30年。制动块设置磨损量自动测量装置；制动后活塞能迅速有效地复位。每个制动器装有位置开关，以监视制动器活塞位置。

5.1.4.12　顶起装置

用于停机机械制动用的制动器也用作顶起装置的液压千斤顶，以顶起电动机转子和水泵叶轮，用于拆装水泵中间轴及转轮芯包或组装、调节推力轴承。液压千斤顶上设置机械锁锭，以保持转子在顶起的位置上而无须连续保持液压。

顶起装置包括液压千斤顶、供排油管路、高压阀门、压力表、自动化元件等部件及两套移动式高压油泵装置。千斤顶利用机械制动停机装置中的制动器。移动式高压油泵装置包括两台配有交流电机的高压油泵组（互为备用）及其控制保护装置、高压油软管、管接头、油过滤器、逆止阀、压力表和油罐。

5.1.4.13　灭火系统

电动机设有水喷雾灭火装置，包括连接电动机机坑内部的喷雾系统所必需的全部控制阀门、管路及附件、喷头、滤水器、探测及报警装置、指示灯、连接电缆、压力表计，以及吊架等。灭火装置能够实现自动和手动两种操作和试验的功能。

灭火系统按工作水压0.4～0.8MPa设计，试验水压为1.5倍最大工作压力。

灭火系统设有抗电磁干扰和屏蔽的感烟及感温探测器各6个，每个探测器采用双总线方式与报警装置相连。在电动机机墩外壁、靠近电动机机坑进人门处设有1只手动操作阀门，便于运行人员操作灭火设备。

5.1.5　主要部件结构分析

5.1.5.1　定子

1. 定子固有频率

采用有限元程序Ansys13.0对定子机座、铁芯和上机架进行模态分析。计算模型包括定子机座、铁芯和上机架，并将定子铁芯模型简化为空心圆筒，该圆筒外径取铁芯外径，内径取铁芯冲片槽底处直径，经计算该圆筒相当密度$\rho=12.9\times10^{-6}\mathrm{kg/mm^3}$。

模型均采用实体单元，将转子和轴承装配等重量以附加质量的形式施加在上机架8个垫板上，将机座与基础相连接的螺孔处施加全约束，机座底板施加轴向约束。定子模态计算模型见图5.1-3、图5.1-4。定子模态分析计算结果见表5.1-1和图5.1-5～图5.1-10。

表5.1-1　定子模态分析的固有频率及振型计算结果

模态阶次	振动频率/Hz	振动类型	备注
第一阶	5.7779	上机架横向振动	见图5.1-5
第三阶	16.194	上机架和机座整体扭振	见图5.1-6
第四阶	22.742	上机架横向振动	见图5.1-7
第六阶	28.549	上机架轴向振动	见图5.1-8
第七阶	32.865	上机架扭转振动	见图5.1-9
第八阶	37.611	机座横向振动	见图5.1-10

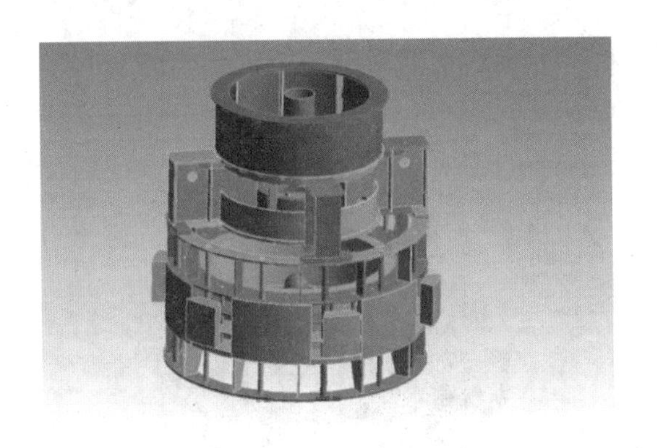

图 5.1-3 定子机座、铁芯和上机架几何结构图

图 5.1-4 定子模态分析有限元模型

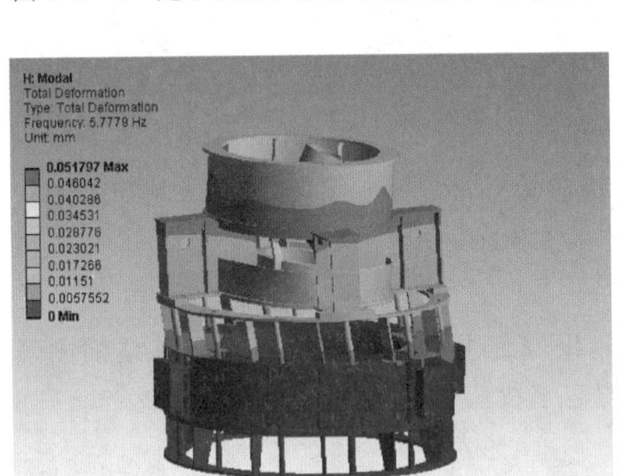

图 5.1-5 上机架横向振动频率分析（第一阶）

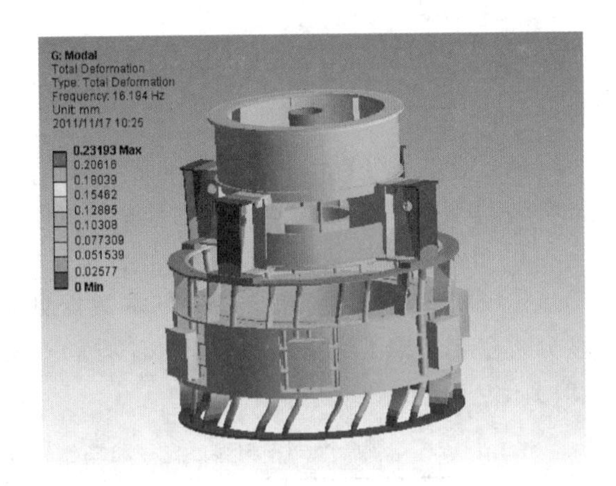

图 5.1-6 上机架和机座整体扭振频率分析（第三阶）

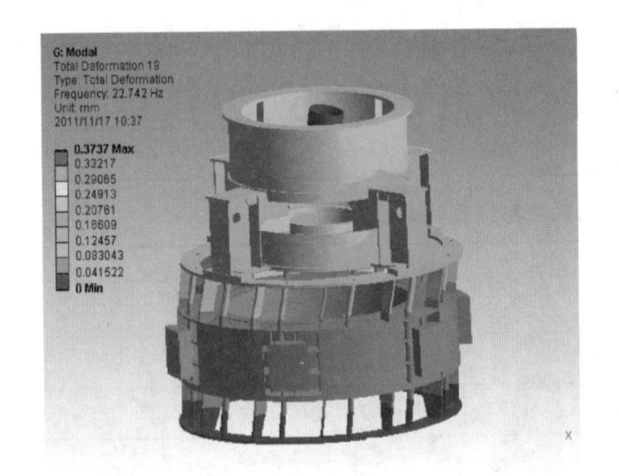

图 5.1-7 上机架横向振动频率分析（第四阶）

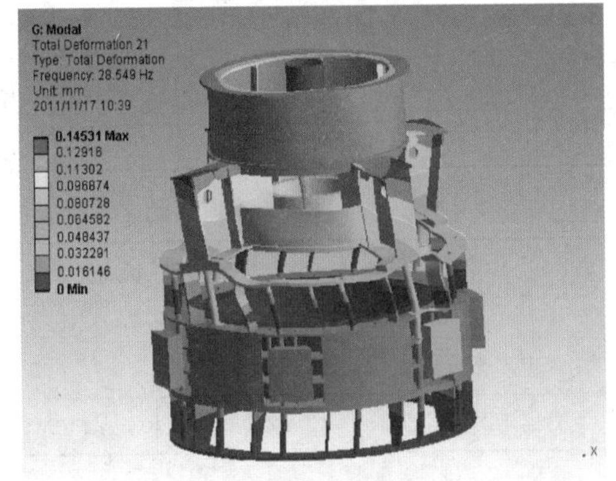

图 5.1-8 上机架轴向振动频率分析（第六阶）

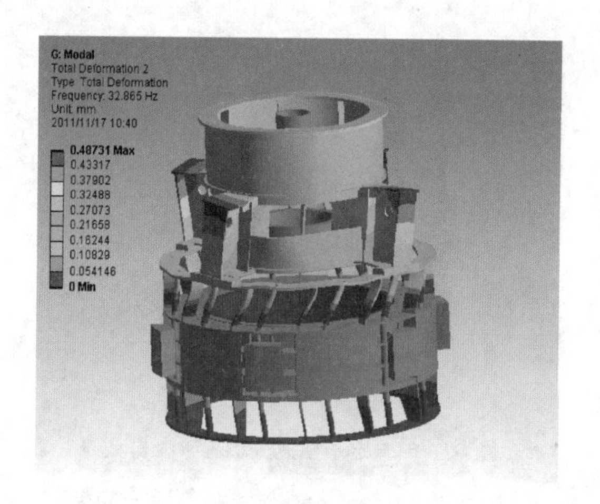

图 5.1-9　上机架扭转振动频率分析（第七阶）

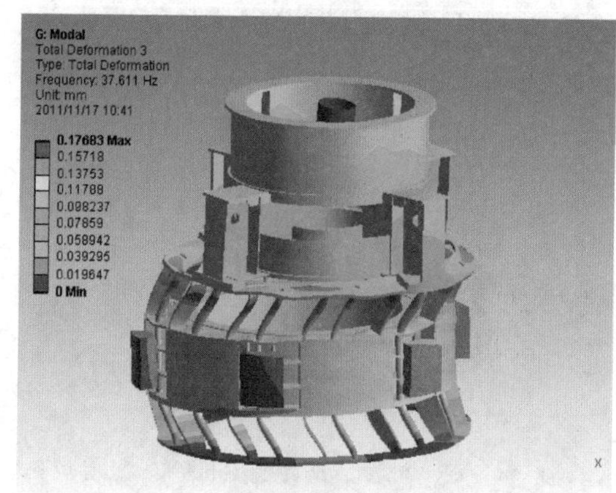

图 5.1-10　机座横向振动频率分析（第八阶）

从计算结果分析，上机架和机座整体扭振、横向振动的频率避开了转动频率（10Hz）、50%转动频率（5Hz）、双倍转动频率（20Hz），不会产生共振。

2. 定子机座结构刚强度

定子机座结构刚强度分析的基本数据见表5.1-2。干河泵站电机定子机座结构刚强度分析主要考虑了额定工况和短路工况，计算的定子机座的应力和变形结果见表5.1-3和图5.1-11～图5.1-18。

表 5.1-2　干河泵站定子机座结构刚强度分析的基本数据表

机座和上机架钢板材料	Q235	轴承和油重量/t	6.5
钢板材料屈服极限/MPa	≥225	冷却器重量/t	12
机座圆钢材料	Q345	铁心重量/t	21.7
圆钢材料屈服极限/MPa	≥345	电机额定扭矩/（N·mm）	3.581×10^{8}
最大轴向水推力/t	125	超瞬变电抗 x''_d/(p.u.)	0.205
转子重量/t	42.5	短路扭矩/（N·mm）	1.746×10^{9}

表 5.1-3　干河泵站定子机座的应力和变形计算结果表

工况	机座筋板最大综合应力/MPa	机座圆钢最大综合应力/MPa	机座最大轴向变形/mm	机座最大切向变形/mm
额定工况	126.53	95.61	0.656	0.64
短路工况	217.73	331.49	0.656	2.33

5.1.5.2　临界转速计算

1. 计算方法

计算使用轴系临界转速计算程序PROD127。该程序采用传递矩阵方法计算轴系弹性（或刚性）支撑临界转速、轴承有阻尼临界转速、转子不平衡响应以及静挠度等。传递矩

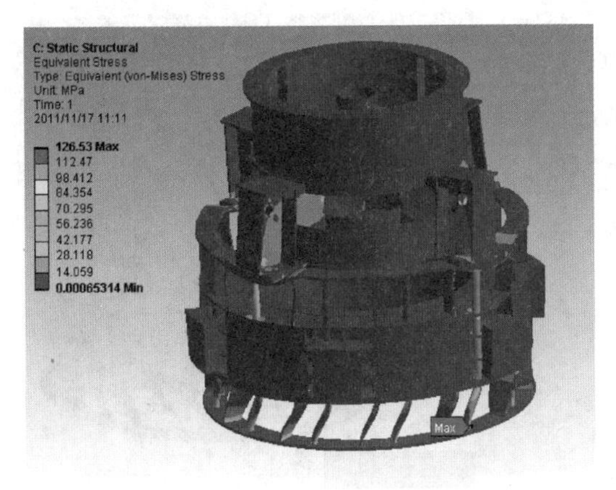

图 5.1-11　额定工况定子机座筋板应力图

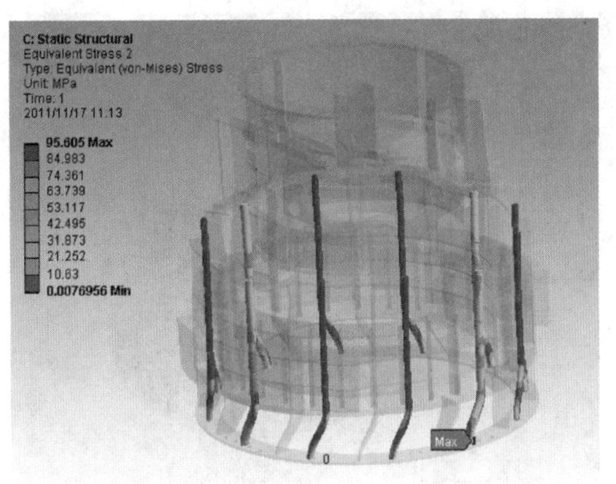

图 5.1-12　额定工况定子机座圆钢应力图

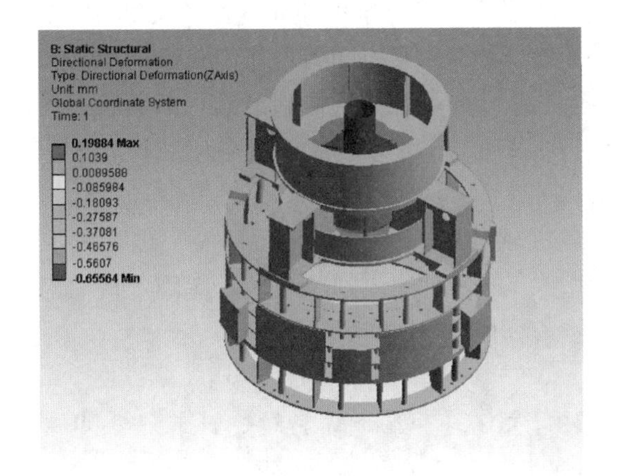

图 5.1-13　额定工况定子机座轴向变形图

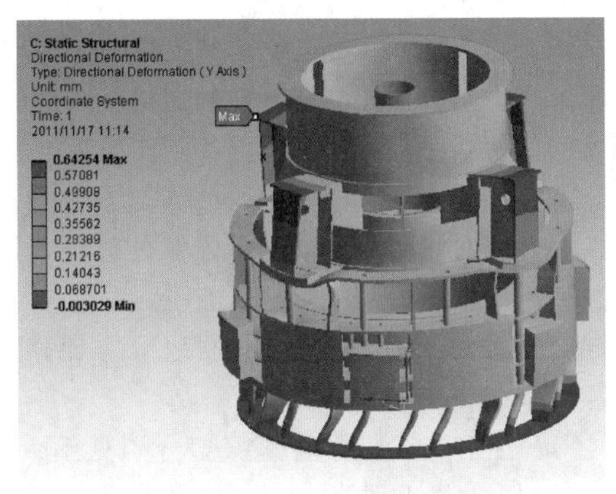

图 5.1-14　额定工况定子机座切向变形图

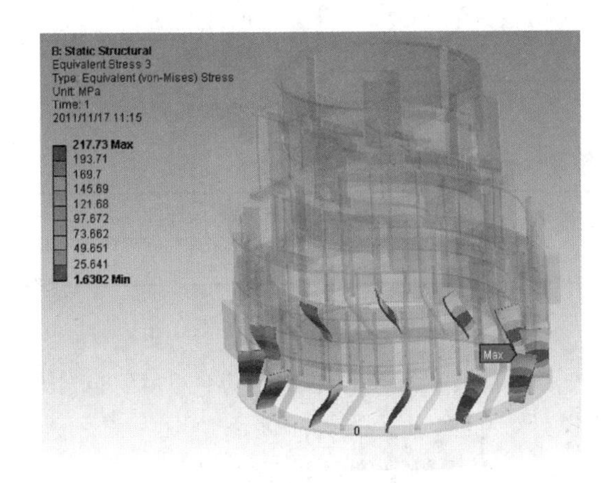

图 5.1-15　短路工况定子机座筋板应力图

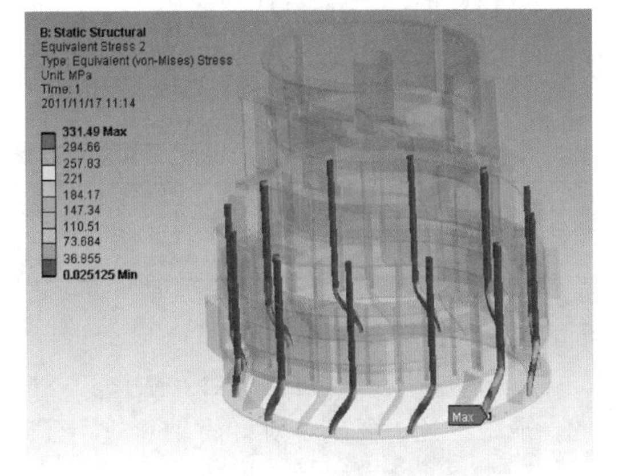

图 5.1-16　短路工况定子机座圆钢应力图

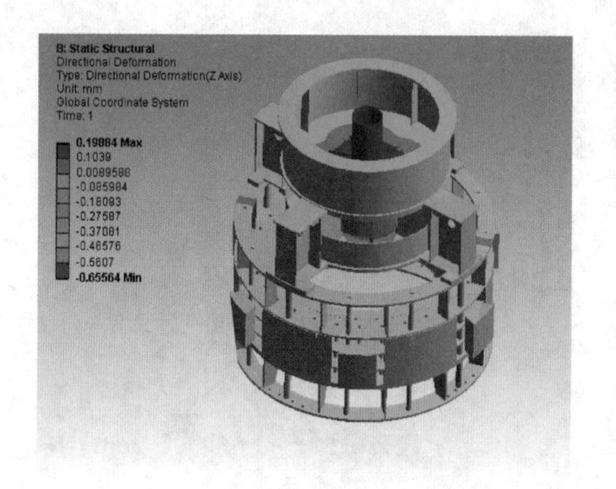

图 5.1-17 短路工况定子机座轴向变形图

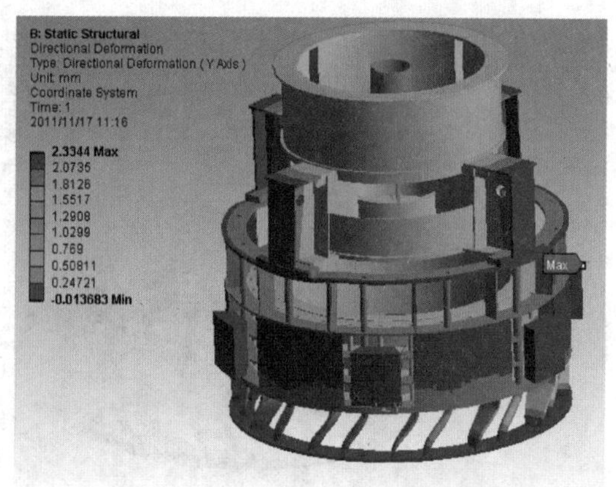

图 5.1-18 短路工况定子机座切向变形图

阵方法的基本原理是按一定的等效原则将转子简化为具有若干集中质量的多自由度系统，分成圆盘、轴段、分支结构和支撑等单元，以挠度、斜率、弯矩和剪力作为截面的状态向量，用力学方法建立起部件两端状态向量的传递关系，再用连续条件求出任一断面状态向量与起始状态向量的关系，找到能满足边界条件的涡动频率，求得轴系的各阶临界转速。

2. 计算条件

计算时将转子分成若干连续的轴段，输入各段轴的弯曲惯性矩、质量、长度和外直径，以及轴承的油膜刚度、油膜阻尼和轴承座刚度。计算时油膜刚度和轴承座刚度按照经验数据输入，总刚度取 1×10^9 N/m。计算时将转子分成 35 个轴段。

3. 临界转速计算结果

一阶和二阶临界转速振型分别见图 5.1-19、图 5.1-20，临界转速计算结果见表 5.1-4。一阶临界转速超过了最大倒转飞逸转速的 125%，满足设计要求。

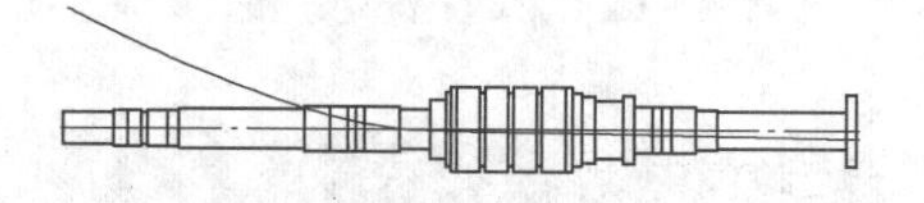

图 5.1-19 电机一阶临界转速振型图

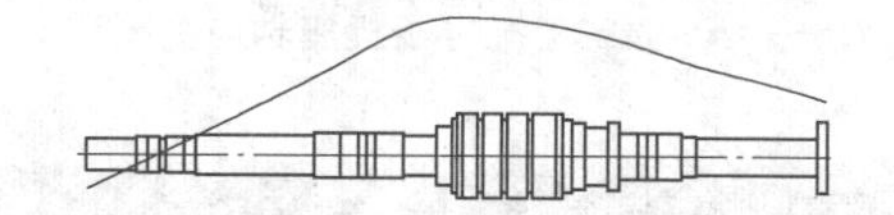

图 5.1-20 电机二阶临界转速振型图

表 5.1-4 干河泵站电机临界转速计算结果表

项目	一阶临界转速/(r/min)	二阶临界转速/(r/min)
数值	1142	1914

5.1.5.3 推力轴承

水泵机组在过渡过程中会发生反转，因此，干河泵站变频电机的旋转方向为双向，因此，应根据这一要求，对推力轴承进行了特殊设计，如推力瓦的周向偏心角取为 0°、进油边为双边、支撑螺柱与推力瓦间增加支撑圆盘等。推力轴承润滑油采用 L-TSA46 号汽轮机油。

对推力轴承进行了润滑性能分析计算，推力轴承的润滑性能分析采用 THRUST-

DES程序计算，推力头、镜板和推力瓦的变形采用ANSYS有限元分析软件进行计算。

电机推力轴承主要参数见表5.1-5，额定工况下推力轴承的分析计算结果见表5.1-6。

表5.1-5　　干河泵站变频电机推力轴承参数表

项　　目	单位	数值	备　　注
瓦块数		8	
轴承外径	mm	1250	
轴承内径	mm	600	
瓦夹角	(°)	30	
周向偏心		0	支点偏心角/瓦夹角
径向偏心		0.05	支点偏心距/瓦宽
轴瓦厚度	mm	90	
额定转速	r/min	600	
飞逸转速	r/min	900	
额定推力	kN	1050	
最小推力	kN	735	
冷油温度	℃	40	
瓦温监测点径向相对位置	%	50	测点距（自外径）/瓦宽
瓦温监测点周向相对位置	%	50	测点角（自进油边）/瓦夹角
瓦温监测点轴向相对位置	%	30	测点高（自瓦面）/瓦瓦厚

表5.1-6　　额定工况时变频电机推力轴承计算结果表

项目	单位	数值	备注
平均直径	mm	925	
轴瓦宽度	mm	325	
轴瓦长度	mm	242.2	
瓦间距	mm	121.1	中间值
轴瓦面积	cm^2	787	
支撑环中径	mm	160	
轴瓦占积率	%	66.7	
平均摩擦速度	m/s	29.06	
单位压力	MPa	1.95	
pv值	MPa·m/s	56.67	
进油温度	℃	40	
轴承损耗	kW	94.8	
最大油膜压力	MPa	5.44	
最高油膜温度	℃	90.3	
轴瓦温度	℃	65.6	
最小油膜厚度	μm	50.2	

5.2 变 频 装 置

5.2.1 变频装置选型

干河泵站与水泵配套的电动机额定功率为22.5MW，配套电动机调速用的变频装置功率大。根据干河泵站水泵机组所需变频装置的容量和频率调节范围的要求，可供选择的变频装置有负载换相的电流源型变频装置（LCI型）、电压源型（VSI型）变频装置。

负载换相的交-直-交电流型变频装置（LCI型）采用传统的晶闸管技术，已有30多年历史，技术成熟，在高电压（可达10kV或更高）、特大功率（可达70MW或更大）场合应用广泛，但LCI存在谐波较大的问题，输入侧需要配置滤波装置与功率因数补偿装置，输出侧需对同步电机的设计和制造有特殊要求。

电压源型变频装置（VSI型）技术先进，接线方案简洁，附属设备少，主要功率开关元件选用大功率的绝缘栅双极型晶体管（insulated gate bipolar transistor，IGBT）、集成门极换流晶闸管（integrated gate commutated thyristors，IGCT）或增强注入栅晶体管(injection enhanced gate transistor，IEGT)，是未来变频产品的发展趋势，尤其在抑制谐波、改善电能质量方面具有显著优势，对所驱动的电动机无特殊要求，且在20MW大功率电动机上已有成功运行的经验。

表5.2-1给出了适用于干河泵站的电流源型和电压源型变频装置的比较。可以看出，与LCI电流型变频装置相比，选用VSI电压源型变频装置具有明显的优势，因此，确定干河泵站选用VSI电压源型变频装置。

表5.2-1 电流源型和电压源型变频装置比较表

变频装置型式	电压源型	电流源型
直流滤波环节	大电容	大电感
核心器件	IGBT、IGCT或IEGT	普通晶闸管
适用性	适用于同步电机和异步电机，对励磁系统无特殊要求。输出转矩大，动态性能好，适用于高性能、高精度调速负荷	仅用于同步电机，需要专用励磁系统进行协调与控制。适用于同步电机加转子位置检测器的高速高频调速传动
谐波特性	36脉冲整流，谐波小，采用多电平和多重化脉宽调制技术，输出波形接近正弦波	12脉冲整流，谐波大，需要配置滤波装置，应加强电机绝缘或采用专用电机
系统结构	系统结构简单。可直接驱动单绕组电机，谐波及转矩脉动小	系统结构复杂。电机需采用双绕组，以降低变频系统的谐波与转矩脉动，提高系统效率
功率因数	可达0.95及以上，几乎与负载无关	0.75～0.8，随负载变化而变化，需配置无功补偿设备
系统效率	≥97%	≥96.5%
四象限运行	难，或需采取额外的措施，增加成本	容易，能很好适应机组的反转
动态性能	好	一般，低频时有转矩脉动现象
过载能力	好	一般

续表

变频装置型式	电压源型	电流源型
成本	采用新型的 IGBT/IGCT/IEGT 作为核心元器件，变频装置造价较高；可节省滤波装置、无功补偿设备投资。变频系统及布置场地的投资稍低	采用传统晶闸管作为核心元器件，变频装置造价低；与电压源型相比，增加了滤波装置、无功补偿设备及其布置场地。变频系统、配套装置及布置场地的总投资稍高
抗电源干扰能力	强	弱
布置要求	场地面积小	场地面积大

对于 VSI 电压源型变频装置，输出相电压有三电平、五电平或两电平 H 桥级联等型式。截至设备招标时，两电平 H 桥级联变频装置大多基于 1700V 低压 IGBT 器件，器件数多，变压器复杂，电解电容可靠性不高；五电平变频装置的生产厂商极少，难以实现公开、公平招标；三电平变频装置已有近 20 年历史，技术成熟，且有生产厂商较多。

考虑到工程建设时间紧迫，基于 IEGT（4.5kV）器件的变频装置应用尚不广泛，因此，变频装置优先选用技术成熟的相电压三电平输出型式。经过公开招标，选定 ABB 公司为变频装置和电机励磁系统的供货商，电压源型变频装置型号为 ACS6000。

5.2.2 ACS6000 变频装置简介

ACS6000 变频装置是 ABB 公司专为兆瓦级大容量电动机设计，采用 IGCT 为主要功率器件的交-直-交三电平拓扑结构的电压源型变频装置，适用于 3～27MVA（基本配置的最大功率 9MVA，对于更大功率采用多个功率单元的并接方式）、最高输出电压 3.3kV、输出频率从 0～75Hz（双重化传动可达 250Hz）的中压电动机，广泛应用于船舶、石油、化工等众多工业领域的风机、泵、压缩机、轧机等大功率电动机的传动与控制。

ACS6000 采用的主要功率开关元件为 IGCT，集 IGBT 的高速开关特性和 GTO（门极关断晶闸管）的高阻断电压和低导通损耗特性于一体。IGCT 是专为中压变频装置开发的功率半导体开关器件，基于成熟的 GTO 技术，同时具有比 GTO 更快的开关速度，无须缓冲电路，所需的功率元件数目更少，且采用无熔断器设计，避免了熔断器的使用，使变频装置的设计得到简化，提高了系统效率和可靠性。

ACS6000 的整流模块采用二极管供电单元，是一个 12 脉波二极管整流器。来自整流变压器的两组三相交流电给二极管供电单元（LSU）供电，可通过双 LSU 实现 24 脉波配置。二极管供电单元是按两象限运行设计的，在整个运行范围内，可保持功率因数为 0.95 或以上，节省无功补偿装置。

ACS6000 是基于模块化的兆瓦级中压交流传动产品，每一模块都包含一个功能单元。对某一具体的应用，这些模块根据所需的输出功率、电动机类型和工艺等要求，通过模块的组合设计，以最省的投入即可实现最优化的配置，满足多样化的应用需求。

ACS6000 变频装置的典型接线见图 5.2-1。

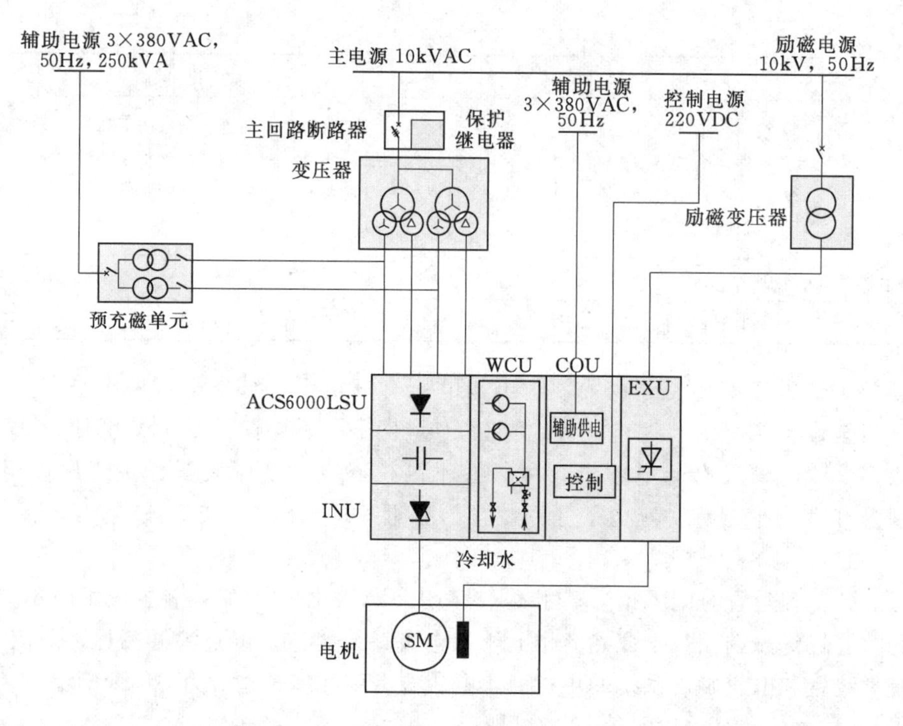

图 5.2-1　ACS6000 变频装置典型接线图

5.2.3　ACS6000 变频装置的参数

5.2.3.1　变频装置参数

型式：二极管整流+电压源型三电平逆变器

额定容量：22980kW

额定输出电压：3100V

额定输出电流：4280A

对应电动机 600r/min 时的频率：50Hz

对应电动机变转速运行时的频率变化范围：40～52.5Hz

适应的额定输入电压及变化范围：10kV±10%

适应的额定输入频率及变化范围：50Hz±2%

适应的控制电动机转速的精度：0.1%

频率分辨率：0.01Hz

整体效率（含输入变压器）：97.72%

平均故障间隔时间（MTBF）：80000h

可利用率：99.995%

使用寿命：20 年

噪声：75dB

电源侧功率因数：0.95（变速运行范围内）

正常工作的环境温度：1～40℃

输入变压器型号：Zy11.525d10.525/Zy0.075d11.075（两台）

Zy11.375d10.375/Zy0.225d11.225（两台）

输入变压器效率：99.13%

直流环节电容器型式：金属箔自愈式电容器

直流环节电容器寿命：20 年

整流器电力半导体器件规格及型号：整流二极管，4500V/2500A

逆变器电力半导体开关管规格及型号：IGCT，4500V/3800A

防护等级：IP32

5.2.3.2 输入变压器参数

型式：油浸式变压器

型号：ZSSS-27180/10

额定功率：27180kVA

一次侧电压：10000V

空载二次侧电压：4×1725V

连接组别：Zy11：525d10.525/Zy0：075d11：075（2 台）

Zy11：375d10.375/Zy0：225d11：225（2 台）

一次侧绝缘等级：U_m 12kV/U_{AC} 28kV/U_{LI} 75kV

二次侧绝缘等级：U_m 3.6kV/U_{AC} 10kV/U_{LI} 40kV

频率：50Hz

相数：3

最大平均温升（油/绕组）：55K/65K

无载分接：±2×2.5%

温升等级：A

海拔高度：<2000m

安装位置：室外

防护等级：IP54

执行标准：IEC60076-11

阻抗：11.3%

空载损耗：18kW

负载损耗：187kW

外形尺寸（长×宽×高）：5200mm×5400mm×5300mm

变压器油重量：12100kg

变压器身重量：26600kg

变压器总重量：52700kg

5.2.4 ACS6000 变频装置的结构与布置

ACS6000 变频装置在干河泵站中的应用为同步电动机（泵类）单传动变频调速传动，因电动机容量大，采用 3 个 9MVA 基本功率组并联满足传动功率要求，并且留有 20%的过载能力。变频装置的额定输出电压3.1kV。

干河泵站ACS 6000变频装置包含以下模块：

（1）二极管供电单元（LSU）：12脉波二极管整流器。

（2）有源整流单元（ARU）：6脉波自换流电压型变流器。

（3）逆变单元（INU）：6脉波自换流电压型逆变器。

（4）电容组单元（CBU）：直流回路电容。

（5）终端单元（TEU）：功率电缆的接线终端部分。

（6）控制单元（COU）：控制系统（集成在TEU单元中）。

（7）水冷单元（WCU）。

（8）外部接口单元（CIU）：附加的I/O接口。

（9）隔离单元（ISU）：仅用于冗余传动中的2个CBU的隔离。

（10）励磁单元（EXU）：6脉波晶闸管桥或交流功率控制器。

变频装置采用一体化柜体设计，其中包括控制系统、整流逆变功率单元、中间直流环节元件、冷却系统；各个功能单元分别装于立式封闭金属柜内，并最终构成一个紧密的整体。

由于电动机始终由变频装置驱动，因此电动机的励磁系统集成于ACS6000变频装置中，并与ACS6000并柜布置。励磁系统的描述见5.3节。

变频装置功率元件采用水泵循环供水方式冷却，循环供水泵采用冗余设计，循环水的热量由外部提供的冷却水带走。外供冷却水最小流量为770L/min。

变频装置（不含输入变压器）的布置见图5.2-2。

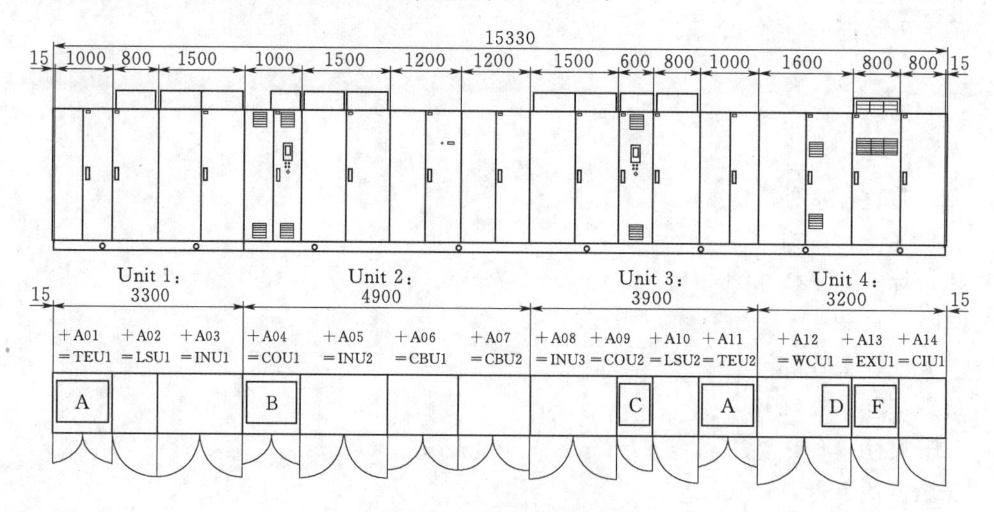

图5.2-2　变频装置布置图

变频装置本体与输入变压器通过敷设在电缆桥架中的电力电缆连接，每台输入变压器二次侧有12个副边绕组，每个绕组2根YJV_{22}-3×240电力电缆，共有24根电缆。变频装置本体与输入变压器的连接见图5.2-3。

由于泵站电动机布置在地下厂房内，变频装置布置在地面副厂房，变频装置与电动机之间的连接距离超过300m，因此变频装置与电动机连接母线导体采用了性能优良的绝缘

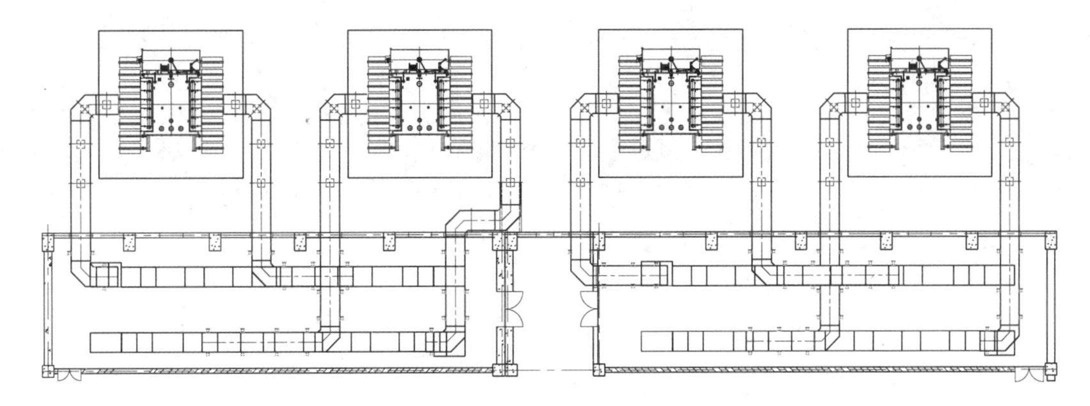

图 5.2-3 变频装置本体与输入变压器连接图

铜管母线，大大减小了母线损耗。变频装置的终端接口单元针对绝缘铜管母线的接线端子结构进行了特殊设计；另外，为适应较远距离的供电，还设置了专用的接地电缆以提高系统的抗干扰能力。

5.2.5 ACS6000 变频装置配置

变频装置采用二极管整流单元（ARU）。为了将谐波畸变降至最低，变频装置采用 24 脉冲整流方式，同时挂在同一段 10kV 母线上的两台隔离变压器的二次侧绕组存在 7.5°的相移，以形成等效的 48 脉冲，可有效抑制谐波，变频装置输入侧不需要增加滤波器。变频装置输入侧（整流器）采用不可控二极管整流器，通过先进的控制方式 DTC（直接转矩控制），机组可以实现平稳的、无冲击的平滑起动，启动电流可以控制不超过额定电流。二极管供电单元按两象限运行设计，在整个运行范围内，可保持功率因数为 0.95 或以上，满足电网对电能质量的要求。

变频装置中间直流环节采用金属箔自愈式电容器平滑直流电压脉动。中间直流环节使用的电容器性能稳定，寿命长达 20 年以上。电容器组配置接地放电装置，并配有安全措施，在电容器未经放电时，不能打开柜门。

逆变单元（INU）每个功率模块的全控半导体器件 IGCT 数量为 12 个，总共 36 个；每个半导体 IGCT 的额定电压为 4.5kV，额定电流为 3800A。

变频装置的输出频率可以满足电动机起动时转速从 0 到最大调节转速 612r/min。电动机做变速运行时，变频装置的输出同样可以满足电机在 0～102%倍额定转速范围内做稳定的变速运行。

变频装置具有本体控制、测量和保护功能及所需的电流互感器 CT、电压互感器 PT，并配有电动机的电气控制、测量和保护功能。

变频装置具有对输入变压器的监测、保护功能；依据 10kV 电源侧的形式、变比，配置保护用电流互感器及相关的电压测量信号、测量仪表及保护用继电器，继电器的接点引至变频装置电源进线断路器跳闸回路。

整流变压器的合闸会导致瞬时涌流，瞬时涌流会大大超过额定电流，甚至接近短路电流的值。瞬时涌流具有较高的直流分量以及 1 次和 2 次的谐波电流，影响电网的质量并且

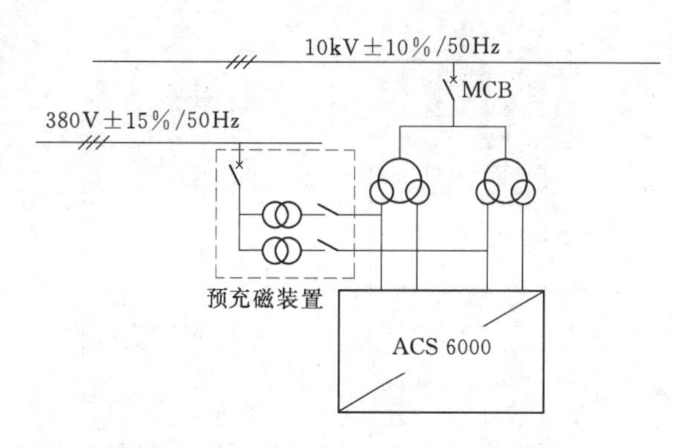

图 5.2-4　整流变压器二次绕组预充磁供电接线图

容易造成保护设备误动作。因此采用对整流变压器进行预充磁的方法来限制瞬时涌流。整流变压器的一个二次侧绕组由预充磁变压器供电，预充磁变压器由辅助电源供电，见图 5.2-4。

整流变压器限制瞬时涌流基本的操作顺序：首先对变频装置直流回路充电→通过预充磁单元对整流变压器充电→主回路断路器（MCB）合闸。

变频装置数字信号处理器采用 DSP AMC34 控制器，模拟量信号为 4～20mA，开关量的输入和输出接点全部为无源接点，接受现场控制系统的控制信号，支持 RS485、Modbus、TCP/IP 通信协议，并反馈变频装置的主要状态信号和故障报警信号，服从泵站监控系统的控制指令，实现与泵站监控系统的闭环控制。

控制软件具有多级中断响应、调节计算、逻辑控制、数据采集、信息交换、故障诊断及容错功能。变频装置及电动机采用全数字式的电机速度矢量控制、电流控制、自动重新启动和顺序控制等控制方式。控制回路与高压回路隔离，对功率元件采用光触发控制方式，控制器与功率元件之间由光缆连接。控制器与泵组现地控制单元 LCU 有开放式的数据通信接口，在泵组 LCU 上可进行必要的控制操作和频率状态显示。

5.2.6　输入变压器保护

每台输入变压器配置一套差动保护装置作为主保护，该保护装置由 ABB RET670 保护继电器、移相变压器、电流互感器等组成，见图 5.2-5。RET670 保护继电器、微型移

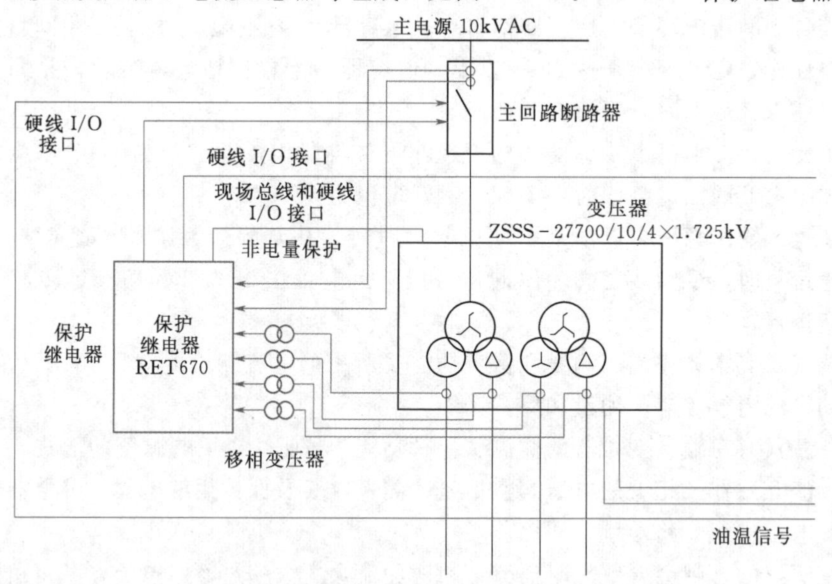

图 5.2-5　变频装置输入变压器保护接线图

相变压器集中组屏布置在地面副厂房的中控室内，电流互感器安装在输入变压器副变绕组上。

RET670 保护继电器的功能如下：

（1）差动保护用于两卷变压器、三卷变压器和移相变压器等，内部带有 CT 变比匹配和接线组别补偿，主 CT 二次侧采用星形连接即可。保护软件内部消除零序电流。差动保护多达 6 侧三相制动电流输入，所有输入的电流均参与比例制动算法。

（2）三相电流速断保护暂态超越小，动作时间短，可用作高定值短路保护，其典型保护范围应在最大运行方式时小于线路全长的 80%。

（3）四段相间过流保护每一段均可分别整定为反时限或定时限，并可独立整定为带方向或不带方向。

（4）电压保护可用于系统停电时断开断路器以备系统恢复或者作为主保护的长延时后备保护。本保护有两段，每段均可设置为反时限或定时限。

（5）热过负荷保护基于电流测量、通过具有两个时间常数的热模型来连续地（或暂时地）估算变压器的内部热容量，具有两个报警段，允许输入变压器在达到危险的温度之前就采取行动。如果温度持续上升达到跳闸值时，保护就会动作跳开被保护的变压器。

（6）二次系统监视。CT 回路监视功能的原理是比较一组 CT 二次线圈的三相电流与另一组 CT 二次线圈的参考零序电流，当两者之差超过整定值，则发出告警信号或闭锁可能会误动的保护。

PT 二次回路断线判别有如下三个原理：

1）第一种原理基于判别有零序电压同时没有零序电流，可用在直接或低阻抗接地系统中，能判别一相或二相断线。

2）第二种原理基于判别有负序电压同时没有负序电流，可用在不直接接地系统中，能判别一相或二相断线。

3）第三种原理基于判别 $\mathrm{d}u/\mathrm{d}t-\mathrm{d}i/\mathrm{d}t$（即电压与电流相对于时间的变化），如果仅有电压变化，说明 PT 断线。可用于判别一相、二相或三相断线。

（7）故障录波功能提供快速、完整和可靠的电力系统故障信息，它有助于分析和理解系统和相关的一次、二次设备在故障时和故障后的行为。这些信息可用作短期（例如事故恢复）和长期（功能分析）的各种用途。故障录波功能采集所有故障报告功能中所选择记录的模拟量和开关量信号（最多 40 个模拟量和 96 个开关量）。故障录波功能记录的开关量信号与事件记录功能记录的开关量信号相同。

（8）当保护装置与泵站自动化系统通信时，可采用突变上传或周期上传的方式将带时标的事件传送到泵站级。所有连接到事件上传模块的信号均可实现上传，且采用 SPA 或 LON 通信规约。模拟量和双位置信号也可通过本功能块上传。

（9）测量。保护装置由开关量输入模块采集脉冲，然后由脉冲计数逻辑统计。通过站级总线可以读到折算后的数值。需要带有增强脉冲计数功能的开关量输入模块以实现本功能。

（10）站级通信。每套装置均配有通信接口以连接至一个或多个站级系统或设备，支持以下通信规约和设备：

1）IEC 61850-8-1通信。

2）LON通信规约。

3）SPA通信规约。

4）IEC 60870-5-103通信规约。

5）GOOSE：用于连锁水平通信。

6）16路单命令。

7）16路多命令，80个模块。

8）以太网配置。

5.3 励 磁 装 置

5.3.1 励磁装置型式

泵站各台电动机均由变频装置独立驱动，因此同步电动机的励磁系统集成于ACS6000变频装置（图5.2-1）中，并与ACS6000并柜布置。同步电动机采用三相全控桥自并激双微机静止可控硅有刷励磁方式。采用逆变灭磁为正常停机灭磁方式，以续流灭磁作为备用。励磁调节器采用微机型励磁调节器，设置两套独立的自动调节通道和一个手动调节通道，可以同泵站计算机监控系统交换信息。

5.3.2 励磁装置技术参数

（1）基本参数。

励磁额定电压：308V

励磁额定电流：850A

顶值正电压：325V

顶值负电压：−325V

顶值强励电流：1100A

（2）最大灭磁时间：0.1s。

（3）反向灭磁时间：0.1s。

（4）自动电压调整（AVR）范围：±10%。

（5）励磁装置响应时间：<0.1s。

（6）励磁变压器。

型号：ZTSG-200/10

额定容量：200kVA

原边电压：10000V

副边电压：230V

副边额定电流：502A

基本冲击水平：28kV/75kV

绕组接线（初级）：Y

100%电动机额定容量时的计算损耗：8kW

温升：125K

绝缘等级：H 级

重量：1500kg

（7）整流装置。

并联整流电桥数量：1

每个整流桥臂上串联元件数量：1

可控硅管总数：6

各可控硅整流器的平均正向电流：1500A（DC）

当一个可控硅退出运行时整流负载能力：100%

强励时可控硅控制角：48.2°

额定负载时可控硅控制角：74.2°

可控硅逆变时最小反向角：5°

电动机额定负荷时整流装置总损耗：3.2kW

（8）灭磁装置。

型号：DCF506

标称电压等级（铭牌）：700V

三秒钟短时载流容量：1500A

灭磁开关使用寿命：>50000 次

（9）冷却器。

辅助风扇数目：2

电动机额定功率：0.653kW/相

5.3.3 晶闸管整流器设备

晶闸管整流设备整流器由 2 个并联支路构成，每个支路为三相六脉冲全控整流桥式电路，当退出一个支路时，整流器仍可带额定负荷运行，并满足强励的要求。整流桥每臂晶闸管元件不采用串联。在额定负载运行温度下，晶闸管整流桥能承受的反向峰值电压不小于 2.75 倍励磁变低压侧最大峰值电压。每一个支路设置一个自动空气开关。每一个晶闸管整流器支路设一个快速熔断器。设有暂态过电压保护电路，以保护整流器设备不受来自交流系统和磁场电路的暂态过电压的损坏。晶闸管元件及其熔断器组装在易于维护、检查和更换的抽屉式组合件中。每个组合件上设有组件内各晶闸管运行状态指示灯，以便能快速判断故障晶闸管元件的所在位置。

对晶闸管元件采取强迫风冷，两个整流桥分别设有冷却风机。冷却风机控制装置设有手动和自动投、切回路，并设置相应的风机工况运行信号及风机电源消失保护信号，风机的电源由接到励磁变压器低压侧上的辅助变压器供给，若上述电源故障，则泵站动力电源自动给风机供电。整流柜设有温度监视装置。整流器柜正常运行中，冷却风机全停，整流器至少应能在额定工况下继续运行 20min。

5.3.4　励磁调节器

励磁装置采用双微机型励磁调节器。双微机为并联结构，双机之间相互诊断、相互跟踪、相互通信、相互切换、互为备用。励磁调节器可满足泵站不同的运行工况需要（如电动机起动、变速抽水运行以及停机等方式）。励磁调节器具有手动调节和自动调节两种方式。为增强可靠性，采用独立的双通道自动调节系统并设置相应的脉冲监视信号。调节器设有切换装置，可实现自动调节通道之间和自动方式至手动方式的自动切换和手动切换，以及手动方式至自动方式的手动切换。为保护无冲击切换，还具备自动平衡跟踪功能。采用静止型励磁参数给定装置，当给定值达到上限或下限时，给定装置限制给定值的变化，并向现地和远方发出信号。上、下限值可在现场调整。励磁调节器除具有输入信号综合放大、触发移相及脉冲放大等基本环节外，还设置下列辅助功能：

（1）恒功率因数控制。

（2）恒励磁电流控制。

（3）低电压强励控制。

（4）接收 SFC 的控制信号，实现起动或变速运行时的励磁控制功能。

（5）过励限制（反时限）。在强励和励磁过电流到达允许时间时，限制器应将励磁电流减到长期允许最大值。

（6）最大励磁电流限制。

（7）最小励磁电流限制。

（8）系统电压跟踪。当泵组以变频方式起动时，在同期并网前使机端电压迅速跟踪系统电压。

（9）定子电流限制。通过控制励磁电流，以防止电动机过电流。

（10）电压互感器断线保护。

（11）通道管理和自动切换（含自动跟踪环节）。

（12）故障自动检测和显示。

5.3.5　灭磁装置及转子过电压保护

以逆变做正常的灭磁方式并设有事故灭磁措施。泵组正常停机时，晶闸管变流器应以最大逆变电压快速灭磁。灭磁过程中，应保证励磁绕组两端的电压瞬时值不超过交接验收时对地试验电压幅值的 50%。

当电动机在励磁电流小于 1.1 倍额定值的情况下长期运行时，励磁绕组两端电压的瞬时值不得超过出厂试验时该绕组对地耐压试验电压幅值的 30%。在任何可能的情况下，励磁装置应保证励磁绕组两端过电压的瞬时值不超过出厂试验时该绕组对地耐压试验电压幅值的 70%。

事故灭磁电阻采用氧化锌非线性电阻，其容量应满足在 20%的非线性电阻组件退出运行时，仍能满足最严重灭磁工况下的要求。非线性电阻元件使用寿命应不少于 15 年，一般不应限制灭磁次数。

磁场灭磁及转子过电压时，灭磁电阻将自动接入。硅晶闸管整流输出侧过电压保护装置在发生过电压时能自动投入。

5.3.6 励磁装置的保护功能

ACS6000－EXU 系列励磁装置具备如下保护功能：

（1）直流侧短路保护。当直流侧短路时晶闸管元件不应受损坏。

（2）过电压保护。励磁装置设交流侧操作过电压保护，晶闸管换相过电压保护和励磁绕组回路过电压保护。

（3）起动保护。

（4）失步保护。

（5）转子温度升高保护。

5.3.7 励磁装置的接线和布置

泵站外部供电电源采用两回 110kV 电压接入，110kV 采用单母线分段接线，两段 110kV 母线各接 1 台 63MVA 有载调压变压器降压至 10kV 向变频装置供电，10kV 母线采用单母线分段接线，两段 10kV 母线上分别接 2 台主泵电动机。励磁变压器各 2 台分别接入 10kV 的Ⅰ段和Ⅱ段母线。

励磁装置和变频装置布置于地面副厂房，励磁电缆通过竖井引至地下厂房的电动机。

第6章　水泵电动机组的安装与调试

6.1　水　泵　安　装

6.1.1　水泵安装流程

水泵安装主要包括进水管（肘管和锥管）、座环、蜗壳、机坑里衬、下止漏环、叶轮、主轴、中间轴、顶盖、水导轴承、主轴密封等部件，安装流程见图6.1-1。

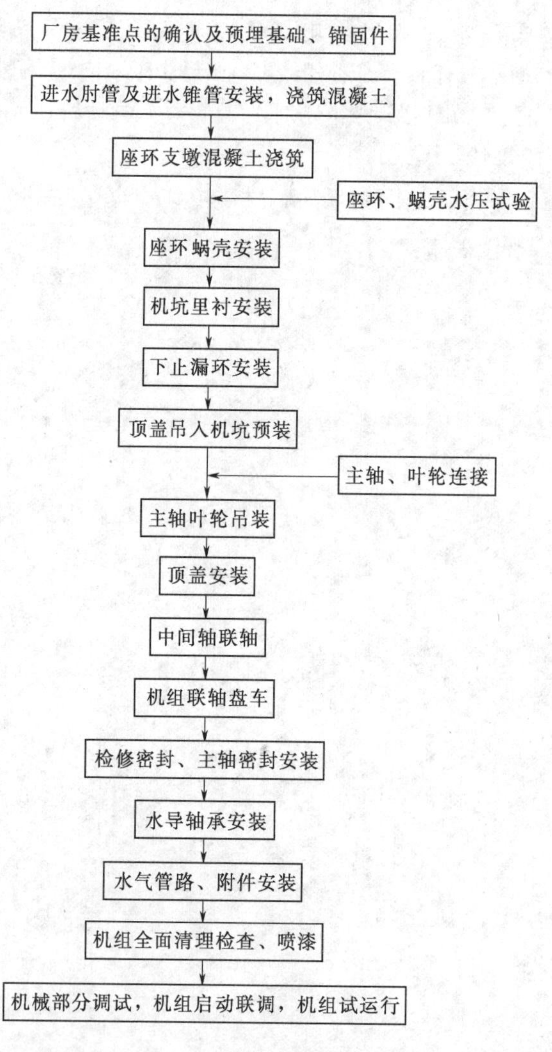

图6.1-1　干河泵站水泵安装流程图

6.1.2 水泵埋入部件的安装

水泵埋入部件的安装包括进水管（肘管和锥管）、座环和蜗壳、机坑里衬、测压管路埋件、水气管路埋件等部件安装，以及座环、蜗壳水压试验。干河泵站水泵基础的安装见图6.1-2。

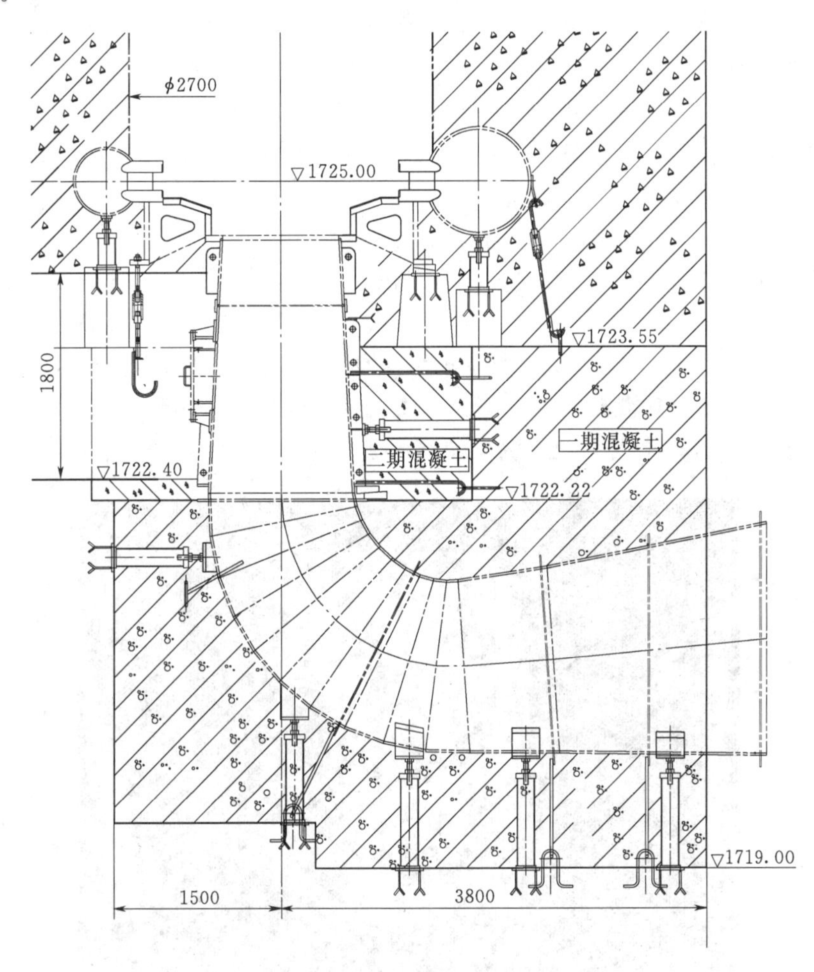

图6.1-2 干河泵站水泵基础安装图

6.1.2.1 水泵进水管安装

（1）按水泵基础安装图浇筑一期混凝土，同时预埋进水管安装用基础板、锚钩等。预埋基础板的高程偏差不超过5mm，中心和分布位置偏差不大于10mm；水平偏差不大于1mm/m。

（2）按照进水肘管装配图纸，在安装间平台上进行单节拼装、焊接。所有组焊缝的内表面错口不大于±2.5mm，过流表面焊缝打磨平顺，并进行无损探伤检查。

（3）一期混凝土强度达到设计值的70%后进行进水肘管的安装。将组焊好的第一节肘管先吊入机坑，按图纸确定肘管的位置，调整该节肘管的 X、Y 轴线，与机组的 X、Y 轴线偏差不大于6mm，其进、出口中心与理论值的偏差不大于8mm，进口中心高程偏差不超过15mm，进口侧管口倾斜值不大于5.0mm。调整合格后将该节固定，再依次将其他各节肘管吊入机坑进行焊接、装配。进水肘管出口中心偏差应不大于8mm，高程偏差不超过+150mm，圆度偏差不超过±6mm。肘管各节间错口不大于±2.5mm，过流面焊缝应打磨平顺。

（4）进水肘管装配调整合格后，将所有调整工具互焊固定，加焊进水肘管内部支撑和外部拉筋，以防浇筑混凝土时产生变形和位移。锥管安装前对以前已安装完毕的肘管进行复测，达到要求后进行下一步施工。一期混凝土浇筑时，严格控制浇筑速度不超过300mm/h；每层混凝土浇筑高度不大于500mm；浇筑时预埋地锚和基础板等。

（5）进水锥管在平台上组焊，所有组焊缝内表面的错牙量不大于2.5mm，焊后将焊缝打磨光滑平顺，调整上下管口的圆度偏差不大于±6mm，然后按照要求焊上平板锚和锚钩。

（6）将进水锥管吊入机坑，调整其中心与机组中心偏差不大于8mm；锥管出口应平齐，其高程偏差在15mm范围内。进水锥管安装见图6.1-3。调整锥管进口与肘管出口内表面的错牙量不大于3mm，焊后将焊缝处打磨光滑平顺。装焊测压管路；清理锥管外表面的油污等。浇筑二期混凝土时，浇筑的上升速度不超过200mm/h，每次液态混凝土浇筑高度不超过400mm；每层浇筑高度差不大于200mm。

图6.1-3　干河泵站水泵进水锥管安装

6.1.2.2　座环、蜗壳试验及安装

（1）蜗壳和座环为整体供货运至现场，蜗壳水压试验在地下厂房的安装场进行。在安装间进行蜗壳闷头焊接，闷头焊缝探伤合格后安装座环封水环和打压工具附件。蜗壳、座环水压试验按图6.1-4所示的曲线进行压力控制，以检查座环、蜗壳的焊缝质量及并消除消除焊接应力。

（2）将座环和蜗壳吊入机坑，调整座环中心与机组中心偏差不大于3mm，并使座环上法兰面 X、Y 轴线与机组 X、Y 轴线的偏差不大于±2mm。先初步调整座环下部的斜

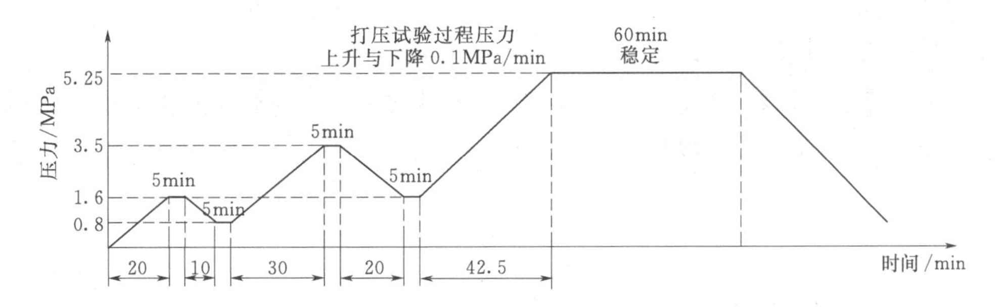

图 6.1-4 蜗壳座环水压试验压力控制曲线

楔，使座环上法兰面的径向水平偏差不应大于 1.0mm，高程偏差不大于±2mm。在座环、蜗壳初步调整合格后，将其与基础固定并与地锚搭焊，同时调整座环下部的斜楔并拧紧螺母，精调座环上法兰面的周向水平偏差不大于 0.05mm/m（测点不应少于 16 点），检查座环的中心和高程合格后，螺母按要求把紧。蜗壳、座环安装图见图 6.1-5。浇筑座环蜗壳混凝土时，架设百分表并 24h 监测蜗壳位移情况。

图 6.1-5 座环和蜗壳安装

6.1.2.3 机坑里衬安装

调整机坑里衬上、下管口的圆度偏差不大于±10mm、错牙量不大于 4mm，然后进行焊接，将机坑里衬上段、中段、下段焊接成整体，焊后将焊缝打磨光滑平顺。将组焊好的机坑里衬吊入机坑，并调整其中心与机组中心的偏差不大于 15mm，并与座环焊接。在机坑里衬外壁装焊锚钩，并装焊足够数量的拉筋，在内壁加焊足够数量的支撑，然后浇筑混凝土。

6.1.3 可拆卸部件的安装

水泵可拆卸部件包括中拆机构、下止漏环、叶轮、主轴、中间轴、顶盖、主轴密封、水导轴承等部件。

6.1.3.1　中拆机构安装

安装中拆机构轨道，轨道安装后测量轨道跨度符合要求后安装行走机构、起升机构（电动葫芦）及各连接件、控制柜，接入临时电源并调试大车行走机构和电动葫芦。电动葫芦以悬挂式与大车行走机构相连。

6.1.3.2　下止漏环安装

（1）测量座环圆度，符合要求后方能进行下止漏环安装。彻底清扫座环与下止漏环组合面，去除毛刺与高点，将下止漏环吊入机坑装配。

（2）测量下止漏环圆度，达到要求后拧紧组合螺栓。用0.05mm塞尺检查下止漏环与座环组合面间隙，塞尺应不能通过。

（3）下止漏环焊接前将焊接面进行打磨干净，去除氧化铁及杂物。焊接时采用对称焊接，在轴线方向架设百分表，密切注意焊接时下止漏环变形量。

（4）焊接完毕后将焊缝打磨光滑，将下止漏环等分8点，分上、中、下3部分复测下止漏环圆度，圆度符合标准后将内六角螺栓孔用环氧树脂浇平。水泵固定下止漏环安装见图6.1-6。

图6.1-6　水泵固定下止漏环安装

（5）用框式水平仪测量下止漏环水平，水平度应小于0.35mm。

（6）用求心器悬挂钢琴线，以下止漏环中心为基准作为机组安装的基准中心。

6.1.3.3　顶盖、轴承和主轴密封预装

1. 顶盖预装

（1）彻底清扫顶盖与座环组合面，将表面氧化铁用磨光机打磨干净，去除高点与毛刺。复测顶盖上止漏环圆度，去除精加工面毛刺、高点。

（2）将顶盖吊入机坑安装，以下止漏环中心为基准调整顶盖，使其中心与下止漏环中心偏差小于0.05mm，调整上、下止漏环同心度小于0.03mm。水泵顶盖预装见图6.1-7。

图 6.1-7　水泵顶盖预装

(3) 同心度调整完毕后，对顶盖螺栓全部进行试装并打紧至少 1/3 螺栓，用 0.05mm 塞尺检查顶盖与座环组合面的间隙。

(4) 按图纸要求钻制顶盖销钉孔，用铰刀铰制后放入销钉。

(5) 再次复测上下止漏环同心度，符合要求后进行水导轴承和主轴密封预装。

2. 轴承和主轴密封预装

将轴承支架和轴承体吊入机坑。采用吊钢琴线方法，调整轴承体与顶盖中心偏差不大于 0.10mm，调整合格后同时钻轴承支架与顶盖、轴承支架与轴承体之间的连接孔、销孔。拆开轴承支架、轴承体，移出机坑。

以同样的方法预装主轴密封的支撑环，加工主轴密封与顶盖的连接孔、销孔完成后，拆开主轴密封，将主轴密封、顶盖移出机坑。

6.1.3.4　叶轮和主轴安装

1. 叶轮联轴

用汽油或酒精彻底清洗叶轮和主轴的法兰面、螺钉孔、止口处和轴径等，不允许有任何杂质或毛刺等；对清洗后的部位应保持干净，不应再用手直接触摸，以防出现锈斑。

叶轮和主轴配合平面喷涂摩擦剂干燥后，将主轴吊起，准确而平稳地落在叶轮法兰上。将清洗干净的联轴螺栓全部装上，使用液压拉伸器对称、分两次把合联轴螺栓，使螺栓伸长值达到设计要求。在把紧螺栓过程中应遵循对称把合的原则，所有测量必须在常温下进行。叶轮联轴见图 6.1-8。

图 6.1-8　叶转轮与主轴联轴

2. 叶轮安装

将连接后的叶轮和主轴吊入机坑，缓慢平稳地放在有四组垫片的下止漏环上，通过垫片调整叶轮的上平面，使其低于理论高程约10mm。采用测量叶轮和下止漏环间隙的方法调整叶轮中心，使叶轮与下止漏环中心偏差不大于0.03mm；调整叶轮水平，水平度应不大于0.03mm/m。叶轮安装见图6.1-9。

图6.1-9　叶轮安装

6.1.3.5　顶盖、主轴密封和轴承安装

(1) 将顶盖吊入安装于座环上，当顶盖的上止漏环即将插入叶轮止漏环，用顶盖与座环的销引导顶盖慢慢落下，防止与叶轮止漏环发生碰撞。顶盖就位后，测量上止漏环与转轮间隙，止漏环间隙符合要求后［(0.8±0.1) mm］，将所有螺栓把紧至设计要求(1500N·m)。顶盖与座环之间密封进行打压试验，试验压力为3.5MPa，持续10min无渗漏，打压完毕后将试压孔密封处理。

(2) 将水泵检修密封、工作密封等部件吊入机坑。检修密封采用外充式心形密封带，在现场进行粘接，调整空气围带与主轴间隙为1.0～1.3mm，检修密封安装完毕后做压力试验，充气压力为0.8MPa，持续10min无漏气，且检修密封与主轴间隙0.02mm塞尺无法通过。工作密封由三层同轴密封环组成，所有分瓣部件组合时组合面涂抹HT5151密封胶，螺栓涂抹HT2431螺栓锁固胶。安装完毕后用塞尺检查工作密封与主轴抗磨板间隙，0.02mm塞尺不能通过。

(3) 将轴承支架、轴承体、水导轴承内油箱、冷却器等部件吊入安装。清理冷却器，冷却器按要求进行打压试验。回装水导轴承轴承支架，清理、安装油箱、轴承体、瓦座等，将4块水导瓦装入，便于调整转动部分与机组中心一致。轴承安装时不必刮瓦，轴承间隙按设计要求调整。轴承间隙通过调节螺杆来调整斜楔高度完成，即按实测间隙调整斜楔位置时，轴瓦与轴领的间隙为0.15～0.20mm，合格后用螺母锁定斜楔。所有分瓣面组合前涂抹HT5151密封胶，所有螺栓和螺柱涂HT2431螺纹锁固胶。

(4) 盘车合格后机组开始总装配。按盘车的机组总轴线确定导轴承的最终位置，并进行水泵导轴承的安装与调整（图6.1-10)。所有油、水、气管路和自动化元件均按要求

安装和试验；所有机组用油均进行过滤，化验合格后方注入系统。

图 6.1-10 水泵导轴承安装与调整

6.1.3.6 中间轴安装

中间轴吊入之前，应对其法兰面、螺钉孔、止口处和轴径等用汽油或酒精进行彻底清洗，不允许有任何杂质或毛刺等；清理主轴上端法兰平面。

将中间轴吊起，正确而平稳地落在主轴法兰上。将清洗干净的联轴螺栓全部装上，用液压拉伸器对称、分两次把合联轴螺栓，使其伸长值达到设计要求。中间轴安装见图 6.1-11。

图 6.1-11 中间轴安装

6.2 电动机安装

6.2.1 下机架和定子安装

（1）清理安装基础，所有基础预埋件与混凝土结合部分应无油污和严重锈蚀。电动机机架、定子机座等在一期混凝土内的预埋件的高程偏差不大于 5mm、中心偏差不大于 3mm、水平偏差不大于 1mm/m。定子整体运至工地现场，在安装场卸车、翻身，并进行相关试验。

（2）机坑内预先放置支撑架，供装下油盘用，其中心位置在水泵机组的总装轴线附近。将下油盘和冷却器装好后分瓣放置在机坑支撑架上。

（3）调整安装基础使其水平偏差不大于 0.10mm/m，确定 $X-Y$ 轴方向，将垫铁固定好。

（4）将下机架支臂（含基础板）与中心体把合好，合缝板间隙应不大于 0.1mm。将下机架吊入机坑与安装基础板进行连接。以座环中心为基准，调整下机架的中心，并调整机架基础板下面的楔子板，使中心偏差不大于 1mm，高程偏差不大于±1.0mm，水平偏差不大于 0.05mm/m。

（5）将定子吊装到电动机风罩内，使其基础板落在安装基础板上，调整机座基础板下面的楔子板，测量下机架水平、高程。调整水平度不大于 0.04mm/m，安装高程偏差不超过±1.5mm，同时兼顾二者来调整；调整完毕后复测定子铁芯中心高程。

（6）在电动机风罩顶部装上求心器，以下止漏环为基准，调整钢琴线与下止漏环中心的偏差不超过 0.05mm，调整定子与下机架、下止漏环同心度不超过 1mm，并复查下机架、定子的水平度，调整检查合格后，对基础螺栓进行固定。

（7）下机架、定子安装完成后，对基础螺栓进行固定，固定前基础螺栓应安装分离套管或包绕塑料带。基础螺栓固定用定位套筒和圆钢等加固，防止损伤基础螺栓。固定完成后，用吸尘器等清理干净并阴湿基础螺栓预留孔，检查合格后按照要求浇筑二期混凝土。

（8）待混凝土具备结构强度后，按要求力矩值对称紧固下机架和定子的基础螺栓；复测下机架高程、中心、水平度和定子高程、中心，并配钻销钉孔。

（9）彻底清扫定子（图 6.2-1），仔细检查定子铁芯、绕组等清洁无杂物；检查定子机座及所有 RTD 接地良好、可靠；进行绝缘和耐压等各项相关试验。

图 6.2-1　电动机定子安装

6.2.2 制动器安装

（1）制动器的工作压力为10.5MPa，安装前在现场做严密性耐压试验，试验压力为15MPa，试验时保持压力30min，压力下降不超过3%。耐压试验完毕后通入压缩空气，检查制动器复位是否灵活，行程是否达到设计要求（设计行程为30mm）。

（2）制动器顶面高程安装偏差不超过±1mm，与转子制动环板之间的间隙偏差在设计值（设计值为10mm）的±20%以内。

（3）制动器管路装配完毕后进行密封耐压试验，试验压力为1.5MPa，持续2min应无渗漏。

6.2.3 上机架预装

（1）清洗上机架，检查机架无缺陷后吊入风罩置于定子机座上。

（2）测量和调整定子机座与上机架组合面的高程。上机架安装高程偏差不超过±1.5mm。

（3）调整上机架推力轴承座的中心偏差不超过1.5mm，水平偏差不超过0.04mm/m，检查合格后配钻销钉孔。

（4）调整上机架径向支撑千斤顶的水平，并使其受力一致，其安装高程偏差不超过±5mm。

（5）拆除上机架与定子连接螺栓，将上机架吊至安装场放置。

6.2.4 转子安装

（1）转子整体运输到施工现场后，先外观检查有无明显缺陷；对其做绝缘和耐压试压。检查无误后准备进行翻身吊装。

（2）制动器通入压缩空气，并在制动器顶面安放垫板，使制动器上垫板的高程较制动器初始位置高出35mm，然后锁定制动器，撤掉气压。

（3）在具备起吊条件后，慢慢吊起转子约500mm高，停顿5min；检查桥机是否有异常情况，再慢慢落下，检查桥机刹车是否正常；然后吊起转子直至法兰面离地，方便工作人员检查法兰面。用天然油石研磨法兰面，再用刀口平尺检查法兰面是否有高点，检查合格后，慢慢将转子吊入风罩。在转子下落的过程中，用事先准备好的木条放入转子与定子间的空气间隙中上下移动，防止转子下落过程中碰伤定子。转子到位后，放置在制动器上等待联轴。转子安装见图6.2-2。

图6.2-2 转子安装

6.2.5 上机架、轴承安装

（1）将上机架吊入风罩，按预装位置将上机架安装在定子上，就位后调整、测量水平度和安装高程使其满足要求，装上定位销、把紧螺栓，见图6.2-3。

图6.2-3　上机架、轴承安装

（2）安装上导轴承油槽和冷却器，装好导轴承垫块，将分瓣油槽吊入置于上机架内，把合成整体。

（3）清洗推力瓦座并调整高度，放上四块推力瓦并清理干净，将推力头与镜板把合，把合螺栓预紧力符合要求后，调整推力瓦使镜板水平度不大于0.02mm/m。

（4）将其余推力瓦靠到镜板上，注意保持镜板的水平不变。安装限位块、锁定板等，调整间隙。

（5）在安装场测量推力头、轴的配合尺寸，将推力头清洗干净，检查表面光洁度后开始吊装推力头。将推力头吊到轴的上端，对准键槽，用装拆推力头工具将其套装在轴上。推力头套装完成后，检查清洗卡环槽，装上卡环。

（6）顶起制动器慢慢落下，使转动部分落在推力瓦上，复测推力轴承高程及水平。

（7）采用锤击法调整推力轴瓦受力，检查轴的垂直度。如果调整垂直度，必须保证推力瓦受力不变。

（8）推力油冷器在安装场打压，试验压力为1.5MPa，持续30min应无渗漏。压力试验合格后，安装油冷器，再进行一次压力试验，检查管路密封是否漏水。

（9）往推力油槽内加油，使油位高于高压油顶起装置回油管，等待盘车。

（10）待盘车完成后，组装油槽盖，装上密封条，调整密封间隙，按力矩要求对称扳紧螺栓，配钻销钉。

6.2.6　轴线调整（机组盘车）

（1）发电机转子吊入机坑后，进行发电机轴与水泵中间轴连接，用液压提升器提起水泵轴，穿入联轴螺栓后用液压拉伸器分两次对称均匀把合，使螺栓伸长值满足设计要求。在提升叶轮轴时，固定止漏环与叶轮转动止漏环不得相碰。检查调整叶轮止漏环与固定止漏环的高低错牙量不大于±2mm，止漏环间隙与实际间隙的平均值之差不大于平均值的

±10%。

（2）以推力轴承座油槽内圆为基准，测量推力头外圆，四点尺寸要求一致，误差0.1mm以内。上机架内装配上导轴承轴瓦（调转子中心时先对称安装四块瓦，等调好中心后再将其余瓦装上）。

（3）测量上导轴承座内圆至滑转子的距离，确认误差在0.3mm以内。顶住轴瓦，使其紧贴滑转子上，测量球面支柱球头至垫块的间隙，取出轴瓦，按所测间隙值的要求在球面支柱和轴瓦间加垫片，再将轴瓦装入。

（4）在推力头的法兰上表面、下导轴承滑转子外圆、轴法兰外圆上划8等分线，三者的起始线应对应。在推力头法兰上表面，下导轴承滑转子外圆和轴法兰外圆 $X-Y$ 轴方向上各放置一块百分表。

（5）安装盘车专用工具，人力推动，每转一周记录6只百分表的读数，轴径处和连接法兰处相对摆度不大于0.02mm/m。在任何情况下，轴径处的绝对摆度最大值不得大于轴承间隙值0.15mm。根据测量的摆度值进行计算，分析摆度是否超标。根据分析结果对中间轴、转子法兰、推力头卡环等部位进行刮研，直至盘车数据满足要求。机组盘车见图6.2-4。

图6.2-4　机组盘车

（6）处理完毕后，重新装配、盘车，使法兰外圆摆度值满足要求。

（7）盘车调整机组轴线时，同时测量制动环的平面度，平面度偏差应小于1mm。

6.2.7　电动机附属设备安装

6.2.7.1　导轴承安装

（1）上、下导轴承油冷器在安装场进行压力试验，试验压力为1.5MPa，持续30min应无渗漏。清洗油槽并组装，再装上油冷器，再进行一次耐压试验检查密封是否漏水。

（2）拆除制动器，装配下机架内的下导轴承。用顶滑转子的方法调整电动机的气隙和导轴承瓦的间隙。测量六个点，各点的气隙不得大于或小于平均值的10%，上、下导轴承瓦的单边间隙在0.1～0.15mm之间（单边间隙实际安装值取0.12mm）。

(3) 托上油槽底，装上密封条，按力矩要求对称扳紧螺栓；油槽装好后，做24h煤油渗漏试验，不得渗漏。

(4) 瓦温和油温传感器安装完成后，清洗油槽，组装盖板，装上密封条，调整气密封间隙，按要求力矩对称扳紧螺栓，配钻销钉。

(5) 安装各部位测温RTD、示流信号器、液位信号器、油混水信号器及限位开关等自动化元件，以及灭火设备。

(6) 装配上下引风板，要求与转子风扇的间隙不小于5mm。

6.2.7.2 空冷器装配

(1) 在安装场对空冷器进行压力试验，试验压力为1.5MPa，保压30min应无渗漏。清扫空冷器挂装处定子机座，合格后开始挂装空冷器。

(2) 空冷器挂装完毕后，配装管路和阀门，进行传感器及测压元件安装。

6.2.7.3 电动机盖板及上部结构安装

(1) 上机架支撑配装焊接，吊装机架踏板。

(2) 集电环采用热套的方法进行套装，加热温度不超过100℃。

(3) 安装转子引线，并检查引线与集电环接触良好。安装滑环罩、碳刷架及碳刷、励磁电缆、顶罩内照明设备等。

(4) 安装电动机上部盖板，吊装顶罩，对不符合要求的螺栓孔进行处理。

6.2.7.4 轴承加油

(1) 化验油质，各项参数合格后，向各导轴承和推力轴承加油。各导轴承及推力轴承均为采用L-TSA46型透平油。

(2) 在油罐出口处安装滤油机，检查各处阀门关启状态是否正确，开启滤油机向油槽加油，先加油几分钟，检查管路和法兰处是否有漏油，如果无异常则继续加油。

(3) 监视油槽油位计，油位接近运行油位时，停止加油，观察油位是否有下降、管路是否有漏油现象，无问题后再加油至油槽运行油位。

(4) 注完油后，关闭油槽供油阀门，检查油路有无异常。

6.2.7.5 机组清扫及检查

(1) 清扫各风洞杂物、遗留物，清点遗留工具、材料。

(2) 联合检查风洞、转动部分与固定部分是否有杂物、材料等遗留物。

(3) 各项检查无误后对风洞进行封闭。

6.3 水泵机组的调试与试运行

6.3.1 调试与试运行的工作内容

6.3.1.1 泵组无水调试项目

1. 电机建模及参数设定试验

进行电机建模及参数整定，检查变频系统SFC与励磁系统的配合功能，确定泵组转动方向。

2. 泵组滑动摩擦试验

由现地手动控制 SFC 拖动泵组至 5%额定转速后，立即切除变频器、投入高压油减载装置，让水泵机组自由运转，在运转过程中观察转动部件与固定部件之间无摩擦及碰撞现象，检查各辅助设备（包括临时供水系统）的运行情况，观察各部轴承油槽油面有无变化及甩油现象，观察机组各部位振动值、摆度值。

3. 5%额定转速自动启停机试验

进行泵组在 5%额定转速条件下的自动启动、停机试验。当监控系统检查所有启动条件都满足要求后，将监控系统设定泵组启动转速为 5%额定转速，再在现地机旁监控台发出开机令。在开机令发出后监视每一步流程的执行情况，并核实所有的信号及测量值是否准确。

泵组自动启动流程检测完成并满足相关要求，开始进行自动停机流程。泵组自动启动至 5%额定转速后稳定运行 5min 开始由监控发出停机令。在停机令发出后监视每一步流程的执行情况，并核实所有的信号及测量值是否准确。

4. 5%额定转速机械事故停机试验

泵组自动启动至 5%额定转速运行，当泵组安全稳定运行 5min 后在机旁模拟电动机上导轴承温度过高进行机械事故停机流程。信号发出后监视机械事故停机每一步流程的执行情况，并核实所有的信号及测量值是否准确。

5. 5%额定转速电气事故停机试验

泵组自动启动至 5%额定转速运行，当泵组安全稳定运行 5min 后在副厂房模拟整流变重瓦斯故障信号进行电气事故停机流程。信号发出后监视电气事故停机每一步流程执行情况，并核实所有的信号及测量值是否准确。

6. 5%额定转速紧急事故停机试验

泵组自动启动至 5%额定转速运行，当泵组安全稳定运行 5min 后在副厂房变频控制柜按紧急停机按钮进行紧急事故停机流程。当在变频控制柜按下紧急停机按钮后，监视紧急事故停机每一步流程执行情况，并核实所有的信号及测量值是否准确。

7. 泵组手动升速及动平衡试验

在所有条件全部满足要求的条件下，泵组自动启动至 5%额定转速下运行，当泵组安全稳定运行 5min 后所有的操作权限切除、置于现地操作，监控系统只进行监测，所有的操作均在现地进行。在变频装置控制面板设置转速给定进行升速试验。在每一个升速阶段进行变频器脉冲运行功能检查，修正初始励磁电流设定值和变频器直流输出电流设定值，检查变频器功率器件的工作情况；监测泵组各个部位的振动、摆度，各部位的油温、水温、瓦温等；观察辅助系统运行是否正常。泵组手动升速试验过程分为：10%额定转速、20%额定转速、50%额定转速、75%额定转速、90%额定转速、95%额定转速、100%额定转速。

8. 泵组自动升速试验

在所有条件全部满足要求的条件下泵组自动启动至 5%额定转速下运行，当泵组安全稳定运行 5min 后，在中控室监控控制面板设置转速给定进行升速试验。在升速阶段进行变频器脉冲运行功能检查，修正初始励磁电流设定值和变频器直流输出电流设定值，检查变频器功率器件的工作情况；监测泵组各部位的振动、摆度，各部位的油温、水温、瓦温等；观察辅助系统运行是否正常。泵组自动升速试验过程为从5%额定转速直接升速至100%额定转速。

6.3.1.2　进水流道充水试验

进水流道充水试验分两个阶段：第一阶段自取水口至调压井闸门前充水；第二阶段自调压井至进水偏心半球阀前充水。

充水前，对泵站公用系统管路及设备、技术供水系统、水泵室、进水偏心半球阀、出水工作球阀等部位进行全面、细致地检查，并逐项签字确认。充水前的各项检查工作完成后，打开调压井闸门充水阀向泵组段充水。在充水过程中对各个监测部位进行监测，所有监测项目应符合设计及相关规范的要求。

6.3.1.3　出水流道充水试验

充水前，对出水流道等部位进行全面细致地检查，并逐项签字确认。出水流道充水前的各项检查工作完成后，采用压力管道充水泵向出水流道内进行充水。在充水过程中对各个监测部位进行监测，所有监测项目符合设计及相关规范的要求。

6.3.1.4　进、出水流道放空检查及处理

进、出水流道初次充水完毕后，开始对进、出水流道进行放空检查、处理。处理完成后再次进行充水。

6.3.1.5　进水偏心半球阀静水启闭试验

流道充水完毕后，做进水偏心半球阀的静水启、闭试验。

（1）先在现地做进水偏心半球阀在静水中的启、闭试验。在静水中偏心半球阀全关闭时间为64s，在静水中开启时间为86s，符合设计要求。

（2）在中控室（远方）进行偏心半球阀静水中的启、闭试验操作。远方操作的关闭、开启时间与现地操作试验的时间相同，符合设计要求。球阀应启闭可靠，位置指示准确。

6.3.1.6　工作球阀静水启、闭试验

（1）先在现地做工作球阀在静水中的启、闭试验。工作球阀在静水中的关闭时间为：主阀第一段关闭时间为17.78s，第二段关闭时间为20.93s，工作密封投入时间为20s，检修密封投入时间为23s，锁锭投入时间为3s。工作球阀在静水中的开启时间为：锁锭退出时间为3s，工作密封退出时间为35s，检修密封退出时间为35s，主阀开启时间为45.36s，符合设计要求。

（2）在中控室（远方）进行工作球阀静水中的启、闭试验。远方操作的关闭、开启时间与现地操作试验的时间相同，符合设计要求。球阀启闭可靠，位置指示准确。

6.3.1.7　检修球阀静水启、闭试验

（1）先在现地做检修球阀静水中的启、闭试验。检修球阀在静水中的关闭时间为：主阀关闭时间50s，工作密封投入18s，检修密封投入时间24s，锁锭投入5s；在静水中的开启时间为：锁锭退出时间8.5s，检修密封退出时间26s，工作密封退出时间21s，主阀开启时间50s，符合设计要求。

（2）在中控室（远方）做检修球阀静水中的启、闭试验。远方操作的关闭、开启时间

与现地操作试验的时间相同，符合设计要求。球阀启闭可靠，位置指示准确。

6.3.1.8 泵组带水调试项目

干河泵站全部4台机组的带水调试项目都相同，各带水调试项目的机组最高试验转速根据德泽水库水位、泵站运行扬程和水泵、阀门等设备的技术特性进行调整。首批进行调试的4号、3号机组带水调试时，德泽水库水位在1752.00～1753.00m之间，确定的造压试验、过渡过程试验的最高转速为95%额定转速，热稳定试验则在额定转速下进行。

1. 手动造压试验

在所有条件全部满足要求的条件下，操作权限切至现地操作，监控系统只进行监测，所有的操作均在现地进行。在变频装置控制面板设置转速给定进行升速造压试验。在每一个升速造压阶段进行变频器脉冲运行功能检查，修正初始励磁电流设定值和变频器直流输出电流设定值，检查变频器功率器件的工作情况；监测泵组各部位的振动、摆度，各部位的油温、水温、瓦温，各部位的压力、压力脉动等；观察辅助系统运行是否正常。泵组手动升速造压试验过程分为：20%额定转速、50%额定转速、75%额定转速、80%额定转速、90%额定转速、95%额定转速。

2. 自动造压试验

在所有条件全部满足要求的条件下，操作权限切至远方操作。在中控室监控控制面板设置转速给定进行升速造压试验。在升速造压阶段进行变频器脉冲运行功能检查，修正初始励磁电流设定值和变频器直流输出电流设定值，检查变频器功率器件的工作情况；监测泵组各部位的振动、摆度，各部位的油温、水温、瓦温，各部位的压力、脉动等；观察辅助系统运行是否正常。泵组自动升速造压试验过程分为：从0%额定转速直接升速至90%额定转速，再从90%额定转速升至95%额定转速。

3. 10%额定转速下通道切换试验

自动启动泵组至10%额定转速运行，待泵组运行稳定后进行主、备两套监控系统的控制切换试验，所有检查项目应符合要求。

4. 泵组自动抽水试验

在中控室的计算机监控系统设定泵组抽水转速为95%额定转速，然后自动启动泵组。在泵组升速过程中，当工作球阀前压力大于阀后压力0.15MPa时，开启工作球阀进行抽水。

5. 模拟泵组机械事故停机试验

泵组自动启动至95%额定转速抽水运行，当泵组安全稳定运行5min后在机旁模拟上导轴承温度过高进行机械事故停机流程。信号发出后监视机械事故停机每一步流程执行情况，重点观察工作球阀的关闭情况，并核实所有的信号及测量值是否准确。

6. 模拟泵组电气事故停机试验

泵组自动启动至95%额定转速抽水运行，当泵组安全稳定运行5min后在副厂房模拟整流变压器重瓦斯故障信号进行电气事故停机流程。故障信号发出后监视电气事故停机每一步流程的执行情况，并核实所有的信号及测量值是否准确。

7. 模拟工作球阀拒动、检修球阀动水关闭试验

泵组自动启动至95%额定转速抽水运行，当泵组安全稳定运行5min后模拟工作球阀

拒动、检修球阀动水关闭试验。试验前将工作球阀操作权限切至现地，然后发停机令当工作球阀关阀信号没有收到时，密切监视检修球阀关闭流程是否正常。

8. 泵组热稳定试验

泵组自动启动至100%额定转速抽水运行，当泵组安全稳定运行5min后开始瓦温考验，在运行过程中密切监视各部位瓦温变化趋势。

9. 泵组72h试运行

上述所有试验完成后，在中控室操作启动泵组开始72h试运行。

6.4　水泵机组现场调试的性能测试

6.4.1　水泵机组现场调试的性能测试项目

每台水泵机组在现场调试和试运行过程中，都结合调试时的运行条件对水泵进口和出口压力、水泵和电动机的振动水平（机架/顶盖的振动和主轴的摆度）、工作球阀和检修球阀的位移与振动、噪声、温升和温度等项目进行了测试。由于试运行时测得的机组温升和温度值均较低，本节未予以叙述。本节所述的现场调试的性能测试项目均在3号水泵机组上进行。

6.4.1.1　试验测点布置

水泵机组现场调试的性能试验测量项目和测点布置见表6.4-1。

表6.4-1　水泵机组现场调试的性能试验测量项目和测点布置

序号	测量项目	测点布置
1	上导X摆度	电涡流传感器
2	下导X摆度	电涡流传感器
3	下导Y摆度	电涡流传感器
4	水导X摆度	电涡流传感器
5	水导Y摆度	电涡流传感器
6	上机架X水平振动	压电式低频振动传感器
7	上机架Y水平振动	压电式低频振动传感器
8	下机架X水平振动	压电式低频振动传感器
9	下机架Y水平振动	压电式低频振动传感器
10	顶盖X水平振动	电涡流传感器
11	顶盖Y水平振动	电涡流传感器
12	顶盖X垂直振动	电涡流传感器
13	工作球阀阀体轴向振动	压电式低频振动传感器
14	工作球阀阀体径向振动	压电式低频振动传感器
15	工作球阀阀体垂直振动	压电式低频振动传感器
16	工作球阀基础位移	电涡流传感器
17	工作球阀伸缩节位移	电涡流传感器
18	工作球阀接力器行程	拉线式位移传感器

续表

序号	测 量 项 目	测量布置
19	检修球阀阀体轴向振动	压电式低频振动传感器
20	检修球阀阀体径向振动	压电式低频振动传感器
21	检修球阀阀体垂直振动	压电式低频振动传感器
22	检修球阀基础位移	电涡流传感器
23	检修球阀伸缩节位移	电涡流传感器
24	检修球阀接力器行程	拉线式位移传感器
25	工作球阀前压力	取自工作球阀控制柜
26	工作球阀后压力	取自工作球阀控制柜
27	检修球阀前压力	取自检修球阀控制柜
28	检修球阀后压力	取自检修球阀控制柜
29	泵组转速	取自监控系统
30	水泵流量	取自监控系统
31	进水管出口压力	取自监控系统
32	进水管进口压力	取自监控系统
33	叶轮后、固定导叶前压力	取自监控系统
34	噪声	声级计

6.4.1.2 测试方法

试验采用动态信号测试分析系统记录水泵机组、工作球阀及水力测量系统各测点的波形及数据，并进行分析和判断。噪声采用手动记录。

6.4.2 水泵造压测试

工作球阀处于全关状态下，手动启动水泵机组进行造压。泵组升速造压试验在20%额定转速、50%额定转速、75%额定转速、80%额定转速、90%额定转速、95%额定转速下顺序进行，试验对各运行工况下泵组各部位的振动摆度、工作球阀的振动和位移、水力测量系统有关信号进行监测。手动造压过程结束后，泵组随后又进行了自动造压，自动升速造压试验按水泵开机直接升速至90%额定转速稳定运行、从90%额定转速升至95%额定转速稳定运行进行测试。3号水泵机组首次启动造压的测试数据见表6.4-2，测试数据及其分析见图6.4-1～图6.4-8。

表6.4-2　　干河泵站3号机组首次启动造压测试数据表

测试项目名称	手动造压测试数据						自动造压测试数据	
试验转速/(r/min)	120	300	450	480	540	570	540	570
上导 *X* 摆度/μm	133	158	170	178	181	198	183	197
下导 *X* 摆度/μm	63	97	131	143	158	181	124	143
下导 *Y* 摆度/μm	66	85	117	134	125	142	220	277
水导 *X* 摆度/μm	105	153	180	233	219	277	252	265
水导 *Y* 摆度/μm	103	167	186	257	252	266	49	54
上机架 *X* 向水平振动/μm	35	41	52	50	48	53		

续表

测试项目名称	手动造压测试数据						自动造压测试数据	
上机架 Y 向水平振动/μm	33	37	49	53	61	65	60	45
下机架 X 向水平振动/μm	101	133	140	130	145	145		
下机架 Y 向水平振动/μm	108	113	123	121	140	126	139	127
顶盖 X 向水平振动/μm	6	27	50	56	65	58		
顶盖 Y 向水平振动/μm	7	28	53	58	63	61	64	62
顶盖 X 向垂直振动/μm	7	35	65	96	114	146	146	148
工作球阀基础位移/μm	+182	+223	+395	+406	+533	+608		
工作球阀伸缩节位移/μm	+162	+332	+586	+610	+750	+880		
工作球阀前压力/MPa	0.4844	1.0281	1.7563	2.1453	2.3688	2.5884	2.364	2.583
工作球阀前压力脉动/MPa	0.0308	0.0437	0.3365	0.499	0.6417	0.6802		
工作球阀后压力/MPa	2.2917	2.2927	2.2937	2.2917	2.2917	2.2917	2.298	2.299
工作球阀阀体轴向振动/μm	58	66	89	92	127	129		
工作球阀阀体径向振动/μm	14	13	16	17	24	24		
工作球阀阀体垂直振动/μm	56	67	75	82	87	86		
检修球阀前压力/MPa	2.2917	2.2927	2.2937	2.2917	2.2917	2.2917	2.297	2.299
检修球阀后压力/MPa	2.2917	2.2927	2.2937	2.2917	2.2917	2.2917	2.295	2.298
进水管出口压力/MPa	0.2573	0.2585	0.2596	0.2604	0.2606	0.2621	0.265	0.267
进水管进口压力/MPa	0.2552	0.2664	0.2796	0.2856	0.2871	0.2900	0.283	0.295
叶轮后、导叶前压力/MPa	0.443	0.9242	1.6197	1.9833	2.1811	2.3853	2.184	2.385
水泵机坑内噪声/dB	89.3	72.8	101.9	103.3	103.3	105.9		

注 1. 造压过程中，工作球阀处于全关状态，因此检修球阀阀体的振动、检修球阀基础和伸缩节的位移变化量较小，故未列出。

2. 工作球阀和检修球阀有关阀前和阀后的位置定义为：阀前为靠近水泵侧，阀后为靠近出水钢管侧。

3. 造压过程中，工作球阀基础位移量、伸缩节位移量是相对造压前无水状态时的位移值；“+”值表示顺水泵出水方向移动，“−”值表示逆水泵出水方向移动。

4. 水泵机坑噪声测量时的环境噪声为67.5dB。

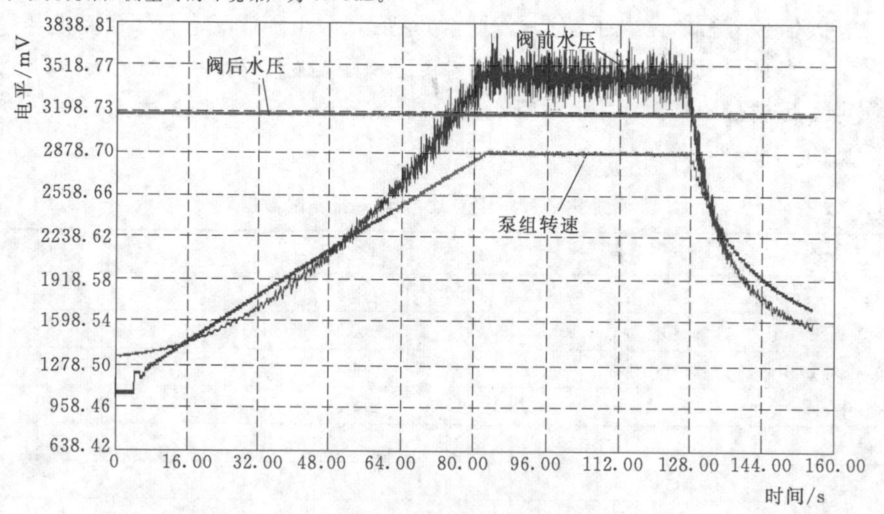

图6.4-1 0～95%额定转速自动造压工作球阀阀前压力变化过程图

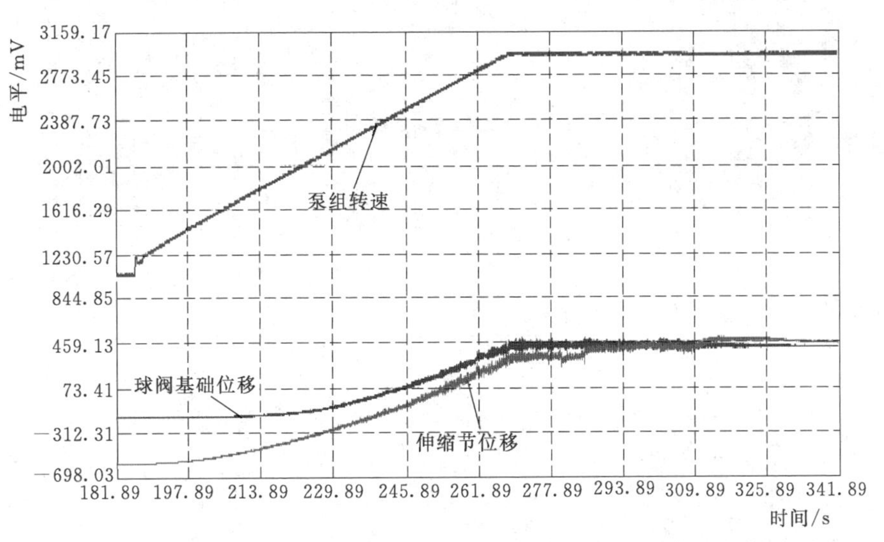

图 6.4-2 0～95%额定转速自动造压工作球阀基础和伸缩节位移变化过程图

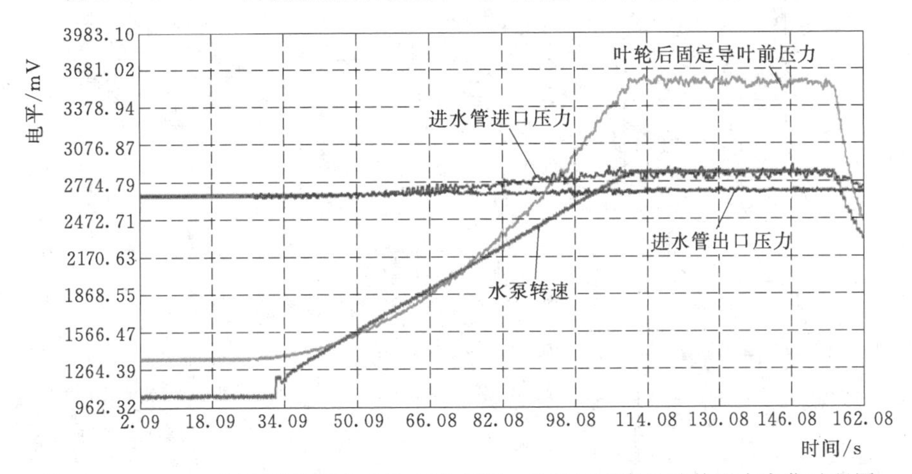

图 6.4-3 0～95%额定转速自动造压进水管、叶轮后固定导叶前压力变化过程图

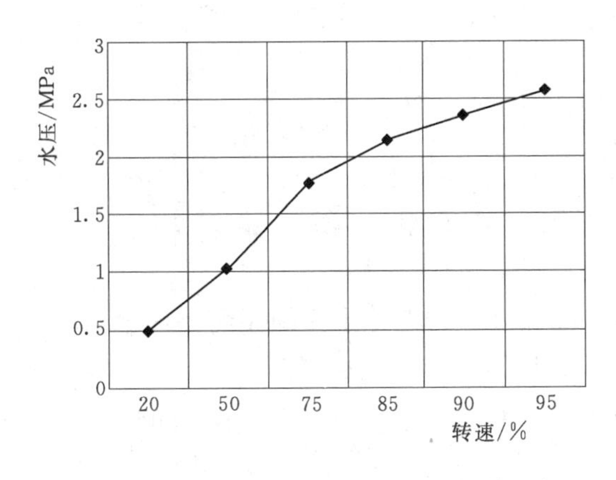

图 6.4-4 水泵造压过程中工作球阀前压力与转速关系曲线

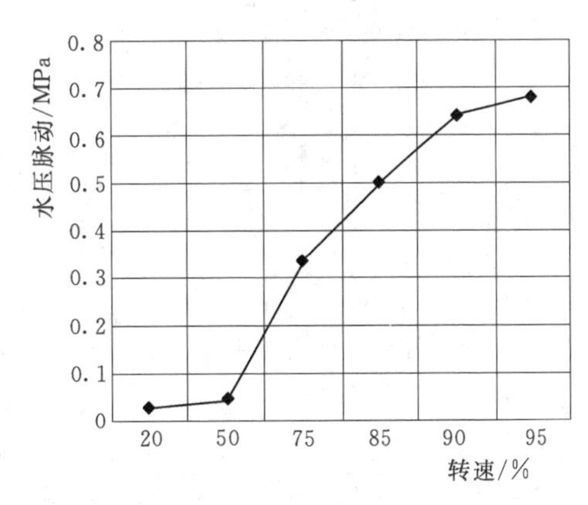

图 6.4-5 水泵造压过程中工作球阀前水压脉动与转速关系曲线

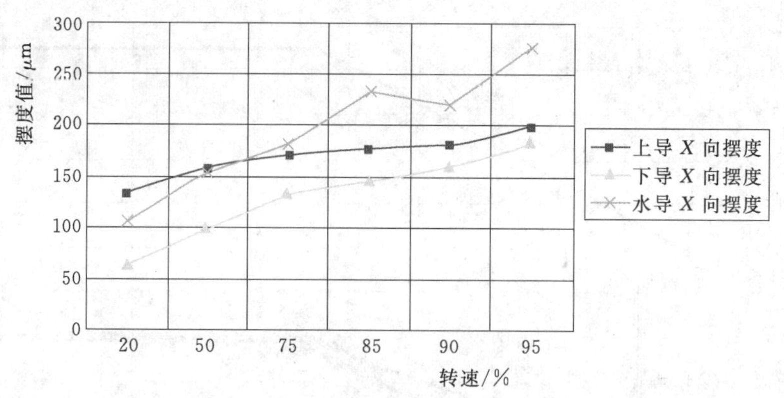

图 6.4-6　水泵造压过程中机组摆度与转速关系曲线

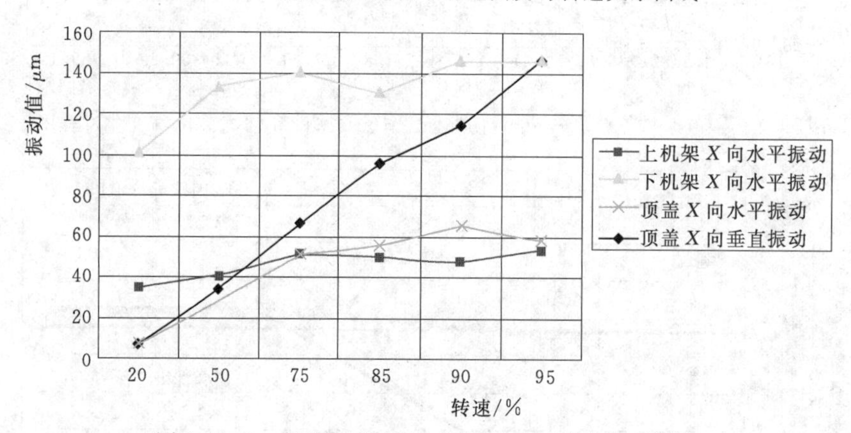

图 6.4-7　水泵造压过程中机组振动与转速关系曲线

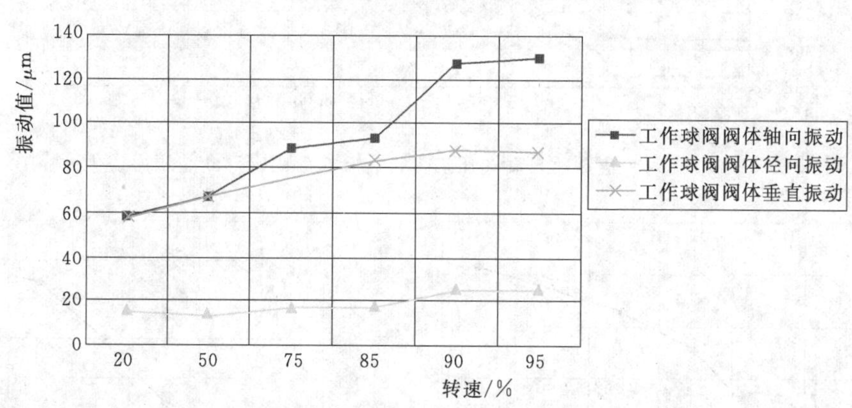

图 6.4-8　水泵造压过程中工作球阀振动与转速关系曲线

从水泵造压的测试结果分析，泵组各部位的振动和摆度、工作球阀的振动和基础位移、水泵出口压力及压力脉动也随转速的提高而增加，都是在最高运行转速时达到最大值；阀体基础位移和伸缩节位移量在 95%额定转速时分别为 608μm 和 880μm，满足工作球阀的技术要求（要求位移量不超过 2mm）。建议水泵机组在启动造压过程中，尽量缩短启动至工作球阀开启的时间，尤其要缩短工作球阀密封的退出时间，以避免水泵机组在振动和摆度较大的条件下长时间运行。

6.4.3 水泵机组稳定运行和过渡过程测试

6.4.3.1 水泵机组稳定运行

泵组启动自动造压，逐渐增加转速至95%额定转速，工作球阀前、后压力满足开启条件后打开工作球阀，泵组稳定运行。试验对水泵稳定运行工况下泵组各部位的振动摆度、工作球阀各部位振动和位移、水力测量系统有关测点进行监测，3号水泵机组稳定运行时的测试数据见表6.4-3。

表6.4-3　　　干河泵站3号水泵机组稳定运行和过渡过程试验数据表

运行工况	570r/min 稳定运行	机械事故停机 过渡过程	电气事故停机 过渡过程	工作球阀拒动关闭 检修球阀过渡过程
上导 *X* 摆度/μm	142	221	242	182
下导 *X* 摆度/μm	85	204	311	136
下导 *Y* 摆度/μm	62	165		
水导 *X* 摆度/μm	124	252	389	211
水导 *Y* 摆度/μm	125	291	370	233
上机架 *X* 向水平振动/μm	11	43	67	50
上机架 *Y* 向水平振动/μm	12	39	73	55
下机架 *X* 向水平振动/μm	18	175	127	93
下机架 *Y* 向水平振动/μm	19	132	121	101
顶盖 *X* 向水平振动/μm	25	92	195	78
顶盖 *Y* 向水平振动/μm	19	88		
顶盖 *X* 向垂直振动/μm	15	152	165	92
工作球阀基础位移/μm	+611	−613	−625	−17
工作球阀伸缩节位移/μm	+1059	−1109	−1111	−47
工作球阀前压力/MPa	2.499	2.9802	3.0896	2.7594
工作球阀前压力脉动/MPa	0.088			
工作球阀后压力/MPa	2.499	2.7146	3.1094	2.7333
工作球阀阀体轴向振动/μm	84	128	132	
工作球阀阀体径向振动/μm	13	23	249	
工作球阀阀体垂直振动/μm	76	112	275	
检修球阀前压力/MPa	2.499	2.7146	3.1094	2.7333
检修球阀后压力/MPa	2.499	2.7146	3.0198	2.7527
进水管进口压力/MPa	0.2529	0.3175	0.3817	0.3155
进水管出口压力/MPa	0.2175	0.3104	0.4327	0.3098
叶轮后、导叶前压力/MPa	2.0745	2.0198	2.5639	2.0204
泵组流量/(m^3/s)	6.34	8.07	7.57	7.4843
水泵机坑噪声/dB	99.2	106.4	112.4	105.7
工作球阀动水开启时间/s	47.16			
工作球阀（检修球阀） 动水关闭时间/s		37.02 （第一段16.74， 第二段20.28）	37.02 （第一段16.42， 第二段20.60）	44.67

6.4.3.2　水泵机组过渡过程试验

水泵机组过渡过程试验均在泵组自动启动至95%额定转速稳定运行5min后进行，分别在机旁模拟上导轴承温度过高机械事故停机流程、在副厂房模拟整流变压器重瓦斯故障信号电气事故停机流程、模拟工作球阀拒动检修球阀动水关闭试验。3号泵组过渡过程试验的测试数据见表6.4-3，测试结果见图6.4-9～图6.4-15。

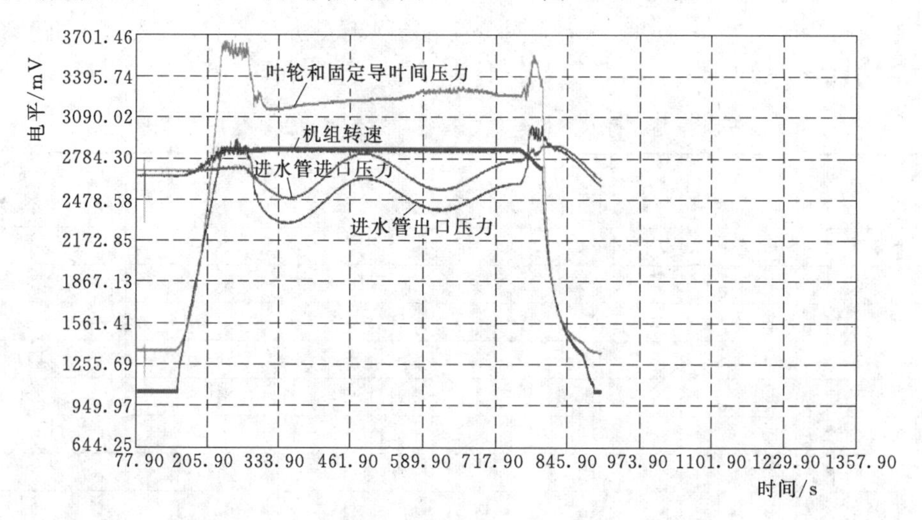

图6.4-9　水泵启动至95%额定转速稳定运行后停机过程各部位压力变化曲线

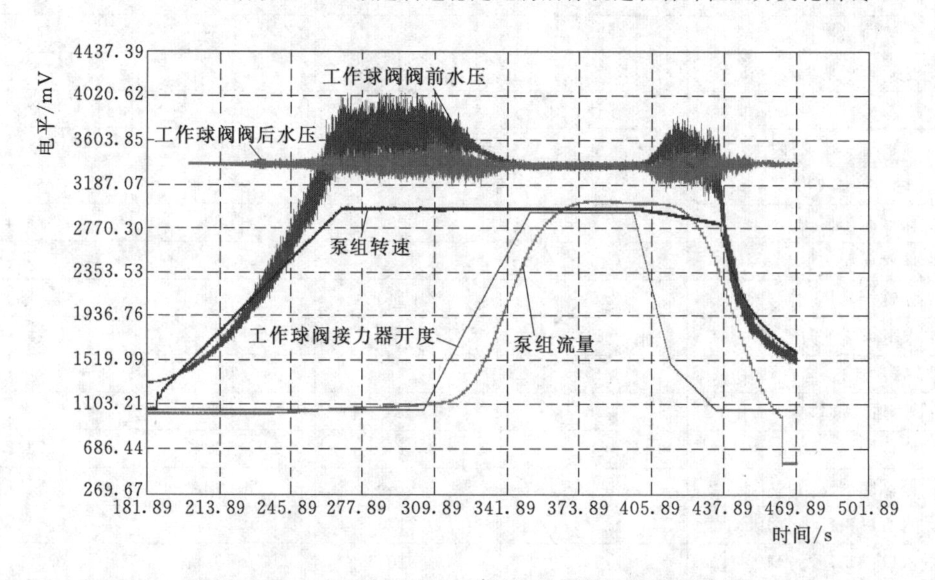

图6.4-10　水泵启动至95%额定转速稳定运行后机械事故停机过程各测点变化曲线

过渡过程试验中，电气事故停机过程中水泵机组的转速从570r/min下降到转速114r/min（因转速采样频率低，从正转变反转的速度太快，可读取的最低转速值为114r/min）历时7.57s，最高反转转速为756r/min，从最低转速反转上升至最高转速历时6.76s。

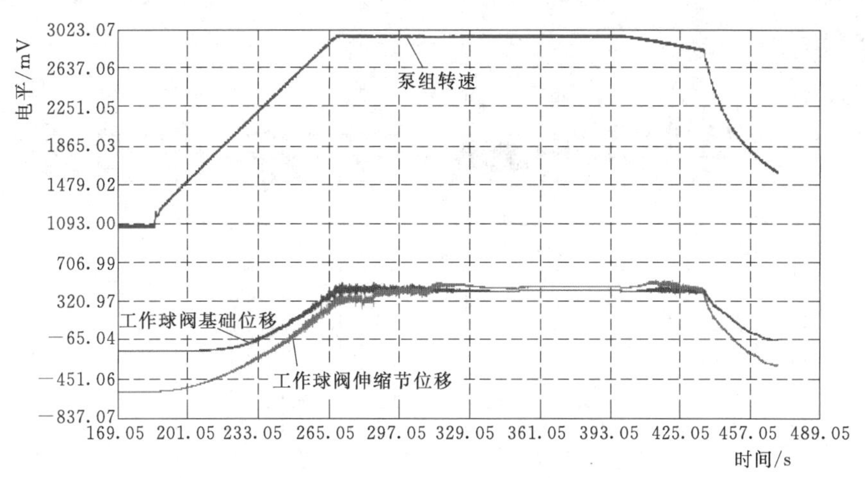

图 6.4-11 水泵启动至95%额定转速稳定运行后机械事故停机过程工作球阀基础及伸缩节位移变化曲线

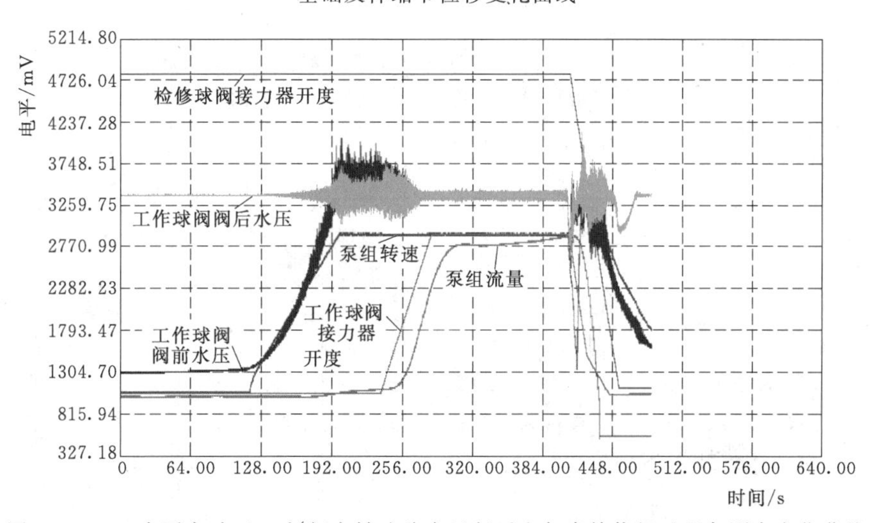

图 6.4-12 水泵启动至95%额定转速稳定运行后电气事故停机过程各测点变化曲线

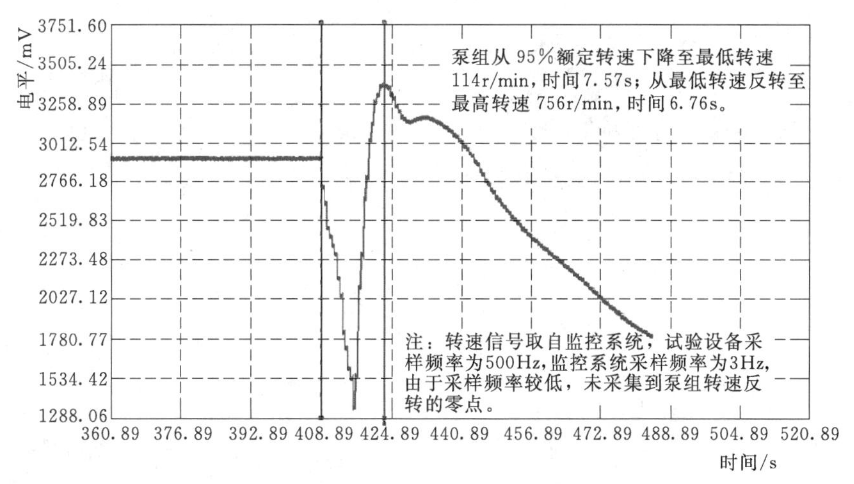

图 6.4-13 水泵机组电气事故停机过程转速变化曲线

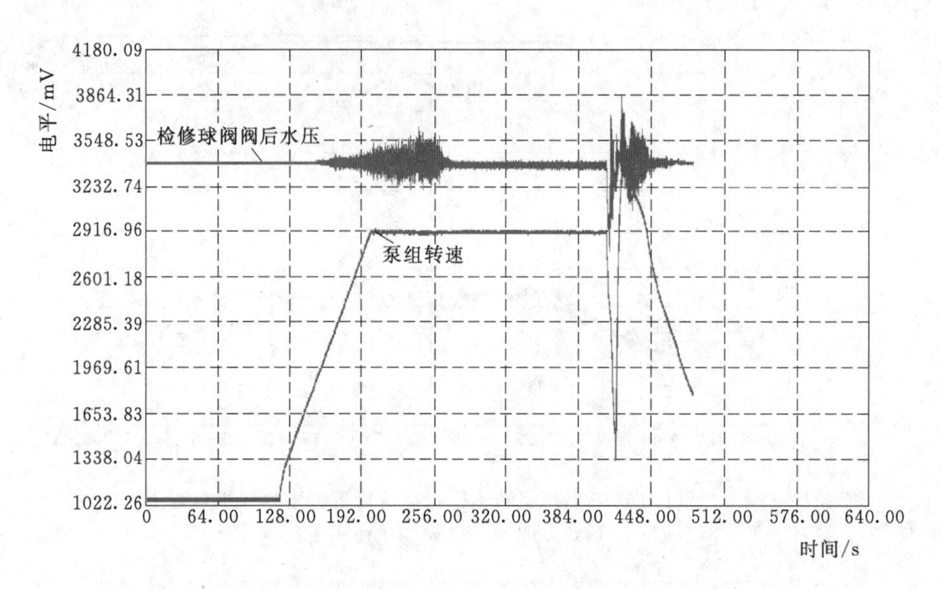

图6.4-14 水泵机组启动至95%额定转速稳定运行后电气事故停机过程检修球阀后压力变化曲线

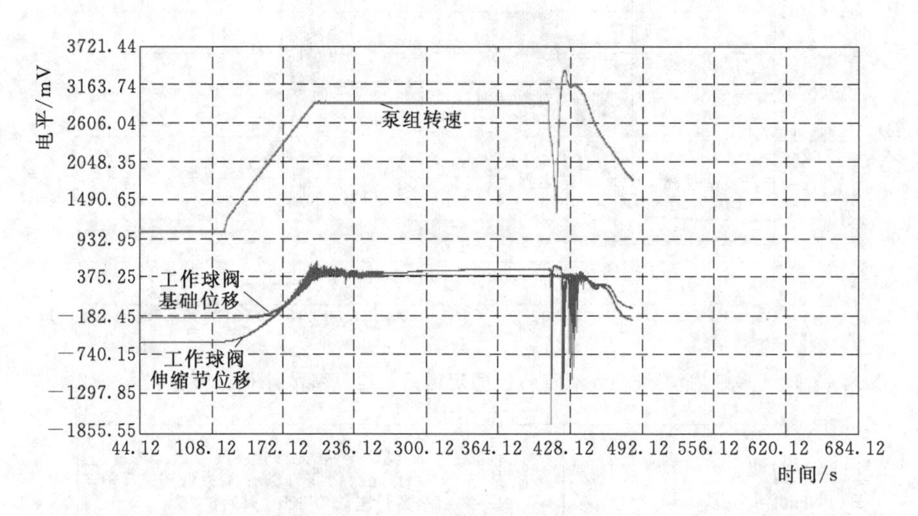

图6.4-15 水泵机组启动至95%额定转速稳定运行后电气事故停机过程工作球阀基础及伸缩节位移变化曲线

第7章 水 泵 测 试

7.1 测试的目的和内容

水泵机组的运行性能，直接关系到泵站的运行成本和经济效益，也是反映科研、设计、制造、施工、运行管理水平的重要标志之一。作为目前我国单机功率最大、自主研制的高扬程、中低比转速立式单级离心泵，其运行性能更为人们所关注。

为全面了解水泵的性能，并指导泵站今后的安全、经济和长期运行，工程建设单位牛栏江—滇池补水工程建设指挥部组织开展了干河泵站水泵机组和变频装置效率、水泵水力稳定性能的测试。测试于2015年8月先后两次在泵站3号机组上进行。

机组效率和水泵水力稳定性能的测试按《离心泵、混流泵和轴流泵水力性能试验规范 精密级》(GB/T 18149—2000)和《离心泵、混流泵、轴流泵和旋涡泵试验方法》(GB 3216—1989)的规定执行。

7.2 测 试 方 法

7.2.1 扬程测量

水泵扬程采用出口与进口的压差，按下式计算：

$$H=\left(\frac{p_1}{\gamma}+\frac{V_1^2}{2g}+Z_1\right)-\left(\frac{p_2}{\gamma}+\frac{V_2^2}{2g}+Z_2\right)$$

$$=(Z_1-Z_2+\frac{p_1-p_2}{\gamma}+\left(\frac{V_1^2}{2g}-\frac{V_2^2}{2g}\right) \quad (7.2-1)$$

式中 $Z_1-Z_2+\frac{p_1-p_2}{\gamma}$——静水头，由差压传感器测量，精度为±0.1%，差压传感器在试验前后用英国DPI610便携式压力校验仪进行率定；

$\frac{V_1^2}{2g}-\frac{V_2^2}{2g}=\frac{Q^2}{2g}\left(\frac{1}{S_1^2}-\frac{1}{S_2^2}\right)$——动水头，由机组过流量和出、进口测压断面的面积$S_1$、$S_2$计算获得。

压力测量断面的几何尺寸在试验前应进行检查。

7.2.2 流量测量

被测机组的流量采用压差法测量，由测点布置于进水管上的压差流量测试装置进行测量。压差测流法的压差流量系数根据模型试验结果换算得到。

泵站的流量由安装在泵站出水总管上的超声波流量计进行测量。

7.2.3　水泵输入功率

干河泵站水泵的输入功率即电机的输出功率。采用三相有功功率变送器对电机的输入功率进行测量，通过电机的效率按下式计算电机的输出功率即水泵的输入功率：

$$P_B=P_M\eta_M \tag{7.2-2}$$

式中　P_M——电机输入电功率，MW；

η_M——电机效率，%；

P_B——电机输出（轴）功率，MW。

测量电机输入功率的电流互感器CT和电压互感器PT采用测试级的CT和PT，以保证测量精度。

7.2.4　压力测量

在水泵出口和进口处分别安装压力传感器以测量不同工况下的压力值，并分别按水泵进水管路、水泵出水管路进行水力损失计算。水泵进水管路定义为泵站取水口至水泵进口压力测量断面（水泵进水检修半球阀之后）之间的输水管路，水泵出水管路为水泵出口压力测量断面（水泵出水工作球阀之前）至泵站出水池之间的输水管路。

7.2.4.1　进水管路损失

水泵进水管路损失 ΔH_U 按下式计算：

$$\Delta H_U=H_U-\left[\frac{p_I}{\rho g}+\left(\frac{Q}{A_I}\right)^2\cdot\frac{1}{2g}+H_{IMSL}\right] \tag{7.2-3}$$

式中　H_U——德泽水库水位海拔高程，m；

p_I——水泵进口测量断面的压力，Pa；

Q——水泵流量，m^3/s；

A_I——进口测量断面面积，m^2；

ρ——水密度，根据水温查表确定，kg/m^3；

g——当地重力加速度，m/s^2；

H_{IMSL}——传感器安装位置处的海拔高程，m。

7.2.4.2　出水管路损失

水泵出水管路损失 ΔH_D 按下式计算：

$$\Delta H_D=\left[\frac{p_O}{\rho g}+\left(\frac{Q}{A_O}\right)^2\cdot\frac{1}{2g}+H_{OMSL}\right]-H_D \tag{7.2-4}$$

式中　H_D——出水池水位海拔高程，m；

p_O——水泵出口测量断面压力，Pa；

A_O——出口测量断面面积，m^2；

H_{OMSL}——传感器安装位置处的海拔高程，m。

7.2.5 转速测量

采用测量机组主轴键相的方法实施监测并记录。

7.2.6 重力加速度

当地重力加速度 g 采用下式确定：

$$g=9.80617(1-2.64\times10^{-3}\cos2\varphi+7\times10^{-6}\cos^{2}2\varphi)-3.086\times10^{-6}Z \quad (7.2-5)$$

式中 Z——海拔；

φ——纬度。

根据式（7.2－5）计算的试验所在地的重力加速度 $g=9.785\text{m/s}^2$。

7.2.7 参数换算

为尽可能多地增加测试范围，测试过程将利用变频装置进行转速调节。为便于对比和评价考虑，需将在不同转速下实测的水泵参数（流量、扬程和功率）换算至相同转速（如额定转速 600r/min）下。不同转速下水泵的流量、扬程和轴功率的换算分别根据式（3.2－1）～式（3.2－3）进行。

7.2.8 压力脉动混频幅值取值方法

水泵压力脉动均采用 97%置信度的混频峰-峰相对值 $\Delta H/H$ 进行取值，即对计算机采集来的压力脉动信号时域波形图进行分区，将每个分区的点数统计出来，求出每个分区的点数概率，剔除 3%不可信区域内的数据，求出混频峰-峰幅值 ΔH，计入运行扬程 H 即求得压力脉动混频峰-峰相对值 $\Delta H/H$。

7.3 测试范围和条件

7.3.1 测试范围

本次试验对 3 号机组系统（包括水泵、电机和变频装置）的总效率和 3 号水泵的能量特性、水力稳定性进行测试。

在德泽水库的各试验水位下，分别按三台机组运行、双台机组运行、单台机组运行工况，通过变频装置调节被测的 3 号机组转速，逐步对被测机组的工作流量由小至大进行调整，与此同时，测量并记录泵组的系统功率（即变频装置的输入功率）、电机输入功率、机组转速、工作流量、压力和压力脉动等参数，进而分析系统（水泵、电机和变频装置的统称）的总效率和水泵的效率及水力稳定性。

7.3.2 试验时间及水库水位

开展水泵测试的时间、水库水位和试验平均扬程见表 7.3－1。3 号机组系统进行总效率、水泵的能量特性和水力稳定性能测试时，变频装置的运行功率因数为0.95。

表7.3-1 干河泵站水泵测试试验条件

序号	试验时间/(年-月-日)	德泽水库水位/m	泵站机组运行状态	试验平均扬程/m
1	2015-08-06	1784.00	三机运行	198.8
2			双机运行	195.8
3			单机运行	194.5
4	2015-08-11	1790.00	三机运行	192.5
5			双机运行	189.7
6			单机运行	188.4

7.3.3 试验测点

本次试验测点布置情况见表7.3-2，试验主要仪器设备配备见表7.3-3；试验现场测量实物布置见图7.3-1～图7.3-5。

表7.3-2 效率和压力脉动测试测点布置

序 号	测 试 项 目	测 点 位 置
1	电机功率	电机入口CT、PT
2	系统功率	变频装置控制柜CT、PT
3	扬程压差	水车室外压差传感器
4	流量压差	水车室外压差传感器
5	总管流量	总管超声波流量计
6	机组转速	测量键相
7	无叶区（叶轮后导叶前）+Y向压力脉动	水车室外压力传感器
8	无叶区（叶轮后导叶前）−Y向压力脉动	水车室外压力传感器
9	锥管+Y向压力脉动	水车室外压力传感器
10	锥管−Y向压力脉动	水车室外压力传感器
11	蜗壳出口压力脉动	水车室外压力传感器

表7.3-3 效率和压力脉动测试主要仪器设备配备

序 号	设 备 类 型	型 号	数 量
1	数据采集系统	NI CDAQ9205	1
2	压力传感器	Druck Ptx1400	7
3	压差传感器	YOKOGAWA	2
4	功率变送器	FPWK-201	1
5	电流互感器CT/电压互感器PT	JDZ-10	8
6	隔离模块	0～5V	5

图 7.3-1 水泵压力脉动及扬程压差测点布置图

图 7.3-2 水泵工作流量压差测点布置图

图 7.3-3 水泵转速测点布置图

图 7.3-4 变频装置母线侧 CT、PT 测点布置图

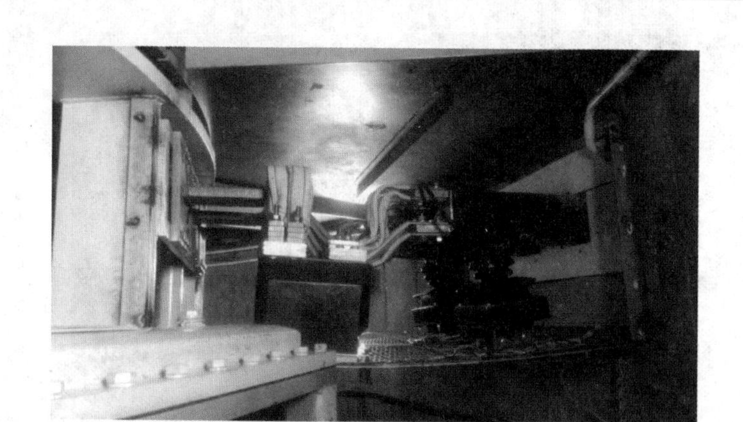

图7.3-5　电机母线侧CT、PT测点布置图

7.4　测　试　结　果

7.4.1　电机效率的确定

水泵效率试验中，电机的效率是根据电机厂家提供的电机效率特性曲线计算得出。电机厂家提供的电机在额定容量下不同转速的效率曲线见图7.4-1，电机在额定转速下不同入力时的效率曲线见图7.4-2。

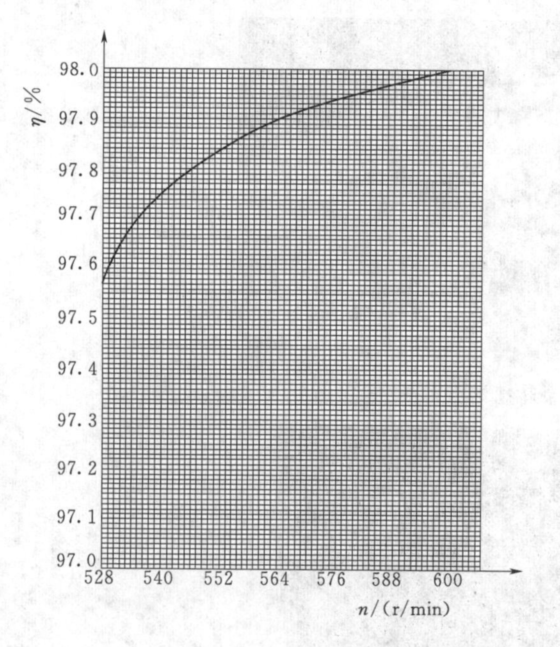

图7.4-1　电机在额定容量下转速n与效率η的关系曲线

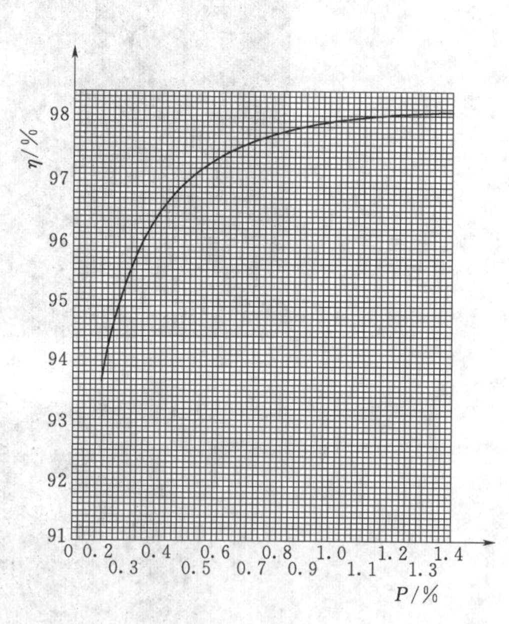

图7.4-2　电机在额定转速下入力P与效率η关系曲线

根据上述两曲线先分别计算电机在不同转速、不同入力下的效率，计算得出的两个效

率相乘即可得到电机在该工作容量和工作转速下的运行效率。在效率试验过程中，不同水库水位试验工况下3号电机效率的计算结果分别见表7.4-1和表7.4-2，相应水库水位1784.00m、1790.00m时，电机在各试验工况下的效率见图7.4-3和图7.4-4。

表7.4-1　各运行试验工况下的3号电机效率（水库水位1784.00m）

工况	转速/(r/min)	转速相对效率/%	电机功率/MW	电机功率相对值/%	电机入力效率/%	电机运行效率/%
三机运行	548.8	99.83	14.80	0.66	97.52	97.35
	552.8	99.85	15.36	0.68	97.60	97.45
	556.8	99.87	15.93	0.71	97.65	97.52
	560.7	99.88	16.44	0.73	97.70	97.59
	564.8	99.90	17.02	0.76	97.75	97.65
	568.6	99.91	17.53	0.78	97.78	97.70
	572.6	99.93	18.09	0.80	97.80	97.73
	575.7	99.94	18.54	0.82	97.82	97.76
	579.8	99.95	19.21	0.85	97.85	97.80
	583.9	99.96	19.67	0.87	97.88	97.84
	587.9	99.97	20.22	0.90	97.90	97.87
双机运行	538.8	99.73	13.52	0.60	97.40	97.14
	542.8	99.77	14.16	0.63	97.45	97.22
	546.8	99.80	14.83	0.66	97.52	97.33
	550.8	99.83	15.37	0.68	97.60	97.43
	554.7	99.85	15.93	0.71	97.65	97.51
	558.8	99.88	16.44	0.73	97.70	97.58
	562.8	99.89	17.02	0.76	97.75	97.65
	566.7	99.91	17.52	0.78	97.78	97.69
	570.8	99.92	18.11	0.80	97.80	97.72
	574.8	99.94	18.72	0.83	97.82	97.76
	578.8	99.95	19.15	0.85	97.85	97.80
单机运行	542.0	99.77	14.34	0.64	97.50	97.27
	546.0	99.80	14.87	0.66	97.52	97.33
	550.0	99.83	15.31	0.68	97.60	97.43
	554.0	99.85	15.92	0.71	97.65	97.51
	558.0	99.88	16.51	0.73	97.70	97.58
	562.0	99.89	16.95	0.75	97.75	97.65
	566.0	99.91	17.59	0.78	97.78	97.69
	570.0	99.92	18.06	0.80	97.80	97.72
	574.0	99.94	18.66	0.83	97.82	97.76
	578.0	99.95	19.15	0.85	97.85	97.80

表7.4-2 各运行试验工况下的3号电机效率(水库水位1790.00m)

工况	转速/(r/min)	转速相对效率/%	电机功率/MW	电机功率相对值/%	电机入力效率/%	电机运行效率/%
三机运行	534.0	99.67	13.21	0.59	97.35	97.03
	538.0	99.73	13.85	0.62	97.45	97.19
	542.0	99.77	14.43	0.64	97.50	97.27
	554.0	99.85	16.09	0.72	97.65	97.51
	566.0	99.91	17.70	0.79	97.78	97.69
	570.0	99.92	18.18	0.81	97.80	97.72
	574.0	99.94	18.80	0.84	97.83	97.77
	576.8	99.94	19.06	0.85	97.85	97.80
双机运行	528.8	99.56	12.68	0.56	97.25	96.82
	532.8	99.66	13.31	0.59	97.35	97.02
	536.8	99.73	13.90	0.62	97.45	97.19
	540.8	99.74	14.49	0.64	97.50	97.25
	544.8	99.79	15.05	0.67	97.55	97.34
	548.8	99.82	15.57	0.69	97.60	97.42
	556.8	99.87	16.63	0.74	97.70	97.57
	560.8	99.88	17.17	0.76	97.75	97.64
	568.8	99.92	18.24	0.81	97.80	97.72
	572.8	99.93	18.70	0.83	97.82	97.75
单机运行	528.8	99.56	12.84	0.57	97.30	96.87
	532.8	99.66	13.45	0.60	97.40	97.07
	536.8	99.73	14.01	0.62	97.45	97.19
	540.8	99.74	14.61	0.65	97.50	97.25
	552.8	99.85	16.19	0.72	97.65	97.50
	556.8	99.87	16.74	0.74	97.70	97.57
	568.8	99.92	18.35	0.82	97.82	97.74
	570.8	99.92	18.58	0.83	97.84	97.76

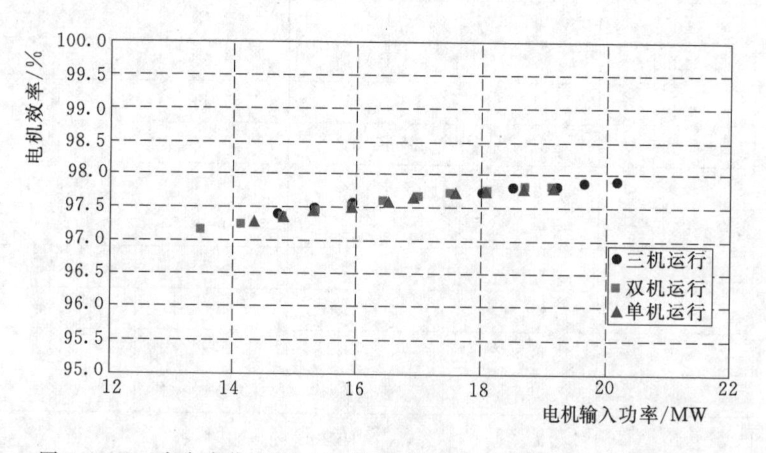

图7.4-3 水库水位1784.00m各运行测试工况下的3号电机效率

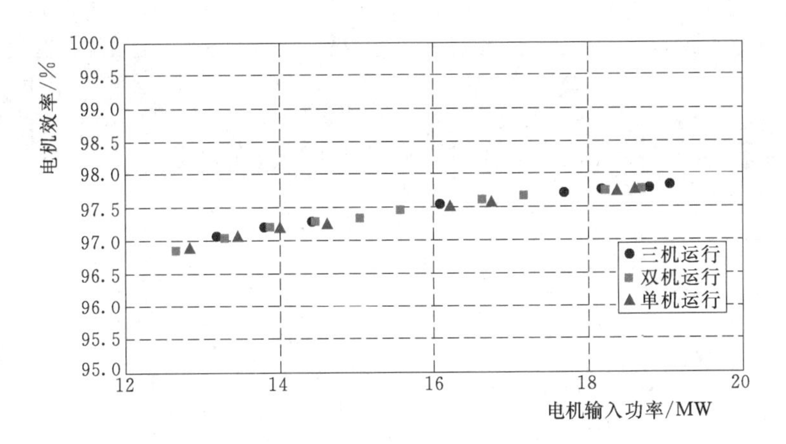

图 7.4-4 水库水位 1790.00m 各运行测试工况下的 3 号电机效率

7.4.2 水库水位 1784.00m 测试结果

德泽水库水位 1784.00m 时，3 号机组系统在泵站三机运行、双机运行、单机运行三种工况下的效率试验数据见表 7.4-3；各测点压力脉动数据见表 7.4-4。机组在三种工况下的电机输入功率与总管流量关系曲线见图 7.4-5，扬程与总管流量的关系曲线见图 7.4-6；水泵效率与总管流量的关系曲线见图 7.4-7；变频装置效率与总管流量的关系曲线见图 7.4-8；系统总效率（水泵、电机和变频装置的总效率）与总管流量的关系曲线见图 7.4-9；换算到 600r/min 转速下的水泵效率与流量的关系曲线见图 7.4-10；换算到 600r/min 转速下的水泵扬程与流量的关系曲线见图 7.4-11。

表 7.4-3　　3 号机组及变频装置效率试验数据（水库水位 1784.00m）

序号	运行工况	机组转速 /(r/min)	系统功率 /MW	电机入力 /MW	单机流量 /(m^3/s)	总管流量 /(m^3/s)	扬程 /m	换算到600r/min 转速下		水泵效率 /%	变频装置效率 /%	系统总效率 /%
								流量 /(m^3/s)	扬程 /m			
1	三机运行	548.8	15.18	14.80	6.73	22.47	197.95	7.36	236.61	90.54	97.51	85.95
2		552.8	15.75	15.36	7.05	22.65	198.07	7.65	233.34	91.27	97.55	86.76
3		556.8	16.34	15.93	7.37	23.00	198.26	7.94	230.21	92.00	97.51	87.49
4		560.7	16.87	16.44	7.63	23.29	198.45	8.17	227.25	92.39	97.46	87.87
5		564.8	17.49	17.02	7.92	23.53	198.64	8.41	224.17	92.57	97.36	88.01
6		568.6	18.01	17.53	8.17	23.73	198.87	8.62	221.44	92.82	97.33	88.26
7		572.6	18.60	18.09	8.45	23.89	199.12	8.85	218.64	93.10	97.24	88.48
8		575.7	19.08	18.54	8.66	24.01	199.22	9.03	216.39	93.19	97.18	88.53
9		579.8	19.81	19.21	8.97	24.18	199.41	9.29	213.55	93.21	96.97	88.40
10		583.9	20.29	19.67	9.19	24.25	199.52	9.44	210.68	93.21	96.91	88.38
11		587.9	20.89	20.22	9.44	24.44	199.66	9.63	207.96	93.21	96.75	88.26

续表

序号	运行工况	机组转速/(r/min)	系统功率/MW	电机入力/MW	单机流量/(m^3/s)	总管流量/(m^3/s)	扬程/m	换算到600r/min转速下		水泵效率/%	变频装置效率/%	系统总效率/%
								流量/(m^3/s)	扬程/m			
12	双机运行	538.8	13.85	13.52	6.22	14.08	194.82	6.93	241.60	90.39	97.57	85.67
13		542.8	14.51	14.16	6.58	14.46	195.01	7.27	238.28	91.17	97.57	86.49
14		546.8	15.20	14.83	6.96	14.73	195.26	7.63	235.10	92.07	97.56	87.42
15		550.8	15.76	15.37	7.23	15.01	195.41	7.88	231.88	92.32	97.52	87.71
16		554.7	16.34	15.93	7.51	15.30	195.68	8.13	228.95	92.59	97.48	88.01
17		558.8	16.87	16.44	7.77	15.59	195.79	8.34	225.72	92.72	97.44	88.16
18		562.8	17.47	17.02	8.06	15.84	195.92	8.59	222.68	92.94	97.44	88.43
19		566.7	17.98	17.52	8.30	16.05	196.17	8.79	219.90	93.09	97.43	88.60
20		570.8	18.60	18.11	8.59	16.23	196.30	9.03	216.90	93.24	97.36	88.71
21		574.8	19.24	18.72	8.88	16.43	196.43	9.27	214.03	93.31	97.29	88.75
22		578.8	19.70	19.15	9.09	16.61	196.63	9.42	211.30	93.39	97.22	88.79
23	单机运行	542.0	14.70	14.34	6.70	6.65	193.57	7.42	237.21	90.93	97.58	86.31
24		546.0	15.24	14.87	7.00	6.91	193.83	7.69	234.07	91.69	97.57	87.07
25		550.0	15.69	15.31	7.23	7.17	194.12	7.89	231.02	92.13	97.54	87.56
26		554.0	16.32	15.92	7.56	7.53	194.29	8.19	227.89	92.58	97.52	88.03
27		558.0	16.93	16.51	7.85	7.72	194.46	8.44	224.84	92.71	97.52	88.23
28		562.0	17.39	16.95	8.07	7.96	194.61	8.62	221.82	92.84	97.49	88.38
29		566.0	18.05	17.59	8.38	8.18	194.71	8.89	218.81	92.94	97.46	88.48
30		570.0	18.55	18.06	8.61	8.57	194.91	9.06	215.97	93.01	97.38	88.51
31		574.0	19.17	18.66	8.90	8.72	195.03	9.30	213.09	93.07	97.34	88.56
32		578.0	19.70	19.15	9.13	8.96	195.17	9.48	210.31	93.14	97.22	88.56

表7.4-4　　3号水泵压力脉动试验数据表（水库水位1784.00m）

序号	机组工况	单机流量/(m^3/s)	蜗壳出口压力脉动/%	无叶区+Y压力脉动/%	无叶区-Y压力脉动/%	顶盖外圆压力脉动/%	顶盖内圆压力脉动/%	锥管+Y压力脉动/%	锥管-Y压力脉动/%
1	三机运行	6.78	3.73	2.90	8.14	0.50	0.52	0.30	1.85
2		7.13	3.45	2.73	8.71	0.49	0.50	0.29	1.63
3		7.35	3.29	2.67	9.30	0.50	0.46	0.30	1.45
4		7.58	3.21	2.80	9.77	0.53	0.47	0.31	1.29
5		7.89	3.15	3.27	10.21	0.53	0.44	0.29	1.19
6		8.06	3.34	3.47	10.69	0.52	0.44	0.30	1.13
7		8.37	3.20	3.74	11.22	0.55	0.45	0.32	1.12
8		8.58	3.25	3.90	11.67	0.56	0.44	0.32	1.20
9		8.84	3.44	4.18	12.07	0.54	0.46	0.33	1.23
10		9.09	3.67	4.42	12.06	0.54	0.42	0.29	1.41
11		9.31	3.80	4.83	12.59	0.55	0.41	0.30	1.56

续表

序号	机组工况	单机流量/(m^3/s)	蜗壳出口压力脉动/%	无叶区+Y压力脉动/%	无叶区−Y压力脉动/%	顶盖外圆压力脉动/%	顶盖内圆压力脉动/%	锥管+Y压力脉动/%	锥管−Y压力脉动/%
12	双机运行	6.32	9.20	4.02	9.33	0.61	0.65	0.42	1.66
13		6.66	6.30	3.28	8.27	0.56	0.57	0.37	1.73
14		6.93	4.21	2.93	8.14	0.55	0.52	0.32	1.68
15		7.18	3.43	2.86	8.75	0.52	0.50	0.31	1.68
16		7.47	3.27	2.91	9.26	0.54	0.44	0.28	1.72
17		7.71	3.26	2.93	9.72	0.54	0.44	0.28	1.69
18		7.92	3.09	3.13	10.14	0.55	0.45	0.27	1.45
19		8.15	3.24	3.33	10.60	0.57	0.45	0.30	1.32
20		8.39	3.26	3.37	11.08	0.59	0.43	0.26	1.21
21		8.74	3.26	3.39	11.76	0.56	0.45	0.29	1.18
22		8.96	3.82	3.55	12.28	0.56	0.41	0.27	1.25
23	单机运行	6.64	8.79	2.90	7.91	0.52	0.67	0.46	1.25
24		7.01	4.29	2.71	8.56	0.47	0.51	0.35	1.23
25		7.07	3.80	2.53	8.74	0.47	0.48	0.30	1.25
26		7.35	3.23	2.73	9.24	0.48	0.44	0.28	1.33
27		7.63	3.15	2.93	9.68	0.49	0.46	0.27	1.49
28		8.02	3.07	2.93	10.20	0.49	0.44	0.23	1.56
29		8.04	3.18	2.93	10.57	0.49	0.43	0.22	1.53
30		8.59	3.27	3.07	11.04	0.53	0.41	0.23	1.18
31		8.82	3.44	3.35	11.69	0.52	0.43	0.26	1.06
32		8.95	3.75	3.21	12.30	0.53	0.43	0.25	1.17

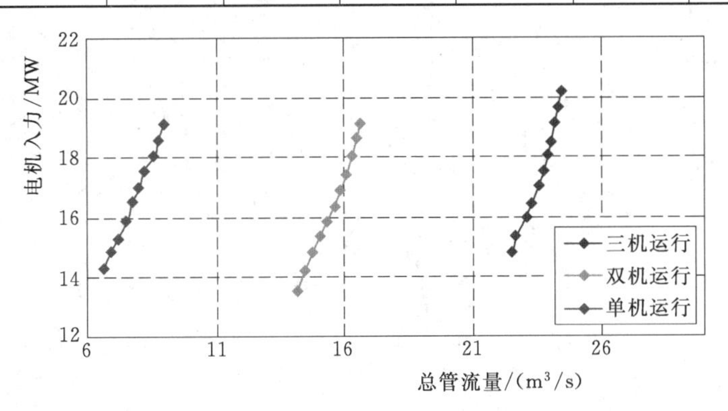

图 7.4-5　电机入力与总管流量的关系曲线
(水库水位 1784.00m)

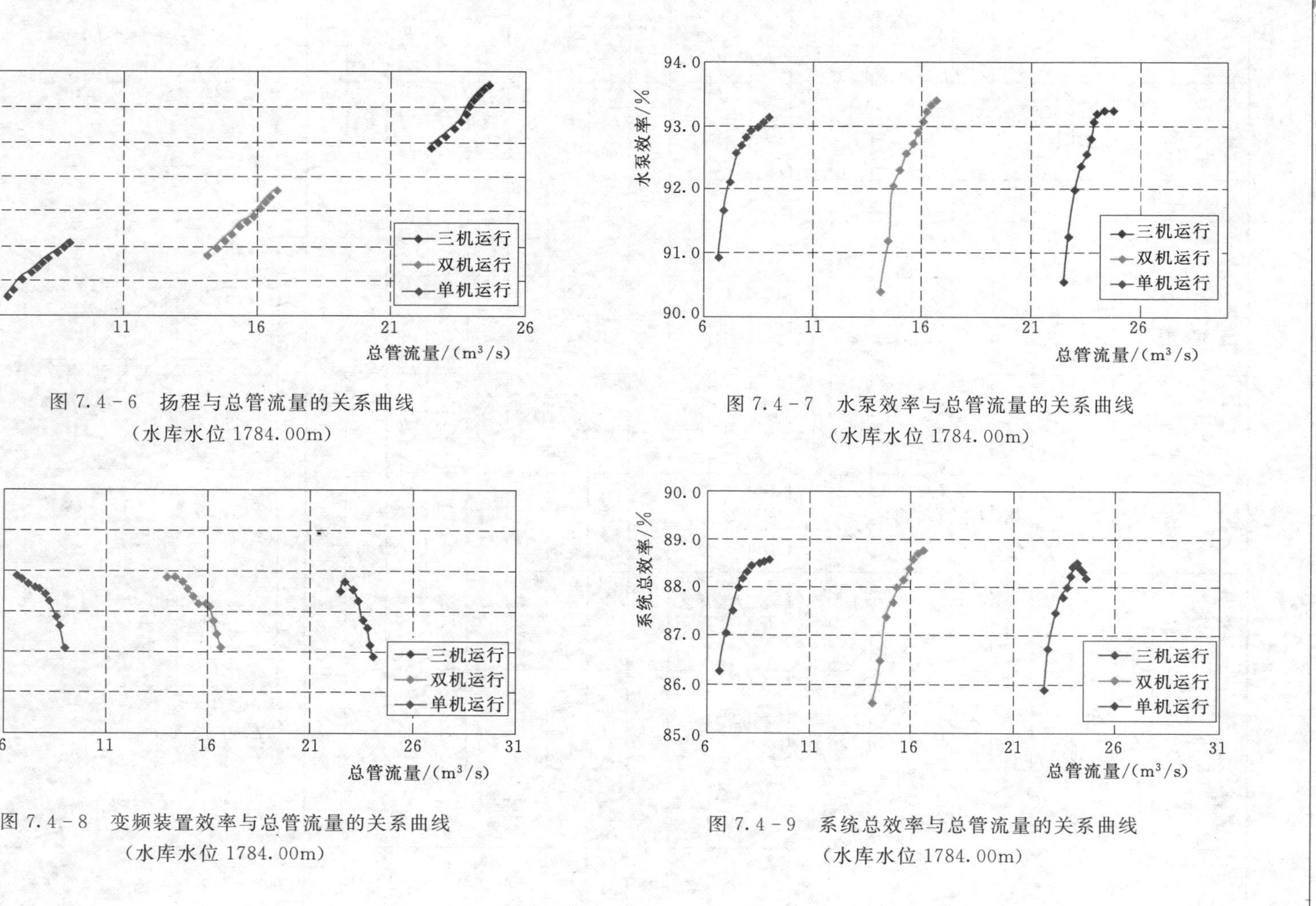

图 7.4-6　扬程与总管流量的关系曲线
（水库水位 1784.00m）

图 7.4-7　水泵效率与总管流量的关系曲线
（水库水位 1784.00m）

图 7.4-8　变频装置效率与总管流量的关系曲线
（水库水位 1784.00m）

图 7.4-9　系统总效率与总管流量的关系曲线
（水库水位 1784.00m）

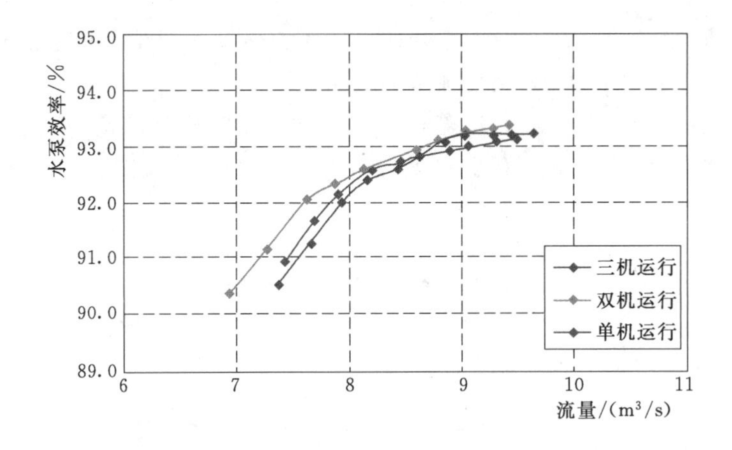

图 7.4-10 换算到 600r/min 转速下的水泵效率与流量的关系曲线（水库水位 1784.00m）

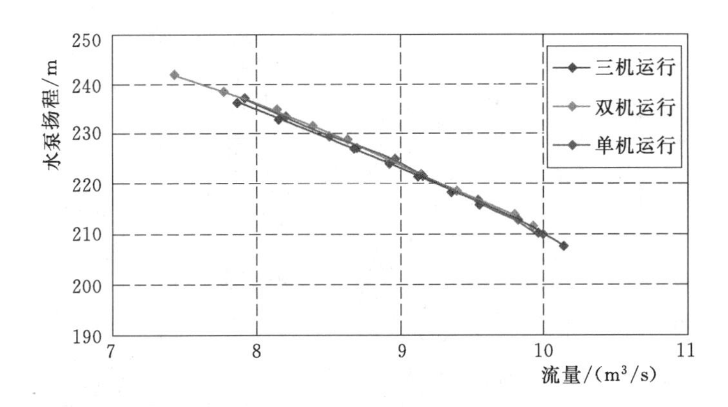

图 7.4-11 换算到 600r/min 转速下的水泵扬程与流量的关系曲线（水库水位 1784.00m）

水泵在泵站三机运行、双机运行、单机运行三种工况下的蜗壳出口压力脉动相对值与流量的关系见图 7.4-12；无叶区（水泵叶轮出口后、固定导叶前的区域）$+Y$ 压力脉动

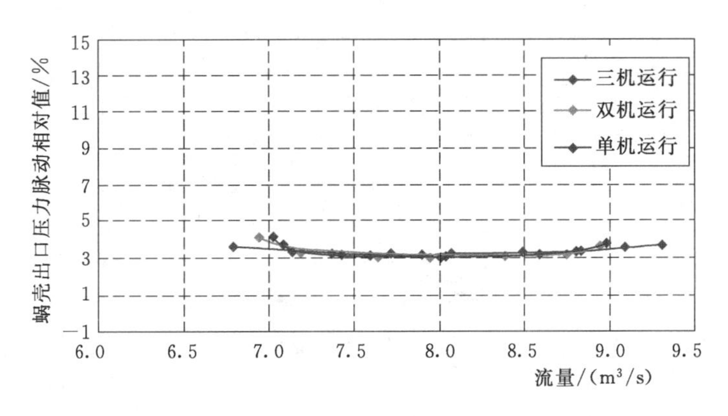

图 7.4-12 蜗壳出口压力脉动相对值与流量的关系曲线（水库水位 1784.00m）

相对值与流量的关系见图7.4-13；无叶区-Y压力脉动相对值与流量的关系见图7.4-14；锥管进口+Y压力脉动相对值与流量的关系见图7.4-15；锥管进口-Y压力脉动相对值与流量的关系见图7.4-16；顶盖外圆压力脉动相对值与流量的关系见图7.4-17；顶盖内圆压力脉动相对值与流量的关系见图7.4-18。

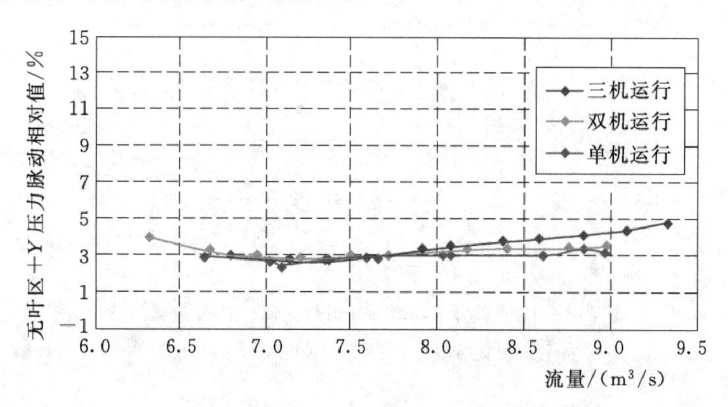

图7.4-13 无叶区+Y压力脉动相对值与流量的关系曲线（水库水位1784.00m）

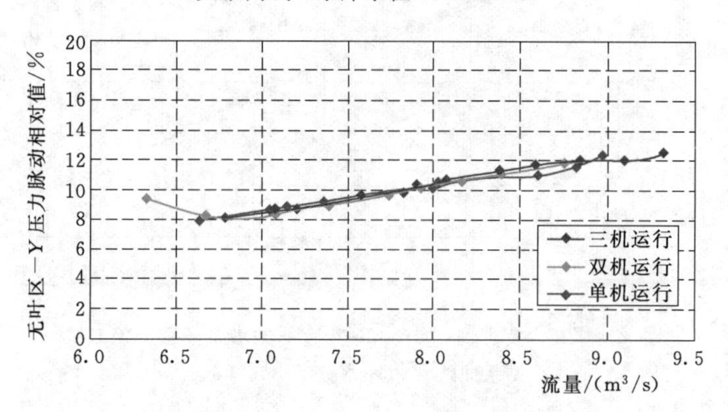

图7.4-14 无叶区-Y压力脉动相对值与流量的关系曲线（水库水位1784.00m）

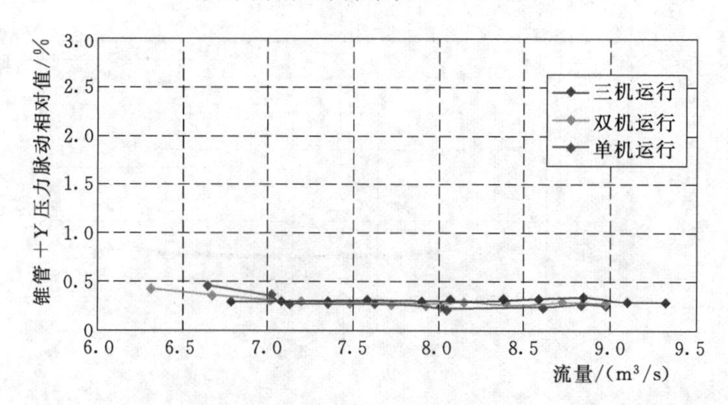

图7.4-15 锥管+Y压力脉动相对值与流量的关系曲线（水库水位1784.00m）

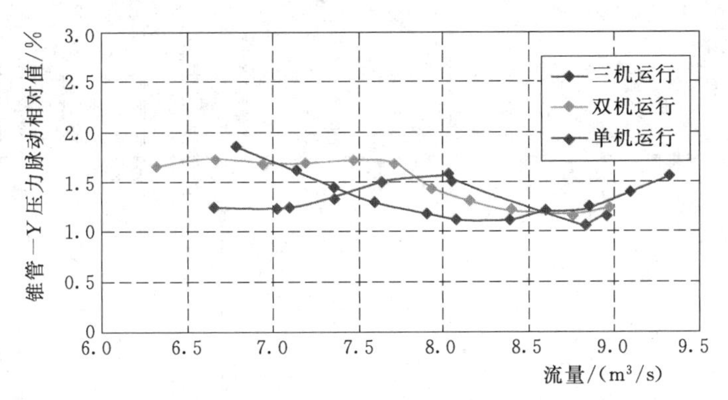

图 7.4-16 锥管—Y 压力脉动相对值与流量的关系曲线（水库水位 1784.00m）

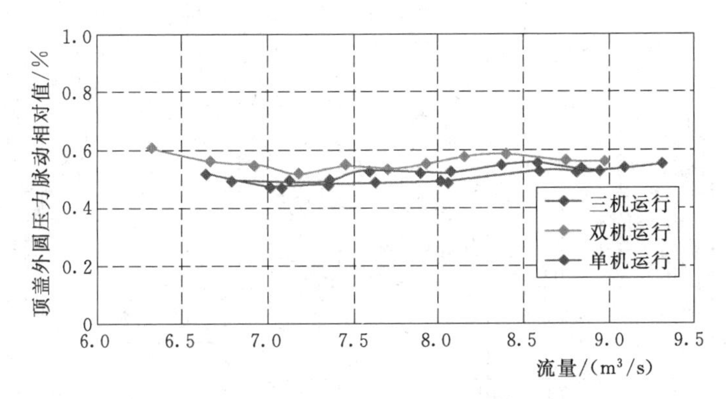

图 7.4-17 顶盖外圆压力脉动相对值与流量的关系曲线（水库水位 1784.00m）

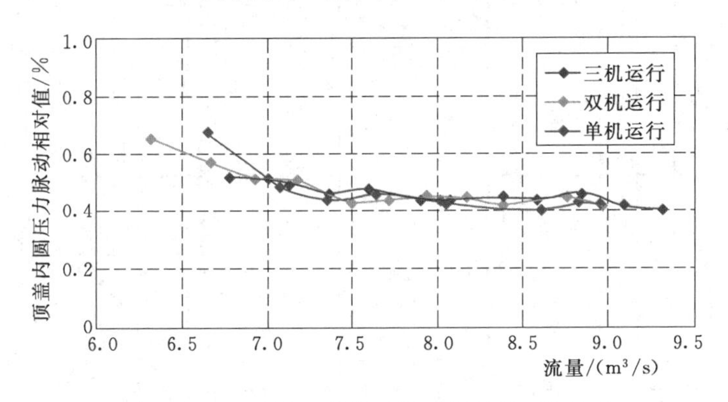

图 7.4-18 顶盖内圆压力脉动相对值与流量的关系曲线（水库水位 1784.00m）

7.4.3 水库水位 1790.00m 试验结果

德泽水库水位 1790.00m 时，3 号机组在泵站三机运行、双机运行、单机运行三种工况下的效率试验数据见表 7.4-5；各测点压力脉动数据见表 7.4-6。机组在三种工况下的电机入力与总管流量的关系曲线见图 7.4-19；扬程与总管流量的关系曲线图 7.4-20；

表 7.4-5 3号机组及变频装置效率试验数据（水库水位 1790.00m）

序号	运行工况	机组转速/(r/min)	系统功率/MW	电机入力/MW	单机流量/(m^3/s)	总管流量/(m^3/s)	扬程/m	换算到600r/min转速下		水泵效率/%	变频装置效率/%	系统总效率/%
								流量/(m^3/s)	扬程/m			
1	三机运行	534.0	13.54	13.21	6.18	21.66	191.35	6.94	241.58	90.23	97.58	85.43
2		538.0	14.21	13.85	6.56	22.05	191.55	7.31	238.24	91.30	97.52	86.53
3		542.0	14.80	14.43	6.88	22.59	191.73	7.62	234.96	91.96	97.49	87.21
4		554.0	16.51	16.09	7.69	23.01	192.37	8.33	225.64	92.21	97.48	87.65
5		566.0	18.16	17.70	8.48	23.59	193.08	8.99	216.97	92.65	97.46	88.20
6		570.0	18.66	18.18	8.74	23.99	193.33	9.20	214.22	93.01	97.42	88.55
7		574.0	19.30	18.80	9.04	24.29	193.51	9.45	211.44	93.11	97.40	88.66
8		576.8	19.57	19.06	9.18	24.45	193.66	9.55	209.55	93.31	97.36	88.85
9	双机运行	528.8	12.99	12.68	5.94	13.82	188.61	6.74	242.82	89.35	97.61	84.44
10		532.8	13.64	13.31	6.31	14.18	188.96	7.11	239.63	90.41	97.59	85.60
11		536.8	14.25	13.90	6.67	14.39	189.10	7.46	236.25	91.40	97.55	86.65
12		540.8	14.86	14.49	6.99	14.67	189.22	7.75	232.91	91.83	97.52	87.10
13		544.8	15.43	15.05	7.27	14.94	189.49	8.00	229.83	91.99	97.52	87.33
14		548.8	15.98	15.57	7.54	15.18	189.50	8.24	226.50	92.16	97.47	87.52
15		556.8	17.06	16.63	8.06	15.65	190.01	8.69	220.64	92.34	97.49	87.83
16		560.8	17.62	17.17	8.35	15.97	190.11	8.93	217.61	92.64	97.46	88.15
17		568.8	18.72	18.24	8.90	16.43	190.58	9.39	212.06	93.15	97.43	88.69
18		572.8	19.21	18.70	9.13	16.78	190.74	9.57	209.29	93.25	97.36	88.75
19	单机运行	528.8	13.15	12.84	6.00	6.15	187.35	6.80	241.20	88.39	97.67	83.62
20		532.8	13.78	13.45	6.39	6.46	187.72	7.19	238.06	89.87	97.61	85.15
21		536.8	14.36	14.01	6.74	6.72	187.88	7.53	234.72	91.02	97.56	86.31
22		540.8	14.98	14.61	7.09	7.10	187.83	7.86	231.20	91.71	97.52	86.97
23		552.8	16.61	16.19	7.88	7.85	188.51	8.55	222.08	92.07	97.49	87.51
24		556.8	17.18	16.74	8.15	8.06	188.74	8.79	219.16	92.18	97.45	87.65
25		568.8	18.84	18.35	9.02	8.77	189.12	9.51	210.44	93.04	97.42	88.60
26		570.8	19.09	18.58	9.15	9.21	189.13	9.61	208.97	93.21	97.30	88.66

水泵效率与总管流量的关系曲线见图 7.4-21；变频装置统效率与总管流量的关系曲线见图 7.4-22；系统总效率与总管流量的关系曲线见图 7.4-23；换算到 600r/min 转速下的水泵效率与流量的关系曲线见图 7.4-24；换算到 600min 转速下的扬程与流量的关系曲线见图 7.4-25。

表 7.4-6　　3 号水泵压力脉动试验数据（水库水位 1790.00m）

序号	机组工况	单机流量 /(m³/s)	蜗壳出口压力脉动/%	无叶区+Y 压力脉动/%	无叶区-Y 压力脉动/%	顶盖外圆压力脉动/%	顶盖内圆压力脉动/%	锥管+Y 压力脉动/%	锥管-Y 压力脉动/%
1	三机运行	6.17	4.67	4.44	10.78	0.52	0.85	0.34	1.15
2		6.57	4.55	3.94	10.15	0.51	0.73	0.31	1.02
3		6.83	4.85	3.63	10.44	0.50	0.61	0.27	0.97
4		7.12	4.86	3.54	10.53	0.48	0.60	0.28	0.91
5		7.31	5.26	3.58	10.52	0.51	0.62	0.29	0.88
6		7.65	6.52	3.51	10.79	0.53	0.62	0.27	0.87
7		7.90	10.73	3.93	10.96	0.52	0.60	0.28	0.90
8		8.18	7.78	4.16	11.04	0.55	0.59	0.26	0.99
9		8.39	5.86	4.44	11.39	0.55	0.59	0.28	1.07
10		8.58	5.35	4.57	11.92	0.52	0.58	0.26	1.15
11		8.87	5.22	4.33	12.13	0.53	0.57	0.28	1.23
12		8.99	5.11	4.27	12.31	0.53	0.59	0.28	1.32
13	双机运行	6.05	4.54	4.63	11.24	0.61	0.89	0.41	1.14
14		6.43	4.22	4.01	10.13	0.50	0.70	0.32	1.02
15		6.71	4.28	3.71	10.47	0.51	0.67	0.28	0.99
16		6.90	4.52	3.53	11.11	0.49	0.60	0.26	0.95
17		7.15	4.54	3.60	11.36	0.49	0.58	0.29	0.82
18		7.49	5.01	3.86	11.23	0.54	0.54	0.26	0.81
19		7.78	5.64	4.14	11.25	0.52	0.53	0.25	0.83
20		8.00	8.56	4.23	11.45	0.55	0.53	0.26	0.85
21		8.15	10.44	4.15	11.56	0.56	0.53	0.23	0.89
22		8.49	7.12	4.41	11.83	0.57	0.52	0.27	0.98
23		8.72	5.82	4.34	12.44	0.54	0.52	0.25	1.05
24		9.04	5.43	4.17	12.59	0.57	0.49	0.27	1.09
25	单机运行	6.23	4.20	4.34	9.85	0.62	0.79	0.43	1.12
26		6.55	4.16	3.93	9.81	0.57	0.64	0.40	0.99
27		6.74	4.19	3.65	10.87	0.51	0.54	0.35	0.94
28		7.11	4.42	3.54	11.54	0.48	0.49	0.32	0.85
29		7.38	4.48	3.65	11.71	0.54	0.49	0.32	0.82
30		7.73	4.50	3.70	11.83	0.56	0.49	0.30	0.82
31		7.83	5.60	4.23	11.63	0.56	0.48	0.29	0.81
32		7.97	8.26	4.21	11.90	0.56	0.48	0.27	0.80
33		8.32	11.02	4.40	11.87	0.55	0.45	0.26	0.87
34		8.43	7.75	4.19	12.33	0.53	0.45	0.22	0.94
35		8.71	6.05	3.97	12.71	0.53	0.45	0.24	1.01
36		8.88	5.80	4.39	12.85	0.53	0.46	0.26	1.04

机组在三种工况下的蜗壳出口压力脉动相对值与流量的关系见图 7.4-26；无叶区+Y 压力脉动相对值与流量的关系见图 7.4-27；无叶区-Y 压力脉动相对值与流量的关系见图 7.4-28；锥管+Y 压力脉动相对值与流量的关系见图 7.4-29；锥管-Y 压力脉动相对值与流量的关系见图 7.4-30；顶盖外圆压力脉动相对值与流量的关系见图

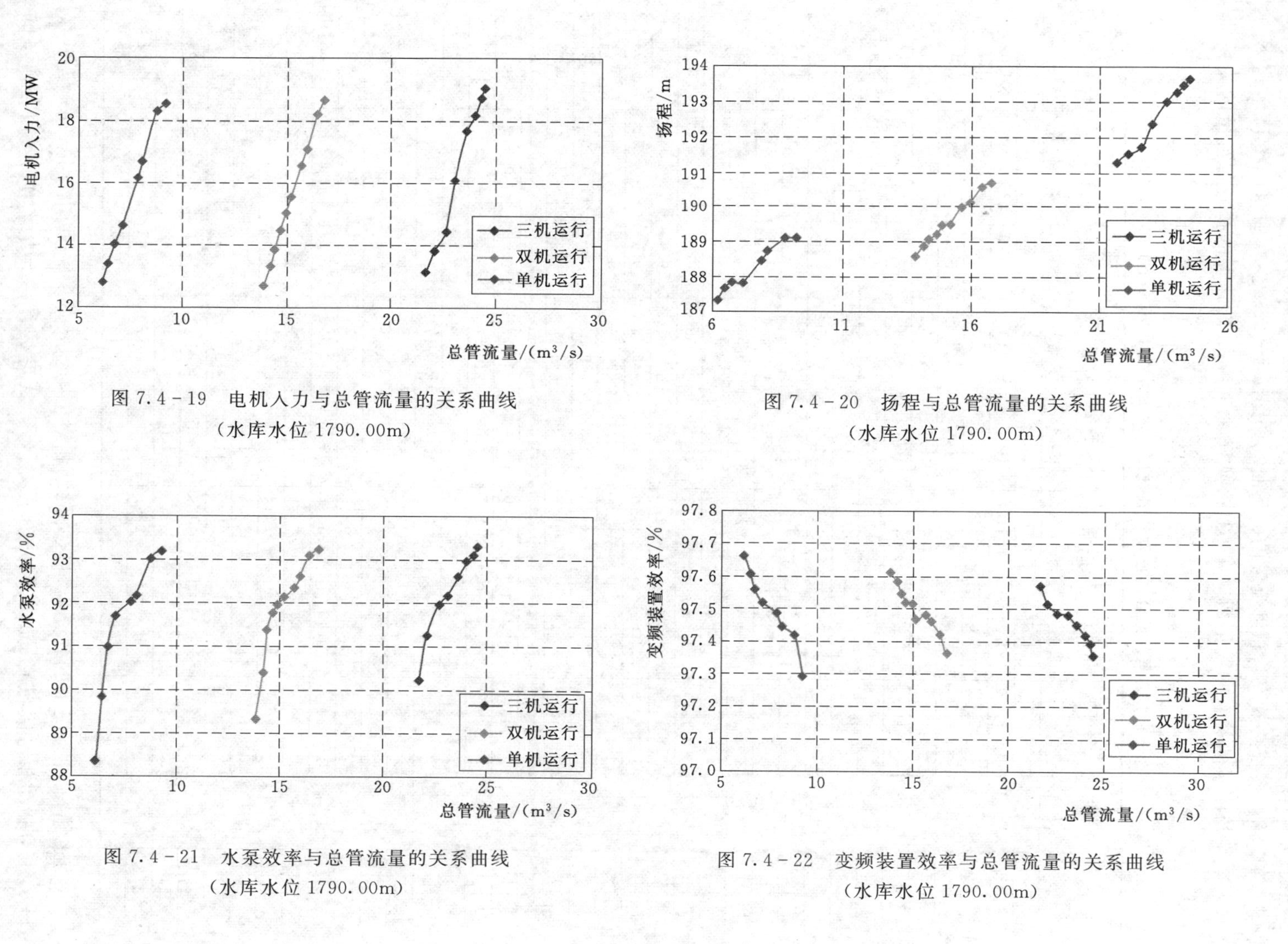

图 7.4-19　电机入力与总管流量的关系曲线
（水库水位 1790.00m）

图 7.4-20　扬程与总管流量的关系曲线
（水库水位 1790.00m）

图 7.4-21　水泵效率与总管流量的关系曲线
（水库水位 1790.00m）

图 7.4-22　变频装置效率与总管流量的关系曲线
（水库水位 1790.00m）

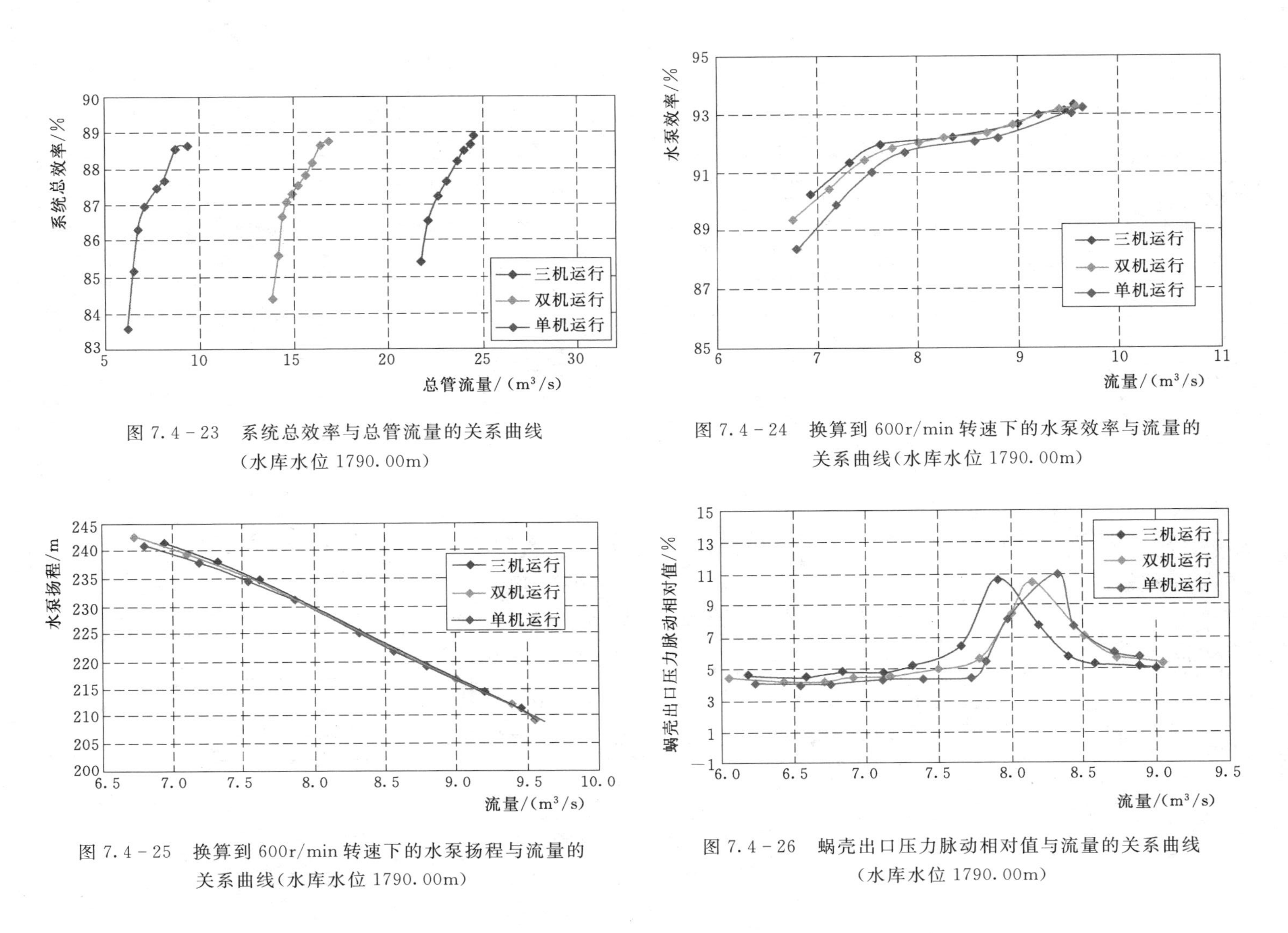

图 7.4-23　系统总效率与总管流量的关系曲线（水库水位 1790.00m）

图 7.4-24　换算到 600r/min 转速下的水泵效率与流量的关系曲线（水库水位 1790.00m）

图 7.4-25　换算到 600r/min 转速下的水泵扬程与流量的关系曲线（水库水位 1790.00m）

图 7.4-26　蜗壳出口压力脉动相对值与流量的关系曲线（水库水位 1790.00m）

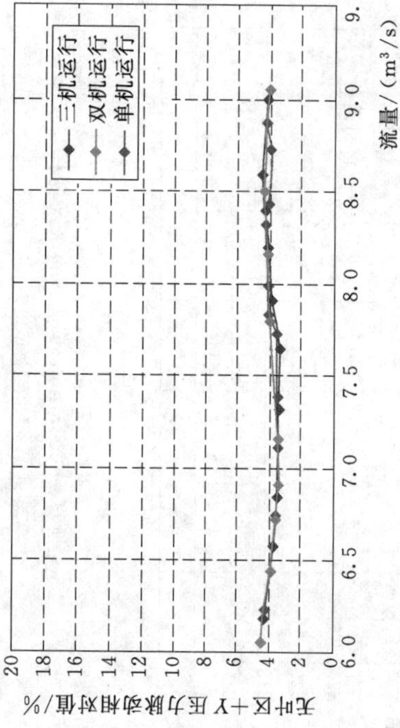

图 7.4-27 无叶区+Y压力脉动相对值与流量的关系曲线(水库水位 1790.00m)

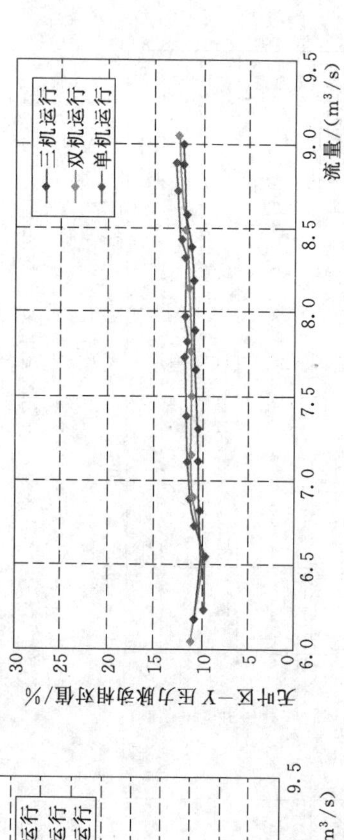

图 7.4-28 无叶区—Y压力脉动相对值与流量的关系曲线(水库水位 1790.00m)

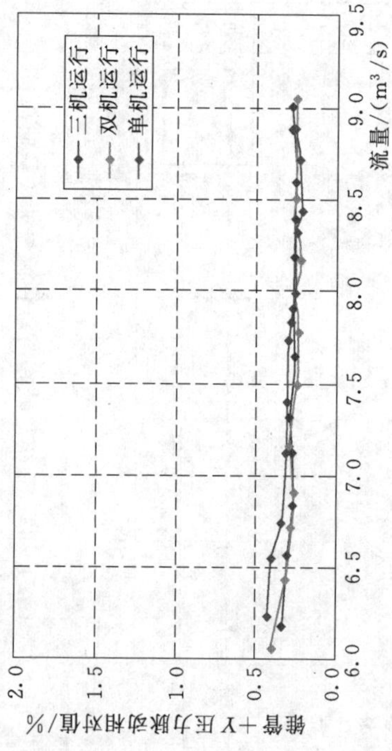

图 7.4-29 锥管+Y压力脉动相对值与流量的关系曲线(水库水位 1790.00m)

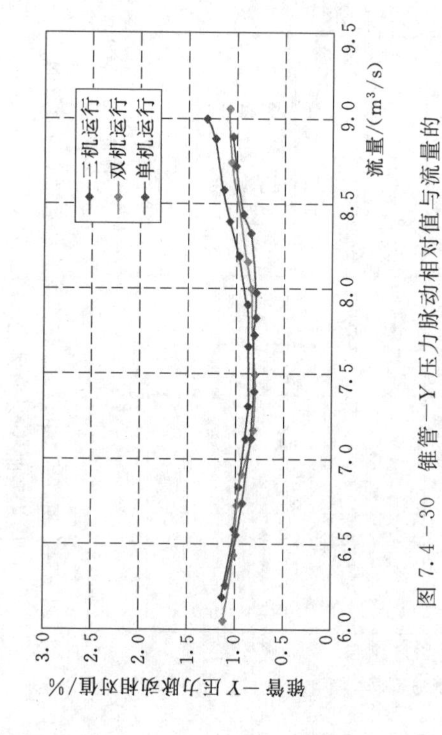

图 7.4-30 锥管—Y压力脉动相对值与流量的关系曲线(水库水位 1790.00m)

7.4-31；顶盖内圆压力脉动相对值与流量的关系见图7.4-32。

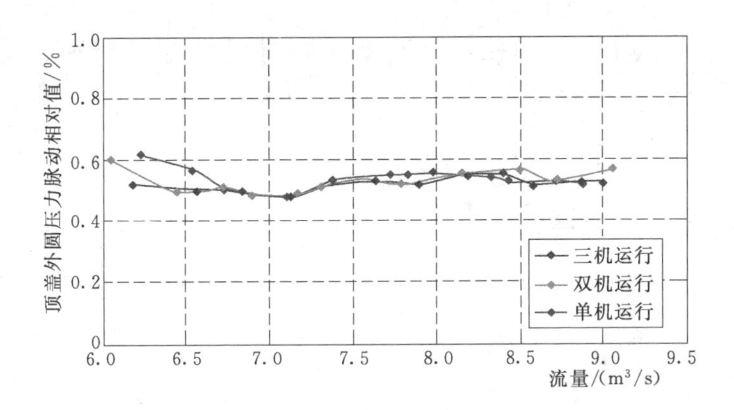

图7.4-31 顶盖外圆压力脉动相对值与流量的关系曲线（水库水位1790.00m）

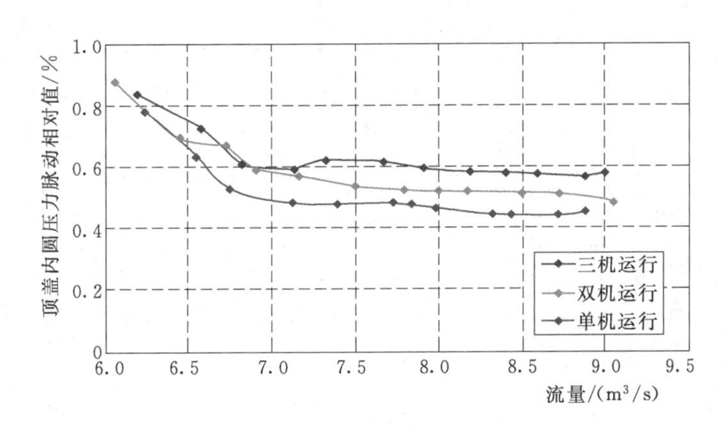

图7.4-32 顶盖内圆压力脉动相对值与流量的关系曲线（水库水位1790.00m）

7.5 水泵原型试验与模型试验结果对比

7.5.1 水泵模型试验结果

干河泵站的大型立式单级单吸离心泵是我国独立研究、设计、制造的高扬程大功率水泵，在前期科研成果A1054水泵模型的基础上，哈尔滨电机厂有限责任公司在获得水泵生产合同后再次对水泵的水力设计和主要技术参数进行了部分优化，最终得到用于干河泵站的A1077水泵模型。经过水泵模型验收试验的A1077水泵模型能量特性、水力稳定性试验结果分别见表7.5-1和表7.5-2，根据模型试验结果换算至水泵真机的性能参数见表7.5-1。

表7.5-1　　A1077水泵转轮模型能量特性试验结果和原型性能参数

序号	试验的模型能量特性					换算的原型性能参数			
	转速/(r/min)	流量/(m^3/s)	扬程/m	效率/%	轴功率/kW	转速/(r/min)	流量/(m^3/s)	扬程/m	效率/%
1	700.57	0.32	23.25	90.26	79.92	600	11.56	160.05	85.62
2	700.57	0.30	24.33	91.23	78.50	600	10.88	177.94	89.90
3	700.57	0.29	25.34	91.54	77.23	600	10.34	188.88	91.42
4	700.57	0.27	26.29	91.69	75.23	600	9.58	201.59	92.54
5	800.10	0.29	35.44	91.79	109.55	600	8.96	211.49	93.18
6	800.05	0.28	36.17	91.74	107.45	600	8.64	216.28	93.30
7	800.07	0.24	37.99	90.54	100.07	600	8.39	219.91	93.25
8	800.82	0.23	38.19	88.36	96.55	600	7.90	226.86	93.22
9	800.07	0.22	38.38	86.45	93.59	600	7.68	230.06	93.15
10	800.02	0.18	38.89	81.77	84.11	600	7.23	235.50	92.66
11	800.08	0.15	40.05	76.64	74.22	600	6.73	240.77	91.72
12	800.09	0.11	39.84	67.65	63.74	600	6.07	241.95	87.91
13	799.94	0.07	39.06	52.07	52.20	600	5.33	244.81	84.39
14	799.96	0.05	38.61	42.99	46.85	600	4.62	246.85	79.73

表7.5-2　　A1077水泵模型压力脉动试验结果

序号	原型流量/(m^3/s)	模型流量/(m^3/s)	模型扬程/m	蜗壳出口 $\Delta H/H$/%	无叶区+Y $\Delta H/H$/%	无叶区-Y $\Delta H/H$/%	锥管+Y $\Delta H/H$/%	锥管-Y $\Delta H/H$/%
1	10	0.318	23.3	2.60	7.30	4.60	1.10	1.00
2	9	0.285	25.4	1.90	5.40	3.30	0.70	0.70
3	8	0.253	27.2	1.80	6.20	5.00	0.70	0.60
4	7.7	0.243	27.8	1.40	5.90	5.50	0.60	0.50
5	6.6	0.209	29.3	2.10	7.00	6.10	1.00	0.90
6	6	0.189	29.5	2.70	12.10	14.10	1.80	1.60
7	5	0.159	29.9	3.30	15.40	20.90	2.30	2.00
8	3	0.096	30.5	4.20	16.60	29.90	3.80	3.20
9	1.5	0.046	29.5	16.10	45.10	65.90	9.20	7.90
10	0.5	0.014	29.1	13.60	48.60	66.80	9.10	7.40
11	0	0.001	29	24.40	48.00	65.60	9.20	7.90

7.5.2　水库水位1784.00m下水泵原型能量特性试验结果与模型试验的对比

将水库水位1784.00m下现场测试的水泵原型能量特性试验结果，与根据水泵模型试验结果换算得到的原型水泵特性进行对比，可以非常直观地看到原型水泵的实测性能与理论性能的差异。

在电机效率采用表 7.4-1 中计算值的前提下，水库水位 1784.00m 下，水泵原型效率与根据模型试验结果采用 IEC995 中规定的两步法换算得到的计算效率的对比见图 7.5-1；现场测试的原型扬程与根据模型试验结果换算得到的计算扬程的对比见图 7.5-2；水泵原型试验的压力脉动相对值与模型试验结果的对比见图 7.5-3～图 7.5-7。

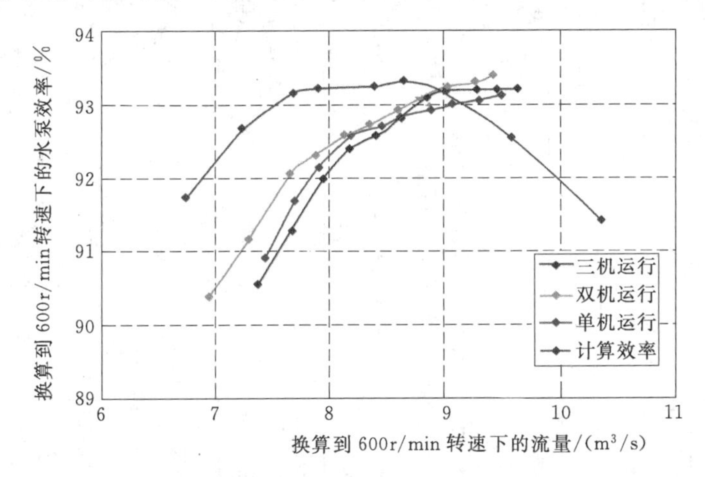

图 7.5-1　水泵原型试验效率与计算效率对比图（水库水位 1784.00m）

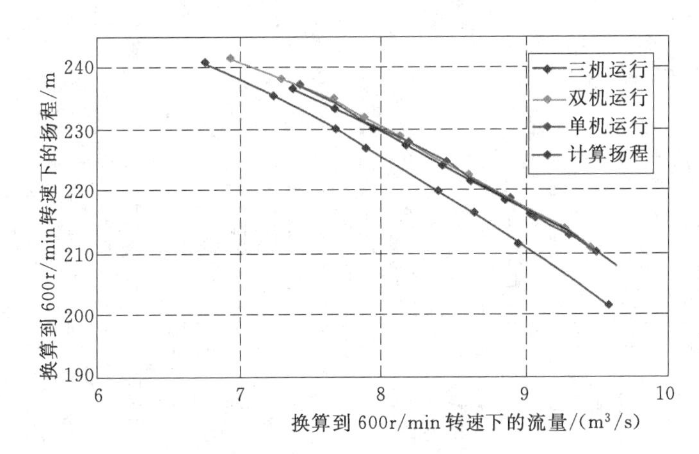

图 7.5-2　水泵原型试验扬程与计算扬程对比图（水库水位 1784.00m）

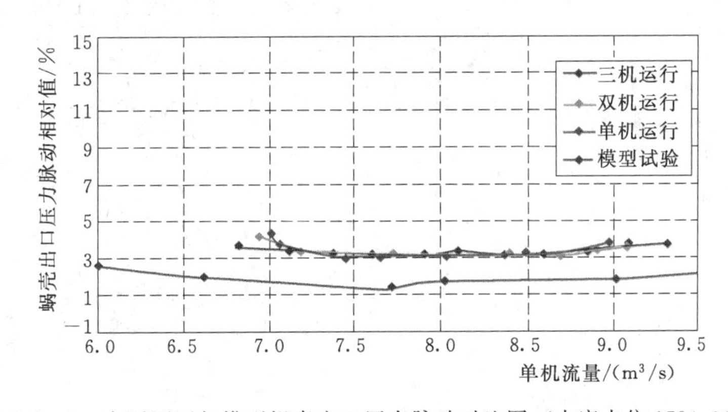

图 7.5-3　水泵原型与模型蜗壳出口压力脉动对比图（水库水位 1784.00m）

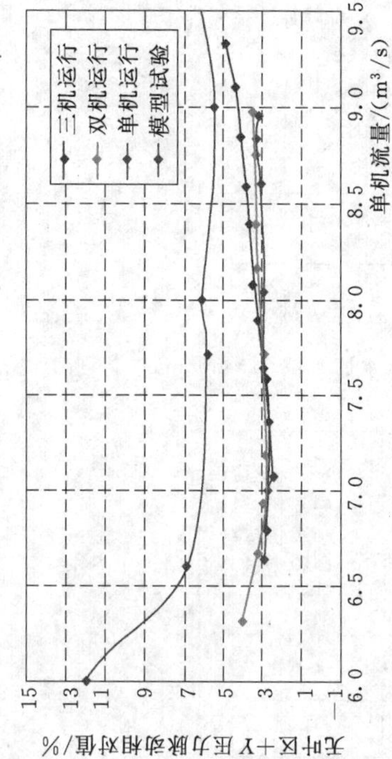

图 7.5-4 水泵原型与模型无叶区+Y压力脉动对比图(水库水位 1784.00m)

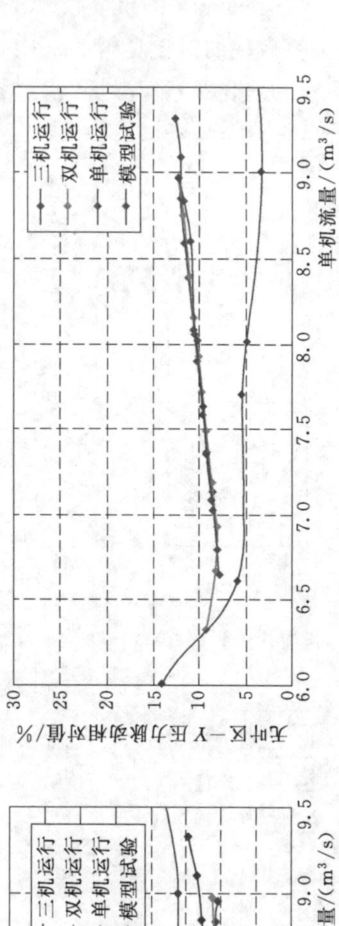

图 7.5-5 水泵原型与模型无叶区-Y压力脉动对比图(水库水位 1784.00m)

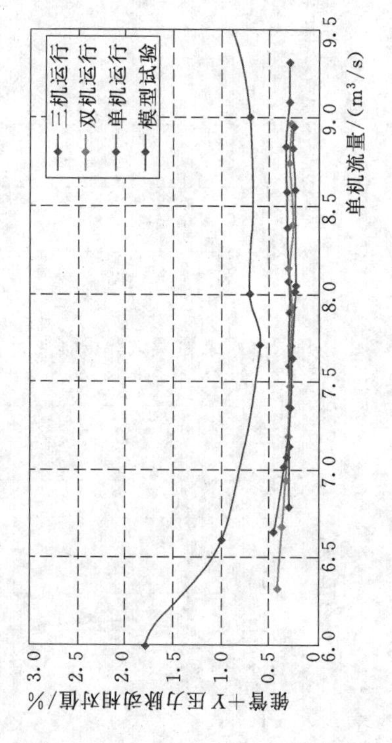

图 7.5-6 水泵原型与模型锥管+Y压力脉动对比图(水库水位 1784.00m)

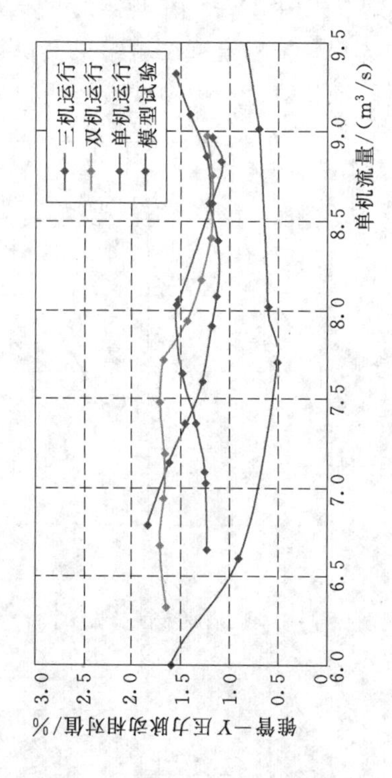

图 7.5-7 水泵原型与模型锥管-Y压力脉动对比图(水库水位 1784.00m)

7.5.3 水库水位 1790m 下水泵原型能量特性试验结果与模型试验的对比

在电机效率采用表 7.4-2 中计算值的前提下，水库水位 1790.00m 下，水泵原型效率与根据模型试验结果采用 IEC995 中规定的两步法换算得到的计算效率的对比见图 7.5-8；现场测试的原型扬程与根据模型试验结果换算得到的计算扬程的对比见图 7.5-9；水泵原型试验的压力脉动相对值与模型试验结果的对比见图 7.5-10～图 7.5-14。

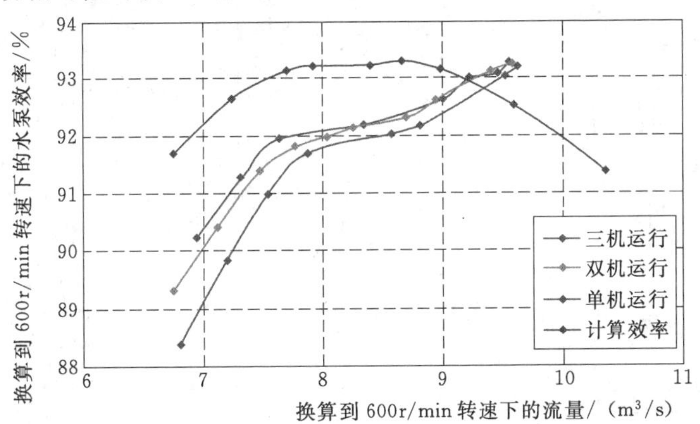

图 7.5-8 水泵原型试验效率与计算效率对比图（水库水位 1790.00m）

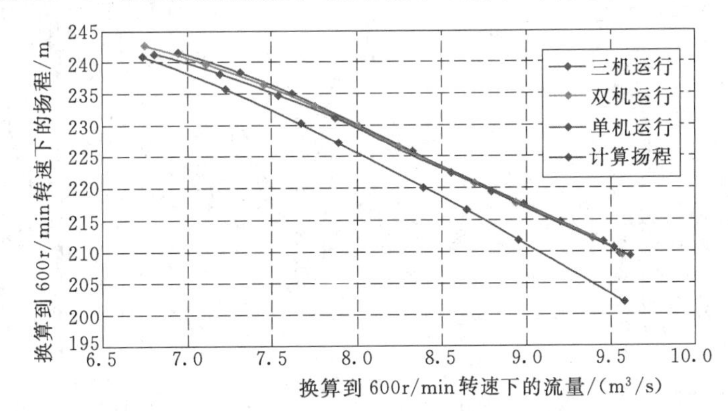

图 7.5-9 水泵原型试验扬程与计算扬程对比图（水库水位 1790.00m）

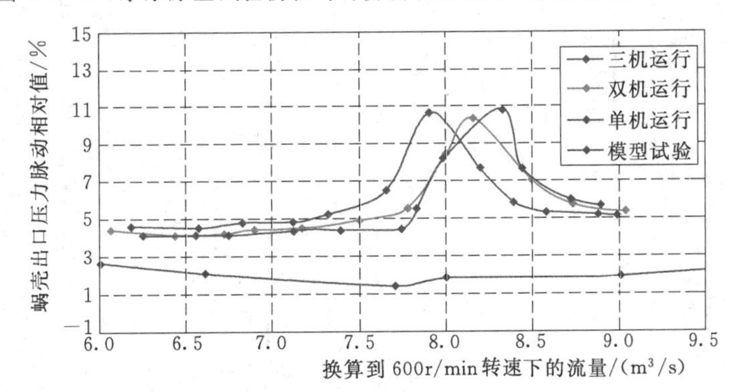

图 7.5-10 水泵原型与模型蜗壳出口压力脉动对比图（水库水位 1790.00m）

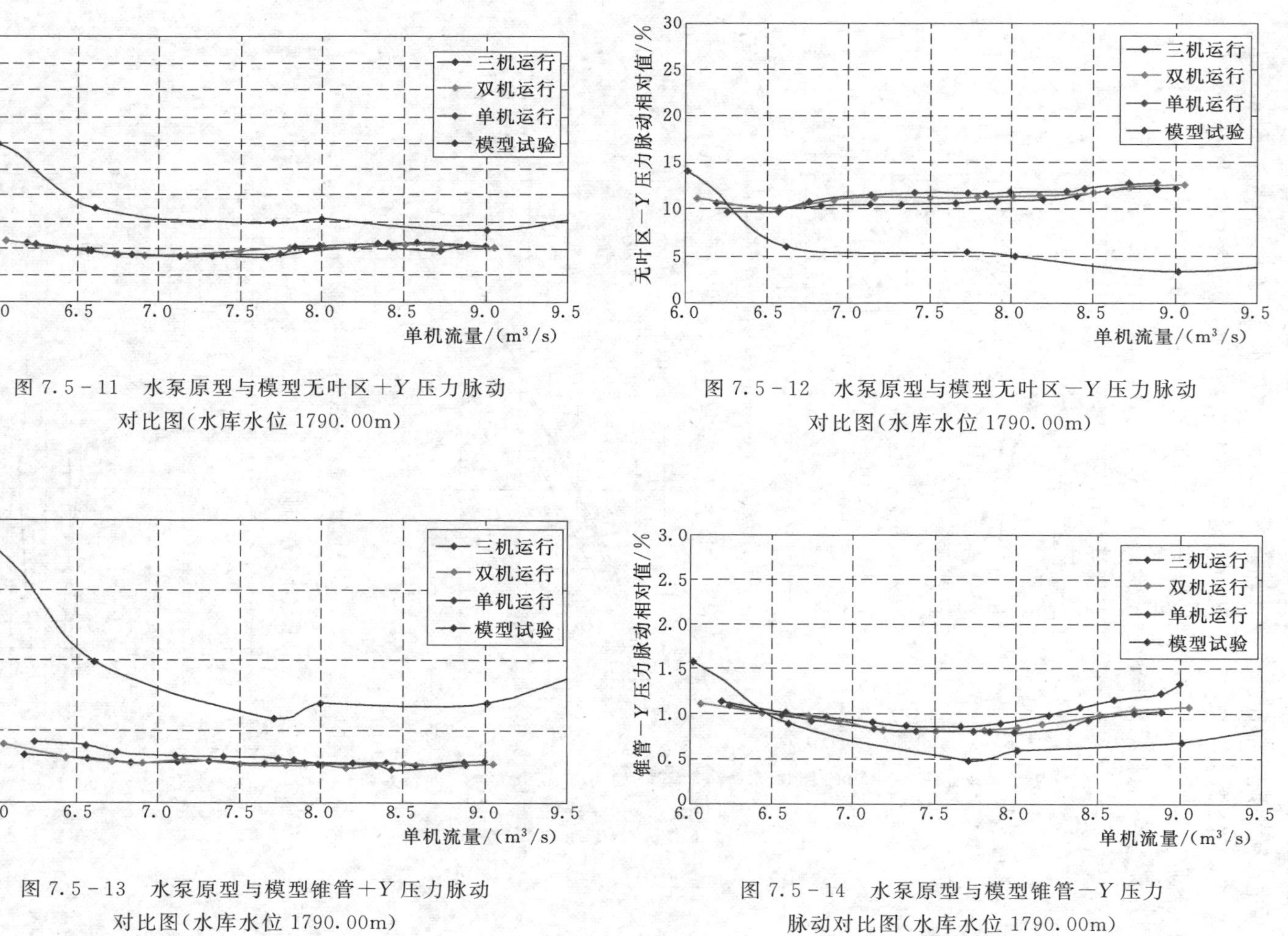

图 7.5-11 水泵原型与模型无叶区+Y压力脉动对比图(水库水位 1790.00m)

图 7.5-12 水泵原型与模型无叶区−Y压力脉动对比图(水库水位 1790.00m)

图 7.5-13 水泵原型与模型锥管+Y压力脉动对比图(水库水位 1790.00m)

图 7.5-14 水泵原型与模型锥管−Y压力脉动对比图(水库水位 1790.00m)

7.6 测试结果分析

7.6.1 结果分析

测试分别在水库 1784.00m 和 1790.00m 两个水位下，分别针对 3 号机组在三机运行、双机运行和单机运行三种运行工况进行效率和水力稳定性测试。测试内容涵盖 3 号机组和变频装置的总效率、水泵能量特性、水泵压力脉动特性。测试结果分析如下。

1. 水泵效率

在水库水位 1784.00m 时，3 号机组的实测水泵效率在单机流量 9.42m³/s 附近出现最大值，为 93.39%；在水库水位 1790.00m 时，3 号机组的实测水泵效率在单机流量 9.55m³/s 附近出现最大值，为 93.31%。根据实测水泵效率与流量的关系曲线可看出，当水泵流量继续增大时，水泵最高效率呈现继续升高的趋势。水泵实际最高效率值可能会大于本次实测最高效率值。

2. 变频装置效率

在水库水位 1784.00m 时，3 号机组的变频装置效率最高值为 97.58%；在水库水位 1790.00m 时，3 号机组的变频装置效率最高值为 97.67%。在各个试验水位下，当水泵流量逐步增大时，变频装置效率总体上呈降低趋势。从单机运行的测试工况来看，测试功率范围内，变频装置的效率下降值为 0.36%。

3. 系统总效率

系统总效率包含水泵、电机和变频装置的效率，在水库水位 1784.00m 时，3 号机组系统的总效率最高值为 88.79%（对应额定转速下扬程 211.30m）；在水库水位 1790.00m 时，3 号机组的系统总效率最高值为 88.85%（对应额定转速下扬程 209.55m）。

从总效率测试结果分析，总体上，水库水位 1784.00m 下的双机运行和单机运行两种运行工况、水库水位 1790.00m 下的三机运行、双机运行和单机运行三种运行工况的总效率随总管流量的增加呈现出较为明显的增大趋势，单机运行工况下水泵流量从 6.7m³/s 增大至 9.1m³/s 时，总效率提高 2.3%左右；但单机工作流量大于 8.0m³/s 后总效率提高值不大（水位 1784.00m 下最大为 0.5%，水位 1790.00m 下最大为 1.0%）。从总效率测试结果分析，水泵的工作流量最佳区间为 8.0～9.2m³/s，在此区间内，系统总效率基本上不低于 88.0%。

从表 7.4－5 中还可以看出，单机运行当水泵流量为 6.0m³/s 时，3 号机组系统的总效率仅为 83.62%，比实测的最高效率低了 5%。因此，从节能角度出发，水泵的工作流量不宜小于 7.0m³/s，这样可使水泵机组系统的总效率达 87%以上。

4. 水泵扬程

将两次实测的水泵扬程和流量全部换算到额定转速 600r/min 工况时，三机运行、双机运行、单机运行三次试验的水泵扬程与流量的关系曲线非常接近。

5. 压力脉动特性

水泵机组流量在 7.6～9.0m³/s（对应运行扬程为 233.30～210.00m）的工况时压力

脉动特性如下：

(1) 蜗壳出水口压力脉动。水库水位1784.00m时，蜗壳出水口压力脉动基本保持稳定，其压力脉动相对值约为3%。

水库水位1790.00m时，水泵流量在7.5～8.5m³/s之间时，三个试验工况下的蜗壳出水口压力脉动明显增大，压力脉动最大相对值为11%，在其余流量工况下，蜗壳出水口压力脉动相对值低于6%。从同流量区间的扬程变化、无叶区+Y和-Y的压力脉动以及顶盖内圆与外圆的压力脉动情况来看，均未出现明显的波动，水泵效率也没有明显变化，到底是何种原因引起蜗壳出水口压力脉动的明显变化尚不明晰。

(2) 无叶区压力脉动。水库水位1784.00m时，无叶区+Y压力脉动相对值为3%～5%，-Y压力脉动相对值为10%～13%，压力脉动随着流量的增加而略有升高。

水库水位1790.00m时，无叶区+Y压力脉动相对值约4%，-Y压力脉动相对值为10%～13%，与水库水位1784.00m时的测量结果一致。

(3) 锥管压力脉动。水库水位1784.00m时，锥管+Y压力脉动相对值约为0.3%，锥管-Y压力脉动相对值在1.7%以下，压力脉动水平很低。

水库水位1790.00m时，锥管+Y压力脉动相对值约为0.3%，锥管-Y压力脉动相对值在1.4%以下，压力脉动水平也很低。

(4) 顶盖内圆与外圆压力脉动。水库水位1784.00m和1790.00m时，顶盖内圆与顶盖外圆的压力脉动相对值均在0.65%以下，而且变化规律一致，压力脉动水平很低。

7.6.2　分析结论

1. 现场测试的误差

从测试设备的配置及工作条件来看，因校准和率定比较容易，水泵的压力、压差、压力脉动的测量设备精度高，变频装置输入、输出的电压、电流测量设备的精度较高，误差很小。因此，流量测量的精度是决定水泵效率测试精度的关键因素。

受流量测量方法、现场测试条件以及测量设备不能准确率定等因素的影响，流量测量的误差是客观存在的，误差范围无法准确确定。

2. 水泵流量测量

试验过程中，被测机组的流量采用压差法在水泵进口之前的进水锥管上测量，泵站流量采用超声波流量计在水泵出口之后的出水总管上测量。从表7.4-3的单机运行工况测试数据可以看出，测得的单泵流量（根据水泵进口前压差计算的流量）均大于泵站流量（水泵出口后的流量），单泵流量比泵站流量大出0.4%～2.4%。从表7.4-5的单机运行工况测试数据可以看出，测得的单泵流量与泵站流量互有大小，单泵流量比泵站流量大出-2.44%～+2.85%。

受机组的结构设计、制造和安装质量的要求，原型水泵叶轮出口与顶盖之间的止漏环间隙为0.8～1.0mm，叶轮进口与座环之间的止漏环间隙为0.8～1.0mm，均大于模型间隙值和按比尺效应计算的间隙值；另外，由于水泵转动部分与固定部件之间存在间隙，出于平衡叶轮后盖板上的水压力并减小轴向水推力的考虑，顶盖上设置减压排水管（见5.2节所述，水泵模型上则未设置），加之泵站运行扬程远高于试验扬程，原型水泵运行时的

容积损失（即叶轮出口后的一部分高压水通过前盖板与座环之间的间隙流回叶轮进口前，还有一部分高压水通过后盖板与顶盖之间的间隙后经2根DN100mm减压排水管流至进水肘管的进口侧附近）的相对值要稍大于水泵模型的容积损失率（容积损失率为容积损失流量与水泵出水流量的比值），因此，试验中实测的单泵流量应稍大于水泵的实际出水流量（即泵站流量）。

根据本次测试的流量测量方法，能量特性分析图和对比图中根据实测结果换算至额定转速下的扬程、效率曲线较理论值向右偏移。因此，实测分析的水泵最优效率对应的流量（9.5m^3/s左右）理应大于理论分析的最优工况流量，根据实测结果换算出的水泵扬程高于同流量下的理论扬程（即计算扬程）。

3. 变频装置对电机效率的影响

干河泵站变频装置输入侧功率因数为0.95，变频电机的额定功率因数为1.0。

从变频调速的原理可知，变频装置输出的电压并非正弦波形，而是一组等幅不等宽的矩形脉冲波形，脉冲波中除基本分量外尚有部分谐波分量存在，这将在电动机中产生谐波电流及谐波磁动势。由于谐波电流及谐波磁动势的存在，必将对电机的定子铜耗、转子铜耗、铁耗及杂散损耗等产生影响，使各损耗值有不同程度的增加，使电机的运行效率降低。

4. 水泵效率

（1）最优效率。水泵模型试验时，最优效率是在最优工况点附近进行10次试验后取其效率的平均值得到的，因此，水泵原型试验得到的最优效率以及与之对应的扬程、流量与模型试验的结果会存在一定差异。

从实测的系统总效率值来看，系统总效率最大值都出现在水泵最高效率工况。根据水泵模型试验成果分析，水泵以额定转速在扬程211.30m、209.55m运行的理论效率分别为93.18%、93.05%，相应轴功率下电机的运行效率为97.90%（未计入励磁损耗），实测的变频装置效率分别为97.22%、97.36%；据此计算，水泵以额定转速在扬程211.30m、209.55m运行的系统总效率理论值均为88.69%，略低于实测的系统总效率值88.79%、88.85%。

（2）效率水平。从定性上分析，干河泵站原型水泵的容积效率低于水泵模型的容积效率。对于干河泵站水泵来说，运行扬程越高，水泵出水流量越小而容积损失率越大，水泵容积效率降低更快；反之，水泵容积效率会提高更快。另外，运行扬程越高，水泵机械效率也越低。这就可以解释图7.5-1和图7.5-8中所示的理论最优效率点左边实测的水泵效率明显低于理论效率（即图中的计算效率），而其右边实测的水泵效率接近甚至高于理论效率。

水泵效率是水力效率、容积效率和机械效率的乘积。可以说，图7.5-1和图7.5-8中所示的实测效率曲线的形状是容积效率和机械效率与运行扬程的关系造成的。

另外，本次试验的3号水泵进行了过流部件抗泥沙磨损的全面防护喷涂（见5.2.3节）。有观点认为，进行全喷涂防护的水泵的效率会降低1.0%左右。

总的来看，现场测试结果表明，干河泵站水泵叶轮的水力性能优良，水泵最优效率达到了预期的要求。

第8章　泵站厂房支撑结构振动研究

8.1　研　究　背　景

我国已投入运行的抽水蓄能电站，其机组或厂房结构在机组工况转换的过程中均存在不同程度的振动问题。干河泵站采用高扬程大功率离心泵，水泵出口因没有活动导叶对流量进行调节，且泵组转速高、轴系长、运行扬程变幅大，从水力系统到厂房结构的动力设计在国内尚无先例。为预测水泵在不同工况运行时对厂房结构的影响，避免厂房结构在工况转换过程中发生强烈振动，因此，基于水机电耦联的诱振机制及减振控制，对泵站厂房结构进行了动力特性研究。

8.2　研　究　内　容

干河泵站运行水头变幅大，运行工况多变，而且水泵启动过程中需经历两个S形的过渡区域。为避免运行工况变化产生的水力暂态过程诱发泵站厂房结构的超常振动，需通过结构动力优化设计，将厂房结构自振优势频率与机组暂态过程的脉动优势频率错开，即运用“错频减振”控制技术，达到削减或控制厂房结构振动峰值的目的。

8.3　地下厂房结构错频减振设计技术

8.3.1　泵站地下厂房结构建模

干河泵站地下厂房各机组段之间设有结构分缝，形成独立的结构段，因此计算选取2号机组段作为结构建模对象。

建模范围为：横断面方向，厂房上、下游侧均取至主厂房的边墙，共计20.40m；厂房轴线方向，沿1号、2号机组中心线取至2号机组左、右侧永久缝，共计14.075m，即以一个独立的机组段为建模范围。建模高度方向，底部从高程1717.10m至顶部电机层高程1736.05m，共计18.95m。

2号机组段厂房的剖面形式见图8.3-1，建模范围的几何构型见图8.3-2。在此范围内的所有结构形式均按照干河泵站地下厂房结构布置图进行建模。蜗壳的三维结构见图8.3-3和图8.3-4，蜗壳外围混凝土构型见图8.3-5，电机基础见图8.3-6和图8.3-7。

根据结构系统材料的构成，单元分为金属结构和混凝土结构两类。座环单元、钢蜗壳单元、底环单元、进水管锥管段单元等属于金属结构类单元，机墩、蜗壳外围混凝土以及

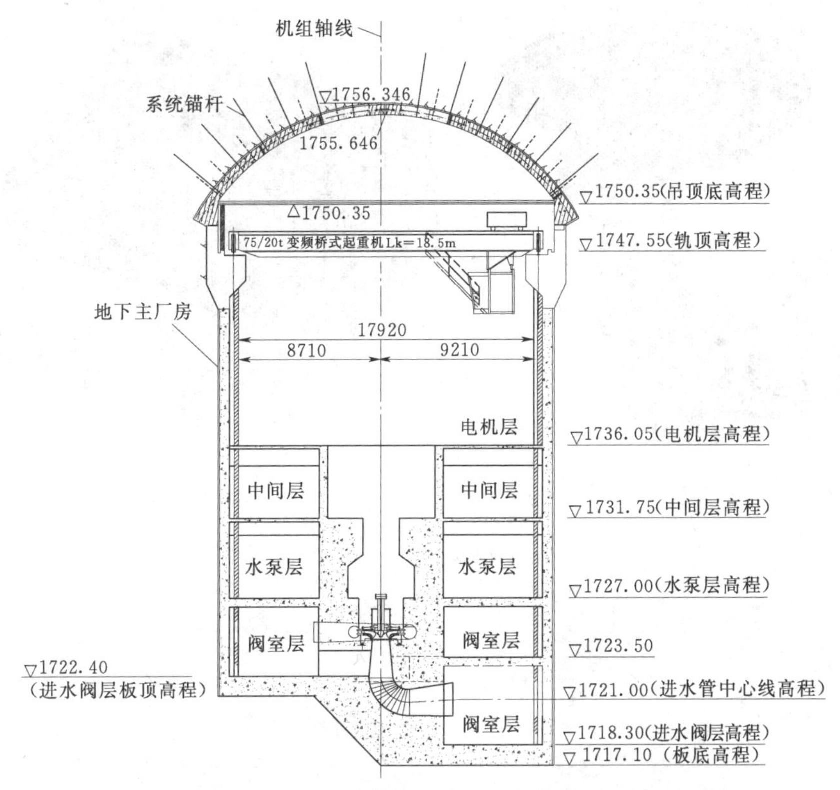

图 8.3-1 计算范围内的厂房横剖面图

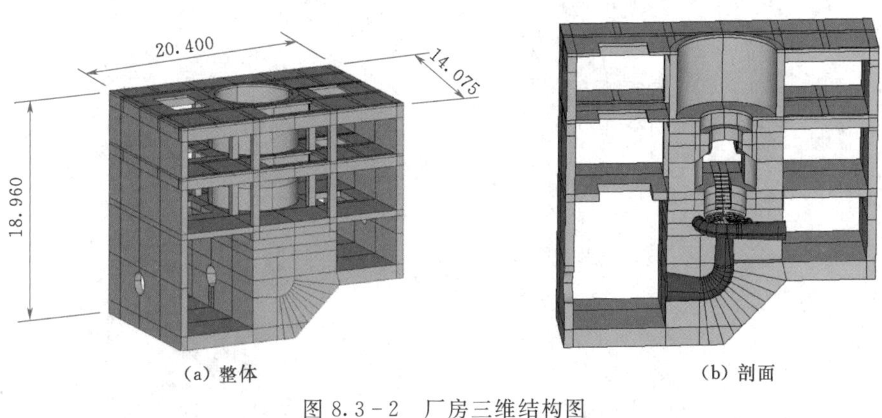

(a) 整体　　(b) 剖面

图 8.3-2 厂房三维结构图

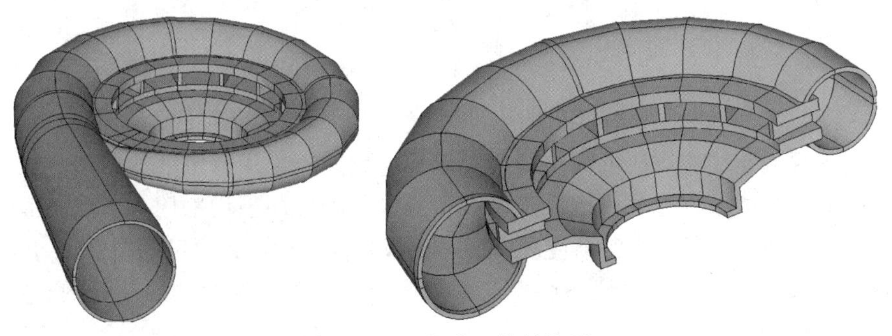

图 8.3-3 蜗壳三维结构图

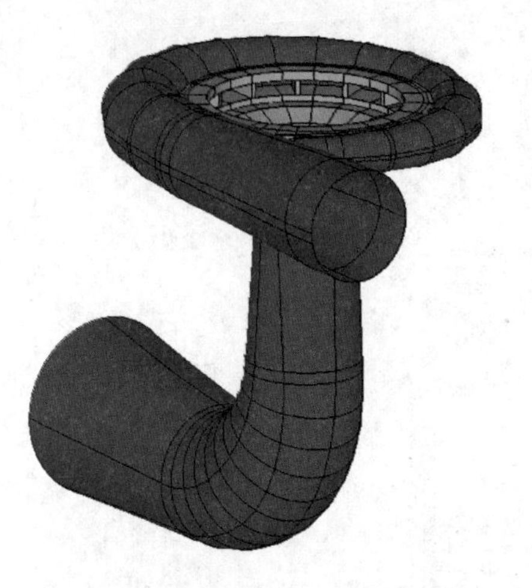

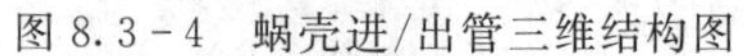

图 8.3-4　蜗壳进/出管三维结构图

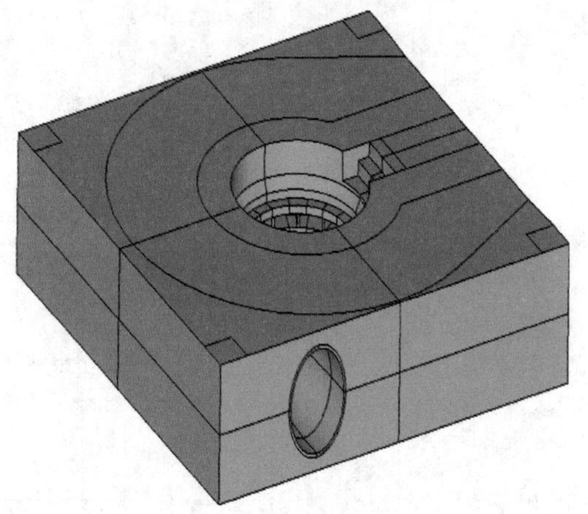

图 8.3-5　蜗壳外围混凝土构型图

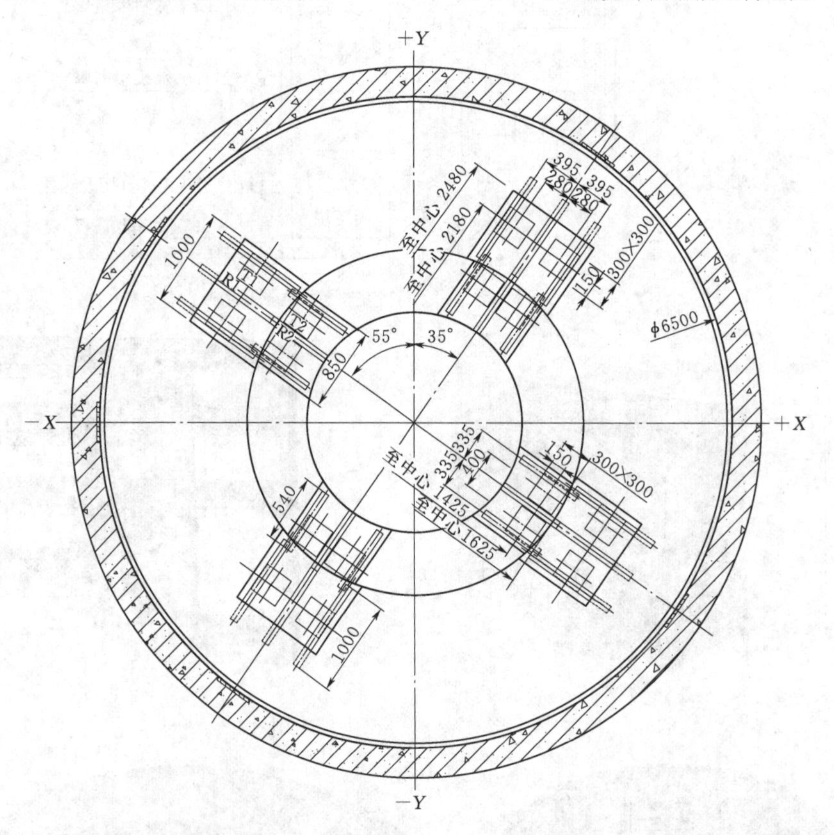

图 8.3-6　下机架、定子基础平面图

楼板、梁柱等混凝土结构则属混凝土结构类单元。钢蜗壳采用有厚度的四节点板壳单元进行划分，座环、梁柱、蜗壳外围混凝土及机墩等大体积混凝土均采用八节点六面体单元进行划分。经过比较和试算，最终确定机组共划分 71298 个单元、47129 个节点，其中座环（含固定导叶）4765 个单元、金属蜗壳 1678 个单元。主要结构构件的单元划分见图 8.3-8～图 8.3-11。

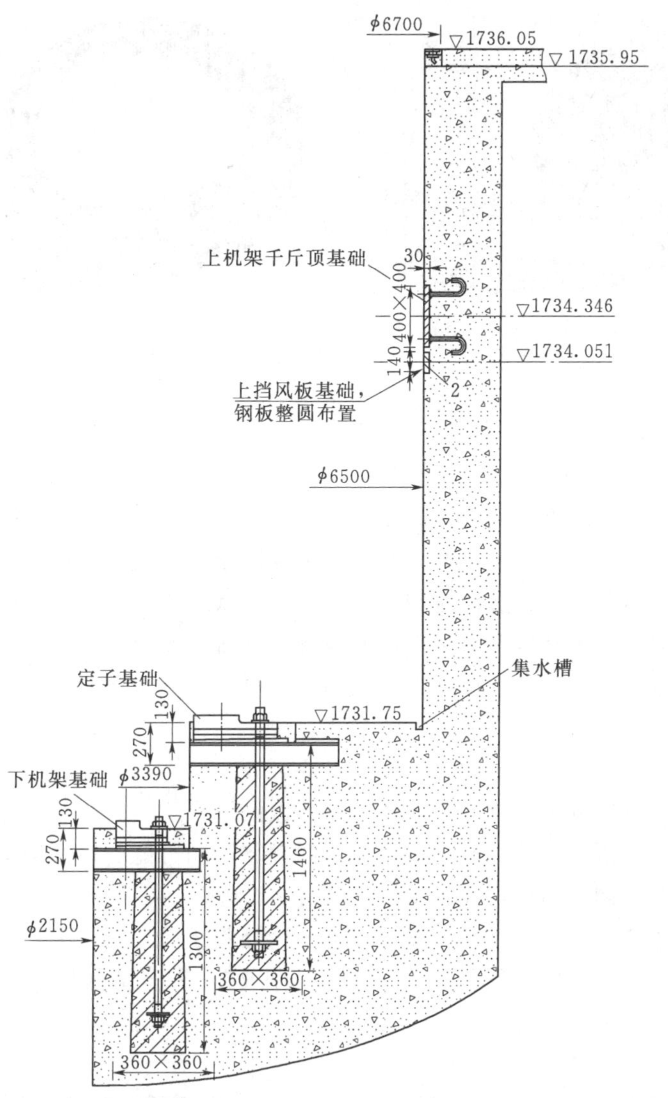

图 8.3-7　下机架、定子基础剖面图

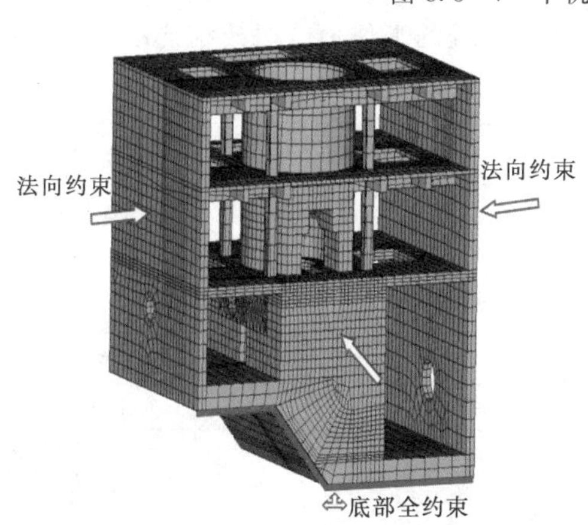

图 8.3-8　整个机组段有限元模型

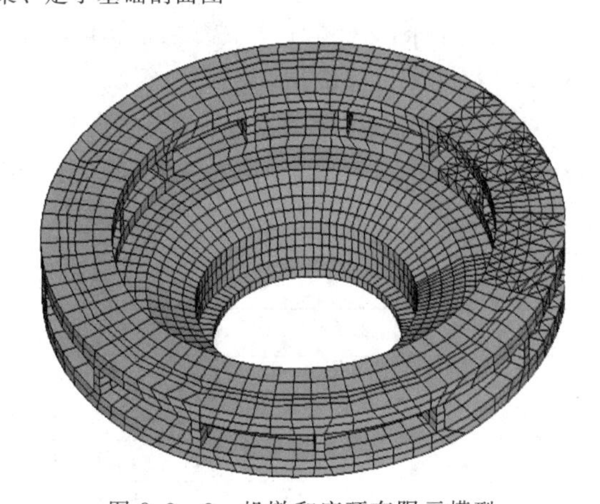

图 8.3-9　机墩和座环有限元模型

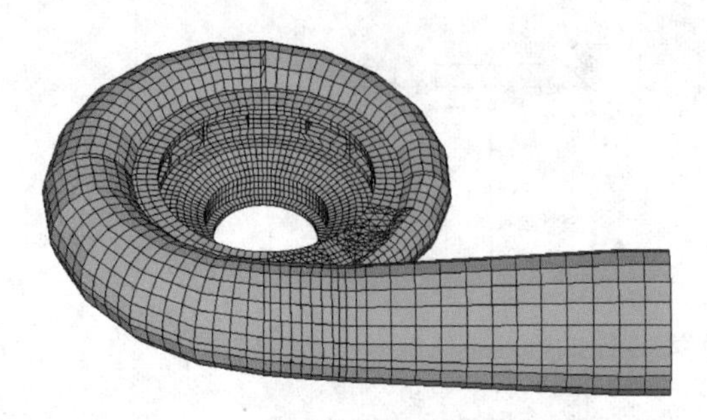

图 8.3-10　钢蜗壳及座环有限元模型

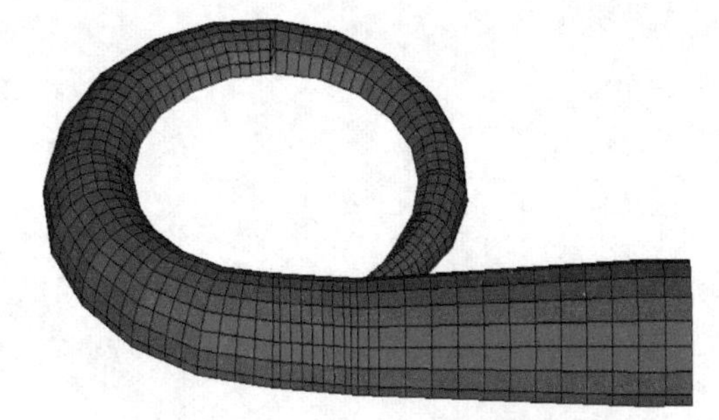

图 8.3-11　蜗壳上半部弹性垫层单元

8.3.2　地下厂房结构动力优化设计方法

8.3.2.1　结构动力优化设计方法

厂房结构的振动是在外部随机振源作用下的强迫振动问题。根据结构动力学的基本理论，削减或抑制结构振动的最基本原则为调整和控制结构的动力特性，使其优势自振频率在频谱上尽可能远离荷载的优势激振频率。据此原理，结构动力设计提出并使用“错频减振”设计技术，即通过不断修改结构部件的设计（例如断面尺寸、增加配重等），调整结构体系的优势自振频率，使其远离外荷载激励的优势频率，从而达到控制振动的目的。

错频减振控制技术分为以下五个主要步骤：

（1）可能振源分析及频率预测。

（2）结构动力特性分析，预测可能的结构共振区域。

（3）通过谐波分析法，计算确定结构在不同频率范围可能的最大振幅。

（4）结构修改，调整结构的动力特性。

（5）采用模态叠加法校核结构振动，直至振动控制量满足要求为止。

通过开发的程序，依次进行“修改—迭代—修改”，直至结构任何部位的最大振动位移、振动速度、振动加速度等满足设计要求。

8.3.2.2　振源分析

按传统的分类方式，水力机组可能的振源分为水力、机械和电磁三类，频率特性从低频到高频分布很广。考虑到干河泵站属电机带动抽水机组的工作模式，故结构动力分析只针对水力和机械引起的振动原因进行。

对于水力机组而言，振动的表现形式和出现几率是不同的，需要结合水力、机械系统的特性进行分析。根据干河泵站机组的特性和输水系统的水力特性，分析了15种可能的振源形式，各个振源的频率值见表8.3-1。

表 8.3-1　　干河泵站水泵振源和频率预测

序号	振动原因		振动频率/Hz
1	机械类	机组旋转部分偏心引起的振动	10～40
2		转动部分与固定部分碰撞引起的振动	10～40
3		轴承间隙过大，主轴过细引起的振动	10～40
4		主轴法兰、推力轴承安装不良，轴弯曲引起的振动	10～40

续表

序号	振动原因		振动频率/Hz
5	水力类	压力脉动	0.7
6		压力脉动	1.0
7		压力脉动	1.7
8		压力脉动	2.3
9		压力脉动	2.7
10		压力脉动	3.7
11		压力脉动	4.2
12		压力脉动	64.1
13		压力脉动	105.1
14		压力脉动	119.9
15		压力脉动	120

8.3.2.3　机械缺陷引起的振动及频率分析

机组的旋转部件和支承结构都是按轴对称原则布置的，以保证机组在旋转过程中保持稳定性。如果因某种原因偏离这种对称性时，机组运行就会变得不稳定，从而产生各种形式的振动。

由于水力机械自身的缺陷引起的振动具有共同的特点，其振动频率多为转频或为转频的倍数，不平衡力一般为径向水平方向，是诱发机组振动的主要振源之一。

机组在额定转速 600r/min 正常运行时，机械振动的主频率 f_n 为转动频率，即 $f_n=10Hz$。

1. 机组转动部分偏心引起的振动

额定转速运行时，机组转动部分偏心引起的振动频率为

$$f_1=f_n=10Hz,2f_1=20Hz,3f_1=30Hz,4f_1=40Hz,\cdots$$

2. 转动部分与固定部分碰撞引起的振动

额定转速运行时，转动部分与固定部分碰撞引起的振动频率为

$$f_2=f_n=10Hz,2f_2=20Hz,3f_2=30Hz,4f_2=40Hz,\cdots$$

3. 轴承间隙过大、主轴过细引起的振动

额定转速运行时，轴承间隙过大、主轴过细引起的振动频率为

$$f_3=f_n=10Hz,2f_3=20Hz,3f_3=30Hz,4f_3=40Hz,\cdots$$

4. 主轴法兰推力轴承安装不良、轴曲引起的振动

额定转速运行时，主轴法兰推力轴承安装不良、轴曲引起的振动频率为

$$f_4=f_n=10Hz,2f_4=20Hz,3f_4=30Hz,4f_4=40Hz,\cdots$$

8.3.2.4　水力振动的振源及频率分析

根据干河泵站水泵模型验收试验报告，原型机组在 0～10m³/s 流量范围内可能出现的脉动源见表 8.3-2～表 8.3-6，脉动频率范围为 1.0～120Hz。

表 8.3-2　　干河泵站水泵蜗壳出口压力脉动试验结果

编号	1	2	3	4	5	6	7	8	9	10	11
$Q_p/(m^3/s)$	10	9	8	7.7	6.6	6	5	3	1.5	0.5	0
$\Delta H/H/\%$	2.6	1.9	1.8	1.4	2.1	2.7	3.3	4.2	16.1	13.6	24.4
f/Hz	105.1	105.1	105.1	105.1	105.1	3.7	1.7	1.0	1.0	1.0	2.7

表 8.3-3　　干河泵站水泵叶轮后、导叶前+Y压力脉动试验结果

编号	1	2	3	4	5	6	7	8	9	10	11
$Q_p/(m^3/s)$	10	9	8	7.7	6.6	6	5	3	1.5	0.5	0
$\Delta H/H/\%$	7.3	5.4	6.2	5.9	7.0	12.1	15.4	16.6	45.1	48.6	48.0
f/Hz	105.1	105.1	105.1	105.1	105.1	105.1	105.1	4.2	1.0	119.9	120.0

表 8.3-4　　干河泵站水泵叶轮后、导叶前-Y压力脉动试验结果

编号	1	2	3	4	5	6	7	8	9	10	11
$Q_p/(m^3/s)$	10	9	8	7.7	6.6	6	5	3	1.5	0.5	0
$\Delta H/H/\%$	4.6	3.3	5.0	5.5	6.1	14.1	20.9	29.9	65.9	66.8	65.6
f/Hz	105.1	105.1	105.1	105.1	105.1	105.1	105.1	2.7	1.0	1.0	2.7

表 8.3-5　　干河泵站水泵进水锥管+Y压力脉动试验结果

编号	1	2	3	4	5	6	7	8	9	10	11
$Q_p/(m^3/s)$	10	9	8	7.7	6.6	6	5	3	1.5	0.5	0
$\Delta H/H/\%$	1.1	0.7	0.7	0.6	1.0	1.8	2.3	3.8	9.2	9.1	9.2
f/Hz	105.1	105.1	105.1	105.1	105.1	105.1	64.1	2.3	1.0	1.0	2.7

表 8.3-6　　干河泵站水泵进水锥管-Y压力脉动试验结果

编号	1	2	3	4	5	6	7	8	9	10	11
$Q_p/(m^3/s)$	10	9	8	7.7	6.6	6	5	3	1.5	0.5	0
$\Delta H/H/\%$	1.0	0.7	0.6	0.5	0.9	1.6	2.0	3.2	7.9	7.4	7.9
f/Hz	105.1	105.1	105.1	105.1	105.1	105.1	64.1	2.3	1.0	1.0	2.7

8.3.2.5　地下厂房结构动力特性分析

经过几轮结构优化修改，得到的干河泵站地下厂房结构前 30 阶模态频率见表 8.3-7，前 10 阶振型见图 8.3-12。

表 8.3-7　　干河泵站地下厂房结构固有频率及振型（前 30 阶）

模态阶次	频率/Hz	振型描述
1	32.057	右侧楼板竖向，电机层楼板最大
2	34.007	整体竖向，第三象限向下，第四象限向下，电机层最大
3	36.104	整体竖向，第三象限向下，第四象限向下，电机层最大

续表

模态阶次	频率/Hz	振型描述
4	37.485	整体竖向，第三象限向下，第四象限向下，电机层最大
5	38.158	整体楼板竖向，电机层 Y 轴正方向处最大
6	38.838	整体竖向，第四象限向下，电机层最大
7	40.471	整体楼板竖向，第一象限向下，第二象限向上，Y 轴正方向向上，电机层最大
8	40.767	第三象限第四象限竖向，中间层楼板最大
9	41.539	整体楼板竖向，电机层、水泵层第三象限向上，中间层向下，电机层最大
10	41.706	主要为整体第三象限竖向，中间层向上，电机层、水泵层向下，中间层最大
11	42.581	主要为中间层楼板 Y 轴正方向竖向，该处最大，方向向上
12	43.177	整体楼板竖向，中间层 Y 轴正方向处最大
13	44.191	整体楼板竖向，电机层第一象限上部最大
14	44.643	整体楼板竖向，电机层 X 轴负向吊物孔处左边缘最大
15	44.910	主要为中间层、电机层第一象限竖向，中间层最大
16	45.842	主要为中间层、电机层第三象限和第四象限竖向，楼梯井下边缘最大
17	47.187	整体楼板竖向，电机层 X 轴负方向吊物孔右边缘最大
18	47.471	整体楼板竖向，电机层 X 轴负方向吊物孔左边缘最大
19	48.008	主要为电机层、中间层楼板左边吊物孔边缘竖向，电机层左边缘最大
20	48.346	整体楼板竖向，中间层，左边吊物孔左边缘最大
21	48.721	主要为第三象限和第四象限竖向，中间层左边吊物孔下边缘最大
22	49.026	主要为各层楼板吊物孔边缘竖向，中间层左边吊物孔左边缘最大
23	49.279	主要为各层楼板、吊物孔以及楼梯井边缘竖向，电机层右边吊物孔上边缘最大
24	50.659	主要为第四象限竖向，电机层楼梯井下边缘最大
25	51.024	主要为电机层及中间层左边吊物孔边缘竖向，中间层吊物孔上边缘最大
26	51.673	主要为电机层及中间层楼板竖向，中间层左边吊物孔上边缘最大
27	53.718	主要为各层楼板、吊物孔以及楼梯井边缘竖向，电机层左边吊物孔左边缘最大
28	53.761	主要为各层楼板、吊物孔边缘竖向，水泵层第三象限楼板下边缘最大
29	54.429	主要为各层楼板、吊物孔以及楼梯井边缘竖向，第一象限楼板上边缘处最大
30	54.843	主要为电机层以及中间层楼板左边吊物孔边缘竖向，中间层吊物孔下边缘最大

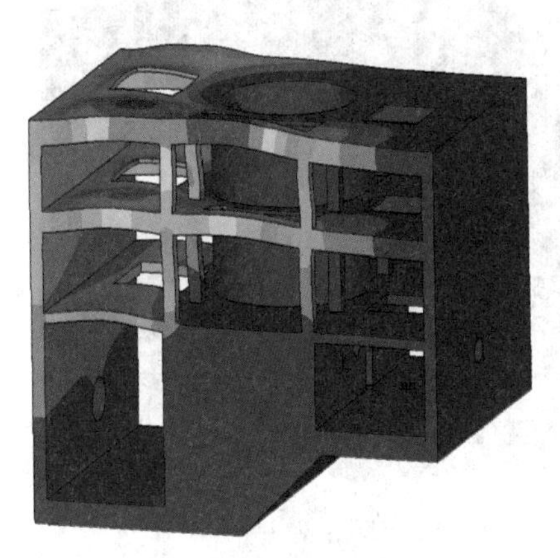

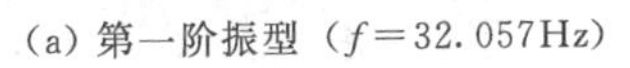

(a) 第一阶振型（$f=32.057$Hz）

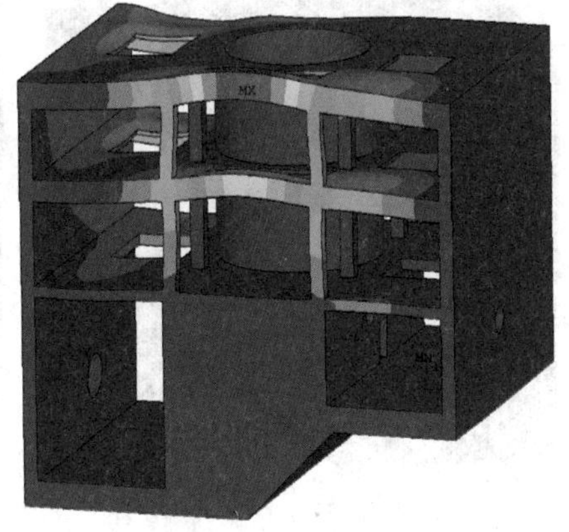

(b) 第二阶振型（$f=34.007$Hz）

图 8.3-12（一） 干河泵站地下厂房结构前 10 阶振型图

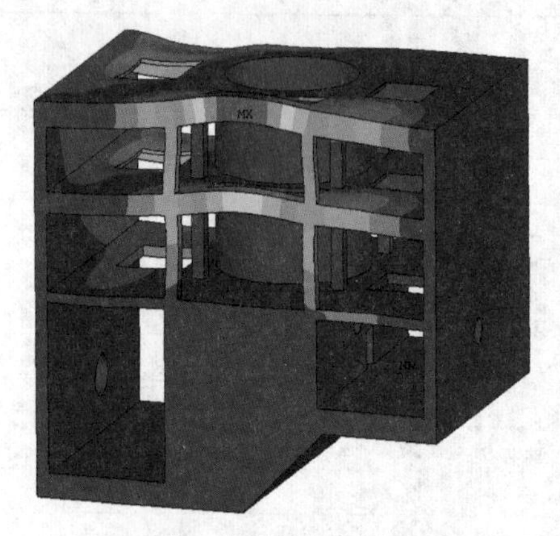

(c) 第三阶振型（f=36.104Hz）

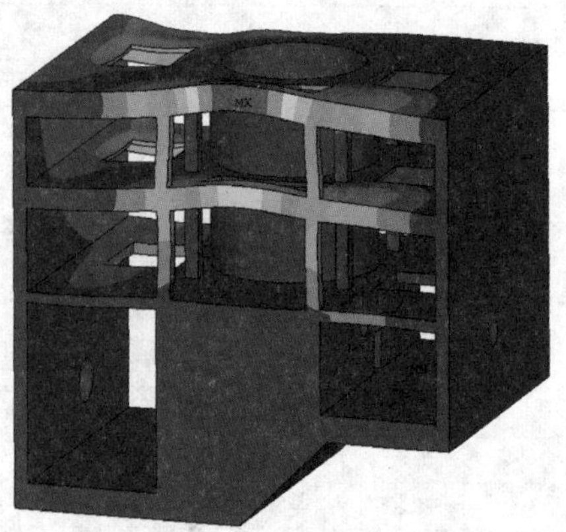

(d) 第四阶振型（f=37.485Hz）

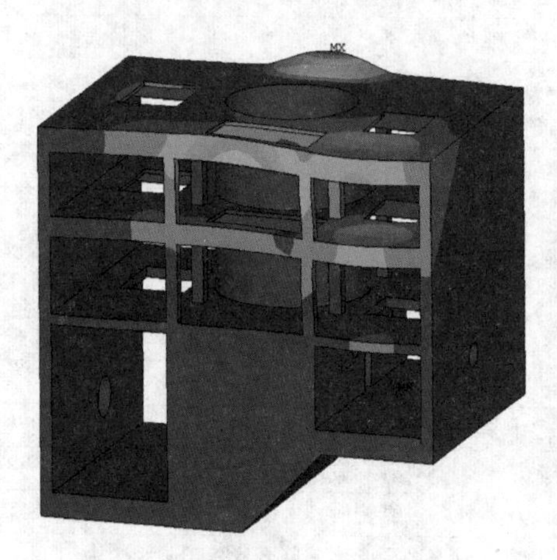

(e) 第五阶振型（f=38.158Hz）

(f) 第六阶振型（f=38.838Hz）

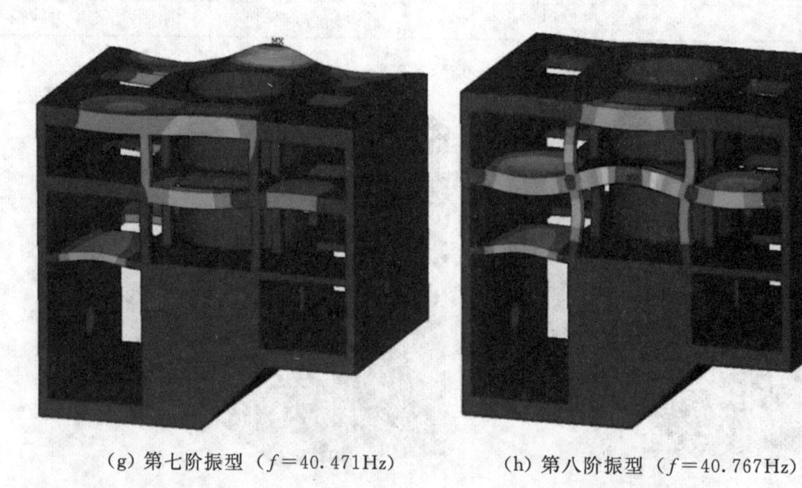

(g) 第七阶振型（f=40.471Hz）

(h) 第八阶振型（f=40.767Hz）

图 8.3-12（二）　干河泵站地下厂房结构前10阶振型图

(i) 第九阶振型（f =41.539Hz）　　(j) 第十阶振型（f=41.706Hz）

图 8.3-12（三）　干河泵站地下厂房结构前 10 阶振型图

8.3.2.6 结构共振复核

1. 共振区复核

共振复核按《水电站厂房设计规范》（SL 266—2001）的要求进行，为避免引起共振，结构自振频率和振源激振频率的错开度应大于 20%～30%。

干河泵站地下厂房结构较复杂，刚度分布又极其不均匀，造成结构的自振特性非常复杂，很多都是局部楼板结构的振型，且厂房结构自振频率密集、各阶之间频率相差较小，基本上属中频振动，低频脉动压力与其遇合度不高。另外，机组飞逸属于瞬时过渡工况，机组的运行时间短，且泵站设有自动化保护系统，对土建结构来说发生共振的可能性很小，故未对 K 倍（K=1，2，…）飞逸转速的激振频率进行校核。因此，研究取厂房下部结构前 30 阶自振频率进行共振复核。

根据上面得到的引起机组和厂房结构振动的各种振源的激振频率，以及厂房结构的自振频率，就可以对厂房结构是否发生共振进行复核。表 8.3-8 给出了干河泵站地下厂房结构固有振动频率与振源频率，以及频率错开度值在 30%以内的频率错开度值（频率错开度值超过 30%的未给出），以分析共振的危险性。

表 8.3-8　干河泵站地下厂房结构固有振动频率与振源频率共振复核表

项目		机组可能振源频率/Hz														
自振频率/Hz		机械原因				水力原因										
		f_n	$2f_n$	$3f_n$	$4f_n$	0.7	1.9	1.7	2.3	2.7	3.7	4.2	64.1	105.1	119.9	120
阶数	数值	频率错开度/%														
1	32.057			6.9	19.9											
2	34.007			13.4	15.0											
3	36.104			20.3	9.7											
4	37.485			25.0	6.3											

续表

项目		机组可能振源频率/Hz														
自振频率/Hz		机械原因				水力原因										
		f_n	$2f_n$	$3f_n$	$4f_n$	0.7	1.9	1.7	2.3	2.7	3.7	4.2	64.1	105.1	119.9	120
阶数	数值	频率错开度/%														
5	38.158			27.2	4.6											
6	38.838			29.5	2.9											
7	40.471				1.2											
8	40.767				1.9											
9	41.539				3.8											
10	41.706				4.3											
11	42.581				6.5											
12	43.177				7.9											
13	44.191				10.5											
14	44.643				11.6											
15	44.910				12.3											
16	45.842				14.6								28.5			
17	47.187				18.0								26.4			
18	47.471				18.7								26.0			
19	48.008				20.0								25.1			
20	48.346				20.9								24.6			
21	48.721				21.8								24.0			
22	49.026				22.6								23.5			
23	49.279				23.2								23.1			
24	50.659				26.6								21.0			
25	51.024				27.6								20.4			
26	51.673				29.2								19.4			
27	53.718												16.2			
28	53.761												16.1			
29	54.429												15.1			
30	54.843												14.4			

从表8.3-8中可以看出如下几点：

(1) 结构基频与机组额定转速时的固有频率相比，两者相差较远，不会产生共振。

(2) 机组转频、2倍转速频率以及压力脉动振动频率（为0.7Hz、1.0Hz、1.7Hz、2.3Hz、2.7Hz、3.7Hz、4.2Hz、105.1Hz、119.9Hz、120Hz）与结构产生共振的危险性基本不存在，频率保持有足够的错开度。

可能存在共振可能的频率区间为：低阶自振频率与3倍转速频率遇合，26阶以前的频率与4倍转速频率遇合，以及高阶自振频率与进水锥管+Y处压力脉动频率64.1Hz（对应流量$5m^3/s$）发生遇合。

(3) 对于厂房结构自振特性与水力激振频率产生的共振，主要是来自进水管内压力脉

动值（对应流量 $5m^3/s$，压力脉动相对值 $\Delta H/H=2.3\%$），而且错开度随着自振频率的增加而减小。

（4）对于机械原因引起的4倍转频下的内源振动，其可能诱发振动的频率区域较多，主要集中在激振频率30～50Hz的范围内，结构的自振频率从低阶到高阶都有和这个区域的激振频率发生遇合的可能。其中，最小的错开度仅有1.2%，是结构第七阶自振频率与机组轴系转动部分引起的激振频率发生遇合。这些可能的诱振源振动频率较高，但4倍转频下的轴系旋转发生的概率较小，属瞬时过渡工况，为瞬时荷载特性，运行时间短，产生的振动能量有限，预计不会对结构造成危害。

（5）根据以上分析，有能引起厂房振动的主要振源来自水力方面的压力脉动激振。

2. 动力系数复核

当不考虑阻尼影响时，动力系数 η 可按下式计算：

$$\eta=\frac{1}{1-\left(\frac{f_j}{f_{0i}}\right)} \tag{8.3-1}$$

式中 f_j——强迫振动频率；

f_{0i}——结构在某一方向的自振频率。

取 $f_j=f_n=10\text{Hz}$，$f_{0i}=32.057\text{Hz}$（第一阶自振频率，与转频最接近的固有频率），则动力系数 $\eta=1.108$。从振动动力系数分析看，由于频率错开度较大，振动放大系数较小。因此，综合评价认为，厂房结构在转动频率下的振动动力设计是安全的。

对于高阶频率振动，第三十阶自振频率54.843Hz与水力64.1Hz自激振动频率的遇合度最接近，相应 $\eta=-2.732$，厂房结构在该频率下的振动动力设计也是安全的。

8.3.2.7 结构振动计算

1. 计算方法

计算采用谐波响应分析方法，即将激励荷载分解为多谐波分量组成谐振荷载，通过扫频的方式在涵盖各种可能振源的频率范围内依次进行计算分析，找出结构响应的最大激励分量对应的频率成分。振动响应分析采用以下两个简化处理：

（1）机组动荷载为简谐荷载，且机组各动荷载间的相位相同，即考虑各荷载同时达到最大值这种最不利组合下的振动状态。

（2）水泵流道内的脉动压力在流道空间是均匀分布、同幅值、同频率和同相位的简谐荷载。

2. 机组动荷载

水泵设计扬程工况下地下厂房机组动荷载幅值见表8.3-9，分别施加在定子基础（4个）和下机架基础（下机架4个）的相应位置上。

表8.3-9 水泵设计扬程工况下地下厂房机组动荷载 单位：N

动荷载名称	每个支撑腿的径向力	每个支撑腿的切向力	每个支撑腿的轴向力
下机架基础受力	19558	9779	13488
定子基础受力	98345	104462	491726

3. 水力激振荷载

假定蜗壳内部水流不均匀引起的流道内的脉动压力为均匀分布、同幅值、同频率和同相位的这种最不利情况下的简谐荷载，压力脉动幅值以正常运行工况水头的5%、15%、20%、30%、65.6%这 5 个工况计算，作用在蜗壳内壁上。振源为周期性压力脉动的激励频率采用水泵模型验收试验的压力脉动试验结果。计算使用的水泵全流道内力的传递方式见图 8.3－13（图中 F_2 为作用在后盖板的压力分布）。

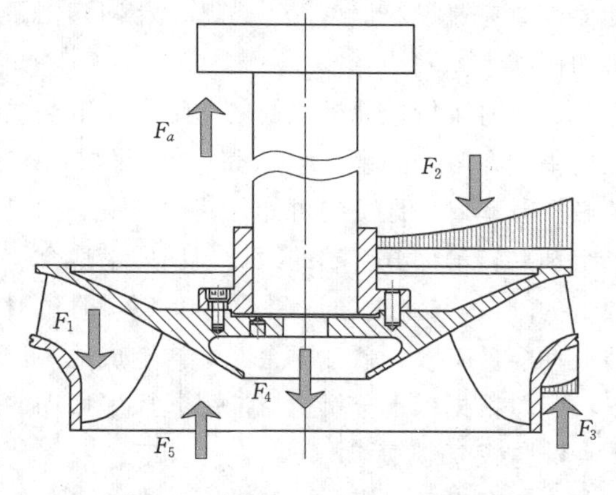

图 8.3－13　水泵叶轮荷载示意图

4. 厂房振动控制标准

对于建筑物的允许振动标准，根据建筑物的种类不同而异，不同国家关于振动的允许标准也不相同。《建筑振动工程手册》[19] 收集了国内外对建筑结构、动力机械基础及人体健康劳动保护等方面的振动控制标准，见表 8.3－10。振动控制标准根据不同规范的要求，分别以振动位移幅值、速度及加速度为参量，主要以厂房楼板及上部结构（机墩结构各典型部位如定子基础、下机架基础、机墩底部）等薄弱易振结构为目标物，进行振动反应分析和评价。结合地下厂房的结构特点、运行环境和设计要求提出的干河泵站地下厂房振动控制要求见表 8.3－11。

表 8.3－10　《建筑振动工程手册》收集的地下厂房振动允许标准

荷载类型	参考标准	使用说明	位移幅值 /mm	速度 /(mm/s)	加速度 /(m/s²)
建筑物	R. WESTWATER	普通建筑物	＜0.067		
		强度特别好的建筑物	＜0.135		
	A. G. REID	设备和基础结构	＜0.406		
		可有轻微受害的场所	＜0.406		
		住宅和建筑物	＜0.203		
	E. BANIK	建筑物基本无损坏		＜5	
		轻微损坏		10	
		有相当损坏		50	
		损坏相当大		1000	
	E. J. GRANDELL	损坏的危险范围		＞84	
		损坏发生		＞119	
	日本烟中元弘	安全范围			＜0.102g(1)
		损坏开始发生			＞1.02g(10)
	ISO 推荐	频率 10～40Hz，超过 10mm/s 时需重点检查，可能损坏	0.175～0.039	10	

续表

荷载类型	参考标准	使用说明		位移幅值/mm	速度/(mm/s)	加速度/(m/s^2)
大型机械基础	水电站厂房设计规范(SL 266—2001)	垂直振幅		长期组合<0.1		
				短期组合<0.15		
		水平横向与扭转振幅之和		长期组合<0.15		
				短期组合<0.2		
	动力机器基础设计规范(GB 50040)	转速<500r/min 时		<0.16	<5	
		厂房内设有≤10Hz 的低频机器时		厂房设计宜避开机器的共振区		
		离心式压缩机基础			<5	
人体健康劳动保护	《人体全身振动暴露的舒适性降低界限和评价准则》(GB/T 13442)	机械动荷载	4h 工作,水平 10Hz			0.543
			4h 工作,垂直 10Hz			0.215
			8h 工作,水平 10Hz			0.358
			8h 工作,垂直 10Hz			0.128
		水力激振	8h 工作,水平 2.7Hz			0.094
			8h 工作,垂直 2.7Hz			0.151
			8h 工作,水平 105.1Hz			3.798
			8h 工作,垂直 105.1Hz			1.322
	冶金部标准	操作区水平向 1～100Hz 振动			6.4	
		操作区垂直向 1～8Hz			25.5/f	
		操作区垂直向 8～100Hz			3.2	

表 8.3-11　　建议的干河泵站主厂房振动控制值

名称	方向	荷载类型	工　况	结构构件			
				楼板		定子基础、机架基础、机墩	
				建筑结构	人体可承受值	机械基础	建筑结构
位移幅值/mm		机械振动	正常运行 (10Hz)	0.1	—	0.16	0.1
		水力激振	5% (105.1Hz)	0.1	—	0.16	0.1
			15% (105.1Hz)				
			20% (105.1Hz)				
			30% (2.7Hz)				
			65.6% (2.7Hz)				

续表

名称	方向	荷载类型	工　　况	结构构件			
				楼板		定子基础、机架基础、机墩	
				建筑结构	人体可承受值	机械基础	建筑结构
速度 /(mm/s)	水平	机械振动	正常运行（10Hz)	5	6.4	5	
		水力激振	5%（105.1Hz)				
			15%（105.1Hz)				
			20%（105.1Hz)				
			30%（2.7Hz)				
			65.6%（2.7Hz)				
	竖向	机械振动	正常运行（10Hz)		3.2		
		水力激振	5%（105.1Hz)		3.2		
			15%（105.1Hz)		3.2		
			20%（105.1Hz)		3.2		
			30%（2.7Hz)		9.48		
			65.6%（2.7Hz)		9.48		
加速度 /(m/s^2)	水平	机械振动	正常运行（10Hz)	1	0.358	10	1
		水力激振	5%（105.1Hz)		3.798		
			15%（105.1Hz)		3.798		
			20%（105.1Hz)		3.798		
			30%（2.7Hz)		0.094		
			65.6%（2.7Hz)		0.094		
	竖向	机械振动	正常运行（10Hz)		0.128		
		水力激振	5%（105.1Hz)		1.322		
			15%（105.1Hz)		1.322		
			20%（105.1Hz)		1.322		
			30%（2.7Hz)		0.151		
			65.6%（2.7Hz)		0.151		

5. *厂房振动优化控制计算工况*

根据外在激振条件，厂房振动反应计算按以下 6 种工况进行。

工况 1：蜗壳内压力脉动幅值为正常运行扬程的 5%、频率为 105.1Hz。

工况 2：蜗壳内压力脉动幅值为正常运行扬程的 15%、频率为 105.1Hz。

工况 3：蜗壳内压力脉动幅值为正常运行扬程的 20%、频率为 105.1Hz。

工况 4：蜗壳内压力脉动幅值为正常运行扬程的 30%、频率为 2.7Hz。

工况 5：蜗壳内压力脉动幅值为正常运行扬程的 65.6%、频率为 2.7Hz。

工况 6：机组以额定转速（转动频率 10Hz）正常运行工况对应的动荷载。

6. *厂房振动反应计算及优化控制结果*

各工况下厂房结构各典型部位各方向的最大振动位移、振动速度和加速度幅值及均方根值见表 8.3－12 和表 8.3－13。表中径向和环向是指柱坐标系下以机组大轴为中心的半径方向和环绕方向；纵向为厂房的长度方向（X 方向），横向由厂房进水侧边墙指向出水

表 8.3-12 蜗壳压力脉动作用下干河泵站地下厂房典型部位振动幅值

工况	方向	振动最大位移/mm			振动速度/(mm/s)			振动速度的均方根/(mm/s)			振动加速度/(m/s^2)			振动加速度的均方根/(m/s^2)		
		定子基础	下机架基础	机墩	定子基础	下机架基础	机墩	定子基础	下机架基础	机墩	定子基础	下机架基础	机墩	定子基础	下机架基础	机墩
1	径向	0.0010	0.0011	0.0014	0.6736	0.6934	0.9377	0.4763	0.4903	0.6631	0.4448	0.4579	0.6192	0.3145	0.3238	0.4379
	环向	0.0011	0.0011	0.0016	0.7000	0.7396	1.0368	0.4950	0.5230	0.7331	0.4622	0.4884	0.6846	0.3269	0.3454	0.4841
	竖向	0.0007	0.0008	0.0011	0.4768	0.5402	0.6934	0.3371	0.3820	0.4903	0.3148	0.3567	0.4579	0.2226	0.2522	0.3238
2	径向	0.0030	0.0031	0.0042	1.9877	2.0603	2.7801	1.4055	1.4569	1.9658	1.3126	1.3606	1.8359	0.9281	0.9621	1.2982
	环向	0.0031	0.0033	0.0046	2.0669	2.1924	3.0575	1.4615	1.5503	2.1620	1.3649	1.4478	2.0190	0.9651	1.0237	1.4277
	竖向	0.0021	0.0024	0.0031	1.4132	1.5981	2.0537	0.9993	1.1300	1.4522	0.9332	1.0553	1.3562	0.6599	0.7462	0.9590
3	径向	0.0041	0.0042	0.0057	2.6811	2.7801	3.7509	1.8958	1.9658	2.6523	1.7705	1.8359	2.4769	1.2519	1.2982	1.7515
	环向	0.0042	0.0045	0.0063	2.7867	2.9584	4.1273	1.9705	2.0919	2.9184	1.8403	1.9536	2.7255	1.3013	1.3814	1.9272
	竖向	0.0029	0.0033	0.0042	1.9018	2.1528	2.7735	1.3448	1.5222	1.9612	1.2559	1.4216	1.8315	0.8881	1.0052	1.2951
4	径向	0.0035	0.0038	0.0074	0.0589	0.0643	0.1262	0.0416	0.0455	0.0892	0.0010	0.0011	0.0021	0.0007	0.0008	0.0015
	环向	0.0040	0.0045	0.0032	0.0685	0.0757	0.0541	0.0485	0.0535	0.0383	0.0012	0.0013	0.0009	0.0008	0.0009	0.0006
	竖向	0.0019	0.0014	0.0028	0.0316	0.0243	0.0480	0.0223	0.0172	0.0339	0.0005	0.0004	0.0008	0.0004	0.0003	0.0006
5	径向	0.0073	0.0082	0.0156	0.1233	0.1383	0.2646	0.0872	0.0978	0.1871	0.0021	0.0023	0.0045	0.0015	0.0017	0.0032
	环向	0.0085	0.0093	0.0067	0.1435	0.1581	0.1132	0.1015	0.1118	0.0800	0.0024	0.0027	0.0019	0.0017	0.0019	0.0014
	竖向	0.0039	0.0030	0.0059	0.0658	0.0507	0.1004	0.0465	0.0359	0.0710	0.0011	0.0009	0.0017	0.0008	0.0006	0.0012

工况	方向	振动最大位移/mm			振动速度/(mm/s)			振动速度的均方根/(mm/s)			振动加速度/(m/s^2)			振动加速度的均方根/(m/s^2)		
		电机层楼板	中间层楼板	水泵层楼板	电机层	中间层	水泵层	电机层	中间层	水泵层	电机层	中间层	水泵层	电机层	中间层	水泵层
1	横向	0.0011	0.0011	0.0013	0.7000	0.7528	0.8717	0.4950	0.5323	0.6164	0.4622	0.4971	0.5756	0.3269	0.3515	0.4070
	纵向	0.0018	0.0013	0.0013	1.1622	0.8519	0.8585	0.8218	0.6024	0.6070	0.7675	0.5625	0.5669	0.5427	0.3978	0.4009
	竖向	0.0041	0.0038	0.0012	2.6811	2.4830	0.7726	1.8958	1.7557	0.5463	1.7705	1.6397	0.5102	1.2519	1.1594	0.3608
2	横向	0.0031	0.0034	0.0039	2.0603	2.2188	2.5754	1.4569	1.5689	1.8211	1.3606	1.4652	1.7007	0.9621	1.0361	1.2026
	纵向	0.0052	0.0038	0.0038	3.4339	2.5094	2.5358	2.4281	1.7744	1.7931	2.2676	1.6571	1.6745	1.6034	1.1717	1.1841
	竖向	0.012	0.0111	0.0035	7.9244	7.3300	2.2849	5.6034	5.1831	1.6156	5.2329	4.8405	1.5088	3.7003	3.4227	1.0669
3	横向	0.0042	0.0045	0.0053	2.7801	2.9914	3.4801	1.9658	2.1153	2.4608	1.8359	1.9754	2.2981	1.2982	1.3968	1.6250
	纵向	0.0072	0.0051	0.0052	4.7546	3.3877	3.4141	3.3620	2.3954	2.4141	3.1398	2.2371	2.2545	2.2202	1.5819	1.5942
	竖向	0.0162	0.015	0.0047	10.6979	9.9054	3.0773	7.5645	7.0042	2.1760	7.0645	6.5412	2.0321	4.9953	4.6253	1.4369
4	横向	0.0018	0.0041	0.0078	0.0307	0.0687	0.1320	0.0217	0.0486	0.0933	0.0005	0.0012	0.0022	0.0004	0.0008	0.0016
	纵向	0.0011	0.0011	0.0038	0.0192	0.0178	0.0636	0.0136	0.0126	0.0450	0.0003	0.0003	0.0011	0.0002	0.0002	0.0008
	竖向	0.0024	0.0024	0.0034	0.0409	0.0411	0.0582	0.0289	0.0290	0.0411	0.0007	0.0007	0.0010	0.0005	0.0005	0.0007
5	横向	0.0038	0.0085	0.0163	0.0643	0.1437	0.2765	0.0455	0.1016	0.1955	0.0011	0.0024	0.0047	0.0008	0.0017	0.0033
	纵向	0.0024	0.0022	0.0079	0.0400	0.0372	0.1339	0.0283	0.0263	0.0946	0.0007	0.0006	0.0023	0.0005	0.0004	0.0016
	竖向	0.0050	0.0051	0.0072	0.0855	0.0858	0.1216	0.0605	0.0607	0.0860	0.0015	0.0015	0.0021	0.0010	0.0010	0.0015

侧边墙的跨度方向（Y方向），竖向为厂房的高程方向。

表 8.3-13　　泵站机组以额定转速正常运行工况（工况6）下地下厂房典型部位的振动幅值

结构部位	方向	振动最大位移/mm	振动速度/(mm/s)	振动速度的均方根/(mm/s)	振动加速度/(m/s^2)	振动加速度的均方根/(m/s^2)
定子基础	径向	0.0041	0.2589	0.1830	0.0163	0.0115
	环向	0.0036	0.2243	0.1586	0.0141	0.0100
	竖向	0.0041	0.2545	0.1799	0.0160	0.0113
下机架基础	径向	0.0037	0.2318	0.1639	0.0146	0.0103
	环向	0.0035	0.2187	0.1546	0.0137	0.0097
	竖向	0.0034	0.2130	0.1506	0.0134	0.0095
机墩	径向	0.0057	0.3600	0.2546	0.0226	0.0160
	环向	0.0042	0.2608	0.1844	0.0164	0.0116
	竖向	0.0068	0.4241	0.2999	0.0266	0.0188
电机层楼板	横向	0.0102	0.6409	0.4532	0.0403	0.0285
	纵向	0.0062	0.3883	0.2746	0.0244	0.0173
	竖向	0.0662	4.1595	2.9412	0.2613	0.1848
中间层楼板	横向	0.0061	0.3814	0.2697	0.0240	0.0169
	纵向	0.0041	0.2564	0.1813	0.0161	0.0114
	竖向	0.0521	3.2735	2.3147	0.2057	0.1454
水泵层楼板	横向	0.0048	0.2997	0.2119	0.0188	0.0133
	纵向	0.0022	0.1382	0.0977	0.0087	0.0061
	竖向	0.0235	1.4765	1.0441	0.0928	0.0656

从计算结果可以得知以下几点：

（1）工况1、工况2、工况3和工况6的楼板振动位移主要以竖向为主，竖向最大，纵向次之，横向最小。横向主要受厂房进、出水侧基岩的法向约束，因此动位移相对较小。竖向最大振动位移约为0.0662mm，出现在机组正常转速工况（工况6）下电机层楼板Y轴正方向边沿处；脉动水压力工况1、工况2、工况3出现在第三象限吊物孔边沿处，其值分别为0.0041mm、0.0120mm、0.0162mm。

工况4、工况5竖向位移较小，横向位移最大，最大动位移分别为0.0078mm、0.0163mm，均出现在水泵安装孔X轴正方向的边缘。

（2）工况1、工况2、工况3以及工况6楼板的振动速度和加速度均是竖向最大、纵向次之、横向最小。各工况下速度竖向最大值分别为2.6811mm/s、7.9244mm/s、10.6979mm/s、4.1595mm/s，其均方根最大值分别为1.8958mm/s、5.6034mm/s、7.5645mm/s、2.9412mm/s；加速度均方根的竖向最大值为1.2519m/s²、3.7003m/s²、4.9953m/s²、0.1848m/s²。

工况4、工况5楼板的振动速度和加速度是横向最大、纵向次之、竖向最小，速度横

向最大值分别为 0.1320mm/s、0.2765mm/s，其均方根最大值分别为 0.0933mm/s、0.1955mm/s，横向加速度均方根的最大值为 $0.0016m/s^2$、$0.0033m/s^2$。

(3) 工况 1、工况 2、工况 3 各层楼板在各方向上的最大位移均出现在相同位置。电机层楼板、中间层楼板横向最大位移均出现在第一象限与 1 号机组楼板交接处，纵向最大位移均出现在楼梯井边缘的 Y 轴负方向，其竖向最大位移分别出现在第三象限吊物孔下边缘和第三象限楼梯井左边缘；水泵层楼板横向最大位移出现在第一象限楼板与机墩交接处，纵向最大位移出现在第三象限厂房分缝边缘。

(4) 工况 4、工况 5 各层楼板在各方向上最大位移的出现位置均相同。电机层横向最大位移出现在 X 轴负方向楼板与机墩交接处，纵向最大位移出现在第三象限楼板与机墩交接处，竖向最大位移出现在吊物孔右边缘；中间层横向最大位移出现在 Y 轴负方向楼板与机墩交接处，纵向最大位移出现在第三象限楼梯井左边缘，竖向最大位移出现在第三象限楼梯井上边缘；水泵层横向最大位移出现在 X 轴负方向楼板与机墩交接处，纵向最大位移出现在第三象限厂房分缝端边缘，最大竖向位移出现在第四象限水泵安装孔边缘。

(5) 工况 6，电机层楼板横向最大位移出现在 X 轴负方向吊物孔最边缘，纵向最大位移出现在第三象限吊物孔下边缘，竖向最大位移出现在第一象限楼板上边缘；中间层楼板横向最大位移出现在 X 轴负方向吊物孔右边缘，纵向最大位移出现在第一象限楼板上边缘，竖向最大位移出现在第一象限楼板上边缘；水泵层横向最大位移出现在第三象限吊物孔右边角，纵向最大位移出现在第三象限楼板下边缘，竖向最大位移出现在第三象限吊物孔下边缘。

(6) 各工况的各层楼板的横向、纵向以及竖向位移均小于干河泵站建筑物结构振动的允许值（0.1mm)。

按各层楼板在各方向上的速度、加速度进行振动评价（速度、加速度的控制标准为均方根值)，工况 2 和工况 3 的电机层楼板竖向速度均方根值（其值 5.6034mm/s、7.5645mm/s)、竖向加速度均方根值（其值 $3.7003m/s^2$、$4.9953m/s^2$），中间层楼板竖向速度均方根值（其值 5.1831mm/s、7.0042mm/s)、竖向加速度均方根值（其值 $3.4227m/s^2$、$4.6253m/s^2$）超过原冶金部标准规定的操作人员健康控制标准速度（3.2mm/s）和加速度（$1.322m/s^2$），说明在工况 2 和工况 3 下，在电机层楼板和中间层楼板上持续工作满 8 小时会使人感觉舒适性降低。在工况 1、工况 4、工况 5 和工况 6 下，各层楼板在各方向上的均方根速度、加速度均小于各规范规定的操作人员健康控制标准，说明在各层楼板上持续工作满 8 小时不会使人感觉舒适性降低。

(7) 工况 1、工况 4、工况 5、工况 6，机墩结构各典型部位如下机基础、定子基础，各方向的振动反应均小于干河泵站建筑物结构振动允许值（0.1mm)；按机器基础进行振动评价，均小于《动力机器基础设计规范》（GB 50040）规定的结构振动允许值（0.16mm)，均方根速度、加速度也小于干河泵站建筑物结构振动允许值（标准值分别为 5mm/s、$1.0m/s^2$）。

(8) 工况 2、工况 3，机墩结构各典型部位如下机基础、定子基础，各方向的振动反应均小于规定的建筑物结构振动允许值（0.1mm)；按机器基础进行振动评价，均小于《动力机器基础设计规范》（GB 50040）规定的结构振动允许值（0.16mm)。工况 2、工况

3 各方向的速度均方根值均小于规定的建筑物结构振动允许值（5mm/s）。工况 2 的水平向加速度均方根值和工况 3 的水平向及竖向均方根加速度均方根值略大于规定的建筑物结构振动允许值（1.0m/s²），均远小于损坏开始发生值（10m/s²）。

（9）厂房结构应力均在相应材料的设计允许范围内，结构的强度设计是安全的。在考虑动、静工况叠加后，部分区域（例如楼板开孔的区域）的局部出现了拉应力，其第一主应力超过了 C25 混凝土的设计抗拉强度（1.3MPa），局部达到了 2.179MPa（在定子基础、机墩以及中间层楼板结合的区域），这些区域的混凝土可能会产生裂缝，应加强配筋。

8.4　泵站厂房支撑结构振动研究结论

干河泵站地下厂房的结构动力分析结果如下：

（1）地下厂房支撑结构的振动量在允许范围内，在主要可能振源诱发作用下产生的振动将不会危及厂房结构的安全。

（2）各层楼板、梁柱结构、风罩、蜗壳、座环、进水管和外围混凝土，以及进人孔、操作廊道、吊物孔等开孔结构部位，形成了局部的薄弱区域，这些局部区域在部分振源诱发下可能会产生较大的振动，但振动范围仅限于这些局部区域。

（3）楼板的横向、纵向以及竖向最大振动位移为 0.0662mm（竖向振动），小于规范规定的建筑结构振动允许值（0.1mm）。

（4）厂房结构楼板、各代表性部位各方向的振动速度均小于干河泵站地下厂房建筑结构允许的振动速度标准。

（5）在工况 2 和工况 3，电机层、中间层楼板的竖向均方根速度和加速度超过冶金部标准规定的操作人员健康控制标准速度和加速度，但小于建筑物无损坏的允许标准和加速度允许标准。因此，若工作人员在电机层楼板和中间层楼板上持续工作超过 8h，会使人感觉舒适性降低，但不会危及结构的安全。

（6）厂房结构应力均在相应材料的设计允许范围内，结构的强度设计是安全的。在考虑动、静工况叠加后，部分区域（如楼板开孔的区域、定子基础、机墩以及中间层楼板结合的区域）局部出现的拉应力超过了混凝土的设计抗拉强度，这些区域的混凝土可能会产生裂缝，应加强配筋。

第9章　综合分析与主要经验

9.1　综 合 分 析

干河泵站的高扬程大功率水泵是牛栏江—滇池补水工程的“心脏”，是牛栏江—滇池补水工程能否发挥效益的关键所在。干河泵站的提水扬程高，最高扬程达到233.3m，水泵轴功率达20.5MW，是国内最大功率的水泵，水泵设计难度很大，对水泵的选型、设计、制造、安装和调试都是极大的挑战。

干河泵站的水泵机组，从2008年年初开始选型设计，2010年10月底完成水泵及其附属设备招标工作。期间在水利部水利水电规划设计总院的主持下，在十个月的时间里完成了高扬程大功率离心泵的水力开发与优化设计、清水和浑水条件下水泵模型试验、水泵调速运行研究、泥沙磨损预估分析等多项研究工作。水泵设备招标时，哈尔滨电机厂有限责任公司采用哈动国家水力发电设备工程技术研究中心有限公司在工程前期科研中开发的A1054水泵，以优异的性能和最低的价格一举中标，不仅为业主节省了大量投资，同时实现了我国大功率离心泵的技术创新和自主化，打破了国外公司对我国高扬程、大功率离心泵的技术垄断和价格垄断。

干河泵站水泵机组于2013年全部投入运行，截至2016年12月底，泵站已连续稳定运行3年，已完成向滇池补水17.0亿m^3，滇池的水质大为改善。实践表明，开展的高扬程大功率离心水泵科研是极为成功的，成就是重大的，它标志着我国高扬程大型水泵的研制达到了世界领先水平。

综合分析干河泵站水泵的性能，先进而且可靠，还有创造性的进步，总结起来有以下两个特点。

1. 性能参数先进

干河泵站水泵设计扬程为223.32m、设计流量8.12m^3/s，设计比转速为108$m \cdot m^3/s$，模型最优效率高达91.57%、原型水泵最优效率为93.30%。2013年同期投入运行的山西省万家寨引黄二期工程的高扬程水泵设计扬程为140m、设计流量6.45m^3/s，设计比转速为136.7$m \cdot m^3/s$，模型最优效率为91.6%、相应原型最优效率为92.8%。比较而言，干河泵站水泵比万家寨引黄二期工程水泵的运行扬程要高得多，比转速更低，干河泵站水泵的设计、制造难度要大得多。

从开展的水泵性能测试情况来看，在水库水位1784.00m和1790.00m下测试的3号机组水泵的实测最高效率均超过93.30%，而且还有随水泵流量继续增大时而继续升高的趋势；从水泵、电机和变频装置的系统总效率值来看，实测的总效率最大值稍稍大于系统总效率理论计算值。水泵性能测试结果表明，干河泵站水泵的最高效率达到了预期的要求，水泵性能是优越的。

从实际运行实践分析，在运行扬程200m以上的立轴单级离心式水泵中，根据牛栏江—滇池补水工程实际需求研究开发的高扬程大型立式单级离心泵达到了世界顶尖水平。

2. 压力脉动水平较低

水泵叶轮后、导叶前区域（亦称无叶区）水流的流速高、流态复杂，其压力脉动幅值/相对值是反应水泵水力稳定性能的主要指标。水泵模型试验结果表明，运行范围内无叶区＋Y压力脉动相对值在4.7%～5.9%之间，－Y压力脉动相对值在5.1%～7.8%之间；从水泵原型测试结果来看，无叶区＋Y压力脉动相对值为3.0%～5.0%之间，－Y压力脉动相对值为10.0%～13.0%之间。对比原型、模型试验结果可以看出，原型、模型水泵无叶区＋Y压力脉动相对值总体上处于同一水平，原型水泵的压力脉动相对值还稍低一些；原型水泵无叶区－Y压力脉动相对值明显高于模型水泵。这与测点的位置有关，这两个测点均布置在座环的下环板上，＋Y压力脉动测点离附近的两个固定导叶的距离较大，而－Y压力脉动测点则过于靠近固定导叶的头部。

从原型、模型水泵无叶区压力脉动试验结果可以看出，干河泵站水泵叶轮后、导叶前区域的压力脉动处于较低水平，为干河泵站泵组长期连续平稳运行奠定了基础。

3. 运行效率高

采用大功率变频调速技术对离心泵的运行转速进行调节，使水泵在近48m的扬程变幅内实现高效率和无空化运行。

9.2 主要经验

干河泵站的高扬程大功率立式单级离心泵能在较短时间内研制成功，并达到国际领先水平，原因是多方面的：有工程建设单位牛栏江—滇池补水工程建设指挥部和工程设计单位云南省水利水电勘测设计研究院的大力支持，有水利部水利水电规划设计总院的勇挑重担、技术把关和精心组织，也有哈动国家水力发电设备工程技术研究中心有限公司、北京中水科水电科技开发有限公司等科研、设计、安装等单位的团结合作和协力攻关。总之，这一丰硕的成果，是许多科技人员艰苦奋斗、辛勤劳动的结晶。

干河泵站的高扬程大型离心泵研制成功的经验，主要有以下几个方面。

1. 调查研究科学论证

牛栏江—滇池补水工程建设条件特殊，从工程前期设计工作启动至水泵招标完成历时不到三年时间，干河泵站的设计条件和水泵机组的选型也历经反复，到牛栏江—滇池补水工程的总体布局最终确定下来的时候，留给水泵选型设计的时间不多。在对国内外采用大型立式水泵的泵站（包括多级离心泵）及水泵机组技术资料进行详细调查分析的基础上，开展了水泵水力开发与试验验证、泥沙磨损等一系列的试验研究工作，从而研制出性能优良适合于干河泵站的大型高扬程离心泵；在高扬程大功率离心泵科研取得成果的基础上，结合干河泵站水泵选型技术交流会上各制造厂商建议的技术方案，最终确定了水泵的主要参数、性能要求、结构型式、布置方式等关键技术问题。另外，与泵站主机及变频装置配合运行的水力机械辅助设备，包括技术供水系统、排水系统、压缩空气系统、油系统、水力量测系统，以及地下厂房的通风空调系统，都经过了周密的调查研究或模拟分析研究，结合泵站的实际特点，经分析论证后加以改进而采用，取得了满意的效果。泵站投入运行已三年多时间，未发生过因水泵、电机、水力机械辅助设备的故障或事故引起的紧急停机事件。运行实践表明，干河泵站水泵机组的选型、科研、设计、制造和安装是成功的。

另外，干河泵站高、低比转速水泵的研究和试验成果表明，对于比转速为 89m・m^3/s 的单级离心泵而言，虽然空化性能稍优于比转速为 107m・m^3/s 的离心泵，但其效率水平已大为下降。从不同比转速水泵的模型试验结果来看，比转速的选择对离心泵的综合性能是非常关键的，这一点应予以足够的重视。在水泵选型设计时应通过优选机组台数、水泵进水方式（单吸/双吸）和叶轮级数等措施，合理确定水泵的比转速，以提高水泵运行效率、降低运行能耗和运营成本，使泵站的节能设计真正落到实处。

2. 自主创新开展科研

科研立足于工程的实际需求，从需求中提出研究课题和研究目标，以此为中心开展科研和试验工作。在科研中敢于创新，包括水力开发与优化、研究全新叶轮、采用新工艺，不仅解决了设计、制造中的难题，保障了产品的质量和工程进度，而且也提高了整个水泵机组的可靠性和先进性。

围绕水泵开展的重大科研项目如下：

（1）高、低比转速水泵的研究和试验。

（2）浑水条件下水泵性能试验研究。

（3）水泵调节方式及调节性能研究。

（4）水泵零流量和小流量工况性能研究。

（5）过机泥沙特性研究。

（6）材料磨损试验研究。

（7）泥沙磨损预估研究。

（8）叶轮制造工艺研究。

以上科研成果都已应用到水泵的选型、设计和制造中，通过所列的一些试验和研究，取得了许多切合实际的研究成果，从而保证了水泵的技术性能，使得干河泵站的水泵在安全、可靠的基础上达到了世界领先水平。

3. 团结协作联合攻关

一个重大的科研项目，常常具有综合性，需要多方团结协作才能完成。有些技术难题，需要组织联合攻关，分工协作，才能在较短时间内取得满意的结果。比如针对第一阶段水泵模型试验成果揭示的问题，组织各科研单位对水泵研究工作的中间试验成果进行了讨论，提出了技术改进措施，明确了水泵的优化研究方向，经过艰苦的努力，完全依靠自己的力量，取得了良好的成果。

参 考 文 献

[1] 周鑫，等. 低比转速离心泵叶轮的水力设计数值方法 [J]. 中国石油大学学报，2011 (4)：113-118.

[2] 毕尚书，等. 低比转速离心泵叶轮水力设计新方法综述 [J]. 机械，2008 (10)：4-7.

[3] 布存丽，等. 一种立式离心泵的水力模型设计 [C] // 第十届沈阳科学学术年会论文集（信息科学与工程技术分册）. 沈阳市科学技术协会，2013.

[4] 徐岩，等. 提高低比转速离心泵扬程探讨 [J]. 水泵技术，2004 (3)：11-14.

[5] 蒋青，等. 几何参数对离心泵扬程特性曲线的影响浅析 [C] //农业机械化与新农村建设——中国农业机械学会 2006 年学术年会论文集（册）. 中国农业机械学会，2006.

[6] 袁寿其，等. 三种消除离心泵扬程曲线驼峰的特殊叶轮 [J]. 农业机械学报，1998 (2)：172-174.

[7] 王勇，等. 叶片进口冲角对离心泵空化特性的影响 [J]. 流体机械，2011 (4)：17-20.

[8] 尉志苹，等. 影响离心泵空化性能的因素分析 [J]. 通用机械，2011 (4)：86-88.

[9] G. Dyson，J. Teixeira. Investigation of closed valve operation using computational fluid dynamics [A]. Proceedings of the ASME 2009 Fluids Engineering Division Summer Meeting，Vail，Colorado，USA，August 2-6，2009.

[10] E. Bacharoudis，A. Filios，M. D. Mentzos，D. P. Margaris. Parametric study of a centrifugal pump impeller by varying the outlet blade angle [J]. The Open Mechanical Engineering Journal，2008 (2)：75.

[11] 姚启鹏. 平面绕流泥沙磨损试验及水轮机磨损预估 [J]. 水力发电学报，1997 (3).

[12] 余江成，等. 溪洛渡水轮机泥沙磨损预估及分析 [M]. 北京：经济日报出版社，2007.

[13] 余江成，等. HVOF 涂层材料的抗磨蚀特性与应用分析 [J]. 水力发电学报，2004 (5).

[14] 黄萍. 离心泵关死点内部流场数值模拟及实验研究 [D]. 镇江：江苏大学，2008.

[15] 黄思. 基于 CFD 的离心泵关死点流动性能分析 [D]. 广州：华南理工大学，2014.

[16] 李湘洲. 离心泵流量-扬程曲线特性研究 [D]. 湖南：湖南林学院，1996.

[17] 朱波. 离心泵叶轮特殊切割方法的研究与探讨 [D]. 杭州：浙江工业大学，2012.

[18] I. J. 卡拉西克，等. 泵手册 [M]. 关醒凡，等译. 北京：机械工业出版社，1983.

[19] 徐建. 建筑振动工程手册 [M]. 北京：中国建筑工业出版社，2002.